高等院校信息技术系列教材

计算机常用算法与程序设计案例教程

（第3版）

杨克昌　编著

清华大学出版社

北京

内 容 简 介

本书遵循"精选案例,面向设计,深入浅出,注重能力培养"的宗旨,以"案例"形式实现"算法与程序设计"教学。本书选取枚举、递推、递归、回溯、动态规划、贪心算法、分支限界法与模拟等常用算法,并精选应用各算法设计求解的典型案例。书中每个案例求解,从案例提出到算法设计与程序实现,从案例结果显示到算法改进与程序优化,环环相扣,融为一体,力求算法理论与实际应用相结合、算法与程序相统一,突出算法在解决实际案例中的核心地位与引导作用。

书中所有案例求解均给出详细的算法设计提要与完整的 C 程序清单,所有程序均在 VC++ 6.0 编译通过,所有源代码均可从指定网站下载。

本书可作为高等院校计算机及相关专业"算法设计与分析""程序设计基础与应用"等课程的教材,也可供各类计算机程序设计竞赛与计算机编程培训参考。

图书在版编目(CIP)数据

计算机常用算法与程序设计案例教程/杨克昌编著.—3 版.—北京:清华大学出版社,2024.1
高等院校信息技术系列教材
ISBN 978-7-302-65284-7

Ⅰ.①计… Ⅱ.①杨… Ⅲ.①电子计算机-算法理论-高等学校-教材②程序设计-高等学校-教材 Ⅳ.①TP301.6 ②TP311.1

中国国家版本馆 CIP 数据核字(2024)第 007356 号

责任编辑:白立军
封面设计:常雪影
责任校对:李建庄
责任印制:杨 艳

出版发行:清华大学出版社
      网　　　址:https://www.tup.com.cn,https://www.wqxuetang.com
      地　　　址:北京清华大学学研大厦 A 座　　　　　　邮　　编:100084
      社 总 机:010-83470000　　　　　　　　　　　　邮　　购:010-62786544
      投稿与读者服务:010-62776969,c-service@tup.tsinghua.edu.cn
      质量反馈:010-62772015,zhiliang@tup.tsinghua.edu.cn
      课件下载:https://www.tup.com.cn,010-83470236
印 装 者:三河市铭诚印务有限公司
经　　销:全国新华书店
开　　本:185mm×260mm　　　　印　张:21.5　　　　字　数:522 千字
版　　次:2011 年 7 月第 1 版　2024 年 1 月第 3 版　　印　次:2024 年 1 月第 1 次印刷
定　　价:69.00 元

产品编号:101950-01

前　　言

计算机算法与程序设计是计算机科学与技术的核心内容，是大学计算机相关专业的重要专业基础课。通过对现有计算机专业"算法设计与分析"教学的调研分析，很多同学对学过的算法思路不明了，描述不清楚，设计不到位，无法应用算法设计程序解决一些常见的实际问题。造成这一局面的重要原因之一是缺少适合计算机本科层次的"算法与程序设计"教材。

一般现有"算法设计与分析"教材在算法选取上贪多求全、贪广求深，混杂一些难度大、理论深、少有应用的算法罗列。同时，在讲授算法时存在对算法的抽象描述多，应用算法设计解决实际问题少等偏差，造成算法与程序设计脱节，算法理论与实际应用脱节，不利于学生应用算法与程序设计解决实际问题能力的提高。

为此，我们对《计算机程序设计经典题解》(清华大学出版社，2007)、《至美——C程序设计》(中国水利水电出版社，2016)与《计算机常用算法与程序设计教程》(第2版，人民邮电出版社，2017)等进行优化整合，推出适合本科"算法与程序设计"教学实际的案例教程。

本书遵循"精选案例，面向设计，深入浅出，注重能力培养"的宗旨，在常用算法典型案例的选取与深度的把握上，在算法理论与案例求解的结合上进行精心设计，力图适合高校计算机本科教学目标与知识结构的要求。本书具有以下5个特色。

1. 首创案例形式实现算法与程序设计教学

学习算法与程序设计是为了培养提高学生应用算法与程序设计解决实际问题的能力，算法与程序设计课程教学无疑是最适宜以"案例"形式来实现的。通过实际案例的求解见证算法设计的神奇与功效，实现以典型案例支撑算法设计，以算法设计指导案例求解的良性循环。

采用"案例"形式实现算法与程序设计教学在全国属首创。对每个案例求解，从案例提出到算法设计、从程序实现到显示运行结果，从算法分析到程序设计优化，环环相扣，融为一体，让学生看得见、摸得着、学得会、用得上，从而收到立竿见影、举一反三的效果。

2. 注重常用算法的选取与组织

在常用算法的选取上克服贪多求全、贪广求深，去除若干难度大、理论深、少有应用的算法罗列，结合本科教学目标与应用实际，选取枚举、递推、递归、回溯、动态规划、贪心算法、分支限界法与模拟等常用算法。注意到分支限界是一种以"广度优先"搜索最优解的基本算法，本版将分支限界法列入常用算法之中。

特别指出的是，模拟算法中的"竖式运算模拟"是总结推广数论高精度计算的创新成果。

对精选的各种常用算法，在介绍算法的基本理论与设计思路基础上，从实际案例的求解入手，重点突出该算法的基本思路、设计规范与实施步骤，列出程序清单，显示案例求解结果，达到清晰明了、水到渠成的效果。

3. 注重典型案例的精选与提炼

针对选取的每一种常用算法，精选典型的实际应用案例，包括基本的数值求解、常规的数据处理、有趣的智力测试、巧妙的模拟探索,既有引导入门的基础案例,也有难度较大的综合案例;既有历史悠久的经典名题,也有构思巧妙的新创趣题,难度适宜,深入浅出。

培养学生的学习兴趣,激发学生的学习热情,不是一两句空洞说教所能奏效的,必须通过一系列有趣的实际案例来引导。本书针对所精选的常用算法,设计出初等难度基础型、中等难度提升型、较高难度综合型 3 种梯度的实际案例。这些案例的精选与提炼,有利于提高学生学习算法与程序设计的兴趣,有利于学生在计算机实际应用方面开阔视野,使之在算法思路的开拓与设计技能的运用上有一个深层次的锻炼与提高。其中,难度较大的综合案例可作为相应课程的课程设计选用。

4. 注重算法设计与程序实现的紧密结合

算法与程序实际上是一个统一体,不应该也不可能将它们对立与分割。本书对每一种常用算法的设计规范,具体落实到实际案例求解的各个环节:有算法设计提要,有程序实现清单,有运行示例显示,有算法改进与程序优化,环环相扣,融为一体。通过算法设计与程序实现的紧密结合,突出算法在解决实际案例中的核心地位与引导作用,不断加深对所学算法的理解和领悟,切实提升应用所学算法解决实际问题的能力。

本书采用功能丰富、应用面广、高校学生使用率最高的 C 语言描述算法、编写程序。为使用方便,所有程序均在 VC++ 6.0 编译通过。

5. 注重算法改进与程序优化

本书对一些典型案例应用多种不同的算法设计,编写不同表现形式与设计风格的程序,充分体现了算法与程序设计的灵活性和多样性。

算法与程序设计都不是一成不变的,可以实施多层次全方位的变通,变通出成果,变通长能力。算法改进与程序优化的过程,既是提高案例求解效率的过程,也是算法设计能力培养与提高的过程,更是优化意识与创新能力增强的过程。

为方便算法设计练习与查阅,附录中提供部分习题求解提示,介绍在 VC++ 6.0 环境下运行 C 程序的方法,并列出 C 语言常用函数。书中的所有案例源程序与部分习题源代码均可在指定网站下载。

在书稿的编写与修订过程中,湖南理工学院教务处及王岳斌教授、严权峰教授、周持中教授等给予了多方面支持与帮助,笔者在此一并深表感谢。

尽管每个案例求解都经反复核实检查,每个求解程序都经多轮运行调试,因涉及内容较广,难免存在差错,恳请各位读者批评指正。

杨克昌

2023 年 11 月于岳阳南湖

目　录

第1章 算法与程序设计概述

1.1 算法及其描述

在计算机科学与技术中,算法(algorithm)是一个常用的基本概念。本节论述算法的定义与算法的描述。

1.1.1 算法定义

在计算机科学中,算法一词用于描述一个可用计算机实现的问题求解方法。算法是程序设计的基础,是计算机科学的核心。计算机科学家哈雷尔在《算法学——计算的灵魂》一书中指出:"算法不仅是计算机学科的一个分支,它更是计算机科学的核心,而且可以毫不夸张地说,它和绝大多数科学、商业和技术都是相关的。"

在计算机应用的各个领域,技术人员都在使用计算机求解他们各自专业领域的课题,他们需要设计算法、编写程序、开发应用软件,所以学习算法对于越来越多的人来说变得十分必要。我们学习算法的重点就是把人类找到的求解问题的方法和步骤以过程化、形式化、机械化的形式表示出来,以便让计算机执行,从而解决更多的实际问题。

1. 算法定义

什么是算法?下面首先给出算法的定义。

算法是解决问题的方法或过程,是解决某一问题的运算序列,或者说算法是问题求解过程的运算描述。在数学和计算机科学之中,算法为一个计算的具体步骤,常用于计算、数据处理和自动推理。

当面临某一问题时,需要找到用计算机解决这个问题的方法与步骤,算法就是解决这个问题的方法与步骤的描述。

2. 算法的三要素

算法由操作、控制结构与数据结构三要素组成。

1) 操作

(1) 加、减、乘、除等算术运算。

(2) 大于、小于、等于、大于或等于、小于或等于、不等于等关系运算。

(3) 与、或、非等逻辑运算。

(4) 输入、输出、赋值等操作。

2) 控制结构

(1) 顺序结构:各操作依次执行。

(2) 选择结构:由条件是否成立来选择操作执行。

(3) 循环结构:重复执行某些操作,直到满足某一条件才结束。

(4) 模块调用:一个模块调用另一个模块(包括自身直接或间接调用的递归结构)。

3）数据结构

算法的处理对象是数据,数据之间的逻辑关系、数据的存储方式与处理方式就是数据的数据结构。

3. 算法的基本特征

一个算法由有限条可完全机械地执行的、有确定结果的指令组成。指令正确描述了要完成的任务和它们被执行的顺序。计算机按算法所描述的顺序执行算法的指令能在有限的步骤内终止,或终止于给出问题的解,或终止于指出问题对此输入数据无解。

算法是满足下列特性的指令序列。

1）确定性

组成算法的每条指令是清晰的、无歧义的。

在算法中不允许有诸如 $x/0$ 之类的运算,因为其结果不能确定;也不允许有"x 与 1 或 2 相加"之类的运算,因为这两种可能的运算应执行哪一个并不确定。

2）可行性

算法中的运算是能够实现的基本运算,每一种运算可在有限的时间内完成。

在算法中,两个实数相加是可行的;两个实数相除,例如求 2/3 的值,在没有指明位数时需由无穷个十进制位表示,并不可行。

3）有穷性

算法中每一条指令的执行次数有限,执行每条指令的时间有限。

如果算法中的循环步长为零,运算进入无限循环,这是不允许的。

4）算法有零个或多个输入

算法能接受数据输入。有些输入数据需要在算法执行过程中输入,有些算法看起来没有输入,实际上输入已被嵌入算法之中。

5）算法有一个或多个输出

输出一个或多个与输入数据有确定关系的量,是算法对数据进行运算处理的结果。

通常求解一个问题可能会有多种算法可供选择,选择的主要标准是算法的正确性和可靠性,其次是算法所需要的存储空间和执行时间等。

4. 算法的重要意义

有人也许会认为:今天计算机的运算速度这么快,算法还重要吗?

诚然,计算机的计算能力每年都在飞速增长,价格却在不断下降。可是,日益先进的记录和存储手段使需要处理的信息量也在快速增长,互联网的信息流量更是爆炸式增长;在科学研究方面,随着研究手段的进步,数据量更是达到了前所未有的程度,例如在高能物理研究方面,很多实验每秒钟都能产生若干 TB 的数据量,但因为处理能力和存储能力的不足,科学家不得不把绝大部分未经处理的数据舍弃。无论是三维图形、海量数据处理、机器学习还是语音识别,都需要极大的计算量。

算法并不局限于计算机和网络。在网络时代,越来越多的挑战需要靠卓越的算法来解决。如果把计算机的发展放到数据飞速增长的大环境下考虑,你一定会发现,算法的重要性不是在日益减小,而是在日益增强。

在实际工程中人们会遇到许多高难度的计算问题,有的问题在巨型计算机上采用较差的算法来求解可能要数月的时间,而且很难找到精确解;而采用优秀的算法,即使在普通的个人计算机上,可能也只需数秒就可以求得解答。计算机求解一个工程问题的计算速度不仅与计算机设备的水平有关,更取决于求解该问题的算法设计水平的高低。世界上许多国家,从大学到研究机构都高度重视对计算机算法的研究,已将提高算法设计水平看作一个提升国家技术竞争力的战略问题。

对同一个计算问题,不同的人会有不同的计算方法,而不同算法的计算效率、求解精度和对计算资源的需求有很大的差别。

本书具体介绍枚举、递推、递归、回溯、动态规划、贪心算法与模拟等常用算法及其在实际案例求解中的应用。最后,介绍几个算法综合应用的案例。

1.1.2　算法描述

要使计算机能完成人们预定的工作,首先必须为如何完成这些工作设计一个算法,然后根据算法编写程序。

一个问题可以设计不同的算法来求解,同一个算法可以采用不同的形式来表述。

算法是问题的程序化解决方案。描述算法可以有多种方式,如自然语言方式、流程图方式、伪代码方式、计算机语言表示方式与表格方式等。

当一个算法使用计算机程序设计语言描述时,就是程序。

本书采用 C 语言与自然语言相结合来描述算法。之所以采用 C 语言,是因为 C 语言的功能丰富、表达能力强、使用灵活方便、应用面广,既能描述算法所处理的数据结构,又能描述计算过程,是目前大学阶段学习计算机程序设计的首选语言。

为方便算法描述与程序设计,下面把 C 语言的语法要点做简要概括。

1. 标识符

可由字母、数字和下画线组成,但是标识符必须以字母或下画线开头。一个字母的大小写被认为是两个不同的字符。

2. 常量

常量分为以下几种。

(1) 整型常量:十进制常数、八进制常数(以 0 开头的数字序列)、十六进制常数(以 0x 开头的数字序列)。

(2) 长整型常数(在数字后加字符 L 或 l)。

(3) 实型常量(浮点型常量):小数形式与指数形式。

(4) 字符常量:用单引号(撇号)括起来的一个字符,可以使用转义字符。

(5) 字符串常量:用双引号括起来的字符序列。

3. 表达式

1) 算术表达式

(1) 整型表达式:参加运算的运算量是整型量,结果也是整型数。

(2) 实型表达式:参加运算的运算量是实型量,运算过程中先转换成 double 型,结果为 double 型。

2) 逻辑表达式

用逻辑运算符连接的整型量,结果为一个整数(0 或 1),逻辑表达式可以认为是整型表达式的一种特殊形式。

3) 字位表达式

用位运算符连接的整型量,结果为整数。字位表达式也可以认为是整型表达式的一种特殊形式。

4) 强制类型转换表达式

用"(类型)"运算符对表达式的类型进行强制转换,如(float)a。

5) 逗号表达式(顺序表达式)

形式为

表达式 1,表达式 2,…,表达式 n

顺序求出表达式 1,表达式 2,…,表达式 n 的值,结果为表达式 n 的值。

6) 赋值表达式

将赋值号=右侧表达式的值赋给赋值号左边的变量,赋值表达式的值为执行赋值后被赋值的变量的值。注意,赋值号左边必须是变量,而不能是表达式。

7) 条件表达式

形式为

逻辑表达式?表达式 1: 表达式 2

逻辑表达式的值若为非 0(真),则条件表达式的值等于表达式 1 的值;若逻辑表达式的值为 0(假),则条件表达式的值等于表达式 2 的值。

8) 指针表达式

对指针类型的数据进行运算。例如 $p-2$、$p1-p2$、$\&a$ 等(其中 p、p1、p2 均已定义为指针变量),结果为指针类型。

以上各种表达式可以包含有关的运算符,也可以是不包含任何运算符的初等量。例如,常数是算术表达式的最简单的形式。

表达式后加";",即为表达式语句。

4. 数据定义

对程序中用到的所有变量都需要进行定义,对数据要定义其数据类型,需要时要指定其存储类别。

(1) 数据类型标识符有 int(整型)、short(短整型)、long(长整型)、unsigned(无符号型)、char(字符型)、float(单精度实型)、double(双精度实型)、struct(结构体名)、union(共用体名)。

(2) 存储类别有 auto(自动的)、static(静态的)、register(寄存器的)、extern(外部的)。

变量定义形式为

存储类别 数据类型 变量表列;

例如:

```
static float x,y;
```

5. 函数定义

函数定义的形式如下:

```
存储类别 数据类型 <函数名>(形参表列)
    {函数体}
```

6. 分支结构

1）单分支

形式如下：

```
if(表达式) <语句 1>[else <语句 2>]
```

功能：如果表达式的值为非 0（真），则执行语句 1；否则（为 0，即假），执行语句 2。语句可以是单个语句，也可以是用{}界定的若干条语句。应用 if 嵌套可实现多分支。

2）多分支

形式如下：

```
switch(表达式)
{   case 常量表达式 1: <语句 1>
    case 常量表达式 2: <语句 2>
      ⋮
    case 常量表达式 n: <语句 n>
    default: <语句 n+1>
}
```

功能：取表达式 1 时，执行语句 1；取表达式 2 时，执行语句 2；……；其他所有情形，执行语句 $n+1$。

case 后面的常量表达式的值必须互不相同。

7. 循环结构

1）while 循环

形式如下：

```
while(表达式) <语句>
```

功能：表达式的值为非 0（条件为真）时，执行指定语句（可以是复合语句）。直至表达式的值为 0（假）时，脱离循环。

特点：先判断，后执行。

2）do-while 循环

形式如下：

```
do  <语句>
while(表达式);
```

功能：执行指定语句，判断表达式的值非 0（真），再执行语句。直至表达式的值为 0（假）时，脱离循环。

特点：先执行，后判断。

3）for 循环

形式如下：

```
for(表达式 1;表达式 2;表达式 3)<语句>
```

功能：解表达式 1；求表达式 2 的值，若非 0（真），则执行语句；求表达式 3；再求表达式 2

的值……直至表达式 2 的值为 0(假)时,脱离循环。

以上 3 种循环,若执行到 break 语句,提前终止循环。若执行到 continue,结束本次循环,跳转下一次循环判定。

顺便指出,在不致引起误解的前提下,本书有时对描述的 C 语句进行适当简写或配合汉字标注,以简化算法描述。

例如,从键盘输入整数 n,按 C 语言的键盘输入函数应写为

```
scanf("%d",&n);
```

算法描述时可简写为

```
input(n);
```

或简写为

```
输入整数 n;
```

要输出整数量 a[1],a[2],…,a[n],按 C 语言的输出函数应写为

```
for(k=1;k<=n;k++)
    printf("%d",a[k]);
```

框架描述时可简写为

```
print(a[1]-a[n]);
```

或简写为

```
输出 a[1:n];
```

例 1-1　求两个整数 $m,n(m>n)$ 最大公约数的欧几里得算法描述。

求两个整数最大公约数的欧几里得算法有着两千余年的历史。欧几里得算法依据的算法理论是一个定理:

$$\gcd(m,n) = \gcd(n, m \bmod n)$$

(1) m 除以 n 得余数 r;若 $r=0$,则 n 为所求的最大公约数。

(2) 若 $r \neq 0$,以 n 为 m,r 为 n,继续(1)。

注意到任两个整数总存在最大公约数,上述辗转相除过程中余数逐步变小,相除过程总会结束。

欧几里得算法又称为辗转相除法,应用 C 语言具体描述如下:

```
//辗转相除求两个整数的最大公约数,c111(指 1.1 节的第 1 个算法描述或注释,下同)
main()
{ long m,n,c,r;
   printf("请输入整数 m,n:");
   scanf("%ld,%ld",&m,&n);
   printf(" (%ld,%ld)=",m,n);
   if(m<n)
     { c=m;m=n;n=c; }              //必要时交换 m 和 n,确保 m>n
   r=m%n;
   while(r!=0)
```

```
  { m=n;n=r;                    //通过循环实施辗转相除
    r=m%n;
  }
  printf("%ld",n);
}
```

该算法中有输入,即输入整数 m、n;有辗转相除处理,通过条件循环实施;最后有输出,即输出最大公约数 n。

以上案例的算法应用 C 语言(有时适当予以简化)描述,缩减了从算法写成完整 C 程序的距离,比应用其他方法描述更加方便。

1.2　算法的复杂性分析

算法复杂性的高低体现运行该算法所需计算机资源的多少。算法的复杂性越高,所需的计算机资源越多;反之,算法的复杂性越低,所需的计算机资源越少。

计算机资源最重要的是时间资源与空间资源。因此,算法的复杂性有时间复杂性与空间复杂性之分。需要计算机时间资源的量称为时间复杂度,需要计算机空间资源的量称为空间复杂度。时间复杂度与空间复杂度集中反映算法的效率。

算法分析是指对算法的执行时间与所需空间的估算,定量地给出运行算法所需的时间数量级与空间数量级。

1.2.1　时间复杂度

算法作为计算机程序设计的基础,在计算机应用领域发挥着举足轻重的作用。一个优秀的算法可以运行在计算速度比较慢的计算机上求解问题,而一个较差的算法在一台性能很强的计算机上也不一定能满足应用的需求。因此,在计算机程序设计中,算法设计往往处于核心地位。如何去设计一个适合特定应用的算法是开发人员所关注的焦点。

1. 算法分析的方法

要想充分理解算法并有效地应用算法求解实际案例,关键是对算法的分析。通常可以利用实验对比方法和数学方法来分析算法。

实验对比方法很简单,两个算法相互比较,它们都能解决同一问题,在相同环境下,哪个算法的速度更快,一般就会认为哪个算法性能更优。

数学方法能更为细致地分析算法,能在严密的逻辑推理基础上判断算法的优劣。但在完成实际项目过程中,很多时候都不能做这种严密的论证与推断。因此,在算法分析中,往往采用能近似表达性能的方法来展示某个算法的性能指标。例如,当 n 比较大时,计算机对 n^2 和 n^2+2n 的响应速度几乎没有什么区别,我们便可直接认为这两者的复杂度均为 n^2。

在分析算法时,隐藏细节的数学表示方法为大写字母 O 记法,这样可以简化算法复杂度计算的许多细节,提取主要成分,这和遥感图像处理中的主成分分析思想相近。

2. 运算执行频数

一个算法的时间复杂度是指算法运行所需的时间。一个算法的运行时间取决于算法所需执行的语句(运算)的多少。算法的时间复杂度通常用该算法执行的总语句(运算)的数量级决定。

就算法分析而言,一条语句的数量级即执行它的频数,一个算法的数量级是指它的所有语句执行频数之和。

例 1-2　试计算下面 3 个程序段的执行频数。

(1)
```
x=x+1;s=s+x;
```

(2)
```
for(k=1;k<=n;k++)
{ x=x+y;
  y=x+y;
  s=x+y;
}
```

(3)
```
for(t=1,k=1;k<=n;k++)
{ t=t*2;
  for(j=1;j<=t;j++)
    s=s+j;
}
```

解:如果把以上 3 个程序段看成 3 个相应算法的主体,我们来看 3 个算法的执行频数。

在(1)中,2 条语句各执行 1 次,共执行 2 次。

在(2)中,k=1 执行 1 次;k<=n 与 k++各执行 n 次;有 3 个赋值语句,每个赋值语句各执行 n 次;共执行 $5n+1$ 次。

在(3)中,t=1 与 k=1 各执行 1 次;k<=n 与 k++各执行 n 次;t=t*2 执行 n 次;j=1 执行 n 次;j<=t、j++与内循环的赋值语句 s=s+j 各执行的频数为

$$2+2^2+\cdots+2^n=2\times(2^n-1)$$

因而(3)总的执行频数为

$$6\times 2^n+4n-4$$

3. 算法时间复杂度定义

算法的执行频数的数量级直接决定算法的时间复杂度。

定义　对于一个数量级为 $f(n)$ 的算法,如果存在两个正常数 c 和 m,对所有的 $n\geqslant m$,有

$$|f(n)|\leqslant c|g(n)|$$

则记作 $f(n)=O(g(n))$,称该算法具有 $O(g(n))$ 的运行时间,是指当 n 足够大时,该算法的实际运行时间不会超过 $g(n)$ 的某个常数倍时间。

显然,例 1-2 中的(1)和(2),其计算时间即时间复杂度分别为 $O(1)$ 和 $O(n)$。

根据以上定义,(3)的执行频数为 $6\times 2^n+4n-4$,取 $c=8$,对任意正整数 n,有

$$6\times 2^n+4n-4\leqslant 8\times 2^n$$

得(3)的计算时间为 $O(2^n)$,即(3)所代表的算法时间复杂度为 $O(2^n)$。

例 1-2 中前两个程序段所代表的算法是多项式算法。最常见的多项式算法时间的关系可概括为(约定 $\log n$ 表示以 2 为底的对数)

$$O(1)<O(\log n)<O(n)<O(n\log n)<O(n^2)<O(n^3)$$

算法(3)所代表的是指数算法。3 种最常见的指数算法时间的关系为

$$O(2^n) < O(n!) < O(n^n)$$

随着 n 的增大,指数算法与多项式算法在所需的时间上相差非常大,表 1-1 具体列出了常用函数的时间复杂度增长情况。

表 1-1 常用函数的时间复杂度增长情况

n	$O(\log n)$	$O(n)$	$O(n\log n)$	$O(n^2)$	$O(n^3)$	$O(2^n)$
1	0	1	0	1	1	2
2	1	2	2	4	8	4
4	2	4	8	16	64	16
8	3	8	24	64	512	256
16	4	16	64	256	4096	65 536
32	5	32	160	1024	32 768	429 967 296

一般地,当 n 取值充分大时,在计算机上实现指数算法是不可能的,即使是比 $O(n\log n)$ 时间复杂度高的多项式算法运行也很困难。

4. 符号 O 的运算规则

根据时间复杂度符号 O 的定义,有如下定理。

定理 1-1 关于时间复杂度符号 O 有以下运算规则:

$$O(f) + O(g) = O(\max(f, g)) \tag{1-1}$$
$$O(f)O(g) = O(fg) \tag{1-2}$$

证明:设 $F(n) = O(f)$,根据 O 的定义,存在常数 c_1 和正整数 n_1,对所有的 $n \geq n_1$,有 $F(n) \leq c_1 f(n)$。同样,设 $G(n) = O(g)$,根据 O 的定义,存在常数 c_2 和正整数 n_2,对所有的 $n \geq n_2$,有 $G(n) \leq c_2 g(n)$。

令 $c_3 = \max(c_1, c_2)$,$n_3 = \max(n_1, n_2)$,$h(n) = \max(f, g)$。对所有的 $n \geq n_3$,存在 c_3,有
$$F(n) \leq c_1 f(n) \leq c_3 f(n) \leq c_3 h(n)$$
$$G(n) \leq c_2 g(n) \leq c_3 g(n) \leq c_3 h(n)$$

则
$$F(n) + G(n) \leq 2c_3 h(n)$$

即
$$O(f) + O(g) \leq 2c_3 h(n) = O(h) = O(\max(f, g))$$

令 $t(n) = f(n)g(n)$,对所有的 $n \geq n_3$,有
$$F(n)G(n) \leq c_1 c_2 t(n)$$

即
$$O(f)O(g) \leq c_1 c_2 t(n) = O(fg)$$

式(1-1)和式(1-2)成立。

定理 1-2 如果 $f(n) = a_m n^m + a_{m-1} n^{m-1} + \cdots + a_1 n + a_0$ 是 n 的 m 次多项式,$a_m > 0$,则
$$f(n) = O(n^m) \tag{1-3}$$

证明:当 $n \geq 1$ 时,据符号 O 定义,有
$$f(n) = a_m n^m + a_{m-1} n^{m-1} + \cdots + a_1 n + a_0$$

$$\leqslant |a_m|n^m + |a_{m-1}|n^{m-1} + \cdots + |a_1|n + |a_0|$$

$$\leqslant (|a_m| + |a_{m-1}| + \cdots + |a_1| + |a_0|)n^m$$

取常数 $c = |a_m| + |a_{m-1}| + \cdots + |a_1| + |a_0|$,据定义,式(1-3)得证。

例 1-3 估算以下程序段所代表的算法的时间复杂度。

```
for(k=1;k<=n;k++)
    for(j=1;j<=k;j++)
    {  x=k+j;
       s=s+x;
    }
```

解:在估算算法的时间复杂度时,为简单计,以后只考虑内循环语句的执行频数,而不细致计算各循环设置语句及其他语句的执行次数,这样简化处理不影响算法的时间复杂度。

每个赋值语句执行频率为 $1+2+\cdots+n = \dfrac{n(n+1)}{2}$,该算法的数量级为 $n(n+1)$。取 $c=2$,对任意正整数 n,有

$$n(n+1) \leqslant 2n^2 \Leftrightarrow n \leqslant n^2$$

得该程序段的计算时间为 $O(n^2)$,即所代表的算法的时间复杂度为 $O(n^2)$。

例 1-4 估算下列程序段所代表的算法的时间复杂度。

(1)
```
t=1;m=0;
for(k=1;k<=n;k++)
{  t=t*2;
   for(j=t;j<=n;j++)
       m++;
}
```

(2)
```
d=0;
for(k=1;k<=n;k++)
    for(j=k*k;j<=n;j++)
        d++;
```

解:(1) 设 $n=2^x$,则 m++ 语句的执行次数为

$$S = (n+1-2) + (n+1-2^2) + (n+1-2^3) + \cdots + (n+1-2^x)$$

$$= x(n+1) - 2(2^x - 1)$$

$$= (x-2)n + x + 2$$

注意到 $x = \log n$,则当 $n \geqslant 2$ 时,有

$$S \leqslant xn = (\log n)n$$

可知程序段(1)的时间复杂度为 $O(n\log n)$。

(2) 设 $n=m^2$,则 d++ 语句的执行次数为

$$S = (n+1-1^2) + (n+1-2^2) + (n+1-3^2) + \cdots + (n+1-m^2)$$

$$= m(n+1) - (1+2^2+\cdots+m^2)$$

$$= m(n+1) - m(m+1)(2m+1)/6$$

$$= m(6n+6-2m^2-3m-1)/6$$

注意到 $m = \sqrt{n}$,当 $n > 3$ 时,有 $S < 2n\sqrt{n}/3$。

可知程序段(2)的时间复杂度为 $O(n\sqrt{n})$。

5. 时间复杂度的其他记号

关于算法的运行时间还有 Ω 记号、Θ 记号与小写字母 o 记号等标注形式。

称一个算法具有 $\Omega(g(n))$ 的运行时间,是指当 n 足够大时,该算法的实际运行时间至少需要 $g(n)$ 的某个常数倍时间。例如:

$$f(n) = 2n + 1 = \Omega(n)$$

称一个算法具有 $\Theta(g(n))$ 的运行时间,是指当 n 足够大时,该算法的实际运行时间大约为 $g(n)$ 的某个常数倍时间。例如:

$$f(n) = 3n^2 + 2n + 5 = \Theta(n^2)$$

标注 $o(g(n))$ 表示增长阶数小于 $g(n)$ 的所有函数的集合。$f(n) = o(g(n))$ 表示一个算法的运行时间 $f(n)$ 的阶比 $g(n)$ 低。例如:

$$f(n) = 3n + 2 = o(n^2)$$

以后在分析算法时间复杂度时对这些标记一般不过多论述,通常只应用大写字母 O 记号来标注算法的时间复杂度。

6. 算法的平均情况分析

一个算法的运行时间与问题的规模相关,也与输入的数据相关。

基于算法复杂度简化表达的思想,通常只对算法进行平均情况分析。对于一个给定的算法,如果能保证它在最坏情况下的性能依然不错当然很好,但是在某些情况下,算法在最坏情况下的运行时间和平均情况的运行时间相差很大,在实际应用中几乎不会碰到最坏情况下的输入。因此,通常省略对最坏情况的分析。算法的平均情况分析可以帮助我们估计程序的性能,因此成为算法分析的基本指标之一。

例如,对给定的 n 个整数 $a[1], a[2], \cdots, a[n]$,应用逐项比较法进行由小到大的排序,可以通过以下二重循环实现:

```
for(i=1;i<=n-1;i++)
    for(j=i+1;j<=n;j++)
        if(a[i]>a[j])
            { h=a[i];a[i]=a[j];a[j]=h; }
```

其中 3 个赋值语句的执行频数之和,最理想的情形下为 0(当所有 n 个整数已从小到大排列时),最坏情形下为 $3n(n-1)/2$(当所有 n 个整数是从大到小排列时)。按平均情形来分析,其时间复杂度为 $O(n^2)$。

对于一个实用算法,通常不必深入研究它的时间复杂度的上界和下界,只需要了解该算法的特性,然后在合适的时候应用它。

7. 算法的改进与优化

为了求解某一问题,设计出复杂性尽可能低的算法是设计者追求的重要目标。或者说,求解某一问题有多种算法时,选择其中复杂性最低的算法是选用算法的重要准则。

对算法的改进与优化,主要表现在有效缩减算法的运行时间与所占空间。例如,把求解某一问题的算法时间从 $O(n^2)$ 优化缩减为 $O(n\log n)$ 就是一个了不起的成果。或者把求解某一问题的算法时间的系数缩小,例如从 $2n$ 缩小为 $3n/2$,尽管其时间数量级都是 $O(n)$,系数缩小了也是一个算法改进的成果。

1969 年,斯特拉森(V. Strassen)在求解两个 n 阶矩阵相乘时利用分治策略及其他一些处理技巧,用了 7 次对 $n/2$ 阶矩阵乘的递归调用和 18 次 $n/2$ 阶矩阵的加减运算,把矩阵相乘算法从 $O(n^3)$ 优化为 $O(n^{2.81})$,曾轰动了数学界。对这一课题的研究并未到此止步,在斯特拉森之后,又有许多算法改进了矩阵乘法的计算时间复杂性,据悉目前求解两个 n 阶矩阵相乘最好的计算时间是 $O(n^{2.376})$。

8. 问题复杂性与 NP 完全问题

算法的复杂性是指解决问题的一个具体算法的执行时间,是衡量算法优劣的一个重要指标;而问题复杂性是指这个问题本身的复杂程度。前者是算法的性质,后者是用计算机求解问题的难易程度。

NP 完全问题是计算复杂性的研究课题,计算复杂性研究计算机求解问题的难度,以及依据难度去研究各种计算问题之间的联系。

按问题复杂性把计算机求解问题分成以下两类。

(1) 易解问题类:可以在多项式时间内解决的判定性问题属于 P(Polynomial)类问题,P 类问题是所有复杂度为问题规模 n 的多项式时间问题的集合。P 类问题可以在多项式时间内解决。

(2) 难解问题类:需要超过多项式时间才能求解的问题是难处理的问题。

有些问题很难找到多项式时间的算法,或许这样的算法根本不存在,或许尽管存在,但至今尚未找到。而如果给出该问题的一个答案,可以在多项式时间内判断这个答案是否正确,这种问题称为 NP(Nondeterministic Polynomial)类问题,也称为易验证问题类。

对于 P 类问题与 NP 类问题,至今计算机科学界无法断定 P=NP 或者 P≠NP。在通常情形下,求解一个问题要比验证一个问题困难得多,因此,大多数计算机科学家认为 P≠NP。

也许使大多数计算机科学家认为 P≠NP 最令人信服的理由是存在一类 NP 完全(NP-complete,NPC)问题。这类问题有一种令人惊奇的性质,即如果一个 NPC 问题能在多项式时间内求解,那么其中的每一个问题都可以在多项式时间内解决。

目前已知的 NPC 问题已达数千个,例如背包问题、装载问题、调度问题、顶点覆盖问题、哈密顿回路问题等许多有理论意义和应用价值的优化问题都是 NPC 问题。

对于 NPC 问题,不要把它们打入“冷宫”,不要害怕继续研究。NPC 问题只是极可能无法找到一个在多项式时间内总能得到正确结果的精确算法。要知道,并不一定是多项式时间才快,或者说并不需要算法总保持多项式时间。对于 NPC 问题,仍需要设计实用算法求解,以求得当数量不太大时的相应结果。

1.2.2　空间复杂度

算法的空间复杂度是指算法运行的存储空间,是实现算法所需的内存空间的大小。

一个程序运行所需的存储空间通常包括固定空间需求与可变空间需求两部分。固定空间需求包括程序代码、常量与静态变量等所占的空间。可变空间需求包括局部作用域非静态变量所占用的空间、从堆空间中动态分配的空间与调用函数所需的系统栈空间等。

通常用算法设置的变量(数组)所占内存单元的数量级来定义该算法的空间复杂度。如果一个算法占的内存空间很大,在实际应用时该算法也是很难实现的。

先看以下 3 个算法的变量设置:

(1)
```
int x, y, z;
```

(2)
```
#define N 1000
int k, j, a[N], b[2 * N];
```

(3)
```
#define N 100
int k, j, a[N][10 * N];
```

其中,算法(1)设置了 3 个简单变量,占用 3 个内存单元,其空间复杂度为 $O(1)$。

算法(2)设置了两个简单变量与两个一维数组,占用 $3N+2$ 个内存单元,显然其空间复杂度为 $O(N)$。

算法(3)设置了两个简单变量与一个二维数组,占用 $10N^2+2$ 个内存单元,显然其空间复杂度为 $O(N^2)$。

由上可见,二维或三维数组是空间复杂度高的主要因素之一。在算法设计时,为降低空间复杂度,要注意尽可能减少高维数组的维数。

从计算机的发展实际来看,运算速度在不断增加,存储容量在不断扩大。尤其是计算机的内存,早期只有数十万字节,逐步发展到数兆字节,现在已经达到数吉字节。从应用的角度看,因空间所限影响算法运行的情形较为少见。因而,在设计算法时,应把降低算法的时间复杂度作为首要的考虑因素。

空间复杂度与时间复杂度概念相同,其分析相对比较简单,在以下论述某一算法时,如果其空间复杂度不高,不至于因所占有的内存空间而影响算法实现时,通常不涉及对该算法的空间复杂度的讨论。

1.3 算法设计与分析示例

在以上初步了解算法的概念及其描述、算法复杂性及其分析的基础上,本节通过求解最大公约数、拆分为连续正整数之和与统计 $n!$ 尾部连续零的个数 3 个简单案例的设计求解,具体说明算法设计及其复杂性分析的实施与应用。

1.3.1 求解最大公约数

求解最大公约数是最简单的整数搜索案例。

例 1-5 试求解两个给定正整数 m、n 的最大公约数 (m,n)。

解:例 1-1 给出了求解两个整数 m、n 最大公约数的欧几里得算法,这里另辟蹊径,探索应用最大公约数的定义来设计求解,并具体分析比较这两个求解最大公约数算法时间复杂度的差异。

1. 应用最大公约数定义的枚举算法设计

1) 算法要点

要求正整数 m、$n(m>n)$ 的最大公约数,注意到最大公约数最大可能为 n,最小可能为 1,于是设置 c 循环枚举从 n 开始递减至 1 的所有整数,在循环中逐个检测整数 c 是否满足条件 $m\%c=0$ 且 $n\%c=0$。若满足该条件,说明 c 同时是 m、n 的约数,即 c 是 m、n 的公约数。

由于循环变量 c 从 n 开始递减至 1,最先出现的公约数显然为最大公约数,则输出最大公约数 $\gcd(m,n)$,退出循环结束。

2) 算法描述

```
//求 m、n 的最大公约数的枚举设计,c131
main()
{  long m,n,c;
   printf("请输入正整数 m、n:");
   scanf("%ld,%ld",&m,&n);              //输入正整数 m、n
   if(m<n)
     {c=m;m=n;n=c;}                     //交换 m、n,确保 m>n
   for(c=n;c>=1;c--)                    //c 循环枚举
       if(m%c==0 && n%c==0) break;      //按公约数定义判定
   printf("(%ld,%ld)=%ld\n",m,n,c);     //输出求解结果
}
```

2. 数据检测与时间复杂度分析

```
请输入正整数 m、n: 7131085,7642895
(7131085,7642895)=2015
```

求两个整数的最大公约数,无论是例 1-1 介绍的欧几里得算法,还是以上按最大公约数定义的枚举算法,其所需时间都与输入的数据密切相关。

(1) 若输入的正整数 m、n 满足 $m\%n=0$,即 m 是 n 的整数倍,显然 n 即为所求的最大公约数,两个算法都只需试商一次即可,运算频数为 1。

(2) 若输入的正整数 m、n 互质,例如,$m=55$,$n=34$,两个算法的运算频数相差较大。

欧几里得算法运算 7 次,(m,n) 依次为 $(34,21)$,$(21,13)$,$(13,8)$,$(8,5)$,$(5,3)$,$(3,2)$,$(2,1)$。

按最大公约数定义的枚举算法需运算 34 次,c 依次为 $34,33,\cdots,1$。

(3) 平均情形的一般分析。

设输入整数 m、$n(m>n)$,按最大公约数定义的枚举算法运算频数估值为 n 太高,估值为 1 又太低。按平均情形,其运算频数估值为 $n/2$ 或为 $n/3$ 等,算法的时间复杂度为 $O(n)$。

为简化欧几里得算法的时间复杂度估算,平均情形可按每次辗转相除的余数减半,约定开始时输入整数 m、n 的最小值为 $n=2^t$,则有

$$T(2^t)=T(2^{t-1})+1=T(2^{t-2})+2=\cdots=T(2)+(t-1)=T(1)+t$$

注意到 $t=\log n$,因而得欧几里得算法的时间复杂度为 $O(\log n)$。

两个算法相比,显然欧几里得算法的时间复杂度较低,其求解效率较高。

尽管按最大公约数定义的枚举算法时间复杂度高于欧几里得算法,但其时间复杂度本身并不高,且无须欧几里得算法辗转相除的专业知识,算法描述直观,设计求解方便,因而在实际应用中常作为首选。

1.3.2　拆分为连续正整数之和

整数拆分的对象与要求多种多样,这里要求把一个给定整数拆分为若干连续正整数之和,是最简单的一种拆分。

例 1-6　试把一个正整数 n 拆分为若干(不少于 2 个)连续正整数之和。例如,$n=15$,有 3

种拆分：$15=1+2+3+4+5,15=4+5+6,15=7+8$。

对于给定的正整数 n，求出所有符合这种拆分要求的连续正整数序列的个数。

例如，对于 $n=15$，有以上 3 个解，输出 3；对于 $n=16$，无解，输出 0。

解：以下试用两种不同的算法分别进行设计求解。

1. 基本求和算法

1) 算法要点

定义变量 s 实施连续项求和，设计 $i(1\sim(n-1)/2)$ 循环为连续项求和的起始项，$j(i\sim(n+1)/2)$ 循环作为连续求和的累加项。

在 j 循环中每加一项 j 后检测是否出现 $s\geq n$。若未出现，所求连续项之和 s 不足 n，则继续往后求和。若出现 $s\geq n$，所求连续整数之和 s 已达到或超过 n，即退出求和 j 循环。但在退出循环之前有必要进一步检测 $s=n$ 是否成立，若有 $s=n$，即找到一个解，应用变量 c 统计解的个数并输出一个序列。

这里应该指出的是，检验条件 $s\geq n$ 的确避免了当和已达到或超过 n 情形下继续求和的无效操作。

2) 算法描述

```
//基本求和算法描述,c132
main()
{  long c,i,j,n,s;
   printf("请输入拆分数 n:");
   scanf("%ld",&n);
   c=0;
   for(i=1;i<=(n-1)/2;i++)                    //设置循环 i 枚举求和起始项
   {s=0;
     for(j=i;j<=(n+1)/2;j++)                  //设置循环 j 枚举求和累加项
     { s=s+j;
         if(s>=n)
         {if(s==n)
             {c++;printf("%d: %d+…+%d\n",c,i,j);}   //统计并输出一个解
          break;
         }
     }
   }
   printf("共有以上%d个解。\n",c);              //输出解的个数 c
}
```

2. 应用求和公式优化设计

应用连续正整数之和的公式可简化拆分设计。

1) 算法要点

设满足题意的连续正整数的个数为 k，k 的最大值为 t，由求和公式

$$1+2+\cdots+t=\frac{t(t+1)}{2}=n$$

显然有 $t<\text{sqrt}(2n)$。

设起始数为 m 的连续 k 项 $(2\leq k<t)$ 之和为给定整数 n，由求和公式，有

$$m+(m+1)+\cdots+(m+k-1)=\frac{k(2m+k-1)}{2}=n$$

由上式解出 m 得

$$m = \frac{\frac{2n}{k} - k + 1}{2}$$

建立关于连续正整数个数的 $k(2 \sim t)$ 循环，在循环中检验：如果 $2n$ 不能被 k 整除，或 $2n/k - k + 1$ 不能被 2 整除，显然此时 m 非正整数，则返回；否则得正整数 $m = (2n/k - k + 1)/2$，即为所求拆分的一个解：$m + (m + 1) + \cdots + (m + k - 1)$。

2）算法描述

```
//应用求和公式优化设计描述,c133
main()
{ long c,k,m,n,t;
  printf("  请输入拆分数 n: ");
  scanf("%ld",&n);
  t=(long)sqrt(2*n);
  c=0;
  for(k=2;k<=t;k++)
  { if((2*n)%k>0 || (2*n/k+1-k)%2>0) continue;      //检测 m 是否存在
    m=(2*n/k+1-k)/2;
    c++;                                             //统计并输出一个解
    printf("  %d: %d+…+%d\n",c,m,m+k-1);
  }
  printf("  共有以上%d 个解。\n",c);                 //输出解的个数 c
}
```

3. 数据测试与复杂度分析

```
请输入拆分数 n: 2015
1: 1007+…+1008
2: 401+…+405
3: 197+…+206
4: 149+…+161
5: 65+…+90
6: 50+…+80
7: 2+…+63
共有以上 7 个解。
```

以上两个算法得到的解相同（解的顺序不同），但时间复杂度相差较大。

注意到满足题意拆分的连续正整数的个数 k 的数量级为 $\sqrt{n}$，基本求和算法设计的 i 循环平均频数估值为 n，而内循环 j 循环平均频数估值为 $\sqrt{n}$，因而算法的时间复杂度为 $O(n\sqrt{n})$。应用求和公式优化设计的循环频数数量级为 $\sqrt{n}$，因而其时间复杂度为 $O(\sqrt{n})$。

显然，应用求和公式设计的时间复杂度大大低于常规的基本求和算法设计。当整数 n 很大时，应用常规的基本求和算法显得相当困难，而应用求和公式优化设计则快捷得多。

1.3.3　统计 $n!$ 尾部零

阶乘涉及整数相乘，是应用计算机求解的基本课题。

例 1-7　试统计正整数 n 的阶乘 $n! = 1 \times 2 \times \cdots \times n$ 尾部连续零的个数。

解：以下试用两种不同的算法分别进行求解。

1. 基本求积算法

1) 算法要点

注意到输入整数 n 规模可能较大，$n!$ 尾部零的个数也就相应地多，设计 a 数组存储 $n!$ 的各位数字，$a[1]$ 存储个位数字，$a[2]$ 存储十位数字，其余类推。

试模拟整数竖式乘运算实施精确计算（详见第 8 章）。

首先通过常用对数累加和 $s=\lg 2+\lg 3+\cdots+\lg n$ 确定 $n!$ 的位数 $m=s+1$，即 a 数组元素的个数。

设置两重循环，模拟整数竖式乘法实施各数组元素的累乘：

乘数 k 依次为 $2,3,\cdots,n$。

累乘积各位存入 $a[j]$（$j=1,2,\cdots,m$）。

实施乘运算：

```
t=a[j]*k+g;        //第 j 位乘 k,g 为进位数
a[j]=t%10;         //乘积 t 的个位数字存于本元素
g=t/10;            //乘积 t 的十位以上数字作为进位数
```

尾部连续零的个数统计：从 j=1 时低位 a[j] 开始，a[j]=0 时 j++;作统计，直到 a[j]!=0 时结束。

2) 算法描述

```
//计算 n!(n<10000)尾部零个数,c134
main()
{ int j,k,m,n,a[40000];
  long g,t;double s;
  printf("  请输入正整数 n(n<10000)： ");
  scanf("%d",&n);                          //输入 n
  s=0;
  for(k=2;k<=n;k++)
    s+=log10(k);                           //对数累加确定 n!的位数 m
  m=(int)s+1;
  for(k=1;k<=m;k++) a[k]=0;                 //数组清零
  a[1]=1;g=0;
  for(k=2;k<=n;k++)
  for(j=1;j<=m;j++)
  { t=a[j]*k+g;                            //数组累乘并进位
    a[j]=t%10;
    g=t/10;
  }
  j=1;
  while(a[j]==0) j++;
  printf("  %d! 尾部连续零共%d个。\n",n,j-1);   //输出 n!尾部零个数
}
```

2. 统计 5 因子设计

算法要点：

注意到 $n!$ 尾部连续零是 $n!$ 中各相乘数 $2,3,\cdots,n$ 中 2 的因子与 5 的因子相乘所得，一个 2 的因子与一个 5 的因子得一个尾部零。

显然，$n!$ 中各个相乘数 $2,3,\cdots,n$ 中 2 的因子个数远多于 5 的因子个数，因而 $n!$ 尾部连

续零的个数完全由 $n!$ 中各个相乘数 $2,3,\cdots,n$ 中的 5 因子个数决定。

设 $n!$ 中各个相乘数 $2,3,\cdots,n$ 中 5 的因子个数为 s，显然有

$$s = \left\lceil \frac{n}{5} \right\rceil + \left\lceil \frac{n}{5^2} \right\rceil + \cdots + \left\lceil \frac{n}{5^m} \right\rceil$$

其中，$\lceil x \rceil$ 为不大于 x 的最大正整数，正整数 m 满足 $5^m \leqslant n < 5^{m+1}$。

这里统计 s 只需设计一个简单的条件循环即可实现。

算法描述：

```
//统计 5 因子设计,c135
main()
{ long n,s,t;
    printf("  请输入正整数 n: ");
    scanf("%ld",&n);                          //输入 n
    s=0;t=1;
    while(t<=n)
        {t=t*5;s=s+n/t;}                      //循环统计尾部连续零的个数
    printf("  %ld! 尾部连续零共%ld 个。\n",n,s);   //输出结果
}
```

3. 数据检测与复杂度分析

```
请输入正整数 n: 2015
2015!尾部连续零共 502 个。
```

基本求积算法为双循环设计，循环频数为 mn。注意到 $m > n$，把 m 换算为 n，m 数量级估算平均为 $n\log n$，因而基本求积算法的时间复杂度为 $O(n^2 \log n)$，空间复杂度为 $O(n\log n)$。

统计 5 因子的设计大大简化了 $n!$ 尾部连续零个数的统计，算法的时间复杂度为 $O(\log n)$，空间复杂度为 $O(1)$，显然大大优于基本求积算法。

统计 5 因子设计可大大拓展 n 的范围，例如输入 n 为 20142015，可得 20142015! 尾部连续零共 5 035 500 个，基本求积算法因时间复杂度与空间复杂度太高而难以实现这一点。

若本例稍加变通，需求 $n!$ 结果所有数字中零的个数，基本求积算法(修改统计零的个数)可实现，而统计 5 因子算法却无法完成。

以上 3 个简单案例的求解都列举了两个不同的算法设计，并分析与比较了这些不同算法的时间复杂度。可见求解一个实际案例时，算法可能多种多样，不必局限于某一个定式或某一种模式，可根据案例的具体情况确定算法进行设计求解。当面临处理的数据规模很大或运行算法的时间很长时，选择时间复杂度低的算法是必要的，这也是算法设计所追求的目标。

1.4　算法与程序设计

本节简要介绍算法与程序的关系，以及结构化程序设计方法。

1.4.1　算法与程序

所谓程序，就是一组计算机能识别与执行的指令。每一条指令使计算机执行特定的操作，用来完成一定的功能。

计算机的一切操作都是由程序控制的,离开了程序,计算机将一事无成。从这个意义来说,计算机的本质是程序的机器,程序是计算机的灵魂。

那么,程序与算法是什么关系呢?

算法是程序的核心。程序是某一算法用计算机程序设计语言的具体实现。事实上,当一个算法使用计算机程序设计语言描述时,就是程序。具体来说,一个算法使用 C 语言描述,就是 C 程序。

程序设计的基本目标是应用算法对问题的原始数据进行处理,从而解决问题,获得所期望的结果。在能实现问题求解的前提下,要求算法运行的时间短,占用系统空间小。

比较求解某一问题的两个算法(程序),一个能圆满解决问题,另一个不能得到求解结果,前者是成功的,而后者是不成功的。

两个算法(程序)都能通过运行得到问题的求解结果,一个只需 2 秒,另一个需要 20 分钟,从时间复杂度比较,前者要优于后者。

初学者往往把程序设计简单地理解为编写一个程序,这是不全面的。程序设计反映了利用计算机解决问题的全过程,通常先要对问题进行分析并建立数学模型,然后考虑数据的组织方式,设计合适的算法,并用某一种程序设计语言编写程序来实现算法,上机调试程序,使之运行后能产生求解问题的结果。

显然,一个程序应包括对数据的描述与对运算操作的描述两方面的内容。

著名计算机科学家尼克劳斯·沃思(Niklaus Wirth)就此提出一个公式:

$$数据结构＋算法＝程序$$

数据结构是对数据的描述,而算法是对运算操作的描述。

实际上,一个程序除了数据结构与算法这两个要素之外,还应包括程序设计方法。一个完整的 C 程序除了应用 C 语言对算法的描述之外,还包括数据结构的定义以及调用头文件的指令。

如何根据案例的具体情况确定并描述算法,如何为实现该算法设置合适的数据结构,是求解实际案例必须面对的问题。

例 1-8 构建对称方阵。

试观察图 1-1 所示的横竖折对称方阵 **A** 与斜折对称方阵 **B** 的构造特点,总结归纳其构造规律,设计并输出以上两种形式的 n(奇数)阶对称方阵。

这是一个培养与锻炼观察能力、归纳能力与设计能力的有趣案例。

设置二维数组 $a[n][n]$ 存储 n 阶方阵的元素,数组 $a[n][n]$ 就是数据结构。本例求解算法主要是给 a 数组赋值与输出。一个一个地给元素赋值显然行不通,必须根据方阵的构造特点,归纳其构造规律,分区域给各元素赋值。

1. 横竖折对称方阵

1) 构造规律与赋值要点

观察横竖折对称方阵的构造特点,方阵横向与纵向正中各有一个对称轴。两个对称轴所分 4 个小矩形区域表现为自对称轴向两侧递减,至 4 顶角元素为 1。

设阶数 n(奇数)从键盘输入,对称轴为 $m=(n+1)/2$。

设置二维 a 数组存储方阵行号为 i,列号为 j,$a[i][j]$ 为第 i 行第 j 列元素。

可知主对角线(从左上至右下)有 $i=j$,次对角线(从右上至左下)有 $i+j=n+1$。

按两条对角线把方阵分成上部、左部、右部与下部 4 个区,如图 1-2 所示。

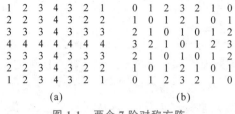

图 1-1　两个 7 阶对称方阵　　　　　　　　　　图 1-2　对角线分成的 4 个区

对角线上的元素可归纳到上、下部。

上、下部按列号 j 的函数 $m-abs(m-j)$ 赋值:

```
if(i+j<=n+1 && i<=j || i+j>=n+1 && i>=j)
    a[i][j]=m-abs(m-j);
```

左、右部按行号 i 的函数 $m-abs(m-i)$ 赋值:

```
if(i+j<n+1 && i>j || i+j>n+1 && i<j)
    a[i][j]=m-abs(m-i);
```

2) 程序设计

```
//横竖折对称方阵,c141
#include<stdio.h>                       //调用两个头文件
#include<math.h>
void main()
{   int i,j,m,n,a[30][30];              //定义数据结构
    printf("  请确定方阵阶数(奇数)n: "); scanf("%d",&n);
    if(n%2==0)
      {printf(" 请输入奇数!");return;}
    m=(n+1)/2;
    for(i=1;i<=n;i++)
      for(j=1;j<=n;j++)
      {
        if(i+j<=n+1 && i<=j || i+j>=n+1 && i>=j)
          a[i][j]=m-abs(m-j);           //为方阵上、下部元素赋值
        if(i+j<n+1 && i>j || i+j>n+1 && i<j)
          a[i][j]=m-abs(m-i);           //为方阵左、右部元素赋值
      }
    printf("  %d阶对称方阵为:\n",n);
    for(i=1;i<=n;i++)
    {   for(j=1;j<=n;j++)               //输出对称方阵
        printf("%3d",a[i][j]);
        printf("\n");
    }
}
```

2. 斜折对称方阵

1) 构造规律与赋值要点

斜折对称方阵的两个对角线上均为 0,依两对角线把方阵分为 4 个区域,每一区域表现为同数字依附两对角线折叠对称,至上下左右正中元素为 $n/2$。

同样设置二维 $a[n][n]$ 数组存储方阵中的元素,行号为 i,列号为 j, $a[i][j]$ 为第 i 行第 j 列元素。

令 $m=(n+1)/2$,按 m 把方阵分成的 4 个小矩形区如图 1-3 所示。

$i \leqslant m$ $j \leqslant m$	$i \leqslant m$ $j > m$
$i > m$ $j \leqslant m$	$i > m$ $j > m$

图 1-3 按 m 分成的 4 个小矩形区

注意到方阵的主对角线(从左上至右下)上的元素为 $i=j$,则左上区与右下区依主对角线赋值:

```
a[i][j]=abs(i-j);
```

注意到方阵的次对角线(从右上至左下)上的元素为 $i+j=n+1$,则右上区与左下区依次对角线赋值:

```
a[i][j]=abs(i+j-n-1);
```

2) 程序设计

```
//斜折对称方阵,c142
#include<math.h>
#include<stdio.h>
void main()
{   int i,j,m,n,a[30][30];
    printf("请确定方阵阶数(奇数)n: "); scanf("%d",&n);
    if(n%2==0)
      { printf("请输入奇数!");return;}
    m=(n+1)/2;
    for(i=1;i<=n;i++)
      for(j=1;j<=n;j++)
      {   if(i<=m && j<=m || i>m && j>m)
            a[i][j]=abs(i-j);                //为方阵左上部与右下部元素赋值
          if(i<=m && j>m || i>m && j<=m)
            a[i][j]=abs(i+j-n-1);            //为方阵右上部与左下部元素赋值
      }
    printf("%d阶对称方阵为:\n",n);
    for(i=1;i<=n;i++)
    {   for(j=1;j<=n;j++)                    //输出对称方阵
          printf("%3d",a[i][j]);
        printf("\n");
    }
}
```

以上两个完整的 C 程序包含了算法描述(整数 n 的输入、数组元素的赋值与输出)、数据结构(a 数组与变量 i 、 j 、 m 、 n)的定义以及两个 C 程序头文件的调用。

运行以上两个程序,可以在欣赏各个具体的对称方阵中感受从特例到一般的神奇。

例 1-9 编写程序求 n 个正整数 $m_0, m_1, \cdots, m_{n-1}$ 的最大公约数 $(m_0, m_1, \cdots, m_{n-1})$。

解:对于 3 个或 3 个以上整数,最大公约数有以下性质:

$$(m_1, m_2, m_3) = ((m_1, m_2), m_3)$$

$$(m_1, m_2, m_3, m_4) = ((m_1, m_2, m_3), m_4)$$

⋮

应用这一性质,要求 n 个数的最大公约数,先求出前 $n-1$ 个数的最大公约数 b_{n-1},再求第 n 个数与 b_{n-1} 的最大公约数;要求 $n-1$ 个数的最大公约数,先求出前 $n-2$ 个数的最大公约数 b_{n-2},再求第 $n-1$ 个数与 b_{n-2} 的最大公约数……因而,要求 n 个整数的最大公约数,需应用 $n-1$ 次欧几里得算法来完成。

为输入与输出方便,把 n 个整数设置成 m 数组,m 数组与变量 a,b,c,r 设置为长整型,个数 n 与循环变量 k 设置为整型,这就是数据结构。

设置 $k(1\sim n-1)$ 循环,完成 $n-1$ 次欧几里得算法,最后输出所求结果。

```c
//求 n 个整数的最大公约数,c143
#include<stdio.h>                        //C 程序头文件的调用
void main()
{   int k,n;
    long a,b,c,r,m[100];
    printf("请输入整数个数 n: ");        //输入原始数据
    scanf("%d",&n);
    printf("请依次输入%d 个整数。",n);
    for(k=0;k<=n-1;k++)
       {  printf("\n 请输入第%d 个整数: ",k+1);
          scanf("%ld",&m[k]);
       }
    b=m[0];
    for(k=1;k<=n-1;k++)                   //控制应用 n-1 次欧几里得算法
    {  a=m[k];
       if(a<b)
          { c=a;a=b;b=c; }               //交换 a、b,确保 a>b
       r=a%b;
       while(r!=0)
       {  a=b;b=r;                        //实施辗转相除
          r=a%b;
       }
    }
    printf("(%ld",m[0]);                 //输出求解结果
    for(k=1;k<=n-1;k++)
       printf(",%ld",m[k]);
    printf(")=%ld\n",b);
}
```

程序运行示例:

```
请输入整数个数 n: 4
请依次输入 4 个整数。
请输入第 1 个整数: 10247328
请输入第 2 个整数: 12920544
请输入第 3 个整数: 17480736
请输入第 4 个整数: 22859424
(10247328,12920544,17480736,22859424)=2016
```

从以上两例可见,在求解案例时,需根据问题的具体情况设置数据结构,确定求解算法,编程实现算法。

要提高程序的质量和编程效率,主要应使设计的算法具有良好的可读性、可靠性、可维

护性以及良好的结构。设计好的算法,编制好的程序,应当是每位程序设计工作者追求的目标。而要做到这一点,就必须掌握正确的程序设计方法与技术。

实际上,算法设计与程序设计是相关联的一个整体。为了防止算法设计与程序设计脱节,算法理论与实际应用脱节,本教程在讲述每一种常用算法时,把算法设计与程序设计紧密结合起来,突出算法在解决实际案例中的核心地位与指导作用。学习者应努力提高对相应算法的理解,以切实提高应用算法设计解决实际问题的能力。

1.4.2　结构化程序设计

近年来,一些面向对象的计算机程序设计语言陆续问世,打破了以往只有面向过程程序设计的单一局面。如果认为有了面向对象的程序设计之后,面向过程的程序设计就过时了,这是不正确的。不应该把面向对象与面向过程对立起来,在面向对象程序设计中仍然要用到面向过程的知识。面向过程程序设计仍然是程序设计工作者的基本功。而面向过程程序设计通常由结构化程序设计实现。

算法是由一系列操作组成的,这些操作之间的执行次序就是控制结构。计算机科学家Bohm 和 Jacopini 证明了这样的事实:任何简单或复杂的算法都可以由顺序结构、选择结构和循环结构这 3 种结构组合而成。所以,顺序结构、选择结构和循环结构称为程序设计的 3 种基本结构,也是结构化程序设计必须采用的结构。

结构化程序设计方法一直是国内外普遍采用的一种程序设计方法。自 20 世纪 60 年代由荷兰学者 E. W. Dijkstra 提出后,结构化程序设计方法在实践中不断发展和完善,已成为软件开发的重要方法,在程序设计中占有十分重要的位置。

结构化程序设计是一种进行程序设计的原则和方法,按照这种原则和方法可设计出结构清晰,容易理解、修改和验证的程序。或者说,结构化程序设计是按照一定的原则与原理,组织和编写正确且易读的程序的软件技术。结构化程序设计的目标在于使程序具有合理的结构,以保证程序的正确性,从而开发出正确、合理的程序。

结构化程序设计的基本要点如下。

(1) 自顶向下,逐步求精。

(2) 模块化设计。

(3) 结构化编码。

自顶向下是指对设计求解的问题要有全面的理解,从问题的全局入手,把一个复杂问题分解成若干相互独立的子问题,然后对每个子问题再作进一步的分解,如此重复,直到每个子问题都容易解决为止。

逐步求精是指程序设计的过程是一个渐进的过程,先把一个子问题用一个程序模块来描述,再把每个模块的功能逐步分解细化为一系列的具体步骤,直至能用某种程序设计语言的基本控制语句来实现。

逐步求精总是和自顶向下结合使用,将问题求解逐步具体化的过程,一般把逐步求精看作自顶向下设计的具体体现。

模块化是结构化程序设计的重要原则。所谓模块化,就是把大程序按照功能分为若干较小的程序。一般地讲,一个程序是由一个主控模块和若干子模块组成的。主控模块用来完成某些公用操作及功能选择,而子模块用来完成某项特定的功能。在 C 语言中,子模块通常用函数来实现。当然,子模块是相对主模块而言的,作为某一子模块,它也可以控制更下一层的子模块。这种设计风格便于分工合作,将一个大的模块分解为若干子模块分别完成,然后用主控模块控制和调用子模块。程序的这种模块化结构如图 1-4 所示。

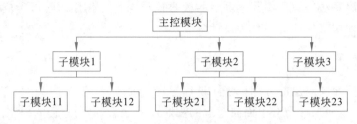

图 1-4　程序的模块化结构

在设计好一个结构化的算法之后,还需进行结构化编码,将已设计好的算法用计算机语言来表示,编写出能在计算机上进行编译与运行的程序。

例 1-10　把欧几里得算法设计成子模块(函数形式),并通过主程序调用实现求 n 个整数的最大公约数。

解：设整数 a、b 的最大公约数为 $\gcd(a,b)$。

(1) 欧几里得算法的子模块。

```
//实现欧几里得算法的函数,c144
long gcd(long a,long b)
{  long c,r;
   if(a<b)
     {c=a;a=b;b=c;}              //交换 a、b,确保 a>b
   r=a%b;
   while(r!=0)
   { a=b;b=r;                    //实施辗转相除
     r=a%b;
   }
   return b;
}
```

(2) 调用函数的主程序。

```
//求 n 个整数的最大公约数,c145
#include<stdio.h>
void main()
{  int k,n;
   long x,y,m[100];
   printf("请输入整数个数 n: "); scanf("%d",&n);
   printf("请依次输入%d 个整数。",n);
   for(k=0;k<=n-1;k++)
   {  printf("\n 请输入第%d 个整数: ",k+1);
      scanf("%ld",&m[k]);
   }
   x=m[0];
   for(k=1;k<=n-1;k++)
```

```
{   y=m[k];
    x=gcd(x,y);
}
printf("(%ld",m[0]);
for(k=1;k<=n-1;k++)
    printf(",%ld",m[k]);
printf(")=%ld\n",x);
}
```

结构化程序设计的过程就是将问题求解由抽象逐步具体化的过程。这种方法符合人们解决复杂问题的普遍做法,可以提高程序设计的质量和效率。

习 题 1

1-1　求出以下程序段所代表的算法的时间复杂度。

(1)

```
m=0;
for(k=1;k<=n;k++)
  for(j=k;j>=1;j--)
    m=m+j;
```

(2)

```
m=0;
for(k=1;k<=n;k++)
  for(j=1;j<=k/2;j++)
    m=m+j;
```

(3)

```
t=1;m=0;
for(k=1;k<=n;k++)
{ t=t*k;
  for(j=1;j<=k*t;j++)
    m=m+j;
}
```

(4)

```
for(a=1;a<=n;a++)
{ s=0;
  for(b=a*100-1;b>=a*100-99;b-=2)
  {   for(x=0,k=1;k<=sqrt(b);k+=2)
      if(b%k==0)
      {x=1;break;}
      s=s+x;
  }
  if(s==50)
    printf("%ld \n",a);break;
}
```

1-2　若 $p(n)$ 是 n 的多项式,证明: $O(\log p(n))=O(\log n)$。

1-3 某学院有 m 个学生参加春游,休息时喝汽水。商家公告:

(1) 买 1 瓶汽水 1.40 元,喝 1 瓶汽水(瓶不带走)1 元。

(2) 为节约资源,规定 3 个空瓶可换回 1 瓶汽水,或 20 个空瓶可换回 7 瓶汽水。

(3) 为方便顾客,可先借后还。例如借 1 瓶汽水,还 3 个空瓶;或借 7 瓶汽水,还 20 个空瓶。

m 个学生每人喝 1 瓶汽水(瓶不带走),至少需多少元?

输入正整数 m(2<m<10000),输出至少需多少元(精确到小数点后两位)。

1-4 分数分解。把真分数 a/b 分解为若干分母为整数、分子为 1 的埃及分数之和。

(1) 寻找并输出小于 a/b 的最大埃及分数 $1/c$。

(2) 若 $c>900000000$,则退出。

(3) 若 $c \leqslant 900000000$,把差 $a/b - 1/c$ 整理为分数 a/b,若 a/b 为埃及分数,则输出后结束。

(4) 若 a/b 不是埃及分数,则继续步骤(1)、(2)、(3)。

试描述以上算法。

1-5 完成例 1-1、例 1-5、例 1-6 和例 1-7 中的各个程序,并上机运行程序,体验与比较求解同一案例的复杂度不同的两个算法在求解时间上的差异。

1-6 构建对称方阵。观察图 1-5 所示的 7 阶对称方阵。

```
0 1 1 1 1 1 0
1 0 2 2 2 0 1
1 2 0 3 0 2 1
1 2 3 0 3 2 1
1 2 0 3 0 2 1
1 0 2 2 2 0 1
0 1 1 1 1 1 0
```

图 1-5   7 阶对称方阵

试构造并输出符合该方阵构造特点的 n 阶对称方阵。

第2章 枚 举

枚举是计算机程序设计引导入门的基础,在数量规模较小的问题求解中广泛使用。应用枚举设计可以非常简明地解决许多实际问题。

本章介绍素数搜索、合数分解、解方程、解不等式、求最值的基础案例的枚举设计求解,并应用枚举求解诸如数组、数列、数式与数阵等许多有趣的实际案例。

2.1 枚 举 概 述

1. 枚举的概念

枚举法(enumeration)也称为列举法、穷举法,是蛮力策略的具体体现,又称为蛮力法。枚举是一种简单而直接地解决问题的方法,其基本思想是:逐一列举问题所涉及的所有情形,并根据问题提出的条件检验哪些是问题的解,哪些应予排除。

通常程序设计入门都是从枚举开始的。今天,计算机的运算速度非常快,应用枚举设计程序可快捷地解决一般数量规模的许多实际应用问题。

枚举法的特点是算法设计比较简单,只要一一列举问题所涉及的所有情形即可。

枚举法常用于解决"是否存在"或"有多少种可能"等问题。其中许多实际应用问题靠人工推算求解是不可想象的,而应用枚举设计求解,充分发挥计算机运算速度快、擅长重复操作的特点,具有快速而简便的特点。

应用枚举时应注意对问题所涉及的有限种情形进行一一列举,既不能重复,又不能遗漏。重复列举直接引发增解,影响解的准确性;而列举的遗漏可能导致问题解的遗漏。

2. 枚举模式

实施枚举通常应用循环结构来实现,常用的枚举模式有以下两个。

1) 区间枚举

对于有明确范围要求的实际案例,通过枚举循环的上下限控制枚举区间,而在循环体中完成各个运算操作,然后根据所求解的具体条件,应用选择结构实施判别与筛选,求得所要求的解。

区间枚举设计的框架描述:

```
n=0;
for(k=<区间下限>;k<=<区间上限>;k++)        //根据实际情况控制枚举范围
{ <运算操作序列>;
    if(<约束条件>)                        //根据约束条件实施筛选
    { printf(<满足要求的解>);             //逐一输出问题的解
      n++;                               //统计解的个数
    }
}
printf(<解的个数>);                       //输出解的个数
```

2）递增枚举

有些问题没有明确的范围限制,可根据问题的具体情况试探性地从某一起点开始增值枚举,对每一个数进行操作与判别,若满足条件即输出结果。

递增枚举设计的框架描述:

```
k=0;
while(1)
{  k++;                          //设置循环,枚举变量 k 递增
   <运算操作序列>;
   if(<约束条件>)                //根据约束条件实施筛选与结束
   { printf(<满足要求的解>);     //输出问题的解
     return;                     //返回结束
   }
}
```

递增枚举往往得到一个解后即结束。

尽管枚举比较简单,在应用枚举设计求解实际问题时也要认真分析,准确设置枚举循环,并确定约束与筛选条件。

若所求解的量非常大以致超出变量允许范围,可在约束条件加上一个“枚举上限”,以强制结束递增枚举循环。

3. 枚举的实施步骤

应用枚举设计求解,通常分以下几个步骤。

(1) 根据问题的具体情况确定枚举量(简单变量或数组)。

(2) 根据问题的具体情况确定枚举范围,设置枚举循环。

(3) 根据问题的具体要求确定筛选(约束)条件。

(4) 设计枚举程序并运行、调试,对运行结果进行分析与讨论。

当问题所涉及的数量规模非常大时,枚举的工作量也就相应较大,程序运行时间也就相应较长。为此,应用枚举求解时,应根据问题的具体情况进行分析归纳,寻找简化规律,精简枚举循环,优化枚举策略。

4. 枚举设计的意义

虽然巧妙和高效的算法很少来自枚举,但枚举设计作为一种常规的基础算法不能受到冷落与轻视。

(1) 理论上,枚举可以解决可计算领域中的各种问题。尤其处在计算机计算速度非常高的今天,枚举的应用领域是非常广阔的。

(2) 在实际应用中,如果要解决的问题规模不大,应用枚举设计,其运算速度是可以接受的。此时,设计一个更高效率的算法在代价上不值得。

(3) 枚举可作为某类问题时间性能的底线,用来衡量同样问题的更高效率的算法。

本章将通过若干典型案例的求解,说明枚举的实际应用。

2.2　素数与合数

数据处理是程序设计的基本课题,通常只要合理运用枚举设计即可简捷地解决常见的数据处理问题。

数据处理整数,常涉及素数与合数。本节探讨区间素数搜索、探求合数世纪及合数的质因数分解等整数基础案例的枚举设计。

2.2.1　区间素数搜索

素数是上帝用来描写宇宙的文字(伽利略语)。

素数,又称为质数,是不能被 1 与其本身以外的其他整数整除的整数。前 10 个素数分别为 2,3,5,7,11,13,17,19,23,29,其中 2 为唯一的偶素数。

与此相对应,一个整数如果能被 1 与其本身以外的整数整除,该整数称为合数,或复合数。例如,15 能被 1 与 15 以外的整数 3 与 5 整除,15 是一个合数。

特别指出,最小的正整数 1 作为整数单位,既不是素数,也不是合数。

作为一类特殊的整数,素数是数论中探讨最多也是难度最大的一类整数,其中有些问题是许多著名数学家提出并研究过的经典。

搜索素数的方法主要有试商判别法与厄拉多塞筛法两种。

1. 案例提出

依据素数定义的试商判别法是最常用也是最简单的素数判别法。

试应用试商判别法搜索指定区间上的所有素数,并统计该区间上素数的个数。

2. 枚举设计要点

素数的定义就是不能被 1 与其本身以外的整数整除。

应用试商判别法来判别整数 i 是否为素数,就用大于 1 小于 i 的整数 j 去试商。

若所有这些 j 都不能整除 i,则整数 i 为素数。

否则,存在整数 j 能整除 i,则整数 i 不是素数。

要搜索指定区间 $[c,d]$ 上的素数,设计二重循环实施枚举。

(1) 枚举 $[c,d]$ 上的所有奇数 i(只有唯一偶素数 2,不作专门判别):

```
for(i=c;i<=d;i+=2)    (这里 c 为奇数)
```

(2) 枚举奇数 j(3,5,…,sqrt(i))去试商:

```
for(t=0,j=3;j<=sqrt(i);j+=2) (这里 t=0 为素数的标志)
```

这里指出,试商的奇数的上限为什么定为 sqrt(i)?

如果把试商的奇数 j 的取值上限定为 $i/2$ 或 $i-1$ 也是可行的,但并不是可取的,无疑会增加许多无效试商操作。

理论上说,如果整数 i 存在一个大于 sqrt(i)且小于 i 的因数,则必存在一个与之对应的小于 sqrt(i)且大于 1 的因数,因而从判别功能来说,取到 sqrt(i)已足够了。

判别 j 整除 i,常用表达式 $i\%j==0$ 实现。

如果满足条件 $i\%j==0$,i 不是素数,则标注 $t=1$ 后退出。

否则,所有试商的整数 j 都不能整除整数 i,始终保持标注 $t=0$,i 为素数,作打印输出(约定每一行输出 5 个),并应用变量 n 统计其个数。

最后,输出区间上的素数个数 n,完成案例。

3. 应用试商法求区间素数程序设计

```
//试商判别法搜索指定区间素数,c221
#include<stdio.h>
#include<math.h>
void main()
{  long c,d,i,j,n,t;
printf("搜索区间[c,d]上的素数.\n");
printf("请输入整数 c,d: ");
scanf("%ld,%ld",&c,&d);
printf("区间[%ld,%ld]上的素数有: \n",c,d);
if(c<=2)
    { printf(" 2"); c=3;n=1;}          //区间包括 2,则输出偶素数 2
else n=0;
if(c%2==0) c=c+1;
for(i=c;i<=d;i+=2)                      //设计二重枚举循环实施试商判别
{ for(t=0,j=3;j<=sqrt(i);j+=2)
  if(i%j==0)                           //实施试商
    { t=1;break;}
  if(t==0)                             //标志量 t=0 时 i 为素数
    { printf(" %ld",i);
    n++;                               //统计素数的个数
    if(n%5==0) printf("\n");
    }
  }
  printf("\n 共%ld 个素数。\n",n);
}
```

4. 程序运行示例与分析

```
搜索区间[c,d]上的素数。
请输入整数 c,d: 2001,2100
区间[2001,2100]上的素数有:
    2003  2011  2017  2027  2029
    2039  2053  2063  2069  2081
    2083  2087  2089  2099
共 14 个素数.
```

由于枚举试商奇数缩减为 $[3,5,\cdots,\mathrm{sqrt}(i)]$,程序搜索速度是比较快的。

由二重枚举循环设置可知,枚举的时间复杂度为 $O(n^{3/2})$。

2.2.2　探求合数世纪

以上程序得到 21 世纪的 100 个年号[2001,2100]中有 14 个素数,自然想到是否存在某一个世纪,它的 100 个年号中不存在素数?

定义一个世纪的 100 个年号全为合数的世纪称为合数世纪。

1. 案例提出

是否存在合数世纪? 如果存在,最早的合数世纪出现在什么时候?

试搜索指定的前 n 个合数世纪。

2. 枚举设计搜索要点

应用枚举搜索,设置 $a>0$ 世纪的 50 个奇数年号(偶数年号无疑均为合数)为 b,用整数 k 试商判别 b 是否为素数,用变量 s 统计这 50 个奇数中的合数的个数。

对于 a 世纪(a 从 1 开始递增),循环枚举该世纪的 50 个奇数年号 b:

```
for(b=a*100-99;b<=a*100-1;b+=2)
```

循环枚举试商数 k:

```
for(x=0,k=3;k<=sqrt(b);k+=2)
```

若 k 整除年号 $b(b\%k==0)$,b 为合数,记 $x=1$ 后退出该试商循环。

否则,整个试商循环中没有出现整除,仍保持 $x=0$,说明该年号为素数。

设置变量 s 统计合数年号的个数:$s=s+x$。

若 $s=50$,即 50 个奇数都为合数,找到 a 世纪为合数世纪,打印输出并用变量 m 统计合数世纪的个数。

如果 $m \geqslant n$,已完成探索,即行退出。

3. 探求合数世纪程序设计

```
// 探求前 n 个合数世纪,c222
#include<stdio.h>
#include<math.h>
void main()
{ long a,b,k; int m,n,s,x;
  printf(" 探求前 n 个合数世纪,请输入 n: ");
  scanf("%d",&n);
  a=1;m=0;
  while(1)
    { a++;s=0;                          //检验 a 世纪
      for (b=a*100-99;b<=a*100-1;b+=2)  //枚举 a 世纪奇数年号 b
          { for (x=0,k=3;k<=sqrt(b);k+=2)
                if(b%k==0) { x=1;break; }
              s=s+x;                     //年号 b 为合数时,x=1,s 增 1
          }
      if(s==50)                          //s=50,合数世纪数 m 增 1
        { printf(" 第%d 个合数世纪为 %ld 世纪,",++m,a);
         printf(" 年号( %ld--%ld)全为合数.\n",a*100-99,a*100);
        }
      if(m>=n) break;
    }
}
```

4. 程序运行示例与变通

```
探求前 n 个合数世纪,请输入 n: 3
第 1 个合数世纪为 16719 世纪, 年号(1671801--1671900)全为合数.
第 2 个合数世纪为 26379 世纪, 年号(2637801--2637900)全为合数.
第 3 个合数世纪为 31174 世纪, 年号(3117301--3117400)全为合数.
```

第 1 个合数世纪居然出现在百万多年之后,真可谓地老天荒,海枯石烂! 那时的人类应该还存在吧,是否还沿用当今的公元世纪就不得而知了。

作为实验,请运行程序 c221,验证这 3 个合数世纪的 100 个年号中不存在素数。

作为作业,应用枚举设计探求最小的 100 个相连的合数。这里指出,第一个合数世纪的 100 个年号无疑是 100 个相连合数,但不是最小的 100 个相连的合数。

变通：请应用枚举设计探求最小的 n 个相连的合数(整数 n 从键盘输入)。

2.2.3　合数的质因数分解

合数分解质因数是整数分解中最基本的分解案例。

本节试按整型分解质因数的乘积形式与双精度分解质因数的指数形式分别设计求解。

1. 案例提出

对指定区间 $[c,d]$ 的整数分解质因数,每一整数分解表示为质因数从小到大顺序排列的乘积形式。如果被分解的整数本身是素数,则注明为素数。

例如,$2025 = 3 * 3 * 3 * 3 * 5 * 5$,$2027 = ($素数!$)$。

2. 枚举设计要点

枚举区间中的每一个整数 i(作赋值 $b = i$,以保持 i 不变),设置 k 循环实施试商,判别 k 是否为整数 i 的因数。

注意到整数 i 的最大因数可能为 $i/2$,用 $k(2\sim i/2)$ 试商是可行的,但并不是最省的。事实上,用 $k(2\sim \mathrm{sqrt}(i))$ 试商可避免多余的无效操作,降低时间复杂度。

在枚举 k 试商循环中,若 k 不能整除 b,说明数 k 不是 b 的因数,k 增 1 后继续试商。

若 k 能整除 b,说明数 k 是 b 的因数,打印输出"$k *$";b 除以 k 的商赋给 $b(b = b/k)$ 后继续用 k 试商(注意,可能有多个 k 因数!),直至 k 不能整除 b,k 增 1 后再作试商。

按上述从小至大试商确定的因数显然都为质因数。

如果整数 i 存在大于 $\mathrm{sqrt}(i)$ 的因数(至多一个),在试商循环结束后,应用试商后 b 值的范围"$b > 1$ && $b < i$"进行判别并补上,不得遗失。

如果整个试商后,b 的值没有任何缩减,仍为原待分解数 i,说明 i 是素数,作素数说明标记。

3. 质因数分解程序设计

```
//质因数分解乘积形式,c223
#include "math.h"
#include <stdio.h>
void main()
{ long int b,c,d,i,k;
printf(" 请指定区间 c,d:");
scanf("%ld,%ld",&c,&d);
for(i=c;i<=d;i++)                       //i 为待分解的整数
  { printf(" %ld=",i);
    b=i;k=2;
    while(k<=sqrt(i))                    //k 为试商因数
       { if(b%k==0)
         { b=b/k;
         if(b>1)
           { printf("%ld * ",k);
             continue;                   //输出质因数 k 后,返回再试 k 因数
           }
         if(b==1)
           printf("%ld\n",k);            //此时 k 为最后的因数
       }
         k++;
    }
```

```
    if(b>1 && b<i)
      printf("%ld\n",b);                    //判别并输出大于 i 平方根的因数
    if(b==i)
      printf("(素数!)\n");                   //b=i,表示 i 无质因数,即标注"素数"
   }
 }
```

4. 程序运行示例

```
请指定区间 c,d:2023,2028
2023=7 * 17 * 17
2024=2 * 2 * 2 * 11 * 23
2025=3 * 3 * 3 * 3 * 5 * 5
2026=2 * 1013
2027=(素数!)
2028=2 * 2 * 3 * 13 * 13
```

我们看到,整数分解中素因数从小到大输出,相同的质因数一一列出。

如果把这些相同的质因数集中书写,就是以下的指数形式。

5. 拓展到双精度分解质因数指数形式

整数质因数分解的指数形式是对乘积形式的简约。

为了扩大搜索区间的范围,拟应用双精度变量实施分解。

对指定区间 $[c,d]$ 的整数应用双精度分解质因数,每一整数分解表示为质因数从小到大顺序排列。如果存在相同的质因数,要求写成指数的形式。

例如分解 2028,质因数指数形式为:2028=2^2 * 3 * 13^2。

1) 双精度分解枚举设计要点

为了扩展分解整数的范围,程序设计采用双精度变量,这样相关整除与商取整函数相应改变。

整数 i 开平方:pow(i,0.5);

整数 b 除以 k 的余数:fmod(b,k);

整数 b 除以 k 的商取整:floor(b/k);

枚举 k 试商 while 循环:

```
k=2;                                    //试商质因数 k 取初值
while(k<=pow(i,0.5))                     //试商质因数 k 取[2,√i]
   { if(fmod(b,k)==0)                    //若 k 为 b 的因数
      { b=floor(b/k);j++;continue; }     //则 b 取其商,继续用现有 k 试商
     k++;                               //否则,试商因数 k 增 1 后继续
   }
```

在以上枚举程序中,为了输出指数形式,引入变量 j 统计质因数的个数。每分解一个质因数后不急于打印输出这一因数,而是统计该因数的个数。当这一因数分解并统计完成后再行输出指数形式:

(1) $j=1$ 时只打印因数,不打印指数。

(2) $j>1$ 时需打印因数,并加打印指数(^j)。

2) 双精度分解质因数指数形式程序设计

```
//双精度分解质因数分解指数形式,c224
  #include "math.h"
  #include<stdio.h>
  void main()
  { double b,c,d,i,k; int j;
   printf("  请指定区间 c,d:");
   scanf("%lf,%lf",&c,&d);
   for(i=c;i<=d;i++)                    //枚举区间内的所有整数 i
   {printf(" %.0f=",i);
    b=i;k=2;j=0;
    while(k<=pow(i,0.5))                //枚举[2,√i]中的试商整数 k
      { if(fmod(b,k)==0)
      { b=floor(b/k);j++;continue; }    //k 为质因数,统计后返回再试
    if(j>=1)
      {   printf("%.0f",k);
          if(j>1) printf("^%d",j);      //打印指数形式
          if(b>1) printf(" * ");
      }
     k++;j=0;
    }
    if(b>1 && b<i) printf("%.0f",b);    //输出大于 i 平方根的因数
    if(b==i) printf("(素数!)");          //b=i,表示 i 无质因数
    printf("\n");
   }
  }
```

3) 程序运行示例与说明

```
请指定区间 c,d:1234699,1234704
    1234699=31 * 39829
    1234700=2^2 * 5^2 * 12347
    1234701=3^2 * 13 * 61 * 173
    1234702=2 * 7^2 * 43 * 293
    1234703=(素数!)
    1234704=2^4 * 3 * 29 * 887
请指定区间 c,d: 518666803200,518666803200
    518666803200=2^11 * 3^3 * 5^2 * 7^2 * 13 * 19 * 31
```

我们看到,若分解式中没有相同质因数,其指数形式与乘积形式相同。

后一示例说明对某一特定整数的分解,这么大的整数应用整型分解不能胜任,应用双精度分解处理是适宜的。

同样,如果区间内存在素数,则作"素数"标注。

作为实验,建议指定区间[1671801,1671900],验证第一个合数世纪的 100 个年号具体的因数分解。

2.3　解　方　程

解方程是程序设计的应用课题之一。有些较为复杂的方程用常规推理方法求解比较困难时,运用程序设计可望有效求解,得到相应的准确解或近似解。

2.3.1 佩尔方程

1. 案例提出

佩尔(Pell)方程是关于 x、y 的二次不定方程,表述为

$$x^2 - ny^2 = 1 \quad (\text{其中 } n \text{ 为非平方正整数})$$

当 $x=1$ 或 $x=-1$,$y=0$ 时,显然满足方程。常把 x、y 中有一个为零的解称为平凡解。本例要求佩尔方程的非平凡解。

佩尔方程的非平凡解很多,这里只要求出它的最小解,即 x、y 为满足方程的最小正数的解,又称基本解。

对于有些 n,尽管是求基本解,其数值也大得惊人。这么大的数值,如何求得?其基本解具体为多少?可以说,这是自然界对人类计算能力的一个挑战。17 世纪曾有一位印度数学家说过,要是有人能在一年的时间内求出 $x^2 - 92y^2 = 1$ 的非平凡解,他就算得上一名真正的数学家。

由此可见,佩尔方程的求解是有趣的,其计算也是烦琐的。

试设计程序求解佩尔方程 $x^2 - 73y^2 = 1$。

2. 设计要点

应用枚举试值来探求佩尔方程的基本解。

设置 y 从 1 开始递增 1 取值,对于每一个 y 值,计算 $a = n*y*y$ 后判别:

(1) 若 $a+1$ 为某一整数 x 的平方,则 (x, y) 即为所求佩尔方程的基本解。

(2) 若 $a+1$ 不是平方数,则 y 增 1 后再试,直到找到解为止。

应用以上枚举探求,如果解的位数不太大,总可以求出相应的基本解。

如果基本解太大,应用枚举无法找到基本解,可约定一个枚举上限,例如 10 000 000。可把 $y \leqslant 10\,000\,000$ 作为循环条件,当 $y > 10\,000\,000$ 时结束循环,输出"未求出该方程的基本解!"而结束。

3. 程序设计

```
//解佩尔方程: x^2-ny^2=1, c231
#include<math.h>
#include<stdio.h>
void main()
{  double a,m,n,x,y;
   printf(" 解佩尔方程: x^2-ny^2=1。\n");
   printf(" 请输入非平方整数 n:");
   scanf("%lf",&n);
   m=floor(sqrt(n+1));
   if(m*m==n)
   {  printf(" n 为平方数,方程无正整数解! \n");
      return;
   }
   y=1;
   while(y<=10000000)
   {  y++;                        //设置 y 从 1 开始递增 1 枚举
      a=n*y*y;x=floor(sqrt(a+1));
      if(x*x==a+1)               //检测是否满足方程
```

```
      {  printf(" 方程 x^2-%.0fy^2=1的基本解为:\n",n);
         printf(" x=%.0f, y=%.0f\n",x,y);
         break;
      }
   }
   if(y>10000000)
      printf(" 未求出该方程的基本解!");
}
```

4. 程序运行与分析

程序运行时输入和输出如下:

```
解佩尔方程: x^2-ny^2=1。
请输入非平方整数 n:73
方程 x^2-73y^2=1的基本解为:
    x=2281249, y=267000
```

为了提高求解方程的范围,数据结构设置为双精度(double)型。如果设置为整形或长整形,方程的求解范围比设置为双精度型要小。例如,当 $n=73$ 时,设置整形或长整形就不可能求出相应方程的解。可见,数据结构的设置对程序的应用范围有着直接的影响。

以上枚举设计是递增枚举,枚举复杂度与输入的 n 没有直接关系,完全取决于满足方程的 y 的数量。解的 y 值小,枚举的次数就少;解的 y 值大,枚举的次数就多。对某些 n,相应的佩尔方程解的位数太大,枚举求解无法完成。例如,当 $n=991$ 时,佩尔方程的基本解达 30 位,此时依据以上枚举求解是无法实现的,只有通过某些专业算法(例如连分数法)才能进行求解。

2.3.2　超越方程

1. 案例提出

试求关于 x 的超越方程

$$2x^2\sin^7 x+3\sqrt{x}\cos x-\mathrm{e}^x/5=0$$

在区间(2,3)中的一个解,精确到小数点后 8 位。

2. 基于最小的枚举求精

1) 设计思路

对任意给定的一个单变量超越方程或高次方程,在指定范围内求它的一个解。若在指定区间内无解,则显示"无解"信息。

给定的一元超越方程 fny(x)=0 在指定区间[a,b]内的解即方程对应曲线与 X 轴交点处的 x 坐标值。

首先初步判定方程在指定区间内是否有解。x 从 a 开始按步长量 0.1 递增取值,其函数值 fny(x)逐个与 b 点的函数值 fny(b)比较。

(1) 若异号,方程有解(标记 $t=1$),继续求精探求。

(2) 若全都同号,方程无解(标记 $t=0$),打印"无解"信息后结束。

求方程 fny(x)=0 的解,采用求|fny(x)|的最小值来实现。设置记录其最小值的变量 mi,并赋一个大的初值(例如 mi=100)。

设置 x 从 a 至 b 按步长 c(初值 0.1)循环,比较 mi 与 $|fny(x)|$ 得最小值 mi,并用 x_1 记录此时的 x 值。

然后逐位求精,求精循环的步长量 c 缩小 1/10,即 $c=c/10$,循环初值为 $a=x_1-5c$,终值为 $b=x_1+5c$。

控制 8 次(可根据精度适当增减)求精后,打印所得的解的结果。

2) 程序设计

```
//基于最小的枚举求精解超越方程,c232
#include<stdio.h>
#include<math.h>
double fny(double x)                          //自定义函数 fny,用来定义方程式
{return 2 * pow(x,2) * pow(sin(x),7)+3 * pow(x,0.5) * cos(x)-exp(x)/5;}
void main()
{  int k,t;
   double a,b,c,x,x1,y,mi;
   printf(" 求方程在[a,b]中的一个解,请确定 a,b: ");
   scanf("%lf,%lf",&a, &b);
   for(t=0,x=a;x<=b;x+=0.1)                    //按步长 0.1 初步扫描
     if(fny(x) * fny(b)<=0)                    //调用自定义函数 fny
        {t=1;break; }
   if(t==0)
     { printf("无解!");return; }
   c=0.1; k=1; mi=100.0;
   while(k<=8)                                 //设置 8 次求精循环
   {  for(x=a;x<=b;x+=c)
      {  y=fny(x);
         if(fabs(y)<mi)                        //比较求取最小值 mi
            { mi=fabs(y);x1=x; }
      }
      c=c/10;a=x1-5 * c;b=x1+5 * c;            //缩小循环步长求精
      k++;
   }
   printf(" 所求方程的一个解为 x=%.8f \n",x1);  //输出所求解
}
```

3. 基于符号判定的枚举求精

1) 设计思路

注意到给定的一元超越方程 $fny(x)=0$ 在指定区间 $[a,b]$ 内的解即方程对应曲线与 X 轴交点的 x 坐标值。我们采用符号判定,逐位求精。

首先初步判定方程在指定区间内是否有解。x 从 a 开始按步长量 0.1 递增取值,其函数值 $fny(x)$ 逐个与 b 点的函数值 $fny(b)$ 比较。

(1) 若异号,方程有解(标记变量 $t=1$),此时 x 的值赋给 x_1,b 赋给 x_2,显然其解在 $[x_1,x_2]$ 中。

(2) 若全都同号,方程无解(标记 $t=0$),打印无解信息后结束。

然后逐位求精,每位求精时其步长量 c 缩小 1/10,即 $c=c/10$。x 从 x_1 开始递增 c 的取值,其函数值 $fny(x)$ 逐个与 x_2 点的函数值 $fny(x_2)$ 比较。

(1) 若异号,循环取下一点继续。

(2) 若同号,说明方程的解在此时的 x 值与上一个点的 x 值(即 $x-c$)之间,作赋值:

$x_2=x, x_1=x-c$，即方程的解在$[x_1, x_2]$中，本位求精判定完成。

若已完成求精到指定位数,打印所得的解,结束。

2) 程序设计

```
//符号判定枚举求精解超越方程,c233
#include<stdio.h>
#include<math.h>
double fny(double x)                          //自定义函数 fny,用来定义方程式
{return 2*pow(x,2)*pow(sin(x),7)+3*pow(x,0.5)*cos(x)-exp(x)/5;}
void main()
{  int i,t=0;
   double a,b,x,x1,x2,c;
   printf(" 求方程在[a,b]中的一个解,请确定 a,b: ");
   scanf("%lf,%lf",&a,&b);
   for(x=a;x<=b;x+=0.1)                        //初步扫描
     if(fny(x)*fny(b)<=0)                      //调用自定义函数 fny()
        {x1=x;x2=b;t=1;break;}
   if(t==0)
     { printf("无解!");return;}
   c=0.01;
   for(i=2;i<=9;i++)                           //逐位求精
   {  for(x=x1;x<=x2;x+=c)
      if(fny(x)*fny(x2)>0)                     //如果变为同号,缩小循环范围
        {x2=x;x1=x-c;break;}                   //调整循环的初值 x1 与终值 x2
      c=c/10;                                  //缩小循环步长求精
   }
   x=(x1+x2)/2;
   printf(" 所求方程的一个解为 x=%.8f",x);       //输出解,小数点后 6 位
}
```

4. 程序运行与分析

以上两种求解设计都得到同样的解:

```
求方程在[a,b]中的一个解,请确定 a,b: 2,3
所求方程的一个解为 x=2.05688159
```

以上基于最小的枚举求精与符号判定枚举求精算法的复杂度并不高,求解时间不是问题。问题是用以上算法求解超越方程并不稳定,当函数值相当大时,以至于改变小数点后若干位的值对函数值并不产生影响,也就不可能求得相应方程的解。

2.4　解　不　等　式

应用程序设计求解一些难度较大的不等式是程序设计应用的一个有趣课题。解不等式通常只要简单枚举即可实现。

2.4.1　分数不等式

1. 案例提出

试解下列关于正整数 n 的分数不等式:

$$2015 < \frac{1}{2} + \frac{\sqrt{2}}{3} + \frac{\sqrt{3}}{4} + \cdots + \frac{\sqrt{n}}{n+1} < 2016$$

2. 设计要点

为一般计,解不等式:

$$m_1 < \frac{1}{2} + \frac{\sqrt{2}}{3} + \frac{\sqrt{3}}{4} + \cdots + \frac{\sqrt{n}}{n+1} < m_2$$

这里正整数 m_1、m_2 从键盘输入($m_1 < m_2$)。

设和变量为 s,递增变量为 i,两者赋初值为 0。

在 $s \leqslant m_1$ 的条件循环中,根据递增变量 i 对 s 累加求和,直至出现 $s > m_1$ 退出循环,赋值 $c = i$,所得 c 为 n 解区间的下限。

继续在 $s \leqslant m_2$ 的条件循环中,根据递增变量 i 对 s 累加求和,直至出现 $s > m_2$ 退出循环,通过赋值 $d = i - 1$,所得 d 为 n 解区间的上限。注意,解的上限是 $d = i - 1$,而不是 i。

然后打印输出不等式的解区间 $[c, d]$。

3. 程序设计

```
//解分数不等式,c241
#include<stdio.h>
#include<math.h>
void main()
{  long c,d,i,m1,m2;
   double s;
   printf(" 请输入正整数 m1,m2(m1<m2): ");
   scanf("%ld,%ld",&m1,&m2);
   i=0;s=0;
   while(s<=m1)
      {i=i+1;s=s+sqrt(i)/(i+1);}
   c=i;
   do
      {i=i+1;s=s+sqrt(i)/(i+1);}
   while(s<=m2);
   d=i-1;
   printf(" 满足不等式的正整数 n 为: %ld≤n≤%ld \n",c,d);
}
```

4. 程序运行与分析

```
请输入正整数 m1,m2(m1<m2): 2015,2016
满足不等式的正整数 n 为: 1018402≤n≤1019411
```

以上枚举算法的循环次数取决于解 n 的上限 d,当输入的参数 m_2 越大时,n 也就越大,枚举的复杂度也就越高。

不等式中的上下限可取任意实数,请修改程序,把上下限 m_1、m_2 改为从键盘输入的任意实数($0.5 < m_1 < m_2$)。

2.4.2　代数和不等式

1. 案例提出

试解下列关于正整数 n 的代数和不等式:

$$5<1+\frac{1}{2}-\frac{1}{3}+\frac{1}{4}+\frac{1}{5}-\frac{1}{6}+\cdots\pm\frac{1}{n}$$

式中代数和表达式中符号为两个＋号后一个－号。

2. 设计要点

一般地,解不等式:

$$d<1+\frac{1}{2}-\frac{1}{3}+\frac{1}{4}+\frac{1}{5}-\frac{1}{6}+\cdots\pm\frac{1}{n}$$

其中,d 为从键盘输入的正数。式中符号为两个＋号后一个－号,即分母能被 3 整除时为－号。

注意到式中出现减运算,可能导致不等式的解分段。

设置条件循环,每三项(包含两正一负)一起求和。若加到 $1/n+1/(n+1)-1/(n+2)$ 后,代数和 $s>d$,退出循环,得到一个区间解 $[n+1,\infty]$。注意,此时 n 还须进行进一步检测。

然后回过头来一项项求和,包括对 n 的检测,得到离散解。

3. 程序设计

```
//解不等式: d<1+1/2-1/3+1/4+1/5-1/6+…±1/n,c242
#include<stdio.h>
void main()
{  long d,n,k;
   double s;
   printf("  请输入正整数 d: ");
   scanf("%d",&d);
   printf("  %d<1+1/2-1/3+1/4+1/5-1/6+…±1/n 的解: \n",d);
   n=1;s=0;
   while(1)
     {  s=s+1.0/n+1.0/(n+1)-1.0/(n+2);
        if(s>d) break;
        n=n+3;
     }
   printf("  n>=%ld \n",n+1);          //得到一个区间解
   k=1;s=0;
   while(k<=n)
   {  if(k%3>0) s=s+1.0/k;
      else s=s-1.0/k;
      if(s>d)                          //得到离散解
         printf("  n=%ld \n",k);
      k++;
   }
}
```

4. 程序运行示例

```
请输入正整数 d: 5
5<1+1/2-1/3+1/4+1/5-1/6+…±1/n 的解:
  n>=203939
  n=203936
  n=203938
```

注意:前一个是区间解,后两个是离散解。要特别注意,不要遗失离散解。

5. 程序改进

改进要点：

上面的程序通过循环累加和判断可以得到区间解的下限,但离散解必须从头开始逐一试探才能够获得。如果设置条件循环,首先对前两项求和(即 3/2),然后从第三项开始,每三项(包含一负两正)一起求和。若加到 $-1/n+1/(n+1)+1/(n+2)$ 后,代数和 $s>d$,退出循环,得到第一个离散解 $n+2$,且可以证明所有小于 $n+2$ 的值都不是解。注意,$n+2$ 只是第一个离散解,同时所有 $n+2+3k(k=1,2,3,\cdots)$ 至少都可以保证是离散解,对于区间解的下限还需要继续检测。

为求区间解的下限,需要对第 $n+2$ 项后的代数项进行逐项累加,并检测项 $n+2+3k-2$ 或者 $n+2+3k-1(k=1,2,3,\cdots)$(由于项 $n+2+3k$ 已经是离散解,因此并不需要对它们进行检测),直至 $s>d$ 为止。这时所得的项 $n+2+3k-2$ 或者 $n+2+3k-1$ 即为区间解的下限。

程序设计：

```c
//解不等式: d<1+1/2-1/3+1/4+1/5-1/6+…±1/n,c243
#include<stdio.h>
void main()
{  long d,n,k;
   double s;
   printf("  请输入正整数 d: ");
   scanf("%d",&d);
   printf("  %d<1+1/2-1/3+1/4+1/5-1/6+…±1/n 的解: \n",d);
   n=3;s=3.0/2;
   while(1)
   {  s=s-1.0/n+1.0/(n+1)+1.0/(n+2);
      if(s>d) break;
        n=n+3;
   }
   printf("  n=%ld \n",n+2);              //打印第一个离散解 n+2
   k=n+2;
   while(1)
   {  if((s=s-1.0/(++k))>d)break;
      if((s=s+1.0/(++k))>d)break;
      s=s+1.0/(++k);
      printf("  n=%ld \n",k);            //打印离散解 k
   }
   printf("  n>=%ld \n",k);              //打印区间解
}
```

程序运行示例：

```
请输入正整数 d: 7
7<1+1/2-1/3+1/4+1/5-1/6+…±1/n 的解:
  n=82273511
  n>=82273513
```

注意：前一个是离散解,而后一个是区间解。

6. 分析与变通

以上两个枚举算法的循环次数取决于解 n 的上限,当输入的参数 d 越大,n 的上限就

越大,枚举的复杂度就越高,求解也就变得越困难。

例如,当 d 逐渐增加到 $d>7$ 时,解值 n 会迅速增长而变得非常大,甚至超出相应变量的范围或计算机的计算范围,这时就不可能得到不等式的解。

变通:请把不等式中"两正一负"的规律改变为"三正一负",程序应如何修改?求出修改后的不等式大于 5 的解。

2.5 求 最 值

求最值通常是程序设计最具魅力的课题之一。本节介绍两个有趣的最值案例求解,均是运用枚举求解的典型手法。

2.5.1 基于素数的代数和

1. 案例提出

定义和

$$s(n)=\frac{1}{3}-\frac{3}{5}-\frac{5}{7}+\frac{7}{9}+\frac{9}{11}-\frac{11}{13}+\cdots\pm\frac{2n-1}{2n+1}$$

和式中第 k 项 $\pm(2k-1)/(2k+1)$ 的符号识别:分子和分母中有且只有一个素数时取 $+$,分子和分母中没有素数或两个都是素数时取 $-$。

(1) 求 $s(2016)$(精确到小数点后 5 位)。

(2) 设 $1\leqslant n\leqslant 2016$,求当 n 为多大时 $s(n)$ 最大。

(3) 设 $1\leqslant n\leqslant 2016$,求当 n 为多大时 $s(n)$ 最接近 0。

2. 设计要点

在求和之前应用试商判别法对第 k 个奇数 $2k-1$ 是否为素数进行标注。

(1) 若 $2k-1$ 为素数,标注 $a[k]=1$。

(2) 若 $2k-1$ 不是素数,标注 $a[k]=0$。

设置 k 循环($1\sim n$),循环中分两种情况求和。

(1) 若 $a[k]+a[k+1]=1$,即 $2k-1$ 与 $2k+1$ 中有且只有一个素数,实施加。

(2) 若 $a[k]+a[k+1]!=1$,即 $2k-1$ 与 $2k+1$ 中没有素数或有两个素数,实施减。

同时,设置存储最大值的变量 smax,存储最接近 0 的绝对值变量 mi。

在循环中,每计算一个和值 s,与 smax 比较确定最大值,同时记录此时的项数 $k1$。

因和 s 可正可负,s 的绝对值与 mi 比较确定最接近 0 的绝对值,记录此时的项数 $k2$,同时记录此时的和值 $s2$。

最后,求和循环结束时输出所求值。

3. 程序设计

```
//基于素数的分数和,c251
#include<stdio.h>
#include<math.h>
void main()
{   int t,j,n,k,k1,k2,a[3000];
```

```
double  s,s2,smax,mi;
printf("  请输入整数 n: ");
scanf("%d",&n);
for(k=1;k<=n+1;k++) a[k]=0;
for(k=2;k<=n+1;k++)
{  for(t=0,j=3;j<=sqrt(2*k-1);j+=2)
    if((2*k-1)%j==0)
      {t=1;break;}
  if(t==0) a[k]=1;                      //标记第 k 个奇数 2k-1 为素数
}
s=0;smax=0;mi=10;
for(k=1;k<=n;k++)
{  if(a[k]+a[k+1]==1)                   //判断 a[k]与 a[k+1]中有一个素数
    s+=(double)(2*k-1)/(2*k+1);         //实施加
  else
    s-=(double)(2*k-1)/(2*k+1);         //否则,实施减
  if(s>smax)
    { smax=s;k1=k;}                      //比较求最大值 smax
  if(fabs(s)<mi)
    { mi=fabs(s);k2=k;s2=s;}            //绝对值比较求最接近 0
  }
printf("s(%d)=%.5f \n",n,s);
printf("当 k=%d 时 s 有最大值: %.5f\n",k1,smax);
printf("当 k=%d 时 s=%.5f 最接近 0。\n",k2,s2);
}
```

4. 程序运行与分析

程序运行时输入和输出如下:

```
请输入整数 n: 2016
s(2016)=-212.88337
当 k=387 时 s 有最大值: 35.88835
当 k=785 时 s=-0.04341 最接近 0。
```

以上枚举算法的运算量是 n,但标注素数的运算量为 $n^{3/2}$,因而枚举算法的时间复杂度为 $O(n^{3/2})$。

变通:请把题目中的条件"分子和分母中有且只有一个素数时取+"改为"分子和分母中至少有一个素数时取+",程序作何修改?并求出结果。

2.5.2 整数的因数比

1. 案例提出

设整数 a 的小于其本身的因数之和为 s,定义

$$p(a)=s/a$$

为整数 a 的因数比。

事实上,a 为完全数时,$p(a)=1$。例如,$p(6)=1$。

有些资料还介绍了因数之和为数本身 2 倍的整数,例如,$p(120)=2$。

试求指定区间[1,2016]中整数的因数比的最大值。

2. 设计要点

一般地,求指定区间[x,y]中整数的因数比最大值。

　　为了求整数 a 的因数和 s,显然 1 是因数。设置 $k(2\sim\mathrm{sqrt}(a))$ 循环枚举,如果 k 是 a 的因数,则 a/k 也是 a 的因数。显然 $k\leqslant a/k$。

　　如果 $a=b^2$,显然 $k=b,a/k=b$,此时 $k=a/k$。而因数 b 只有一个,所以此时必须从和 s 中减去一个 b,这样处理是为了避免重复。

　　设置 max 存储因数比最大值。枚举区间内每一整数 a,求得其因数和 s。通过 s/a 与 max 比较求得因数比最大值。

　　对通过比较所得的因数比最大的整数,通过试商输出其因数和式。

3. 程序设计

```
//求[x,y]范围内整数的因数比最大值,c252
#include<stdio.h>
#include<math.h>
void main()
{   double a,s,a1,s1,b,k,t,x,y,max=0;
    printf(" 求区间[x,y]中整数的因数比最大值。");
    printf(" 请输入整数 x,y:");
    scanf("%lf,%lf",&x,&y);
    for(a=x;a<=y;a++)                        //枚举区间内的所有整数 a
      {   s=1;b=sqrt(a);
          for(k=2;k<=b;k++)                  //试商寻求 a 的因数 k
              if(fmod(a,k)==0)
                s=s+k+a/k;                    //k 与 a/k 是 a 的因数,求和
          if(a==b*b) s=s-b;                   //如果 a=b^2,去掉重复因数 b
          t=s/a;
          if(max<t)
            {max=t;a1=a;s1=s; }
      }
    printf("  整数%.0f 的因数比最大值:%.4f \n",a1,max);
    printf("  %.0f 的因数和为:\n",a1);
    printf("  %.0f=1",s1);                    //输出其因数和式
    for(k=2;k<=a1/2;k++)
       if(fmod(a1,k)==0)
         printf("+%.0f",k);
}
```

4. 程序运行与分析

程序运行时输入和输出如下:

```
求区间[x,y]中整数的因数比最大值。请输入整数 x,y: 1,2016
整数 1680 的因数比最大值: 2.5429
1680 的因数和为:
   4272=1+2+3+4+5+6+7+8+10+12+14+15+16+20+21+24+28+30+35
       +40+42+48+56+60+70+80+84+105+112+120+140+168+210
       +240+280+336+420+560+840
```

　　设输入参数 y 的数量级为 n,双重枚举循环的运算量为 $n^{3/2}$,即可知算法的时间复杂度为 $O(n^{3/2})$。

　　变通:如果整数 a 的大小不加任何限制,其因数比 $p(a)$ 是否存在某一上限?

　　如果把探求 $p(a)$ 的最大值变换为探求整数 a 的因数比 $p(a)$ 等于某一指定整数,也许更具吸引力。上面已提到:$p(6)=1,p(120)=2$。事实上,已探求到:$p(30\ 240)=3$,

$p(518\,666\,803\,200)=4$。

笔者猜想 $p(a)=5$、$p(a)=6$ 等的整数 a 也是存在的,只是此时的整数 a 已经相当庞大。

2.6 整 数 拆 分

把一个整数拆分成某些指定零数之和,或统计其个数,或要求达到某些特定组合要求,是颇为有趣的课题。

本节求解拆分统计的典型案例整币兑零,探讨拆分后实现重构双和二组,对拆分与重组具有一定的启迪与示范。

2.6.1 简单的整币兑零

整币兑零是一个直观的实用案例,属于整体数对指定零数的无序可重复拆分。

1. 案例提出

把一张 1 元整币兑换成 1 分、2 分、5 分、1 角、2 角和 5 角共 6 种零币,共有多少种不同兑换种数?

整币 1 元的面值为 100 分,同时根据 6 种零币设面值分别为 1、2、5、10、20、50 分的零币的个数分别为 p1、p2、p3、p4、p5、p6。

显然,每一种整币兑零需满足以下一次不定方程:

$$p1+2\times p2+5\times p3+10\times p4+20\times p5+50\times p6=100 \tag{2-1}$$

（这里 p1、p2、p3、p4、p5、p6 为非负整数）

案例所求的不同兑换种数就是不定方程(2-1)解的组数。

为一般计,我们把简单的整币兑零的整体数拓展为整数 n,保持 6 种零币不变,即探求把整数 $n(n>50)$ 拆分为 1、2、5、10、20、50 的不同拆分种数。

2. 基本枚举设计

对这 6 个变量实施枚举,确定枚举范围分别为:

$0\leqslant p1\leqslant n$,　$0\leqslant p2\leqslant n/2$,　$0\leqslant p3\leqslant n/5$,　$0\leqslant p4\leqslant n/10$,　$0\leqslant p5\leqslant n/20$,　$0\leqslant p6\leqslant n/50$

设置以上枚举的 6 重循环,若满足条件

$$p1+2\times p2+5\times p3+10\times p4+20\times p5+50\times p6=n \tag{2-2}$$

则为一种兑零方法,通过变量 m 统计兑换种数。

为了比较枚举效率,设置变量 f 统计枚举多重循环进入循环体的循环次数。

1) 基本枚举程序设计

```
// 整币兑零基本枚举设计 1,c261
#include<stdio.h>
void main()
{ long f,m,n,p1,p2,p3,p4,p5,p6;
  printf(" 请输入整数 n:"); scanf("%ld",&n);
  f=m=0;
  for(p1=0;p1<=n;p1++)                      //设计 6 重循环枚举
  for(p2=0;p2<=n/2;p2++)
```

```
    for(p3=0;p3<=n/5;p3++)
    for(p4=0;p4<=n/10;p4++)
    for(p5=0;p5<=n/20;p5++)
    for(p6=0;p6<=n/50;p6++)
        { if(p1+2*p2+5*p3+10*p4+20*p5+50*p6==n) m++;
           f++;                                    //统计进入循环体的循环总次数
        }
    printf(" 兑零种数为：%ld\n",m);
    printf(" 循环总次数为：%ld\n",f);
}
```

2）程序运行示例与变通

```
请输入整数 n：100
兑零种数为：4562
循环总次数为：21417858
```

结果显示，循环总次数是有效循环的数万倍，真乃万里挑一。

变通：如果要求具体输出每一种兑换的各零币数，程序中满足条件时输出各变量的值即可。

如果要求每一种兑换中各零币都应有（至少为 1），把各循环起点改为 1 即可。

要求减少无效枚举循环，循环设计应如何着手改进？

3. 精简枚举循环设计

在上述设计的 6 重循环中，可精简 p1 循环，在 p2 至 p6 的循环内给 p1 赋值：

$$p1 = n - (2*p2 + 5*p3 + 10*p4 + 20*p5 + 50*p6) \qquad (2\text{-}3)$$

如果 p1 为非负数（p1$\geqslant$0），即对应一种兑换。

精简枚举循环设计描述：

```
//精简枚举循环结构设计 2,c262
#include<stdio.h>
void main()
{  long f,m,n,p1,p2,p3,p4,p5,p6;
printf(" 请输入整数 n:"); scanf("%ld",&n);
f=m=0;
for(p2=0;p2<=n/2;p2++)                          //已精简了 p1 循环
for(p3=0;p3<=n/5;p3++)
for(p4=0;p4<=n/10;p4++)
for(p5=0;p5<=n/20;p5++)
for(p6=0;p6<=n/50;p6++)
  { p1=n-(2*p2+5*p3+10*p4+20*p5+50*p6);
  if(p1>=0) m++;                                //符合条件统计兑换次数
  f++;                                          //统计进入循环体的总循环次数
  }
printf(" 兑零种数为：%ld\n",m);
printf(" 循环总次数为：%ld\n",f);
}
```

4. 优化枚举参数设计

以上精简枚举循环设计，大大精简了循环次数。

进一步分析，我们看到在枚举循环设置中，p3 循环从 $0\sim n/5$ 可优化为 $0\sim(n-2*$

p2)/5,因为在 n 中 p2 已占去了 $2 * p2$。

同样,p4 循环从 $0 \sim n/10$ 可优化为 $0 \sim (n-2 * p2-5 * p3)/10$。

同样,p5 循环从 $0 \sim n/20$ 可优化为 $0 \sim (n-2 * p2-5 * p3-10 * p4)/20$。

同样,p6 循环从 $0 \sim n/50$ 可优化为 $0 \sim (n-2 * p2-5 * p3-10 * p4-20 * p5)/50$。

优化枚举参数设计描述:

```
//优化枚举循环参数设计 3,c263
#include<stdio.h>
void main()
{ long f,m,n,p1,p2,p3,p4,p5,p6;
  printf(" 请输入整数 n:"); scanf("%ld",&n);
  f=m=0;
  for(p2=0;p2<=n/2;p2++)
  for(p3=0;p3<=(n-2*p2)/5;p3++)          //精简 p3,p4、p5、p6 循环次数
  for(p4=0;p4<=(n-2*p2-5*p3)/10;p4++)
  for(p5=0;p5<=(n-2*p2-5*p3-10*p4)/20;p5++)
  for(p6=0;p6<=(n-2*p2-5*p3-10*p4-20*p5)/50;p6++)
  { p1=n-(2*p2+5*p3+10*p4+20*p5+50*p6);
    if(p1>=0) m++;                       //符合要求统计兑换次数
    f++;                                 //统计进入循环体的总循环次数
  }
  printf(" 兑零种数为: %ld\n",m);
  printf(" 循环总次数为: %ld\n",f);
}
```

5. 三个枚举设计比较

为了定量比较以上 3 个枚举程序,程序中设置变量 f 统计循环总次数(参见表 2-1)。

表 2-1　3 个枚举程序输出数据对照表

整 数 n	统 计 项 目	程序 c261	程序 c262	程序 c263
100	兑零种数 m	4562	4562	4562
	循环总次数 f	21 417 858	212 058	4562
200	兑零种数 m	69 118	69 118	69 118
	循环总次数 f	961 353 855	4 782 855	69 118

根据表 2-1 数据对以上 3 个枚举程序进行比较。

1) 输出兑零种数相同

对 $n=100$(相当于 1 元),都能得到兑零种数 $m=4562$ 的相同求解结果。

对 $n=200$(相当于 2 元),都能得到兑零种数 $m=69118$ 的相同求解结果。

说明以上 3 个枚举设计都是可行的,都可得到正确结果。

2) 循环总次数比较

程序 c261 的循环总次数 f 是有效循环 m(即兑零种数)的数万倍。

程序 c262 的循环总次数 f 是有效循环 m(即兑零种数)的数百倍。

程序 c263 的循环总次数 f 与有效循环 m(即兑零种数)相等,即没有无效循环。

比较来看,由 3 个枚举设计的总循环次数可见枚举效率差距一目了然。

3) 运行效率比较

由循环总次数对比,程序 c262 的运行效率是程序 c261 的数百倍。

而程序 c263 的运行效率是程序 c262 的数百倍。

这 3 个枚举设计运行速度,当 $n=200$ 时感觉相差比较明显,建议上机进行实际比较。

作为实验,运行以上 3 个程序,输入 $n=1000$(相当于 10 元兑零 6 种零币),切身体验程序改进与优化的功效。

结语:从以上 3 个枚举设计的循环设置可以看出,枚举循环结构的确定,枚举循环参数的选择,直接关系枚举效率的高低。

6. 变通与分析

变通:式(2-1)是一个多变量的不定方程,所求兑零种数是不定方程(2-1)的解的组数。因而,需求解某些不定方程的非负整数解的组数时,可以仿照上述枚举设计求解。

如果要求某些不定方程的正整数解的组数,枚举循环的起点相应改为 1 即可。

分析:由基本枚举设计中的 6 重循环,可知其时间复杂度高达 $O(n^6)$,如果零币种数更多,时间复杂度相应更高。显然,枚举算法不适宜整体数 n 的数量比较大且零币种数多变情形下的设计求解。

对于大整数 n 及更多零币种数的整币兑零,应用第 3 章的递推算法设计是适宜的。

2.6.2　拆分构建双和二组

把一个指定整数进行拆分后再组合为满足某些特殊要求,实际上是满足某些特殊要求的整数拆分,是极具想象力的有趣课题之一。

本节推出的拆分构建双和二组,就是实现两组双和相等特殊要求的整数拆分。

1. 案例提出

把给定偶数 $2n$ 分解为 6 个互不相等的正整数 a、b、c、d、e、f,把这 6 个数分成 (a,b,c) 与 (d,e,f) 两个三元组,若这两个三元组具有和相等且倒数和也相等的双和相等特性:

$$a+b+c=d+e+f=n$$
$$1/a+1/b+1/c=1/d+1/e+1/f \tag{2-4}$$

则把三元组 (a,b,c) 与 (d,e,f)(约定 $a<b<c,d<e<f,a<d$)称为基于 n 的双和二组。

例如,对于 $n=26$,存在基于 26 的双和二组 $(4,10,12),(5,6,15)$,即有

$$4+10+12=5+6+15=26$$
$$1/4+1/10+1/12=1/5+1/6+1/15=13/30$$

输入正整数 n(约定 $n\leqslant100$),搜索所有基于 n 的双和二组。若没有探索到相应的双和二组,则输出"无解"。

2. 枚举循环设计要点

因 6 个不同正整数之和至少为 21,即整数 $n\geqslant11$。

1) 枚举循环设置

设置 a,b 与 d,e 枚举循环。

注意到 $a+b+c=n$,且 $a<b<c$,因而 a,b 循环取值如下。

a:$1\sim(n-3)/3$;因 b 比 a 至少大 1,c 比 a 至少大 2,a 的值最多为 $(n-3)/3$。

b:$a+1\sim(n-a-1)/2$;因 c 比 b 至少大 1,b 的值最多为 $(n-a-1)/2$。

$c=n-a-b$,这样确保 $a+b+c=n$ 且 $a<b<c$(这里省略了 c 循环)。

设置 d,e 循环基本同上,注意到 $d>a$,因而 d 起点为 $a+1$。

2)检验倒数和相等

倒数和 $1/a+1/b+1/c=1/d+1/e+1/f$,如果直接用这一分式作比较判别,因分数计算的误差可能造成案例的增解或遗解。

把倒数和相等这一分式转换为以下整式进行比较是必要的,可确保解的准确。

$$d*e*f*(b*c+c*a+a*b)=a*b*c*(e*f+f*d+d*e) \qquad (2\text{-}5)$$

若条件式(2-5)不成立,即倒数和不相等,则返回。

否则,式(2-5)成立,即倒数和相等,则输出双和二组的解,并用 x 统计解的组数。

3)省略相同整数的检测

注意到两个三元组中若部分相同部分不同,不可能有和相等且倒数和也相等。易证如果条件式(2-5)成立,可确保两个三元组中没有相等的整数,因而可省略排除以上 6 个正整数中是否存在相等的检测。

3. 拆分构建双和二组程序设计

```
//双和二组探索,c264
#include<stdio.h>
#include<math.h>
void main()
{  int a,b,c,d,e,f,x,n;
   printf(" 请输入整数 n: ");
   scanf("%d",&n);
   x=0;
   for(a=1;a<=(n-3)/3;a++)                        //通过循环实现枚举
   for(b=a+1;b<=(n-a-1)/2;b++)
   for(d=a+1;d<=(n-3)/3;d++)
   for(e=d+1;e<=(n-d-1)/2;e++)
     {  c=n-a-b; f=n-d-e;                         //确保两组和相等
        if(a*b*c*(e*f+f*d+d*e)!=d*e*f*(b*c+c*a+a*b))
            continue;                             //排除倒数和不相等
        x++;
        printf(" %d: (%3d,%3d,%3d),",x,a,b,c);    //统计并输出双和二组
        printf(" (%3d,%3d,%3d);\n",d,e,f);
     }
   if(x>0) printf("  共以上%d组解!\n",x);
   else printf("  无解!\n");
}
```

4. 程序运行示例与分析

```
请输入整数 n: 26
1: ( 4, 10, 12), ( 5, 6, 15);
共以上 1 组解!
请输入整数 n: 98
1: ( 2, 36, 60), ( 3, 5, 90);
2: ( 7, 28, 63), ( 8, 18, 72);
3: ( 7, 35, 56), ( 8, 20, 70);
4: ( 10, 33, 55), ( 12, 20, 66);
共以上 4 组解!
```

输入 $n=26$,即得唯一的一个双和二组,如上面所示。

输入任何小于 26 的整数 n 均无解。可见存在双和二组的 n 最小值为 $n=26$。

输入 $n=98$,可得不同的 4 个双和二组解。

事实上,也有些大于 26 的整数(如 $n=40,83$ 等)没有双和二组解。

尽管在循环设计中省略了 c、f 循环,由 4 重循环设置可知枚举复杂度为 $O(n^4)$,显然不适宜对较大整数 n 构建双和二组。

变通:修改程序,对指定区间 $[p,q]$ 中的所有整数构建双和二组,若某整数无法构建,请予指出。

2.7 数式探求

构建数式的内容非常丰富,通常围绕数式中的"等号"及其两边表达式的种种要求来展开设计。

2.7.1 逆序乘积式

1. 案例提出

选择数字完成以下逆序乘积式:

$$DE \times FG = ED \times GF$$

式中的每一个字母代表一个数字,不同的字母代表不同的数字。

逆序乘积式表述为:用 4 个不同的数字组成两个两位数,这两个两位数的乘积等于这两个两位数的逆序数的乘积。

试找出所有符合要求的逆序乘积式。

2. 求解要点

求所有逆序乘积式,要求既不重复也不遗漏。后者通过枚举所有两位数并不难实现,关键是如何确保不重复,包括一边两个乘数交换的重复以及等号两边交换的重复。为此,约定式中的 4 个数字中 D 为最小。

设置 a、$b(a<b)$ 循环分别枚举两位数。

为检测 a 与 b 的各个数字没有重复,设置 c 数组,a、b 的各位数字存入 c 数组后,通过简单的 i、j 二重循环比较,出现重复数字即标注 $t=1$ 返回。

产生两位数 a 的逆序数 a_1 可应用取整与求余运算来求得:

```
c[1]=a/10; c[2]=a%10;
a1=c[2]*10+c[1];
```

两个两位数 a、b 与它们的逆序数 a_1、b_1 若满足条件 $ab=a_1b_1$,且 $c[1]<c[2],c[3],c[4]$ 时,为一个逆积式,即统计并输出。

3. 逆序乘积式程序设计

```
//逆序乘积式,c271
#include<math.h>
#include<stdio.h>
void main()
```

```
{   int a,b,a1,b1,i,j,n,t,c[5];
    printf("   逆序式：DE * FG=ED * GF  \n");
    n=0;
    for(a=10;a<=98;a++)                    //枚举两位数
    for(b=a+1;b<=99;b++)
    {   c[1]=a/10; c[2]=a%10;
        c[3]=b/10; c[4]=b%10; t=0;
        for(i=1;i<=3;i++)
        for(j=i+1;j<=4;j++)
            if(c[i]==c[j])                 //存在相同数字时返回
                {t=1;break;}
        if(t==1)  continue;
        a1=c[2] * 10+c[1];                 //产生逆序数
        b1=c[4] * 10+c[3];
        if(a * b==a1 * b1 && c[1]<c[2] && c[1]<c[3] && c[1]<c[4])
        {   n=n+1;
            printf("  %2d: %2d * %2d=%2d * %2d ",n,a,b,a1,b1);
            if(n%2==0) printf("\n");
        }
    }
}
```

4. 程序运行结果与变通

程序运行时输入和输出如下：

```
逆序式：DE * FG=ED * GF
1: 12 * 63=21 * 36     2: 12 * 84=21 * 48
3: 13 * 62=31 * 26     4: 14 * 82=41 * 28
5: 23 * 64=32 * 46     6: 23 * 96=32 * 69
7: 24 * 63=42 * 36     8: 26 * 93=62 * 39
9: 34 * 86=43 * 68    10: 36 * 84=63 * 48
```

变通：选择数字完成以下 3 位逆序乘积式：

$$DEF \times GHK = FED \times KHG$$

式中的每一个字母代表一个数字，不同的字母代表不同的数字。

2.7.2 完美综合式

本节设计构建一类完美综合数学式，是一个有相当难度的填数游戏。数学式称为"完美"，是指各个数字在式中出现而不重复；数学式称为"综合"，是指该数学式中包含有加、减、乘、除与乘方运算。

1. 案例提出

把数字 1～9 这 9 个数字分别填入以下含加、减、乘、除与乘方（^，例如 2^3 即 2^3）的综合运算式中的 9 个□中，使得该式成立：

$$□^□+□□÷□-□□□×□=0 \tag{2-6}$$

要求数字 1～9 这 9 个数字在式中出现一次且只出现一次，且约定数字 1 不能为一位数（即排除式中的各个一位数为 1 这一平凡情形）。

2. 设计要点

因式中出现乘方（a^b）运算，自然想到应用数据类型 double 进行设计。

式(2-6)中含有加、减、乘、除与乘方 5 种运算,应用枚举设计求解。

设式(2-6)左的 6 个整数从左至右分别为 a、b、z、c、d、e,即

$$a^b + z \div c - d \times e = 0$$

其中,z 为两位数,d 为三位数,a、b、c、e 为大于 1 的一位整数。

设置 a、b、c、d、e、z 循环,其中设计 z 为 c 的倍数。

(1) 若等式不成立,即 $pow(a,b) + z/c! = de$,则返回继续。

(2) 检测式中 9 个数字是否存在相同数字。

对 6 个整数共 9 个数字进行分离,9 个数字分别赋值给数组 $f[1] \sim f[9]$。连同附加的 $f[0] = 0$,共 10 个数字在二重循环中逐个比较。

(1) 若存在相同数字,$t = 1$,不输出。

(2) 若不存在相同数字,即式中 9 个数字为 $1 \sim 9$ 不重复,保持标记 $t = 0$,则输出所得的完美综合运算式,并设置 n 统计解的个数。

3. 程序设计

```c
//完美综合运算式,c272
#include<stdio.h>
#include<math.h>
void main()
{   double a,b,c,d,e,z;
    int j,k,t,n,f[10];
    printf(" □^□+□□/□-□□□ * □=0 \n");
    n=0;
    for(a=2;a<=9;a++)
    for(b=2;b<=9;b++)
    for(c=2;c<=9;c++)
    for(z=2*c;z<=98;z=z+c)        //各数实施枚举,确保 z 为 c 的倍数
    for(d=102;d<=987;d++)
    for(e=2;e<=9;e++)
    {   if(z<10 || pow(a,b)+z/c!=d*e) continue;        //检验等式是否成立
      t=0;
      f[0]=0;f[1]=a;f[2]=b;f[3]=c;f[4]=e;             //9 个数字赋给 f 数组
      f[5]=floor(z/10);f[6]=fmod(z,10);
      f[7]=floor(d/100);f[8]=fmod(d,10);
      f[9]=floor(fmod(d,100)/10);
      for(k=0;k<=8;k++)
        for(j=k+1;j<=9;j++)
          if(f[k]==f[j])
              {t=1; break;}                           //检验数字是否有重复
      if(t==0)
      { n++;                                          //输出一个解
        printf("%2d: %.0f^%.0f+%.0f/%.0f",n,a,b,z,c);
        printf("-%.0f * %.0f=0  \n",d,e);
      }
    }
}
```

4. 程序运行结果

```
□^□+□□/□-□□□ * □=0
1: 4^6+72/9-513 * 8=0
```

2: 5^4+78/6-319*2=0

5. 案例引申

把以上综合运算式右边的 0 改为一位参数 f，即求解以下更一般的数学式：设含乘方、加、减、乘、除的综合运算式的右边为一位非负整数 f，请把数字 $0,1,2,\cdots,9$ 这 10 个数字中不同于数字 f 的 9 个数字不重复地填入以下算式左边的 9 个 □ 中（约定数字 1、0 不出现在一位数中，且 0 不为整数首位），使得该运算式成立：

$$□\,^\wedge\,□+□□÷□-□□□×□=f$$

输入整数 $f(0\leqslant f\leqslant 9)$，输出对应的综合运算式。

1）设计要点

把所有变量简单设置为整型，其中乘方 $a\,^\wedge\,b$ 用 a 自乘 b 次实现。

同样，设综合运算式为

$$a\,^\wedge\,b+z/c-de=f$$

设置 a、b、c、d、e 循环，其中 a、b、c、e 都是一位数，循环从 2 至 9 取值；数 d 为三位数，循环从 102 至 987。

对每一组 f、a、b、c、d、e，计算

$$z=(de+f-a\,^\wedge\,b)c$$

同样是枚举设计，这样处理可省略 z 循环，同时可省略 z 是否能被 c 整除以及等式是否成立的检测。

计算 z 后，检测 z 是否为两位数。若计算所得 z 非两位数，则返回。

然后分别对 7 个整数进行数字分离，设置 g 数组对 7 个整数分离的共 10 个数字进行统计，$g(x)$ 即数字 $x(0\sim 9)$ 的个数。

（1）若某一 $g(x)$ 不为 1，不满足数字 $0,1,2,\cdots,9$ 这 10 个数字都出现一次且只出现一次，标记 $t=1$。

（2）若所有 $g(x)$ 全为 1，满足数字 $0,1,2,\cdots,9$ 这 10 个数字都出现一次且只出现一次，保持标记 $t=0$，则输出所得的完美综合运算式。

2）程序设计

```
//把 0,1,2,…,9 中不同于 f 的数字填入□^□+□□/□-□□□*□=f,c273
//式左边的一位数不能为 0 或 1, 式左边的整数首位不能为 0
#include<stdio.h>
#include<math.h>
void main()
{  int a,b,c,d,e,f,k,t,n,x,y,z,m[7],g[10];
   n=0;
   printf("  请输入式右数字 f: ");
   scanf("%d",&f);
   for(a=2;a<=9;a++)
   for(b=2;b<=9;b++)
   for(c=2;c<=9;c++)
   for(d=102;d<=987;d++)                    //实施枚举
   for(e=2;e<=9;e++)
   {  for(t=1,k=1;k<=b;k++) t=t*a;          //计算乘方 a^b
      z=(d*e+f-t)*c;
```

```
        if(z<10 || z>98)   continue;
        m[1]=a;m[2]=b;m[3]=c;m[4]=d;m[5]=e;m[6]=z;
        for(x=0;x<=9;x++) g[x]=0;
        g[f]=1;                         //因 f 可取 0,单独给 g 数组赋值
        for(k=1;k<=6;k++)
        {  y=m[k];
           while(y>0)
           {  x=y%10;g[x]++;            //分离数字给 g 数组统计
              y=y/10;
           }
        }
        for(t=0,x=0;x<=9;x++)
           if(g[x]!=1) {t=1;break;}     //检验数字 0~9 各出现一次
        if(t==0)                        //输出一个解
        {  n++;
           printf("%2d: %d^%d+%d/%d",n,a,b,z,c);
           printf("-%d*%d=%d  \n",d,e,f);
        }
     }
   if(n==0) printf("  无解!\n");
}
```

3）程序运行与变通

```
请输入式右数字 f: 6
1: 2^9+80/5-174 * 3=6
2: 5^4+18/9-207 * 3=6
3: 9^3+50/2-187 * 4=6
```

以上设计中应用 a 自乘 b 次实现 a^b,这样处理是简便的。同时,应用 g 数组进行数字统计来检验是否存在重复数字,检测手段新颖。

变通：把数字 $0,1,2,\cdots,9$ 这 10 个数字分别填入以下含加、减、乘、除与乘方的综合运算式中的 10 个□中(约定 0 和 1 不能为一位数,0 不能为整数首位),请修改以上程序,使得下式成立：

$$□^□+□□÷□-□□×□=□□$$

求出这一填数游戏共有多少种不同的填入法。

2.8　趣　味　数　阵

数阵包含矩阵、方阵以及某些含有数字的特殊图案,把数与形融为一体,是考察程序设计与难点突破能力的重要内容。

2.8.1　素数幻方

通常的 n 阶幻方由 $1,2,\cdots,n^2$ 填入 $n×n$ 方格,构成 n 行、n 列与两对角线之和均相等的方阵。

素数幻方全是由素数构成的且各行、各列与两对角线之和均相等的方阵。

1. 案例提出

试在指定区间 $[c,d]$ 寻找 9 个素数,构成一个 3 阶素数幻方:该方阵中 3 行、3 列与两对角线上的 3 个数之和均相等。

输入区间 c、d,输出基于该区间素数构建的所有 3 阶素数幻方。

2. 数学建模

设方阵正中间数为 n,每行、每列与每对角线之和为 s。注意到

$$（中间一行）+（中间一列）+（两对角线）=4s$$
$$方阵所有 9 个数之和 =3s$$

两式相减即得

$$3n=s \quad 即 \quad n=s/3$$

这意味着凡含 n 的行、列或对角线的 3 数中,除 n 之外的另两数与 n 相差等距。为此,设方阵为

$$
\begin{array}{ccc}
n-x & n+w & n-y \\
n+z & n & n-z \\
n+y & n-w & n+x
\end{array}
$$

为避免解的重复,约定两对角线的 3 个数为大数在下(即 $x,y>0$),下面一行 3 个数为大数在右(即 $x>y$)。

显见,上述 3×3 方阵的中间一行、中间一列与两对角线上 3 数之和均为 $3n$。要使左右两列、上下两行的 3 数之和也为 $3n$,当且仅当

$$z=x-y, \quad w=x+y \quad (x>y)$$

同时易知 9 个素数中不能有偶素数 2,因而 x、y、z、w 都只能是正偶数。

3. 设计要点

1) 建立素数检测数组

首先枚举区间 $[c,d]$ 中的奇数 k,对于 a 数组在赋值 $a[k]=0$ 的基础上,应用试商法找出素数 k,同时赋值 $a[k]=1$。

2) 设置 n 循环枚举

建立 n 循环枚举 $[c,d]$ 中的奇数,若 n 非素数($a[n]=0$)则返回。

3) 设置 y、x 循环枚举

对于每一个素数 n,枚举 y、x,并按上述两式计算得 z、w。

若出现 $x=2y$,将导致 $z=y$,方阵中出现两对相同的数,显然应予以排除。

显然,$n-w$ 是 9 个数中最小的,$n+w$ 是 9 个数中最大的。若 $n-w<c$ 或 $n+w>d$,已超出 $[c,d]$ 界限,应予以排除。

4) 素数检测

检测方阵中其他 8 个数 $n-x$、$n+w$、$n-y$、$n+z$、$n-z$、$n+y$、$n-w$、$n+x$ 是否同时为素数,引用变量 t_1 和 t_2,t_1t_2 为 8 个数的 a 标记之积。若 $t_1t_2=0$,即 8 个数中存在非素数,返回。否则,已找到一个三阶素数幻方解,按方阵格式输出三阶素数幻方并用变量 m 统计解的个数。

这样处理,能较快地找出所有解,既无重复,也没有遗漏。

4. 程序实现

```
//三阶素数幻方,c281
#include<stdio.h>
#include<math.h>
void main()
{   int c,d,j,k,n,t,t1,t2,w,x,y,z,m;
    int a[3000];
    m=0;
    printf("   请确定区间 c,d: ");
    scanf("%d,%d",&c,&d);
    if(c%2==0) c=c+1;
    if(c<3) c=3;
    for(k=c;k<=d;k++) a[k]=0;
    for(k=c;k<=d;k+=2)
    {   for(t=0,j=3;j<=sqrt(k);j+=2)
            if(k%j==0) {t=1;break;}
        if(t==0) a[k]=1;                    //[c,d]中的奇数 k 为素数,标注 1
    }
    for(n=c;n<=d-8;n=n+2)
    {   if(a[n]==0) continue;               //排除正中数 n 为非素数
        for(y=2;y<=n-3;y+=2)
        for(x=y+2;x<=n-1;x+=2)
        {   z=x-y;w=x+y;
            if(x==2*y || n-w<c || n+w>d)
            continue;                       //控制幻方的素数范围
            t1=a[n-w]*a[n+w]*a[n-z]*a[n+z];
            t2=a[n-x]*a[n+x]*a[n-y]*a[n+y];
            if(t1*t2==0) continue;          //控制其余 8 个数均为素数
            m++;
            printf("   NO %d:\n",m);        //统计并输出三阶素数幻方
            printf("%5d%5d%5d\n",n-x,n+w,n-y);
            printf("%5d%5d%5d\n",n+z,n,n-z);
            printf("%5d%5d%5d\n",n+y,n-w,n+x);
        }
    }
    printf("   共 %d 个素数幻方。\n",m);
}
```

5. 程序运行示例与分析

```
请确定区间 c,d: 1,120
NO 1:
17  113   47
89   59   29
71    5  101
NO 2:
41  113   59
89   71   53
83   29  101
共 2 个素数幻方。
```

上述第一个三阶素数幻方的幻和(各行、各列与两对角线上各数之和)为 177,无疑是幻和最小的三阶素数幻方。

设指定区间中奇数个数为 n,本算法的时间复杂度为 $O(n^3)$。

变通：请修改程序，构建指定幻和的三阶素数幻方。

拓广：是否存在四阶或四阶以上的素数幻方？回答是肯定的。例如，容易验证以下两个方阵：

7	103	83	41		7	41	167	241	397
53	71	97	13		197	271	277	37	71
101	23	43	67		307	67	101	227	151
73	37	11	113		131	107	181	337	97
					211	367	127	11	137

是由素数构成的各行、各列与两对角线上各数之和均相等的四阶与五阶素数幻方。这两个素数幻方的幻和分别是 234 与 853，很可能是幻和最小的四阶与五阶素数幻方。

如何创新算法，用指定区间中的素数构建四阶或四阶以上的素数幻方，留给有兴趣的读者自行研究探索。

2.8.2 和积三角形

1. 案例提出

试把正整数 $n(n \geqslant 36)$ 分解为 8 个互不相等的正整数（即该 8 个互不相等的正整数之和等于给定整数 n）填入八数字三角形（图 2-1）的圆圈中，若三角形三边上的数字之和（s_1）相等且三边上的数字之积（s_2）也相等，该三角形称为和积三角形。

（1）n 至少为多大才能存在和积三角形？求出此时的和积三角形。

（2）当 $n=89$ 时，存在多少个不同的和积三角形？

2. 设计要点

1）确定数组元素分布

把和为 n 的 8 个正整数存储于 b 数组 $b[1], b[2], \cdots, b[8]$，分布如图 2-2 所示。为避免重复，不妨约定三角形中数字满足 $b[1] < b[7]$ 且 $b[2] < b[3]$ 且 $b[6] < b[5]$。

图 2-1　八数字三角形

```
          b[4]
      b[3]    b[5]
    b[2]        b[6]
  b[1]    b[8]    b[7]
```

图 2-2　b 数组分布示意图

2）设置循环

根据约定对 $b[1]$、$b[7]$ 的值进行循环探索，作如下设置。

（1）$b[1]$ 的取值范围为 $1 \sim (n-21)/2$。因除 $b[1]$、$b[4]$ 外其他 6 个数之和至少为 21。

（2）$b[7]$ 的取值范围为 $b[1]+1 \sim (n-28)$。因其他 7 个数之和至少为 28。

（3）$b[4]$ 的取值范围为 $1 \sim (n-28)$。因其他 7 个数之和至少为 28。

3）检测 $n+b[1]+b[7]+b[4]$ 能否被 3 整除

设和积三角形每条边上的数字之和为 s_1，注意到 3 个角上的元素在计算三边时各计算了两次，即 $n+b[1]+b[7]+b[4]=3s_1$。于是在 $b[1]$、$b[4]$、$b[7]$ 循环中增加对 $n+b[1]+$

$b[7]+b[4]$是否能被 3 整除的检测。

(1) 若$(n+b[1]+b[7]+b[4])\%3\neq0$,则继续探索。

(2) 否则,记$s_1=(n+b[1]+b[7]+b[4])/3$。

4) 设置$b[3]$、$b[5]$循环

注意到$b[2]<b[3]$,则$b[3]$的取值范围为$(s_1-b[1]-b[4])/2+1\sim s_1-b[1]-b[4]$。

同时,$b[6]<b[5]$,$b[5]$的取值范围为$(s_1-b[4]-b[7])/2+1\sim s1-b[4]-b[7]$。

同时根据各边之和为s_1,计算出$b[2]$、$b[6]$和$b[8]$:

$$b[2]=s_1-b[1]-b[4]-b[3]$$

$$b[6]=s_1-b[4]-b[5]-b[7]$$

$$b[8]=s_1-b[1]-b[7]$$

5) 检测是否存在相同元素

设置双重循环,检测$b[1]\sim b[8]$是否相同。如果存在相同元素,则返回。

6) 检测是否满足三边之积相等

如果三边之积不相等,则返回。

通过以上 5)、6)检测后,输出和积三角形。

3. 程序设计

```
//和积三角形,c282
#include<stdio.h>
void main()
{   int k,j,t,s1,m,n,b[9]; long s2;
    printf("请输入 n(n≥36):");scanf("%d",&n);
    m=0;
    for(b[1]=1;b[1]<=(n-21)/2;b[1]++)              //设置枚举循环
    for(b[7]=b[1]+1;b[7]<=n-28;b[7]++)
    for(b[4]=1;b[4]<=n-28;b[4]++)
    {   if((n+b[1]+b[4]+b[7])%3!=0) continue;
        s1=(n+b[1]+b[4]+b[7])/3;
        for(b[3]=(s1-b[1]-b[4])/2+1;b[3]<s1-b[1]-b[4];b[3]++)
        for(b[5]=(s1-b[4]-b[7])/2+1;b[5]<s1-b[4]-b[7];b[5]++)
        {   b[2]=s1-b[1]-b[4]-b[3];
            b[6]=s1-b[4]-b[7]-b[5];
            b[8]=s1-b[1]-b[7];
            t=0;
            for(k=1;k<=7;k++)
              for(j=k+1;j<=8;j++)
                if(b[k]==b[j]) {t=1;k=7;break;}
            if(t==1) continue;
            s2=b[1]*b[2]*b[3]*b[4];
            if(b[4]*b[5]*b[6]*b[7]!=s2 || b[1]*b[8]*b[7]!=s2)
              continue;
            m++;                                    //统计解的个数并输出解
            printf("%3d: %2d",m,b[1]);
            for(k=2;k<=8;k++)
              printf(", %2d",b[k]);
```

```
        printf(" s1=%d, s2=%ld \n",s1,s2);
      }
   }
   printf("共%d个解。\n",m);
}
```

4. 程序运行示例与变通

输入 n 的值为 $36\sim44$，没有解输出。n 至少为 45 时，才出现和积三角形。

```
请输入 n: 45
1:  2,  8,  9,  1,  4,  3, 12,  6  s1=20, s2=144
共 1 个解。
```

此和积三角形如图 2-3 所示。

下面改变输入的值：

```
请输入 n: 89
1:  6, 14, 18, 1,  9,  8, 21, 12  s1=39, s2=1512
2:  8, 12, 15, 1, 16,  9, 10, 18  s1=36, s2=1440
3:  8,  4, 27, 2, 12,  3, 24,  9  s1=41, s2=1728
4: 15,  9, 16, 1, 12, 10, 18,  8  s1=41, s2=2160
共 4 个解。
```

图 2-3　$n=45$ 的和积三角形

变通：请修改以上程序，求解九数字的和积三角形（每边 4 个数）。

继续思考：是否存在 7 数字的和积三角形（一边 4 个数，另外两边各 3 个数）？

2.9　枚举应用小结

本章应用枚举设计简单而快捷地解决了诸如统计求和、解方程、解不等式与求最值等常规问题，同时通过枚举设计探求数组、数学式与数阵等有一定难度的实际案例，可见枚举设计的应用领域是广阔的。

求解这些基础性实际问题，应该说设计高效率算法价值不大，就是有时想设计高效率的算法也并不一定方便。

应用枚举求解，在设计上比较简单，不存在太多难点，但决不可太随意。从本章诸案例的枚举设计求解可以看出，枚举思路的调整、枚举规律的归纳、枚举结构的设置与枚举参量的选择，都有一定的技巧，自然也存在很大的改进与优化的空间。

1. 简化计算，调整思路

求解案例时，在缜密审题的基础上，根据案例的具体情况确定枚举方案，简化计算流程，调整求解思路，尽可能不受思维定势的干扰，是首先必须注意的原则。

例 2-1　计算组合数。

计算从 m 个元素中取 n 个元素的组合数 $C(m,n)$，其中整数 m 和 n 满足 $1\leqslant n\leqslant m$。

思路 1：根据组合数的计算公式，有

$$C(m,n)=\frac{m!}{n!(m-n)!} \quad (n\neq 0, m\neq n) \tag{2-7}$$

根据式(2-7),设计计算 x 阶乘的函数 sub(x),然后 3 次调用,得

```
c(m,n)=sub(m)/sub(n)/sub(m-n)
```

共 3 次计算 sub(x),造成大量的重复计算。而且当 m 和 n 较大时,$m!$与 $n!$可能超越计算机语言有效数字的限制而导致失误。

思路 2: 把组合公式(2-7)化简为 n 个分数之积:

$$C(m,n)=\frac{m}{1}\times\frac{m-1}{2}\times\frac{m-2}{3}\times\cdots\times\frac{m-n+1}{n} \tag{2-8}$$

按式(2-8),只需设计一个简单的循环实施乘法即可:

```
for(c=1,k=1;k<=n;k++)
    c=c*(m-k+1)/k;
```

按思路 2,避免了阶乘的重复计算,简洁而高效。

2. 观察归纳,寻求规律

面对一个具体案例,通过反复观察、比较、归纳、总结,找出一般规律,才能确立求解思路与算法,编写求解程序。

例 2-2 圈号对称方阵。

请观察图 2-4 所示的 6 阶与 7 阶圈号对称方阵的构造特点,归纳其构成规律,设计并输出指定的 n 阶圈号对称方阵。

1) 构造特点

值得注意的是,这里的阶数可为奇数,也可为偶数。一个一个元素通过枚举赋值是行不通的,必须根据其构造特点,把方阵分成若干区,在各区用统一表达式赋值。

设以 $a[i][j]$ 存储方阵中的元素,行号为 i,列号为 j。

可知主对角线上的元素满足 $i=j$,次对角线上的元素满足 $i+j=n+1$。

按两条对角线把方阵分成上部、左部、右部与下部 4 个区,如图 2-5 所示。

```
3 3 3 3 3 3          4 4 4 4 4 4 4
3 2 2 2 2 3          4 3 3 3 3 3 4
3 2 1 1 2 3          4 3 2 2 2 3 4
3 2 1 1 2 3          4 3 2 1 2 3 4
3 2 2 2 2 3          4 3 2 2 2 3 4
3 3 3 3 3 3          4 3 3 3 3 3 4
                     4 4 4 4 4 4 4
```

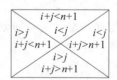

图 2-4　6 阶与 7 阶圈号对称方阵　　　　图 2-5　以对角线分成的 4 个区

上、下部可带等号,把对角线上的元素划归该区。

上部按行号 i 的函数赋值,因为同行上的元素的值相同。注意到 n 可为奇数,也可为偶数,赋值函数取为 $(n+1)/2-i+1$。

同理,下部按行号 i 的函数 $i-n/2$ 赋值。

左部按列号 j 的函数赋值,因为同列上的元素的值相同。注意到 n 可为奇数,也可为偶数,赋值函数取为 $(n+1)/2-j+1$。

同理,右部按列号 j 的函数 $j-n/2$ 赋值。

2）赋值描述

```
for(i=1;i<=n;i++)
  for(j=1;j<=n;j++)
  {  if(i+j<=n+1 && i<=j)
       a[i][j]=(n+1)/2-i+1;              //方阵上部元素赋值
     if(i+j<n+1 && i>j)
       a[i][j]=(n+1)/2-j+1;              //方阵左部元素赋值
     if(i+j>=n+1 && i>=j)
       a[i][j]=i-n/2;                    //方阵下部元素赋值
     if(i+j>n+1 && i<j)
       a[i][j]=j-n/2;                    //方阵右部元素赋值
  }
```

要确定以上规律是否适应各奇数与偶数，需经上机实验，反复调整。

3. 减少重复，优化结构

本章所列举的各枚举案例，没有具体分析各枚举设计的时间复杂度。有些是因为问题本身限制了数量不会太大，例如 2.7 节中限制了十进制数字最多 10 个。有些是因为问题比较简单，例如解不等式，通过简单的一重循环即可求解，其时间复杂度为 $O(n)$。对于需应用多重循环求解的案例，在 n 不是太大的实际应用范围内，以上各案例的枚举求解所需的时间是完全可以接受的。

从算法的时间复杂度考虑，当 n 非常大时，枚举所需时间非常长。例如，求解基于 $2x+3y$ 的递推数列第 10 000 项，需等待一段时间。求 $s=1000$ 时的八数字和积三角形，或许一时也难以得出满意的结果。

在进行枚举设计时，优化枚举结构，减少重复操作，可望在降低枚举的时间复杂度方面收到好的成效。

例 2-3　设 n 为正整数，求和：

$$s=1+\cfrac{1}{1+\cfrac{1}{2}}+\cfrac{1}{1+\cfrac{1}{2}+\cfrac{1}{3}}+\cdots+\cfrac{1}{1+\cfrac{1}{2}+\cdots+\cfrac{1}{n}}$$

算法 1：和式中各项的分母也为和，自然想到在项数枚举循环中设置求各项分母的内循环。

二重循环求和描述：

```
input(n);
s=1;
for(k=2;k<=n;k++)            //枚举各项
{  t=0;
   for(j=1;j<=k;j++)         //枚举计算各分数分母
     t=t+1.0/j;
   s=s+1/t;
}
print(s);
```

算法 2：在项数 k 枚举循环中，应用 $t=t+1/k$ 直接求出各分数的分母，也就是说在计算第 k 项分母时直接用到第 $k-1$ 项分母的结果，这样可省去内循环，把求解简化为一重循环。

一重循环求和描述：

```
input(n);
s=1;t=1;
for(k=2;k<=n;k++)        //枚举各项
{   t=t+1.0/k;           //计算第 k 项的分母
    s=s+1/t;
}
print(s);
```

算法 1 枚举设计的时间复杂度为 $O(n^2)$,而算法 2 枚举设计的时间复杂度为 $O(n)$。可见这一并不复杂的优化直接改善了枚举的时间复杂度。

习 题 2

2-1 解不等式。设 n 为正整数,解不等式

$$2010 < 1 + \cfrac{1}{1+\cfrac{1}{2}} + \cfrac{1}{1+\cfrac{1}{2}+\cfrac{1}{3}} + \cdots + \cfrac{1}{1+\cfrac{1}{2}+\cdots+\cfrac{1}{n}} < 2011$$

2-2 韩信点兵。韩信在点兵时,为了知道有多少名士兵,同时又能保住军事机密,便让士兵排队报数。

按 1 至 5 报数,最末一个士兵报的数为 1。

再按 1 至 6 报数,最末一个士兵报的数为 5。

再按 1 至 7 报数,最末一个士兵报的数为 4。

最后按 1 至 11 报数,最末一个士兵报的数为 10。

韩信至少有多少名士兵?

2-3 最小连续 n 个合数。试求出最小的连续 n 个合数(其中 n 是键盘输入的任意正整数)。

2-4 概率计算。在标注编号分别为 $1,2,\cdots,n$ 的 n 张牌中抽取 3 张,试求抽出 3 张牌编号之和为素数的概率。

输入整数 $n(3 < n \leqslant 3000)$,输出对应的概率(四舍五入到小数点后第 3 位)。

2-5 特定数字组成的平方数。用数字 $2,3,5,6,7,8,9$ 可组成多少个没有重复数字的 7 位平方数?

2-6 序列的最大子段和。给定由 n 个整数(可能有负整数)组成的序列 $a(1),a(2),\cdots,a(n)$,试求该序列的子段和

$$s = \sum_{k=i}^{j} a(k) \quad (1 \leqslant i \leqslant j \leqslant n)$$

的最大值,并确定序列中最大子段的位置。

2-7 完美综合式。把 1~9 这 9 个数字分别填入以下含加、减、乘、除与乘方的综合运算式中的 9 个□中,使得该式成立:

$$□^□ + □□ \div □□ - □□ \times □ = 0$$

要求 1~9 这 9 个数字在式中出现一次且只出现一次,且约定数字 1 不出现在乘、乘方的一位数中(即排除式中的各个一位数为 1 这一平凡情形)。

2-8 搜索勾股数。

三元二次方程式

$$x^2 + y^2 = z^2$$

的正整数解 x、y、z 称为一组勾股数。设计二重循环枚举求指定区间 $[a, b]$ 内的勾股数组。

2-9 和积九数字三角形。求解和为给定的正整数 $s(s \geq 45)$ 的 9 个互不相等的正整数填入如图 2-6 所示的九数字三角形，使三角形三边上的 4 个数字之和 (s_1) 相等且三边上的 4 个数字之积 (s_2) 也相等。

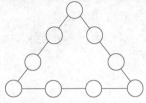

图 2-6 九数字三角形

第 3 章 递 推

递推算法(recurrence algorithm)是一种应用非常广泛的常用算法,与第 4 章的递归有着非常密切的联系。

本章探讨递推在求解数式、数列、数阵以及计数等诸多案例方面的应用。

3.1 递 推 概 述

在纷繁变幻的世界,所有事物都随时间的流逝发生着微妙的变化。许多现象的变化是有规律可循的,这种规律往往呈现出前因后果的关系。某种现象的变化结果与紧靠它前面变化的一个或一些结果紧密关联,递推的思想正体现了这一变化规律。

3.1.1 递推算法

所谓递推,是在命题归纳时,可以由 $n-k,n-k+1,\cdots,n-1$ 的情形推得 n 的情形。一个线性递推可以形式地写成

$$a_n = c_1 a_{n-1} + c_2 a_{n-2} + \cdots + c_k a_{n-k} + f(n)$$

其中,$f(n)=0$ 时递推是齐次的,否则是非齐次的。递推的一般解法要用到 n 次方程的求根。

递推算法是利用问题本身所具有的递推关系求解问题的一种方法。设要求问题规模为 n 的解,当 $n=1$ 时,解或为已知,或能非常方便地得到解。能采用递推法构造算法的递推性质,能从已求得的规模为 $1,2,\cdots,i-1$ 的一系列解,构造出问题规模为 i 的解。这样,程序可从 $i=0$ 或 $i=1$ 出发,重复地由已知解至 $i-1$ 规模的解,通过递推,获得规模为 i 的解,直至得到规模为 n 的解。

递推算法的基本思想是把一个复杂、庞大的计算过程转换为简单过程的多次重复,该算法充分利用了计算机的运算速度快和不知疲倦的特点,从头开始一步步地推出问题最终的结果。使用递推算法编程,既可使程序简练,又可节省计算时间。

对于一个序列来说,如果已知它的通项公式,那么要求出数列第 n 项或求数列的前 n 项之和是简单的。但是,在许多情况下,要得到数列的通项公式是困难的,有时甚至无法得到。然而,一个有规律的数列,其相邻位置的数据项之间通常存在一定的关系,可以借助已知的项,利用特定的关系逐项推算出它的后继项的值,直到找到所需的那一项为止。递推算法避开了求通项公式的麻烦,把一个复杂问题的求解分解成若干步简单运算。

递推算法的首要问题是得到相邻的数据项之间的关系,即递推关系。它针对这样一类问题:问题的解决可以分为若干步骤,每个步骤都产生一个子解(部分结果),每个子解都是由前面若干子解生成的。我们把这种由前面的子解得出后面的子解的规则称为递推关系。

递推关系是一种高效的数学模型,是组合数学中的一个重要解题方法,在组合计数中有

着广泛的应用。在概率方面利用递推可以解决一类基本事件个数较大的概率问题。在对多项式的求解过程中,很多情况可以使用递推算法来实现。在行列式方面,某些 n 阶行列式只用初等变换难以解决,但如果采用递推求解则显得较为容易。

递推关系不仅在各数学分支中发挥着重要的作用,由它所体现出来的递推思想在各学科领域中更是显示出其独特的魅力。

3.1.2 递推实施步骤与描述

在设计求解问题前,要通过细心地观察,丰富地联想,不断尝试推理,尽可能归纳总结其内在规律,然后再把这种规律性的东西抽象成递推数学模型。

利用递推求解问题,需要掌握递推关系的具体描述及其实施步骤。

1. 实施递推的步骤

1) 确定递推变量

应用递推算法解决问题,要根据问题的具体情况设置递推变量。递推变量可以是简单变量,也可以是一维或多维数组。

2) 建立递推关系

递推关系是指如何从变量的前一些值推出其下一个值或从变量的后一些值推出其上一个值的公式(或关系)。

递推关系是递推的依据,是解决递推问题的关键。

有些问题,其递推关系是明确的,大多数实际问题并没有现成的明确的递推关系,需根据问题的具体情况,不断尝试推理,才能确定问题的递推关系。

3) 确定初始(边界)条件

对所确定的递推变量,要根据问题最简单情形的数据确定递推变量的初始(边界)值,这是递推的基础。

4) 对递推过程进行控制

递推过程不能无休止地执行下去。递推过程在什么时候结束,满足什么条件结束,这是递推算法必须考虑的递推过程控制问题。

递推过程的控制通常可分为两种情形:一种是所需的递推次数是确定的值,可以计算出来;另一种是所需的递推次数无法确定。对于前一种情况,可以构建一个固定次数的循环来实现对递推过程的控制;对于后一种情况,需要进一步根据问题的具体情况归纳出用来结束递推过程的条件。

2. 递推算法框架描述

递推通常由循环来实现,一般在循环外确定初始(边界)条件,在设置的循环中实施递推。

下面归纳常用的递推模式并做简要的框架描述。

递推按流向可分为顺推与逆推。

1) 简单顺推算法

顺推即从前往后推,从已求得的规模为 $1,2,\cdots,i-1$ 的一系列解,推出问题规模为 i 的解,直至得到规模为 n 的解。

简单顺推算法框架描述:

```
f(1~i-1)=<初始值>;                 //确定初始值
for(k=i;k<=n;k++);
   f(k)=<递推关系式>;              //根据递推关系实施顺推
print(f(n));                       //输出 n 规模的解 f(n)
```

2) 简单逆推算法

逆推即从后往前推,从已求得的规模为 $n, n-1, \cdots, i+1$ 的一系列解,推出问题规模为 i 的解,直至得到规模为 1 的解。

简单逆推算法框架描述:

```
f(n~i+1)=<初始值>;                 //确定初始值
for(k=i;k>=1;k--)
   f(k)=<递推关系式>;              //根据递推关系实施逆推
print(f(1));                       //输出解 f(1)
```

3) 二维数组顺推算法

简单递推问题设置一维数组实现,较复杂的递推问题需设置二维或二维以上数组。

设递推的二维数组为 $f(k, j), 1 \leqslant k \leqslant n, 1 \leqslant j \leqslant m$,由初始条件分别求得 $f(1,1)$,$f(1,2), \cdots, f(1,m)$,需求 $f(n,m)$,则据给定的递推关系由初始条件依次顺推得 $f(2,1)$,$f(2,2), \cdots, f(2,m); f(3,1), f(3,2), \cdots, f(3,m) \cdots \cdots$ 直至得到所要求的解 $f(n,m)$。

二维数组顺推算法框架描述:

```
f(1,1 : m)=<初始值>;               //赋初始值
for(k=2;k<=n;k++)
   for(j=1;j<=m;j++)
      f(k,j)=<递推关系式>;         //根据递推关系实施递推
print(f(n,m));                     //输出 n 规模的解 f(n,m)
```

4) 多关系分级递推算法

当递推关系包含两个或两个以上关系式时,通常应用多关系分级递推算法求解。

多关系分级递推算法框架描述:

```
f(1: i-1)=<初始值>;                //赋初始值
for(k=i;k<=n;k++)
{  if(<条件 1>)
      f(k)=<递推关系式 1>;         //根据递推关系 1 实施递推
    ⋮
   if(<条件 m>)
      f(k)=<递推关系式 m>;         //根据递推关系 m 实施递推
}
print(f(n));                       //输出 n 规模的解 f(n)
```

关于递推的时间复杂度,如果在一重循环中可完成递推,通常其相应的时间复杂度为 $O(n)$。在实际应用中,由于递推关系的不同,往往需要二重或更复杂的循环结构才能完成递推,其相应的时间复杂度为 $O(n^2)$ 或更高。

3.2　超级素数搜索

第 2 章的全素组与素数幻方都是有关素数的案例,本节进一步探索素数中一个新的子集——超级素数。

1. 案例提出

定义 $m(m>1)$ 位超级素数：

（1） m 位超级素数本身为素数。

（2）从高位开始，去掉 1 位后为 $m-1$ 位素数；去掉 2 位后为 $m-2$ 位素数……去掉 $m-1$ 位后为 1 位素数。

例如，137 是一个 3 位超级素数，因 137 是一个 3 位素数，去高 1 位得 37，是一个 2 位素数；去高 2 位得 7，是一个 1 位素数。而素数 107 不是超级素数，因去高 1 位得 7 不是一个 2 位素数。

输入整数 $m(1<m\leqslant10)$，统计 m 位超级素数的个数，并输出其中最大的 m 位超级素数。

下面试应用枚举与递推两种算法设计求解。

2. 枚举设计

1）设计要点

（1）为了方便判别素数，应用试商法设计素数判别函数 $p(k)$：若 k 为素数，$p(k)$ 返回 1；否则，$p(k)$ 返回 0。

（2）为枚举 m 位数需要，通过自乘 10（即 $c=c*10;$），计算 m 位数的起始数 c。

（3）设置枚举 m 位奇数的 f 循环。

① 若 f 不是素数，或 f 的个位数字不是 3 或 7（超级素数的个位数字必然是 3 或 7），则返回。

② 若 f 的其他各位数字出现 0，显然应予排除。

③ 除 m 位数 f 本身及其个位数已检验外，从高位开始去掉 1 位，2 位，…，$m-2$ 位可得 $m-2$ 个数（$f\%k$，$k=100,1000,\cdots,10^{m-1}$），这 $m-2$ 个数的 p 函数值相乘为 t：

若 $t=0$，说明 $m-2$ 个数中至少有一个非素数，则返回。

若 $t=1$，说明 $m-2$ 个数全为素数，应用变量作统计个数。

④ 为输出最大的 m 位超级素数，在统计的同时，作赋值："e=f;"，最后输出的 e 则为最大的 m 位超级素数。

2）程序实现

```
//枚举求指定 m 位超级素数,c321
#include<stdio.h>
#include<math.h>
void main()
{  int i,m;
   long c,d,e,f,k,s,t;
   int p(long f);
   printf("  请确定 m(m>1): "); scanf("%d",&m);
   for(c=1,i=1;i<=m-1;i++)
     c=c*10;                         //确定最小的 m 位数 c
   s=0;
   for(f=c+1;f<=10*c-1;f=f+2)        //设置枚举循环,f 为 m 位奇数
   {  if(p(f)==0 || !(f%10==3 || f%10==7)) continue;
      for(t=1,d=f/10,i=1;i<=m-2;i++)
```

```
    {  if(d%10==0) t=0;                          //枚举中间 m-2 个数字
       d=d/10;
    }
    if(t==0) continue;
    for(t=1,k=10,i=1;i<=m-2;i++)
      { k=k*10;t=t*p(f%k); }                     //枚举 m-2 次去位操作
    if(t==0) continue;
    s++;e=f;                                      //统计并赋值
  }
  printf("  共%ld个%d位超级素数。\n",s,m);
  printf("  其中最大数为%ld。\n",e);
}
#include<math.h>
int p(long k)                                    //设计素数检测函数
{  int j,h,z;
   z=0;
   if(k==2) z=1;
   if(k>=3 && k%2==1)
   {  for(h=0,j=3;j<=sqrt(k);j+=2)
        if(k%j==0) {h=1;break;}
      if(h==0) z=1;                               //k为素数返回1,否则返回 0
   }
   return z;
}
```

3) 程序运行示例

```
请确定 m(m>1): 5
共 192 个 5 位超级素数。
其中最大数为 99643。
```

3. 递推设计

1) 设计要点

根据超级素数的定义,m 位超级素数去掉高位数字后是 $m-1$ 位超级素数。一般地,$k(k=2,3,\cdots,m)$ 位超级素数去掉高位数字后是 $k-1$ 位超级素数。

那么,在已求得 g 个 $k-1$ 位超级素数 $a[i](i=1,2,\cdots,g)$ 时,在 $a[i]$ 的高位加上一个数字 $j(j=1,2,\cdots,9)$,得到 $9g$ 个 k 位候选数 $f=j\times e[k]+a[i](e[k]=10^{k-1})$,只要对这 $9g$ 个 k 位候选数检测即可。这就是从 $k-1$ 递推到 k 的递推关系。

注意到超级 $m(m>1)$ 位素数的个位数字必然是 3 或 7,则得递推的初始(边界)条件:

```
a[1]=3,a[2]=7,g=2;
```

2) 程序实现

```
//递推求指定 m 位超级素数,c322
#include<stdio.h>
#include<math.h>
void main()
{  int g,i,j,k,m,t,s;
   double d,f,a[20000],b[20000],e[20];
   int p(double f);
   printf("  请确定 m(m>1): "); scanf("%d",&m);
```

```
        g=2;s=0;
        a[1]=3;a[2]=7;e[1]=1;                    //递推的初始条件
        for(k=2;k<=m;k++)
        {  e[k]=e[k-1]*10;t=0;
           for(j=1;j<=9;j++)
              for(i=1;i<=g;i++)
              {  f=j*e[k]+a[i];                  //产生9g个候选数f
                 if(p(f)==1)
                 {  t++;b[t]=f;
                    if(k==m) {s++;d=f;}          //统计并记录最大超级素数
                 }
              }
           g=t;
           for(i=1;i<=g;i++) a[i]=b[i];          //g个k位b[i]赋值给a[i]
        }
        printf("  共%d个%d位超级素数。\n",s,m);
        printf("  其中最大数为%.0f。\n",d);
}
int p(double k)
{   int h,z;double j;long t;
    z=0;
    t=(int)pow(k,0.5);
    for(h=0,j=3;j<=t;j+=2)
        if(fmod(k,j)==0) {h=1;break;}
    if(h==0) z=1;                                //如果k为素数返回1,否则返回0
    return z;
}
```

3）程序运行示例

请确定 m(m>1)：9
共 545 个 9 位超级素数。
其中最大数为 999962683。

4. 两个算法的时间复杂度比较

应用枚举设计,需对 m 位奇数进行检测,枚举数量级为 10^m。

应用递推设计,只需检测 $9g(k-1)$ 次($g(k-1)$ 为 $k-1$ 位超级素数的个数),$k=2$,$3,\cdots,m$,因而求 m 位超级素数共检测的次数为

$$s(m)=9\sum_{k=1}^{m-1}g(k)$$

其中,$s(m)$ 是对递推设计的时间复杂度的定量估算,其数量级远低于 10^m,即递推设计的时间复杂度要低于枚举设计。

例如,当 $m=5$ 时,应用枚举设计,调用检测函数 $p(k)$ 的次数为 $45\,000\times4=180\,000$;而应用递推设计,调用 $p(k)$ 函数的次数仅为 $9\times(2+11+39+99)=1359$。

3.3　递 推 数 列

本节探讨两个典型的递推数列案例的求解,一个是新颖的摆动数列,另一个是涉及分子、分母分别递推的分数数列。

3.3.1　摆动数列

1. 案例提出

已知递推数列：
$$a(1)=1, a(2i)=a(i)+1, a(2i+1)=a(i)+a(i+1) \quad (i\ 为正整数)$$
试求该数列的第 n 项与前 n 项中哪些项最大，最大值为多少。

2. 递推设计

该数列根据项序号为奇或偶两种情况做不同递推，所得数列各项呈大小有规律的摆动。

设置 a 数组，赋初值 $a[1]=1$。根据递推式，在 i 循环中根据项序号 $i(2\sim n)$ 为奇或偶做不同递推：

(1) $\mod(i,2)=0$(即 i 为偶数)时，$a[i]=a[i/2]+1$。

(2) $\mod(i,2)=1$(即 i 为奇数)时，$a[i]=a[(i+1)/2]+a[(i-1)/2]$。

每得一项 $a[i]$，与最大值 max 做比较，如果 $a[i]>$max，则 max$=a[i]$。

在得到最大值 max 后，在所有 n 项中搜索哪些项为最大项(因最大项可能多于一项)，并输出最大值 max 及所有搜索得到的最大项。

3. 程序设计

```
//摆动数列,c331
#include<stdio.h>
void main()
{  int i,n,max,a[10000];
   printf("  请确定项数 n: ");
   scanf("%d",&n);
   a[1]=1;max=0;
   for(i=2;i<=n;i++)
   {  if(i%2==0)                      //分情况实施递推
        a[i]=a[i/2]+1;
      else
        a[i]=a[(i-1)/2]+a[(i+1)/2];
      if(a[i]>max) max=a[i];         //比较得最大值
   }
   printf("  a(%d)=%d \n",n,a[n]);
   printf("  摆动数列前%d项中最大项有: ",n);
   for(i=2;i<=n;i++)                  //探索所有的最大项
     if(a[i]==max) printf("a(%d)=",i);
      printf("%d \n",max);
}
```

4. 程序运行示例与分析

```
请确定项数 n: 2015
a(2015)=131
摆动数列前 2015 项中最大项有: a(1707)=a(1877)=321
```

上述递推在一重循环中完成，时间复杂度为 $O(n)$。

本案例求最大项的处理是新颖的，先求出最大值，然后逐项比较求出各个最大项。这一处理方式对要求求出所有最大(或最小)项时具有示范意义。

3.3.2 分数数列

1. 案例提出

一个递推分数数列的前 6 项如下：

$$1/2,3/5,4/7,6/10,8/13,9/15,\cdots$$

该数列的构成规律是第 i 项的分母 d 与分子 c 存在关系 $d=c+i$，而分子 c 为与前 $i-1$ 项中的所有分子、分母均不相同的最小正整数。

对于指定的正整数 n，试求出该数列的第 n 项，并求出前 n 项中的最大项。

2. 设计要点

注意到递推需用到前面的所有项，设置数组 $c[i]$ 表示第 i 项的分子，$d[i]$ 表示第 i 项的分母（均为整数）。显然，初始值为：$c[1]=1,d[1]=2;c[2]=3,d[2]=5$。

已知前 $i-1$ 项，如何确定 $c[i]$ 呢？

显然 $c[i]>c[i-1]$，同时可证，当 $i>2$ 时，第 i 个分数的分子 $c[i]$ 总小于第 $i-1$ 个分数的分母 $d[i-1]$。

于是，置 k 在区间 $(c[i-1],d[i-1])$ 取值，k 分别与 $d[1],d[2],\cdots,d[i-1]$ 比较，若存在相同的数，则 k 增 1 后再比较；若没有相同的数，则产生第 i 项，进行赋值：$c[i]=k$，$d[i]=k+i$。

为了准确求出数列前 n 项中的最大项，设最大项为第 k_{max} 项（k_{max} 赋初值 1），每产生第 i 项，如果有

$$c[i]/d[i]>c[k_{max}]/d[k_{max}]$$

则有

$$c[i]\times d[k_{max}]>c[k_{max}]\times d[i]$$

即第 i 项要比原最大的第 k_{max} 项大，则赋值 $k_{max}=i$，把产生的第 i 项确定为最大项。产生第 n 项后，前 n 项中的最大项也比较出来了。

在程序设计中比较最大项，应用整数不等式是适宜的。

3. 程序设计

```
//分数递推数列,c332
#include<stdio.h>
void main()
{ int n,i,k,t,j,kmax;
  long c[3001],d[3001];
  printf("请输入整数 n(1～3000):");          //通过键盘输入确定整数 n
  scanf("%d",&n);
  c[1]=1;d[1]=2;
  c[2]=3;d[2]=5;
  kmax=1;                                    //数组与最大项序号赋初值
  for(i=3;i<=n;i++)
  { for(k=c[i-1]+1;k<d[i-1];k++)
    { t=0;                                   //k 枚举探求第 i 项分子 c
      for(j=1;j<i-1;j++)
        if(k==d[j]) {t=1;break;}
      if(t==0)
```

```
        {  c[i]=k;d[i]=k+i;                     //第 i 项分子 c,分母 d 赋值
           break;
        }
     }
     if(c[i] * d[kmax]>c[kmax] * d[i])
        kmax=i;                                 //比较得最大项的序号 kmax
  }
  printf("数列第%d项为: %ld/%ld。\n",n,c[n],d[n]);
  printf("数列前%d项中最大项为",n);
  for(i=1;i<=n;i++)                             //检查可能有多个最大项
     if(c[i] * d[kmax]==c[kmax] * d[i])
  printf("第%d项: %ld/%ld。\n",i,c[i],d[i]);
}
```

4. 程序运行示例与分析

```
请输入整数 n(1～3000):2015
数列第 2015 项为: 3260/5275。
数列前 2015 项中最大项为第 1597 项: 2584/4181。
```

注意到每递推一项需用到前面的所有项,本案例递推的时间复杂度为 $O(n^2)$。

注意:本案例在求最大项时把分数比较转换为整数比较,以确保准确性,这一技巧是常用的。

顺便指出,上述分数的分子和分母构成的数对 $(1,2),(3,5),(4,7),(6,10),\cdots$ 常称为 Wythoff 对。Wythoff 对在数论和对策论中应用广泛。

3.4 幂 序 列

本节探讨双幂序列与幂积序列这两个涉及幂的典型案例的求解。

3.4.1 双幂序列

1. 案例提出

设 x、y 为非负整数,试计算集合

$$M=\{2^x,3^y \mid x\geqslant 0,y\geqslant 0\}$$

的元素由小到大排列的双幂序列第 n 项与前 n 项之和。

2. 递推设计

集合由 2 的幂与 3 的幂组成,实际上是给出两个递推关系。

设置一维数组 f,$f[k]$ 存储双幂序列的第 k 项。

显然,第 1 项也是最小项为 $f[1]=1$(当 $x=y=0$ 时)。

从第 2 项开始,为了实现从小到大排序,设置 a、b 两个变量,a 为 2 的幂,b 为 3 的幂,显然 $a\neq b$。

设置 k 循环($k=2,3,\cdots,n$,其中 n 为从键盘输入的整数),在 k 循环外赋初值:$a=2$,$b=3$。在 k 循环中通过比较选择赋值:

(1) 当 $a<b$ 时,由赋值 $f[k]=a$ 确定为序列的第 k 项;然后 $a=a*2$,即 a 按递推规律乘 2,为后一轮比较做准备。

（2）当 $a > b$ 时，由赋值 $f[k] = b$ 确定为序列的第 k 项；然后 $b = b * 3$，即 b 按递推规律乘 3，为后一轮比较做准备。

递推过程描述：

```
a=2;b=3;                       //为递推变量 a、b 赋初值
for(k=2;k<=n;k++)
{  if(a<b)
     { f[k]=a;a=a * 2;}        //用 a 给 f[k]赋值
   else
     { f[k]=b;b=b * 3;}        //用 b 给 f[k]赋值
}
```

在这一算法中，变量 a、b 是变化的，分别代表 2 的幂与 3 的幂。

为标注第 n 项为幂的形式，设置变量 t：$t = 2$ 为 2 的幂，其指数为 p_2；$t = 3$ 为 3 的幂，其指数为 p_3。

3. 程序实现

```
//双幂序列求解,c341
#include<stdio.h>
void main()
{  int k,n,t,p2,p3;
   double   a,b,s,f[100];
   printf("  求数列的第 n 项与前 n 项和,请输入 n: ");
   scanf("%d",&n);
   f[1]=1;p2=0;p3=0;
   a=2;b=3;s=1;
   for(k=2;k<=n;k++)
   {  if(a<b)
      {  f[k]=a;a=a * 2;         //用 2 的幂给 f[k]赋值
         t=2;p2++;               //t=2 表示 2 的幂,p2 为指数
      }
      else
      {  f[k]=b;b=b * 3;         //用 3 的幂给 f[k]赋值
         t=3;p3++;               //t=3 表示 3 的幂,p3 为指数
      }
      s+=f[k];
   }
   printf("  数列的第%d 项为: %.0f ",n,f[n]);
   if(t==2)                      //对输出项进行标注
      printf("(2^%d) \n",p2);
   else
      printf("(3^%d) \n",p3);
   printf("  数列的前%d 项之和为: %.0f \n",n,s);
}
```

4. 程序运行示例与分析

```
求数列的第 n 项与前 n 项和,请输入 n: 50
数列的第 50 项为: 1162261467 (3^19)
数列的前 50 项之和为: 3890875846
```

这一递推设计在一重循环中完成，时间复杂度与空间复杂度均为 $O(n)$。

变通：如果序列由 3 项幂或更多项幂组成，递推应如何实施？

3.4.2 幂积序列

1. 案例提出

设 x、y 为非负整数,试计算集合

$$M=\{2^x \cdot 3^y \mid x \geqslant 0, y \geqslant 0\}$$

的元素不大于指定整数 n 的个数,并求这些元素从小到大排序的第 m 项。

与双幂序列相比,幂积序列复杂在"积"字上,即幂积序列的项既可以是 2 的幂或 3 的幂,也可以是这两个幂之积。

下面在两个枚举设计求解基础上,给出案例的两个递推设计,并比较这 4 种设计的时间复杂度。

2. 递增枚举设计

1) 设计要点

集合元素由 2 的幂与 3 的幂及其乘积组成,设元素从小到大排序的第 k 项为 $f(k)$。显然,$f(1)=1,f(2)=2,f(3)=3$。

设置 a 循环,a 从 3 开始递增 1 至 n,对每一个 a(赋值给 j),逐次用 2 试商,然后逐次用 3 试商。试商后,若 $j>1$,说明原 a 有 2、3 以外的因数,不属于该序列;若 $j=1$,说明原 a 只有 2、3 的因数,属于该序列,把 a 赋值给序列第 k 项。

由于实施从小到大的试商和赋值,所得项无疑是从小到大的序列。

当 a 达到指定的整数 n 时,退出循环,输出指定项 $f(m)$。

2) 程序设计

```c
//幂序列 2^x * 3^y 枚举求解,c342
#include<stdio.h>
void main()
{  int k,m;
   long   a,j,n,f[1000];
   printf("  计算不大于 n 的项数,请指定 n: ");
   scanf("%ld",&n);
   printf("  输出序列的第 m 项,请指定 m: ");
   scanf("%d",&m);
   f[1]=1;f[2]=2;k=2;
   for(a=3;a<=n;a++)
   {  j=a;
      while(j%2==0) j=j/2;                //反复用 2 试商
      while(j%3==0) j=j/3;                //反复用 3 试商
      if(j==1)
      { k++;f[k]=a;}                      //用 a 给 f[k]赋值
   }
   printf("  幂序列中不大于%ld的项数为: %d\n",n,k);
   if(m<=k)
       printf("  从小到大排序的第%d项为: %ld\n",m,f[m]);
   else
       printf("  所输序号 m 大于序列的项数!\n");
}
```

3）程序运行示例

计算不大于 n 的项数，请指定 n：10000000
输出序列的第 m 项，请指定 m：100
幂序列中不大于 10000000 的项数为：190
从小到大排序的第 100 项为：93312

3. 有针对性的枚举设计

上述枚举设计比较盲目，对大量含有 2、3 以外因数的整数也做了检测，有大量无效操作。为克服盲目性，下面给出一种有针对性的枚举设计，是一种带启发性的搜索设计，可大大提高枚举效率。

1）设计要点

为实现有针对性的枚举，设置 2 的幂与 3 的幂两个数组。

（1）t_2 数组，存储 2 的幂：$t_2[0]=2^0$，$t_2[1]=2^1$，$\cdots$，$t_2[p_2-1]=2^{p_2-1} \leqslant n$，$t_2[p_2]>n$。

（2）t_3 数组，存储 3 的幂：$t_3[0]=3^0$，$t_3[1]=3^1$，$\cdots$，$t_3[p_3-1]=3^{p_3-1} \leqslant n$，$t_3[p_3]>n$。

设置 i、j 二重枚举循环（$i：0 \sim p_2-1$，$j：0 \sim p_3-1$），构造幂积语句为"t=t2[i] * t3[j];"。

（1）当 $i=0$ 时，t 为 3 的幂。

（2）当 $j=0$ 时，t 为 2 的幂。

（3）当 $i>0$ 且 $j>0$ 时，t 为 2 与 3 的幂积。

同时设置 f 数组，存储幂积 t。

（1）若 $t>n$，超出范围，不对 f 数组赋值。

（2）若 $t \leqslant n$，对 f 数组赋值语句为："k++;f[k]=t;"。

通过以上构造幂有针对性地枚举，求出集合 M 中不大于指定整数 n 的所有 k 个元素。

对这 k 个元素进行排序，以求得从小到大排序的第 m 项。

注意到集合 M 中不大于指定整数 n 的元素个数 k 的数量不会太大，采用较为简明的"逐项比较"排序法是可行的。实施排序中，从小到大排序到第 m 项即可，没有必要对所有 k 个元素排序。

2）程序设计

```
//有针对性的枚举,c343
#include<stdio.h>
void main()
{   int i,j,k,m,p2,p3;
    double d,n,t,t2[100],t3[100],f[10000];
    printf("  请指定 n,m: ");scanf("%lf,%d",&n,&m);
    t=1;p2=0;                          //构造 2 的幂数组
    while(t<=n) {t=t*2;p2++;t2[p2]=t;}
    t=1;p3=0;                          //构造 3 的幂数组
    while(t<=n) {t=t*3;p3++;t3[p3]=t;}
    t2[0]=t3[0]=1;k=0;
    for(i=0;i<=p2-1;i++)
    for(j=0;j<=p3-1;j++)
    {   t=t2[i] * t3[j];               //构造幂积 t 并进行检测和赋值
```

```
        if(t<=n) { k++;f[k]=t; }
    }
    printf("  幂积序列中不大于%.0f 的项数为: %d\n",n,k);
    if(m<=k)
    {  for(i=1;i<=m;i++)                        //逐项比较,排序至第 m 项
       for(j=i+1;j<=k;j++)
         if(f[i]>f[j]) { d=f[i];f[i]=f[j];f[j]=d; }
       printf("  从小到大排序的第%d 项为: %.0f\n",m,f[m]);
    }
    else
       printf("  所输入的 m 大于序列的项数!\n");
}
```

3) 程序运行示例

```
请指定 n,m: 1000000000,300
幂序列中小于 1000000000 的项数为: 306
从小到大排序的第 300 项为: 774840978
```

4. 递推排序设计

为了进一步提高搜索效率,试应用递推进行求解。

1) 设计要点

(1) 确定递推关系。

为探索 $x+y=i$ 时各项与 $x+y=i-1$ 时各项之间的递推规律,剖析 $x+y$ 的前几个值情形:

$x+y=0$ 时,元素为 1(初始条件)。

$x+y=1$ 时,元素为 $2\times1=2,3\times1=3$,共 2 项。

$x+y=2$ 时,元素有 $2\times2=4,2\times3=6,3\times3=9$,共 3 项。

$x+y=3$ 时,元素有 $2\times4=8,2\times6=12,2\times9=18,3\times3\times3=27$,共 4 项。

……

可归纳出以下递推关系: $x+y=i$ 时,序列共 $i+1$ 项,其中前 i 项是 $x+y=i-1$ 时的所有 i 项分别乘 2 所得,最后一项为 $x+y=i-1$ 时的最后一项乘 3 所得(即 $t=3^i$)。

注意,对 $x+y=i-1$ 的所有 i 项分别乘 2,设为 $f[h]*2$,必须检测其是否小于 n 而大于 0。同样,对 t 也必须检测是否小于 n 而大于 0。只有小于 n 且大于 0 时才能赋值。

这里要指出,最后若干行可能不是完整的,即可能只有前若干项能递推出新项。为此设置变量 u,当一行有递推项时 $u=1$,否则 $u=0$。当 $u=0$ 时停止,否则会影响序列的项数。

(2) 以 $n=1000$ 为例,具体说明递推的实施。

```
        f(1)=1
i=1:  f(2)=2      f(3)=3
i=2:  f(4)=4      f(5)=6      f(6)=9
i=3:  f(7)=8      f(8)=12     f(9)=18     f(10)=27
i=4:  f(11)=16    f(12)=24    f(13)=36    f(14)=54    f(15)=81
i=5:  f(16)=32    f(17)=48    f(18)=72    f(19)=108   f(20)=162   f(21)=243
i=6:  f(22)=64    f(23)=96    f(24)=144   f(25)=216   f(26)=324   f(27)=486   f(28)=729
i=7:  f(29)=128   f(30)=192   f(31)=288   f(32)=432   f(33)=648   f(34)=972
i=8:  f(35)=256   f(36)=384   f(37)=576   f(38)=864
i=9:  f(39)=512   f(40)=768
```

每一列的下一个数是上一个数的 2 倍,而每一行的最后一个数为 3 的幂。

(3) 对所产生的项排序。

当所有递推项完成后,对所有 k 项应用逐项比较进行从小到大排序。排序后输出指定的第 m 项。

2) 程序实现

```
//递推排序求解,c344
#include<stdio.h>
void main()
{ int i,j,h,k,m,u,c[100];
  double d,n,t,f[1000];
  printf(" 计算小于 n 的项数,请指定 n: "); scanf("%lf",&n);
  printf(" 输出序列的第 m 项,请指定 m: "); scanf("%d",&m);
  k=1;t=1.0; i=1;
  c[0]=1; f[1]=1.0;
  while(1)
  { u=0;
    for(j=0;j<=i-1;j++)
    { h=c[i-1]+j;
      if(f[h]*2<n && f[h]>0)         //第 i 行各项为前一行各项乘 2
      { k++;f[k]=f[h]*2;u=1;
        if(j==0) c[i]=k;             //该行的第 1 项的项数值赋给 c(i)
      }
      else break;
    }
    t=t*3;                           //最后一项为 3 的幂
    if(t<n && t>0)
      { k++;f[k]=t; }                //用 t 给 f[k]赋值
    if(u==0) break;
    i++;
  }
  for(i=1;i<k;i++)                    //逐项比较排序
    for(j=i+1;j<=k;j++)
      if(f[i]>f[j])
        { d=f[i];f[i]=f[j];f[j]=d; }
  printf(" 幂序列中小于%f 的项数为: %d\n",n,k);
  if(m<=k)
    printf(" 从小到大排序的第%d 项为: %.0f\n",m,f[m]);
  else
    printf(" 所输入的 m 大于序列的项数!\n");
}
```

3) 程序运行示例

```
计算小于 n 的项数,请指定 n: 1000000000000
输出序列的第 m 项,请指定 m:500
幂序列中不大于 1000000000000 的项数为: 534
从小到大排序的第 500 项为:391378894848
```

5. 递推结合比较赋值设计

上述递推在排序上占用大量时间,递推结合比较赋值可省去排序操作,进一步降低复杂度。

1) 设计要点

从 $u=1$, $f(u)=1$ 开始,在已求得 $f(u)$ 的基础上,可递推求出 $f(u+1)$:求出各大于 $f(u)$ 的最小数,取其中最小者即为 $f(u+1)$。

递推结合比较赋值设置永真外循环,实施乘 2 的内循环。

首先,从 $p=0$ 开始,若 $q[p] \leqslant f[u]$,则递推得一个 3 的幂,即 $q[p]=3^p$,并赋给最小值标志量 h。

其次,转入内循环 $i(0 \sim p-1)$ 中,若 $q[i] \leqslant f[u]$,则 $q[i]$ 乘 2。

再次,$q[i]$ 与 h 比较,即 $2^j \times 3^i (i<p)$ 与 3^p 比较,取较小者为 h。

(1) 若 $h \leqslant n$,则 h 赋值给序列新的项,用 u 标记项数。

(2) 若 $h>n$,表明递推结合比较赋值完成,退出外循环,输出序列的项数 u 与序列中指定的项 $f[m]$ 后结束。

2) 程序设计

```
//求 3^i * 2^j<n 的项数及从小到大第 m 项,c345
#include<stdio.h>
void main()
{ int i,m,u,p;
  double n,h,f[1000],q[100];
  printf("  计算小于 n 的项数,请指定 n: ");
  scanf("%lf",&n);
  printf("  输出序列的第 m 项,请指定 m: ");
  scanf("%d",&m);
  u=1; f[u]=1.0;
  p=0; q[p]=1.0;
  while(1)
  { if(q[p]<=f[u])
    { p++; q[p]=3*q[p-1]; }
    h=q[p];                        //递推 3 的幂,q[p]=3^p
    for(i=0;i<p;i++)
    { if(q[i]<=f[u]) q[i]*=2; //幂积 q[i]=2^j * 3^i,j=1,2,3,…
      if(q[i]<h) h=q[i];
    }
    if(h>n) break;
    u++;f[u]=h;
  }
  printf("  幂序列中小于%.0f 的项数为:%d\n",n,u);
  if(m<=u)
    printf("  从小到大排序的第%d 项为:%.0f\n",m,f[m]);
  else
    printf("  所输入的 m 大于序列的项数!\n");
}
```

3) 程序运行示例

```
计算小于 n 的项数,请指定 n: 10000000000000
输出序列的第 m 项,请指定 m: 600
幂序列中小于 10000000000000 的项数为:624
从小到大排序的第 600 项为:5355700839936
```

思考:如果需对显示的第 m 项标注表达式,即需标注表达式中的 2 与 3 的幂指数,程序应如何修改？

6. 4 个算法的时间复杂度比较

当 n 很大时，递推求解的速度明显快于枚举。

1）递增枚举复杂度分析

枚举算法简单明了，对整数 a 操作，每一个 a 进行连续除 2、除 3 操作，平均估算为 10 次，整个 n 个数的操作为 $10n$ 次，算法复杂度为 $O(n)$。

2）有针对性枚举复杂度分析

有针对性枚举的双重循环次数要小于排序的双重循环次数。当 n 充分大时，如果按项数 $k<\sqrt[4]{n}$ 估计，该算法的排序频数小于 mk，因而算法的时间复杂度低于 $O(\sqrt{n})$。

3）递推排序算法复杂度分析

递推排序算法对序列项数进行操作，当 n 充分大时，项数 $k<\sqrt[4]{n}$。其中逐项比较排序的时间复杂度是 $O(n^2)$，即 $O(k^2)$，因而递推排序算法的时间复杂度为 $O(\sqrt{n})$。

4）递推结合比较赋值算法复杂度分析

外循环次数为序列项数 u，当 n 充分大时，项数 $u<\sqrt[4]{n}$。内循环 $i(0\sim p-1)$ 中 p 为幂指数，$3^p=n$，即 $p=\log_3 n$。注意到 p 是从 0 增长的，每一项按平均即 $p/2$ 估算，因而得递推结合比较赋值算法复杂度为 $O(\sqrt[4]{n}\log_3\sqrt{n})$。

当 n 充分大时，有 $\sqrt[4]{n}\log_3\sqrt{n}<\sqrt{n}<n$。可见以上 4 种算法中，递推结合比较赋值算法时间最短，而递增枚举所需时间最长。

由两个递推求解可见，递推设计的难点在于如何准确地寻找并确定递推关系。

变通：如何改进设计以进一步实现求解三幂积序列？

3.5　数阵与网格

本节应用递推探讨两个典型的数阵案例，一个是著名的杨辉三角，另一个是新颖的交通方格网。

3.5.1　杨辉三角

1. 案例背景

杨辉三角历史悠久，是我国古代数学家杨辉揭示二项展开式各项系数的数字三角形。

我国北宋数学家贾宪约 1050 年首先使用"贾宪三角"进行高次开方运算，南宋数学家杨辉在《详解九章算法》中记载并保存了"贾宪三角"，故后世称杨辉三角。元朝数学家朱世杰在《四元玉鉴》中扩充了"贾宪三角"。在欧洲直到 1623 年以后，法国数学家帕斯卡才发现了与杨辉三角类似的"帕斯卡三角"。

杨辉三角构建规律主要包括横行各数之间的大小关系以及不同横行数字之间的联系，奥妙无穷：每一行的首尾两数均为 1；第 k 行共 k 个数，除首尾两数外，其余各数均为上一行的肩上两数的和。图 3-1 为 5 行杨辉三角。

设计程序，构造并输出杨辉三角的前 n 行（n 从键盘输入）。

2. 应用数组递推设计

1) 设计要点

考察杨辉三角的构建规律,第 i 行有 i 个数,其中第 1 个数与第 i
个数都是 1,其余各项为它的肩上两数之和(即上一行中相应项及其
前一项之和)。

```
          1
        1   1
      1   2   1
    1   3   3   1
  1   4   6   4   1
```
图 3-1 5 行杨辉三角

设置二维数组 $a(n,n)$,根据构成规律实施递推,递推关系如下:

$$a(i,j)=a(i-1,j-1)+a(i-1,j) \quad (i=3,4,\cdots,n;j=2,3,\cdots,i-1)$$

初始值:$a(i,1)=a(i,i)=1 \ (i=1,2,\cdots,n)$。

为了输出左右对称的等腰数字三角形,设置二重循环:设置 i 循环控制打印 n 行;每一
行开始先打印 $40-3i$ 个前导空格,然后设置 j 循环控制打印第 i 行的各数组元素 $a(i,j)$。

2) 程序设计

```c
//杨辉三角,c351
#include<stdio.h>
void main()
{  int n,i,j,k,a[20][20];
   printf("  请输入行数 n: ");
   scanf("%d",&n);
   for(i=1;i<=n;i++)
     {a[i][1]=1;a[i][i]=1;}              //确定初始条件
   for(i=3;i<=n;i++)
   for(j=2;j<=i-1;j++)                   //递推实施
       a[i][j]=a[i-1][j-1]+a[i-1][j];
     for(i=1;i<=n;i++)                   //控制输出 n 行
   {  for(k=1;k<=40-3*i;k++)
        printf(" ");                     //控制输出第 i 行的前导空格
      for(j=1;j<=i;j++)
        printf("%6d",a[i][j]);           //控制输出第 i 行的 i 个元素
      printf("\n");
      }
}
```

3) 程序运行示例

运行程序,输入 $n=10$,则打印 10 行杨辉三角,如图 3-2 所示。

```
                        1
                      1   1
                    1   2   1
                  1   3   3   1
                1   4   6   4   1
              1   5  10  10   5   1
            1   6  15  20  15   6   1
          1   7  21  35  35  21   7   1
        1   8  28  56  70  56  28   8   1
      1   9  36  84 126 126  84  36   9   1
```
图 3-2 10 行的杨辉三角

3. 应用变量迭代设计

1) 设计要点

杨辉三角实际上是二项展开式各项的系数,即第 $n+1$ 行的 $n+1$ 个数分别是从 n 个元
素中取 $0,1,2,\cdots,n$ 个元素的组合数 $C(n,0),C(n,1),\cdots,C(n,n)$。注意到组合公式

$$C(n,0)=1$$
$$C(n,k)=(n-k+1)/k×C(n,k-1)　　(k=1,2,\cdots,n)$$

根据这一递推规律,可不用数组,直接应用变量迭代求解。

2) 程序设计

```
//应用变量迭代求解,c352
#include<stdio.h>
void main()
{   int m,n,cnm,k;
    printf("  请输入行数 n: ");
    scanf("%d",&n);
    for(k=1;k<=40;k++) printf(" ");
    printf("%6d\n",1);                    //输出第 1 行的 1
    for(m=1;m<=n-1;m++)
    {   for(k=1;k<=40-3*m;k++)
        printf(" ");
        cnm=1;
        printf("%6d",cnm);                //输出每行开始的 1
        for(k=1;k<=m;k++)
        {   cnm=cnm*(m-k+1)/k;            //计算第 m 行的第 k 个数
            printf("%6d",cnm);
        }
        printf("\n");
    }
}
```

由以上两个不同的递推可以看到,递推方式并不是一成不变的,往往有多种方式可供选择。

本案例的递推设计与迭代设计的时间复杂度均为 $O(n^2)$。

3.5.2　交通方格网

1. 案例提出

某市城区的交通方格网如图 3-3 所示,城区中一座山占据了交通网中(3,2)、(4,2)与(4,3),即这 3 个交叉点尚未开通,另有从(2,3)至(2,4)、(5,0)至(6,0)的两条打"×"标记的路段正在维护,禁止通行。

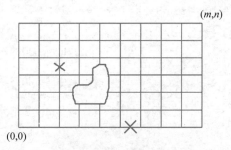

图 3-3　交通方格网示意图

试统计从始点(0,0)到终点(m,n)的不同最短路线(路线中各段只能从左至右、从下至上,不走回头路)的条数。

输入正整数 m、$n(m \leqslant 20, n \leqslant 20)$,输出从始点$(0,0)$到终点$(m,n)$的最短路线的条数。

2. 设计要点

没有障碍的交通方格网,每一条路线共 $m+n$ 段,其中横向 m 段,纵向 n 段,每一条不同路线对应从 $m+n$ 个元素中取 m 个元素(以放置横向段)的组合数。

因而不同路线条数为

$$\mathrm{C}_{m+n}^{m} = \frac{n+1}{1} \times \frac{n+2}{2} \times \cdots \times \frac{n+m}{m}$$

今交通方格网中设置了诸多障碍,试应用递推设计求解。

设 $f(x,y)(0 < x \leqslant m, 0 < y \leqslant n)$ 为从始点$(0,0)$到点(x,y)的不同最短路线的条数。注意到最短路线中点(x,y)的前一个点为$(x-1,y)$与$(x,y-1)$这两个,则有以下几点。

1) 递推关系

$$f(x,y) = f(x-1,y) + f(x,y-1)$$

2) 边界条件

$$f(x,0) = 1 \ (0 < x \leqslant 5)$$
$$f(x,0) = 0 \ (5 < x \leqslant m)$$
$$f(0,y) = 1 \ (0 < y \leqslant n)$$

3) 障碍处理

(1) 城区的一座山占据网中的$(3,2)$、$(4,2)$、$(4,3)$ 3 个交叉点,可令

$$f(3,2) = f(4,2) = f(4,3) = 0$$

(2) 从$(2,3)$至$(2,4)$段禁止通行,则对 $f(2,4)$的赋值只有 $f(1,4)$,即

$$f(2,4) = f(1,4)$$

3. 程序实现

```
//带障碍的交通路线问题,c353
#include<stdio.h>
void main()
{   int m,n,x,y; long f[21][21];
    printf("  请输入正整数 m,n: "); scanf("%d,%d",&m,&n);
    for(x=1;x<=5;x++) f[x][0]=1;                //确定递推边界条件
    for(x=5;x<=m;x++) f[x][0]=0;                //边界维护路段处理
    for(y=1;y<=n;y++) f[0][y]=1;
    for(x=1;x<=m;x++)
      for(y=1;y<=n;y++)                         //实施递推
        if(x==3 && y==2 || x==4 && y==2 || x==4 && y==3)
          f[x][y]=0;                            //山所占据的 3 点处理
        else if(x==2 && y==4)
          f[x][y]=f[x-1][y];                    //中间维护路段处理
        else
          f[x][y]=f[x-1][y]+f[x][y-1];          //其他点递推
    printf("  最短路线条数为: %ld \n",f[m][n]);
}
```

4. 程序运行示例与分析

```
请输入正整数 m,n: 15,15
最短路线条数为: 48882820
```

本问题的难点在于对网格中的障碍分类处理,算法在递推中就"山所占据的 3 点""中间维护路段"与"边界维护路段"3 类障碍分别实施不同的赋值处理。

递推算法在二重循环中实现,时间复杂度为 $O(mn)$。

3.6 整数划分问题

正整数 s(简称为和数)的划分(又称分划)是把 s 分成为若干正整数(简称为零数或部分)之和,划分式中允许零数重复,且不考虑零数的次序。

求 $s=12$ 共有多少个不同的划分式? 展示出所有这些划分式。

3.6.1 整数划分递推设计

1. 探索划分的递推关系

难点在于展示出所有这些划分式,为避免重复,约定划分式中零数按不降排列。

为了建立递推关系,先对和数 k 较小时的划分式进行观察归纳:

$k=2$:1+1;2

$k=3$:1+1+1;1+2;3

$k=4$:1+1+1+1;1+1+2;1+3;2+2;4

$k=5$:1+1+1+1+1;1+1+1+2;1+1+3;1+2+2;1+4;2+3;5

由以上各划分看到,除和数本身 $k=k$ 这一特殊划分式外,其他每一个划分式至少为两项之和。和数 k 的划分式与和数 $k-1$ 的划分式存在以下递推关系。

(1) 在所有和数 $k-1$ 的划分式前加一个零数 1 都是和数 k 的划分式。

(2) 和数 $k-1$ 的划分式的前两个零数做比较,如果第 1 个零数 x_1 小于第 2 个零数 x_2,则把第 1 个零数加 1 后成为和数 k 的划分式。

2. 递推设计

设置三维数组 a,$a(k,j,i)$ 为和数 k 的第 j 个划分式的第 i 个数。

从 $k=2$ 开始,显然递推的初始条件为

$$a(2,1,1)=1, \quad a(2,1,2)=1, \quad a(2,2,1)=2$$

根据递推关系,实施递推。

(1) 实施在 $k-1$ 所有划分式前加 1 操作:

```
a(k,j,1)=1;
for(t=2;t<=k;t++)
    a(k,j,t)=a(k-1,j,t-1);          //k-1 的第 t-1 项变为 k 的第 t 项
```

(2) 若 $k-1$ 划分式第 1 项小于第 2 项,第 1 项加 1,变为 k 的第 i 个划分式:

```
if(a(k-1,j,1)<a(k-1,j,2))
{  a(k,i,1)=a(k-1,j,1)+1;
   for(t=2;t<=k-1;t++)
    a(k,i,t)=a(k-1,j,t);
}
```

3. 整数划分的程序实现

```
//整数 s 划分展示,c361
#include<stdio.h>
void main()
{  int s,i,j,k,t,u;
   static int a[21][800][21];
   printf("  input s(s<=20):"); scanf("%d",&s);
   a[2][1][1]=1;a[2][1][2]=1;a[2][2][1]=2;
   u=2;
   for(k=3;k<=s;k++)
   {  for(j=1;j<=u;j++)
      {  a[k][j][1]=1;
         for(t=2;t<=k;t++)                   //实施在 k-1 所有划分式前加 1 操作
           a[k][j][t]=a[k-1][j][t-1];
      }
      for(i=u,j=1;j<=u;j++)
         if(a[k-1][j][1]<a[k-1][j][2])       //若 k-1 划分式第 1 项小于第 2 项
         {  i++;                             //第 1 项加 1 为 k 的第 i 个划分式的第 1 项
            a[k][i][1]=a[k-1][j][1]+1;
            for(t=2;t<=k-1;t++)
               a[k][i][t]=a[k-1][j][t];
         }
      i++;a[k][i][1]=k;                      //k 的最后一个划分式为 k=k
      u=i;
   }
   for(j=1;j<=u;j++)                         //输出 s 的所有划分式
   {  printf("%3d: %d=%d",j,s,a[s][j][1]);
      i=2;
      while(a[s][j][i]>0)
        {printf("+%d",a[s][j][i]);i++;}
      printf("\n");
   }
}
```

4. 程序运行与分析

```
input s(s<=20):12
1: 12=1+1+1+1+1+1+1+1+1+1+1+1
2: 12=1+1+1+1+1+1+1+1+1+1+2
3: 12=1+1+1+1+1+1+1+1+1+3
 ⋮
75: 12=5+7
76: 12=6+6
77: 12=12
```

运行程序,输入 $s=20$,可得 20 的共 627 个划分式。

以上递推算法的时间复杂度与空间复杂度为 $O(n^2 u)$,其中 u 为 n 划分式的个数。注意到 u 随 n 增加非常快,难以估算其数量级,其时间复杂度与空间复杂度是很高的。

3.6.2　整数划分递推优化

考察以上应用三维数组 $a(k,j,i)$ 完成递推的过程,当由 $k-1$ 的划分式推出 k 的划分式时,$k-1$ 以前的数组单元已完全闲置。为此,可考虑把三维数组 $a(k,j,i)$ 改进为二维数组 $a(j,i)$。二维数组 $a(j,i)$ 表示和数是 $k-1$ 的已有划分式,根据递推关系推出 k 的划分式:

(1) 把 $a(j,i)$ 依次存储到 $a(j,i+1)$,加上第一项 $a(j,1)=1$,这样就完成了在 $k-1$ 的所有划分式前加 1 的操作,转换为 k 的划分式。

```
for(t=i;t>=1;t--)
   a(j,t+1)=a(j,t);
a(j,1)=1;
```

(2) 对已转换的 u 个划分式逐个检验,若其第 2 个数小于第 3 个数(相当于 $k-1$ 时的第 1 个数小于第 2 个数),则把第 2 个数加 1,去除第一个数后,作为 k 时增加的一个划分式,为第 t(t 从 u 开始,每增加一个划分式,t 增 1)划分式。

```
for(t=u,j=1;j<=u;j++)
  if(a(j,2)<a(j,3))              //若 k-1 划分式第 1 项小于第 2 项
  { t++;
    a(t,1)=a(j,2)+1;            //第 1 项加 1 作为 k 的第 t 个划分式的第 1 项
    i=3;
    while(a(j,i)>0)
      {a(t,i-1)=a(j,i);i++;}
  }
```

改进的递推设计把原有的三维数组改进为二维数组,降低了算法的空间复杂度,拓展了算法的求解范围。

1. 程序实现

```
//整数 s 划分优化递推设计,c362
#include<stdio.h>
void main()
{ int s,i,j,k,t,u;
  static int a[1600][25];
  printf("input s(s<=24):");
  scanf("%d",&s);
  a[1][1]=1;a[1][2]=1;a[2][1]=2;u=2;
  for(k=3;k<=s;k++)
  { for(j=1;j<=u;j++)
    { i=k-1;
      for(t=i;t>=1;t--)              //实施在 k-1 所有划分式前加 1 操作
        a[j][t+1]=a[j][t];
      a[j][1]=1;
    }
    for(t=u,j=1;j<=u;j++)
      if(a[j][2]<a[j][3])            //若 k-1 划分式第 1 项小于第 2 项
      { t++;
        a[t][1]=a[j][2]+1;          //第 1 项加 1
        i=3;
        while(a[j][i]>0)
          {a[t][i-1]=a[j][i];i++;}
      }
```

```
    t++;a[t][1]=k;                 //最后一个划分式为 k=k
    u=t;
  }
  for(j=1;j<=u;j++)                //输出所有 u 个划分式
  { printf("%3d: %d=%d",j,s,a[j][1]);
    i=2;
    while(a[j][i]>0)
      {printf("+%d",a[j][i]);i++;}
    printf("\n");
  }
}
```

2. 设计说明

划分式的个数 u 随和数 s 增加得相当迅速,划分式的数量 u 与和数 s 之间的关系难以确定,递推的时间复杂度也就难以确定。

影响该案例的递推算法实施的主要是空间复杂度,尽管改进为二维数组,内存仍然大大限制了和数 s 的取值范围,因此求解的和数 s 不可能太大。

3.7　增强型整币兑零

整币兑零是一个整数无序可重复拆分问题。整币兑零的兑零种数与零币的种数及各零币的具体数值密切相关。

第 2 章探讨了整币数值不大情形下特定 6 种零币的枚举设计。本节探讨所谓增强型整币兑零,即整币(简称整体数)n 的数值比较大,零币(简称零数)的种数 m 比较多情形下的整币兑零问题。

1. 案例提出

探求整体数 n 兑换 m 种零数 $x1,x2,\cdots,xm$ 的不同兑换种数 $n(x1,x2,\cdots,xm)$,这里整体数的数值 n、零数的种数 m 与每一零数(约定 $x1<x2<\cdots<xm$)的具体整数值都从键盘输入确定。

本节推出增强型整币兑零的递推设计求解。

2. 递推设计要点

递推设计的关键在于确定递推关系。

1) 建立递推关系

记整体数为 n 个单位,m 种指定零数从小至大分别为整数 $x1,x2,\cdots,xm$。

记二维数组 $a(j,i)$ 为整体数是 i,最大零数是 xj 的化零种数。

当去掉一个 xj 后,整体数变为 $p=i-xj$,最大零数可为 $x1$,或 $x2,\cdots$,或 xj(因 xj 可重复),于是有递推关系:

$$a(j,i)=a(1,p)+a(2,p)+\cdots+a(j,p) \quad (\text{其中 } p=i-xj>0) \quad (3\text{-}1)$$

2) 确定初始条件

可据整体数 i 能否被 $x1$ 整除确定初始条件:

```
    for(i=0;i<=n;i++)              //确定初始条件
      if(i%x1==0) a(1,i)=1;        //当 i 能被 x1 整除时
      else  a(1,i)=0;             //当 i 不能被 x1 整除时
```

3）分步实施递推

在以上初始条件基础上应用递推关系(3-1)分别递推出：

$$a(2,x2),a(2,x2+1),\cdots,a(2,n);$$
$$a(3,x3),a(3,x3+1),\cdots,a(3,n);$$
$$\vdots$$
$$a(m,xm),a(m,xm+1),\cdots,a(m,n)。$$

4）统计兑零种数

把分别递推计算所得 $a(1,n),a(2,n),\cdots,a(m,n)$ 求和，即得所求的整币兑零种数：

$$n(x1,x2,\cdots,xm)=a(1,n)+a(2,n)+\cdots+a(m,n) \qquad (3-2)$$

对于整体数 n，其中：

$$a(1,n)\text{为零数为 x1 的兑零种数；}$$
$$a(2,n)\text{为零数为 x1,x2 的兑零种数；}$$
$$\vdots$$
$$a(m,n)\text{为零数为 x1,x2,}\cdots\text{,xm 的兑零种数。}$$

3. 增强型整币兑零递推程序设计

```c
//增强型整币兑零递推求解,c371
#include<stdio.h>
void main()
{  int p,i,j,n,m,k;
static int x[12];
static long int a[12][1001];
long b,s;
printf("  请输入整币值(单位数): ");              //输入处理数据
scanf("%d",&n);
printf("  请输入零币种数: ");
scanf("%d",&m);
printf("(从小至大依次输入每种零币值)\n");
for(i=1;i<=m;i++)
    { printf(" 第%d种零币值(单位数): ",i);
    scanf("%d",&x[i]);
  }
for(i=0;i<=n;i++)                                //确定初始条件
  if(i%x[1]==0) a[1][i]=1;
  else a[1][i]=0;
for(s=a[1][n],j=2;j<=m;j++)                      //递推计算 a(2,n),a(3,n),…
{  for(i=x[j];i<=n;i++)
   {  p=i-x[j];b=0;
   for(k=1;k<=j;k++)
   b+=a[k][p];
   a[j][i]=b;
   }
   s+=a[j][n];                                   //累加 a(1,n),a(2,n),…
}
printf(" 整币兑零种数为: %ld\n",s);              //输出兑零种数
}
```

4. 程序运行示例与说明

请输入整币值(单位数)：1000
请输入零币种数：9
　(从小至大依次输入每种零币值)：1,2,5,10,20,50,100,200,500
整币兑零种数为：327631321

这一问题如果应用前面的枚举设计求解,显然难以胜任。

作为实验,建议运行示例时采用前面简单兑零的数据,见证兑零种数的结果是否相同。

5. 另例解析

本程序是递推求解整币兑零,事实上输入的整币值并不限于实际的 100、500、200、1000 等,可输入 234、5017 等任意整数。输入的零币值也不受实际零币数值的约束,只要小于整币值的任意整数均可。

为加强对递推的理解,试举数值较小的另例并做解析。

程序运行示例与说明:

请输入整币值(单位数)：17
请输入零币种数：3
　(从小至大依次输入每种零币值)：1,4,7
整币兑零种数为：9

解析：整体数 17 兑零 1,4,7 共有 9 种兑零方法,这 9 种兑零是如何递推得来的?

注意到当 $i < x_j$ 时,$a(j,i)=0$;同时,因 $x_1=1$,有 $a(1,i)=1(i=1\sim17)$。

考察 $a(3,17)$ 的构成：

(1) 当 $j=3,i=17$ 时,$p=17-7=10$,据式(3-1)有

$$a(3,17)=a(1,10)+a(2,10)+a(3,10) \tag{3-3}$$

(2) 当 $j=3,i=10$ 时,$p=10-7=3$,据式(3-1)有

$$a(3,10)=a(1,3)+a(2,3)+a(3,3)=1+0+0=1 \tag{3-4}$$

(3) 当 $j=2,i=10$ 时,$p=10-4=6$,据式(3-1)有

$$a(2,10)=a(1,6)+a(2,6)$$

当 $j=2,i=6$ 时,$p=6-4=2$,据式(3-1)有

$$a(2,6)=a(1,2)+a(2,2)=1+0=1 \tag{3-5}$$

于是据式(3-1)有

$$a(2,10)=a(1,6)+a(2,6)=1+1=2$$
$$a(3,17)=a(1,10)+a(2,10)+a(3,10)=1+2+1=4 \tag{3-6}$$

同样,可推得 $a(2,17)=4,a(1,17)=1$,于是有兑零种数

$$17(1,4,7)=1+4+4=9$$

这里指出,实际递推是由小往大递推,即零币值按 $x_1,x_2,\cdots,x_m$ 由小往大,整体数按 $1,2,\cdots,n$ 由小往大实施递推。

这 9 种兑零种数具体分别如下。

$a(1,17)=1$：(即最大零币为 $x_1=1$ 时,只有 1 种兑零)

$$17=1+1+\cdots+1(17 个 1)$$

$a(2,17)=4$：(即最大零币为 $x_2=4$,即零数为 1,4 时,共有 4 种兑零)

$17=4+4+4+4+1$

$17=4+4+4+1+\cdots+1$ （其中 5 个 1）

$17=4+4+1+\cdots+1$ （其中 9 个 1）

$17=4+1+\cdots+1$ （其中 13 个 1）

$a(3,17)=4$：（即最大零币为 x3$=$7，即零数为 1,4,7 时，共有 4 种兑零）

$17=7+7+1+1+1$

$17=7+4+4+1+1$

$17=7+4+1+\cdots+1$ （其中 6 个 1）

$17=7+1+\cdots+1$ （其中 10 个 1）

据式(3-2)，显然有

$$17(1,4,7)=a(1,17)+a(2,17)+a(3,17)=1+4+4=9$$

最后指出，本节的增强型整币兑零与 3.6 节整数划分都是整体数无序可重复化零问题，这两者的区别在于：

增强型整币兑零的零数个数及每一个零数的整数值可从键盘按需要具体指定。

整数划分的零数约定为小于或等于整体数的正整数。

3.8 猴 子 爬 山

猴子爬山是递推应用的典型案例。本节讲述常规案例的简单递推设计与复杂案例的分级递推设计。

3.8.1 简单案例的具体递推

1. 案例提出

一个顽猴沿着一座小山的 n 级台阶向上跳，猴子上山一步可跳 1 级或 3 级台阶，试求上山的 n 级台阶有多少种不同的爬法。

2. 递推设计

这一问题实际上是一个整数有序可重复拆分问题。试应用数组递推求解，设爬 k 级台阶的不同爬法为 $f(k)$ 种。

1) 探求 $f(k)$ 的递推关系

设 $n=30$，上山最后一步到达第 30 级台阶，完成上山，共有 $f(30)$ 种不同的爬法；到第 30 级之前位于哪一级呢？无非是位于第 29 级（上跳 1 级即到），有 $f(29)$ 种；或位于第 27 级（上跳 3 级即到），有 $f(27)$ 种。于是

$$f(30)=f(29)+f(27)$$

以此类推，一般地，有如下递推关系：

$$f(k)=f(k-1)+f(k-3) \quad (k>3)$$

2) 确定初始条件

$f(1)=1$，即 $1=1$。

$f(2)=1$，即 $2=1+1$。

$f(3)=2$,即 $3=1+1+1,3=3$。

3) 实施递推

根据以上递推关系与初始条件,设置一重循环应用递推即可求出 $f(n)$。

此具体案例的递推设计比较简单,时间复杂度为 $O(n)$。

3. 程序实现

```
//猴子爬山 n 级,一步跨 1 级或 3 级台阶,c381
#include<stdio.h>
void main()
{  int k,n;   long f[1000];
   printf("  请输入台阶总数 n:");
   scanf("%d",&n);
   f[1]=1;f[2]=1;f[3]=2;            //数组元素赋初值
   for(k=4;k<=n;k++)
      f[k]=f[k-1]+f[k-3];           //按递推关系实施递推
   printf(" s=%ld",f[n]);
}
```

运行程序示例:

```
请输入台阶总数 n: 30
s=58425
```

3.8.2　一般情形的分级递推

把问题引申为爬山 n 级台阶,一步有 m 种跨法,一步跨若干级,均从键盘输入。

1. 分级递推算法设计

设爬山 t 级台阶的不同爬法为 $f[t]$,设从键盘输入一步跨多少级的 m 个整数分别为 $x[1],x[2],\cdots,x[m]$(约定 $x[1]<x[2]<\cdots<x[m]<n$)。

这里的整数 $x[1],x[2],\cdots,x[m]$ 为键盘输入,事前并不知道,因此不能在设计时简单地确定初始值 $f[x[1]]$,$f[x[2]]$,…

事实上,可以把初始条件放在分级递推中求取,应用多关系分级递推算法完成递推。

首先探讨 $f[t]$ 的递推关系。

当 $t<x[1]$ 时,$f[t]=0$,$f[x[1]]=1$(初始条件)。

当 $x[1]<t\leqslant x[2]$ 时,第 1 级递推:$f[t]=f[t-x[1]]$。

当 $x[2]<t\leqslant x[3]$ 时,第 2 级递推:$f[t]=f[t-x[1]]+f[t-x[2]]$。

……

一般地,当 $x[k]<t\leqslant x[k+1]$,$k=1,2,\cdots,m-1$,有第 k 级递推:

$$f[t]=f[t-x[1]]+f[t-x[2]]+\cdots+f[t-x[k]]$$

当 $x[m]<t$ 时,第 m 级递推为

$$f[t]=f[t-x[1]]+f[t-x[2]]+\cdots+f[t-x[m]]$$

当 $t=x[2]$,或 $t=x[3]$,…,或 $t=x[m]$ 时,按上递推求 $f[t]$ 外,还要加上 1。道理很简单,因为此时 t 本身即为一个一步到位的爬法。为此,应在以上递推基础上添加

$$f[t]=f[t]+1 \quad (t=x[2],x[3],\cdots,x[m])$$

我们所求的目标为

$$f[n]=f[n-x[1]]+f[n-x[2]]+\cdots+f[n-x[m]]$$

这一递推式是设计的依据。

在递推设计中可把台阶数 n 记为数组元素 $x[m+1]$，这样处理是巧妙的，可以按相同的递推规律递推计算，简化算法设计。最后一项 $f[x[m+1]]$ 即为所求的 $f[n]$。

最后输出 $f[n]$ 即 $f[x[m+1]]$ 时必须把额外添加的 1 减去。

2. 分级递推程序设计

```c
//分级递推,c382
#include<stdio.h>
void main()
{   int i,j,k,m,n,t,x[10];
    long f[200];
    printf("请输入总台阶数:");
    scanf("%d",&n);                     //输入台阶数
    printf("一次有几种跳法:");
    scanf("%d",&m);
    printf("请从小到大输入一步跳几级。\n");
    for(i=1;i<=m;i++)                   //输入 m 个一步跳级数
    {   printf("第%d个一步可跳级数:",i);
        scanf("%d",&x[i]);
    }
    for(i=1;i<=x[1]-1;i++) f[i]=0;      //确定初始条件
    x[m+1]=n;f[x[1]]=1;
    for(k=1;k<=m;k++)
    for(t=x[k]+1;t<=x[k+1];t++)
    {   f[t]=0;
        for(j=1;j<=k;j++)              //按公式累加实现分级
            f[t]=f[t]+f[t-x[j]];
        if(t==x[k+1])                 //t=x[k+1]时增 1
            f[t]=f[t]+1;
    }
    printf("   共有不同的跳法种数为: ");
    printf("%d(%d",n,x[1]);           //按指定格式输出结果
    for(i=2;i<=m;i++)
      printf(",%d",x[i]);
    printf(")=%ld.\n",f[n]-1);
}
```

3. 程序运行示例与分析

```
请输入总台阶数:50
一次有几种跳法:4
请从小到大输入一步跳几级。
第 1 个一步可跳级数:2
第 2 个一步可跳级数:3
第 3 个一步可跳级数:5
第 4 个一步可跳级数:6
共有不同的跳法种数为:50(2,3,5,6)=106479771
```

以上分级递推算法是新颖的,其时间复杂度为 $O(nm)$,空间复杂度为 $O(n)$。

3.9　递推应用小结

本章应用递推简捷地求解了一些典型的整数搜索、数列与数阵案例。在整数的划分式展示中以及在猴子爬山等实际案例的求解中,也展现了递推的魅力。

应用递推求解,关键在于根据问题的具体情况进行归纳与探索,寻求与确定符合实际的递推关系,这既是重点,也是难点。

与递推紧密关联的是迭代。迭代是一种不断用变量的旧值推出新值的过程,在数学中出现过各种各样技巧性很强的迭代法。

在迭代过程中,至少存在一个直接或间接地不断由旧值递推出新值的变量,这个变量就是迭代变量。如何从变量的前一个值推出其下一个值的公式(或关系)称为迭代关系式。在什么时候结束迭代过程?对迭代过程的控制往往要根据求解的具体情况来决定。

在前面许多案例求解的算法设计中常用到的计数 n＝n+1(或 n++;),就是用变量 n 的值加上 1 后赋值给 n。对 k 的求和 s＝s+k(或 s+＝k;),就是用变量 s 的值加上 k 后赋值给 s。这些都是用变量 n、s 的新值取代旧值的过程,这些操作都是迭代。

从以上递推数列、幂序列的设计求解可见,递推常使用数组来完成,而传统迭代使用简单变量来完成。

递推也是根据递推关系式不断推出新值的过程。我们知道,数组是由具有同名、同属性的数据组成的,从这个意义上说,递推的实质就是迭代,或者说递推可归纳为一种广义的迭代,而传统迭代则是一种应用简单变量的递推。

在实际案例处理中,很多迭代过程可以应用递推来解决,反过来,很多递推过程也可以应用迭代来完成。

例 3-1　斐波那契数列定义为

$$f_1＝f_2＝1, \quad f_n＝f_{n-1}+f_{n-2} \quad (n>2)$$

试求解斐波那契数列的第 40 项与前 40 项之和。

1) 应用递推求解

递推公式中的下标变量实际上就是数组元素的下标,设置一维数组 $f(n)$,数列的递推关系为

$$f(k)＝f(k-1)+f(k-2) \quad (k>2)$$

数列初始值为

$$f(1)＝1, \quad f(2)＝1$$

应用递推求解,从已知前两项这一初始条件出发,逐步推出第 3 项、第 4 项、…,以至推出指定的第 n 项。

至于求和,在 k 循环外给和变量 s 赋初值:s＝f(1)+f(2),在 k 循环内实施求和,每计算一项 $f(k)$ 即累加到和变量 s 中:s＝s+f(k)。

斐波那契数列递推描述：

```
f[1]=1;f[2]=1;
s=f[1]+f[2];                //数组元素与和变量赋初值
for(k=3;k<=40;k++)
{  f[k]=f[k-1]+f[k-2];       //实施递推
   s+=f[k];                 //实施求和
}
print(f[40],s);
```

2) 应用迭代求解

设数列的 $1,3,5,\cdots,2k-1$ 项为 a，数列的 $2,4,6,\cdots,2k$ 项为 b，数列的前 $2k$ 项之和为 s，这里 a、b、s 为迭代变量。这样，f 数列即为 $a,b,a,b,a,b,\cdots,a,b$。

循环前给 a、b 赋初值 1，进入循环，使用语句"$a=a+b;b=a+b;$"实施迭代，直到目标项数结束。

斐波那契数列迭代描述：

```
a=1;b=1;s=a+b;            //给迭代变量 a、b、s 赋初值
k=2;
while(k<=20)              //控制迭代次数
{  a=a+b;                 //a 是 f 数列的第 2k-1 项
   b=a+b;                 //b 是 f 数列的第 2k 项
   s=s+a+b;               //s 是 f 数列的前 2k 项之和
   k=k+1;
}
print(b,s);
```

这里输出的 b 即 f 数列的第 40 项，s 即 f 数列的前 40 项之和。

由此可知，很多计数问题，应用递推可以求解，应用迭代也可以求解。

比较递推与迭代，两者的时间复杂度是相同的。不同的是，递推往往设置数组，而传统迭代只要设置迭代的简单变量即可。

递推过程中数组变量带有下标，推出过程比传统迭代更为清晰。

正因为递推中应用了数组，因而保留了递推过程中的中间数据。例如，以上求 f 数列的第 40 项后，数列的第 20 项保留在 $f[20]$ 中，随时可以输出或查看。而传统迭代求解中并不保留迭代过程中的中间数据。

习 题 3

3-1 已知 b 数列定义：
$$b_1=1,b_2=2,b_n=3b_{n-1}-b_{n-2}(n>2)$$
递推求 b 数列的第 20 项与前 20 项之和。

3-2 双关系递推数列。集合 M 定义如下：

（1）$1\in M$。

（2）$x\in M\Rightarrow 2x+1\in M,3x+1\in M$。

（3）再无别的数属于 M。

试求集合 M 元素从小到大排列的第 2015 个元素与前 2015 个元素之和。

3-3　　多幂序列。设 x、y、z 为非负整数,试计算集合
$$M = \{2^x, 3^y, 5^z \mid x \geqslant 0, y \geqslant 0, z \geqslant 0\}$$
　　　　的元素由小到大排列的多幂序列第 n 项与前 n 项之和。

3-4　　双幂积序列的和。由集合 $M = \{2^x 3^y \mid x \geqslant 0, y \geqslant 0\}$ 元素组成复合幂序列,求该序列的指数和 $x + y \leqslant n$(正整数 n 从键盘输入)的各项之和:
$$s = \sum_{x+y=0}^{n} 2^x 3^y, x \geqslant 0, y \geqslant 0$$

3-5　　粒子裂变。核反应堆中有 α 和 β 两种粒子,每秒钟内一个 α 粒子可以裂变为 3 个 β 粒子,而一个 β 粒子可以裂变为 1 个 α 粒子和 2 个 β 粒子。若在 $t = 0$ 时刻的反应堆中只有一个 α 粒子,求在 t 秒时反应堆裂变产生的 α 粒子和 β 粒子数。

1	14	13	12	11
2	15	20	19	10
3	16	17	18	9
4	5	6	7	8

图 3-4　4 行 5 列逆转矩阵

3-6　　m 行 n 列逆转矩阵。图 3-4 所示为 4 行 5 列逆转矩阵。试应用递推设计构造并输出任意指定 m 行 n 列逆转矩阵。

3-7　　猴子吃桃。有一只猴子第 1 天摘下若干桃子,当即吃了一半,还不过瘾,又多吃了 1 个。第 2 天早上又将剩下的桃子吃掉一半,又多吃了 1 个。以后每天早上都吃了前一天剩下的一半后又多吃 1 个。到第 10 天早上想再吃时,见只剩下 1 个桃子了。
　　　　求第 1 天共摘了多少个桃子。

3-8　　拓广猴子吃桃问题。有一只猴子第 1 天摘下若干桃子,当即吃了一半,还不过瘾,又多吃了 m 个。第二天早上又将剩下的桃子吃掉一半,又多吃了 m 个。以后每天早上都吃了前一天剩下的一半后又多吃 m 个。到第 n 天早上想再吃时,见只剩下 d 个桃子了。
　　　　求第 1 天共摘了多少个桃子(m、n、d 由键盘输入)。

3-9　　据例 3-1 中求斐波那契数列的第 40 项与前 40 项之和的递推算法与迭代算法,写出完整的程序,并比较其运行结果。

第4章 递　归

递归(recursion)是算法设计中的一种常用的基本算法。递归方法即通过函数或过程调用自身将问题转换为本质相同但规模较小的子问题,是分治策略的具体体现。

递归方法具有易于描述、证明简单等优点,是许多复杂算法的基础,在实现动态规划、实施回溯设计方面有着广泛的应用。

4.1　递归概述

应用计算机求解问题所需的时间都与问题的规模相关,求解问题的规模小,求解所需的时间就短;求解问题的规模越大,求解所需的时间就越长。

例如对 n 个数排序,当 $n=1$ 时,无须排序;当 $n=2$ 时,两个数通过一次比较即可;当 $n=3$ 时,要进行 3 次比较才能完成排序⋯⋯,如果 n 相当大,对这 n 个数排序就变得很困难。

当求解一个规模很大的问题时,可以考虑分解,即把原问题分解为若干较小规模的问题处理,以便各个击破,分而治之,这就是分治的设计思想。

如果求解的问题可分解为 k 个子问题,且这些子问题都可解,并可利用这些子问题的解求出原问题的解,这种分治是可行的。

递归是一个过程或函数在其定义中直接或间接调用自身的一种方法。递归算法设计,就是把一个大型的问题层层转换为一个与原问题相似的规模较小的问题,在逐步求解小问题后,再返回(回溯)得到原大型问题的解,是分治策略的具体体现。

递归策略只需少量的程序就可描述出解题过程所需要的多次重复计算,大大地减少了程序的代码量。用递归写出的程序往往十分简洁易懂。

一般来说,递归需要有边界条件、递归前进段和递归返回段。当边界条件不满足时,递归前进;当边界条件满足时,递归返回。

使用递归要注意以下两点。

(1) 递归就是在过程或函数里调用自身。

(2) 在使用递归时,必须有一个明确的递归结束条件,称为递归出口。

例如,有函数 r 如下:

```
int r(int a)
{  b=r(a-1);
   return b;
}
```

这个函数在定义中调用自身,运行该函数将无休止地调用,没有控制结束的出口,显然是不正确的。为了防止递归调用无终止地进行,必须在函数内有终止递归调用的手段。常用的办法是加条件判断,满足某种条件后就不再进行递归调用,然后逐层返回。

例 **4-1** 用递归法计算 $n!$。

计算整数 n 的阶乘是一个典型的递归问题。使用递归方法来描述程序,十分简单且易于理解。

1) 描述递归关系

注意到,当 $n>1$ 时,$n!=n(n-1)!$,这就是一种递归关系。对于特定的 $k!$,它只与 k 和 $(k-1)!$ 有关。

2) 确定递归边界

递归边界为:$n=1$ 时,$n!=1$。对于任意给定的 n,程序将最终求解到 $1!$。

3) 求 $n!$ 的递归函数

```
long f(int x)
{   long g;
    if(x<=0)   printf("x<=0, 输入错误!");
    else if(x==1) g=1;
    else g=x * f(x-1);
    return(g);
}
```

4) 设计调用递归函数的主程序

递归函数设计已经完成,设计主程序调用递归函数即可。

```
#include<stdio.h>
void main()
{   int n;
    long y;
    printf("  计算 n!,请输入 n: ");scanf("%d",&n);
    y=f(n);             //调用函数 f(n)
    printf("  %d!=%ld \n",n,y);
}
```

5) 递归调用的实现

主函数调用 $f(n)$ 后即进入递归函数 $f(x)$ 执行。

设执行本程序时输入为 $n=5$,即求 $5!$。在主函数中的调用语句即 $y=f(5)$,执行 $f(x)$ 函数,由于 $n=5$,不等于 1,故应执行 $g=n * f(n-1)$,即 $g=5 * f(4)$。该语句调用 $f(4)$,……

进行 4 次递归调用后,$f(x)$ 函数参数值 x 变为 1,故不再继续递归调用而开始逐层返回主调函数。$f(1)$ 的函数返回值为 1,$f(2)$ 的返回值为 $2 * 1=2$,$f(3)$ 的返回值为 $3 * 2=6$,$f(4)$ 的返回值为 $4 * 6=24$,最后 $f(5)$ 返回值为 $5 * 24=120$。

这一运行过程如下:

$$f(5) \longrightarrow f(4) \longrightarrow f(3) \longrightarrow f(2) \longrightarrow f(1) \longrightarrow f(2) \longrightarrow f(3) \longrightarrow f(4) \longrightarrow f(5)$$

递归　　　　　　　　　　回溯

综上所述,得出构造一个递归方法的基本步骤,即构建递归关系,确定递归边界,写出递归函数,最后设计主函数调用递归函数。

例 4-2　计算阿克曼函数。

阿克曼(Ackerman)函数 $a(m,n)$ 递归定义如下:

$$a(m,n) = \begin{cases} n+1 & m=0 \\ a(m-1,1) & n=0 \\ a(m-1,a(m,n-1)) & m,n \geqslant 1 \end{cases}$$

试输出阿克曼函数 $(m \leqslant 3, n \leqslant 10)$ 的值。

解: $a(m,n)$ 函数是一个随变量 m、n 变化的递归函数。

1) 递归分析

当 $m=0$ 时, $a(0,n)=n+1$,这是递归终止条件。

当 $n=0$ 时, $a(m,0)=a(m-1,1)$,这是 $n=0$ 时的递归表达式。

当 $m,n \geqslant 1$ 时, $a(m,n)=a(m-1,a(m,n-1))$,这是递归表达式。

试以 $a(1,3)$ 为例说明函数的递归过程:

$$a(1,3)=a(0,a(1,2))=a(0,a(0,a(1,1)))=a(0,a(0,a(0,a(1,0))))$$
$$=a(0,a(0,a(0,a(0,1))))=a(0,a(0,a(0,2)))$$
$$=a(0,a(0,3))=a(0,4)=5$$

2) 递归函数 $a(m,n)$ 及其调用描述

```
//输出阿克曼函数(m≤3,n≤10)的值,c411
int a(int m, int n)
{   if(m==0)   return n+1;
    else if(n==0) return a(m-1,1);
    else return a(m-1,a(m,n-1));
}
#include<stdio.h>
void main()
{   int m,n;
    printf("a(m,n)");
    for(n=0;n<=10;n++)
      printf(" n=%1d ",n);
    printf("\n");
    for(m=0;m<=3;m++)
    {   printf(" m=%d",m);
       for(n=0;n<=10;n++)
          printf("%5d",a(m,n));
       printf("\n");
    }
    printf("\n");
}
```

3) 递归运行示例与说明

a(m,n)	n=0	n=1	n=2	n=3	n=4	n=5	n=6	n=7	n=8	n=9	n=10
m=0	1	2	3	4	5	6	7	8	9	10	11
m=1	2	3	4	5	6	7	8	9	10	11	12
m=2	3	5	7	9	11	13	15	17	19	21	23
m=3	5	13	29	61	125	253	509	1021	2045	4093	8189

若采用递推求 $a(3,10)$,由上表可知 $a(3,9)=4093$,则

$$a(3,10)=a(2,a(3,9))=a(2,4093)$$

n 的取值非常大,可见递推完成的难度。

4.2 排队购票

1. 案例提出

一场球赛开始前,售票工作正在紧张进行中。每张球票为 50 元,现有 30 个人排队等待购票,其中有 20 个人手持 50 元的钞票,另外 10 个人手持 100 元的钞票。假设开始售票时售票处没有零钱,求出这 30 个人排队购票,使售票处不至出现找不开钱的局面的不同排队种数(约定:拿同样面值钞票的人对换位置为同一种排队)。

2. 递归设计

我们考虑一般情形:有 $m+n$ 个人排队等待购票,其中有 m 个人手持 50 元的钞票,另外 n 个人手持 100 元的钞票。求出这 $m+n$ 个人排队购票,使售票处不至出现找不开钱的局面的不同排队种数。

这是一道典型的组合计数问题,可以应用递推求解,也可以应用递归求解。

令 $f(m,n)$ 表示有 m 个人手持 50 元的钞票,n 个人手持 100 元的钞票时共有的排队种数。分以下 3 种情况来讨论。

1) $n=0$

$n=0$ 意味着排队购票的所有人手中拿的都是 50 元的钞票,注意到拿同样面值钞票的人对换位置为同一种排队,那么这 m 个人的排队总数为 1,即 $f(m,0)=1$。

2) $m<n$

当 $m<n$ 时,即排队购票的人中持 50 元的人数小于持 100 元的人数,即使把 m 张 50 元的钞票全都找出去,仍会出现找不开钱的局面,所以这时排队种数为 0,即 $f(m,n)=0$。

3) 其他情况

我们思考 $m+n$ 个人排队购票,第 $m+n$ 个人站在第 $m+n-1$ 个人的后面,则第 $m+n$ 个人的排队方式可由下列两种情况获得:

(1) 第 $m+n$ 个人手持 100 元的钞票,则在他之前的 $m+n-1$ 个人中有 m 个人手持 50 元的钞票,有 $n-1$ 个人手持 100 元的钞票,此种情况共有 $f(m,n-1)$ 种。

(2) 第 $m+n$ 个人手持 50 元的钞票,则在他之前的 $m+n-1$ 个人中有 $m-1$ 个人手持 50 元的钞票,有 n 个人手持 100 元的钞票,此种情况共有 $f(m-1,n)$ 种。

由加法原理得到 $f(m,n)$ 的递归关系:

$$f(m,n)=f(m,n-1)+f(m-1,n)$$

初始条件:

• 当 $m<n$ 时,$f(m,n)=0$。

• 当 $n=0$ 时,$f(m,n)=1$。

3. 购票排队递归程序实现

```
//购票排队递归设计,c421
long f(int j,int i)
{   long y;
    if(i==0) y=1;
```

```
  else if(j<i) y=0;                      //确定初始条件
  else y=f(j-1,i)+f(j,i-1);              //实施递归
  return(y);
}
#include<stdio.h>
void main()
{ int m,n;
  printf(" input m,n: "); scanf("%d,%d",&m,&n);
  printf("  f(%d,%d)=%ld.\n",m,n,f(m,n));
}
```

程序运行示例:

```
input m,n: 15,12
f(15,12)=4345965.
```

4. 购票排队递推程序实现

以上递归关系即递推关系,为便于对照,写出递推程序如下:

```
//购票排队递推设计,c422
#include<stdio.h>
void main()
{  int m,n,i,j;
   long f[100][100];
   printf("input m,n:"); scanf("%d,%d",&m,&n);
   for(j=1;j<=m;j++)
     f[j][0]=1;
   for(j=0;j<=m;j++)                       //确定初始条件
     for(i=j+1;i<=n;i++)
       f[j][i]=0;
   for(i=1;i<=n;i++)
     for(j=i;j<=m;j++)
       f[j][i]=f[j-1][i]+f[j][i-1];        //实施递推
   printf("  f(%d,%d)=%ld.\n",m,n,f[m][n]);
}
```

程序运行示例:

```
input m,n: 20,10
f(20,10)=15737865.
```

比较以上两个程序,递推程序的运行速度要快于递归程序。

4.3 汉诺塔问题

汉诺塔(Hanoi)问题,又称河内塔问题,是印度的一个古老传说:开天辟地的神勃拉玛在一个庙里留下了 3 根金刚石的棒,第一根上面套着 64 个圆的金片,最大的一个在底下,其余一个比一个小,依次叠上去。庙里的众僧不倦地把它们一个个地从这根棒搬到另一根棒上,规定可利用中间的一根棒作为帮助,但每次只能搬一个,而且大的不能放在小的上面。

后来,这个传说就演变为汉诺塔游戏。

（1）有3根桩子A、B、C。A桩上有 n 个圆盘,最大的一个在底下,其余一个比一个小,依次叠上去。

（2）每次移动一个圆盘,小盘只能叠在大盘的上面。

（3）把所有圆盘从A桩全部移到C桩上,如图4-1所示。

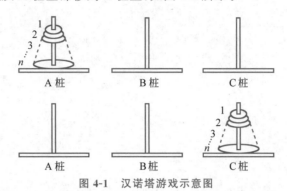

图 4-1　汉诺塔游戏示意图

试求解 n 个圆盘从A桩全部移到C桩上的移动次数,并展示 n 个圆盘的移动过程。

4.3.1　求移动次数

试用递归设计求 n 个圆盘从A桩全部移到C桩上的移动次数。

1. 递归关系与出口

当 $n=1$ 时,只有一个圆盘,移动一次即完成。

当 $n=2$ 时,由于条件是一次只能移动一个圆盘,且不允许大盘放在小盘上面,首先把小盘从A桩移到B桩,然后把大盘从A桩移到C桩,最后把小盘从B桩移到C桩,移动3次完成。

设移动 n 个圆盘的汉诺塔需 $g(n)$ 次完成。分以下3个步骤。

（1）将 n 个圆盘上面的 $n-1$ 个圆盘借助C桩从A桩移到B桩上,需 $g(n-1)$ 次。

（2）将A桩上第 n 个圆盘移到C桩上（1次）。

（3）将B桩上的 $n-1$ 个圆盘借助A桩移到C桩上,需 $g(n-1)$ 次。

因而有递归关系:

$$g(n)=2g(n-1)+1$$

初始条件（递归出口）: $g(1)=1$。

2. 递归求解汉诺塔移动次数程序设计

```
//汉诺塔 n 个圆盘移动次数,c431
#include<stdio.h>
void main()
{   double g(int m);
    int n;
    printf("  请输入盘片数 n: "); scanf("%d",&n);
    if(n<=40)
        printf("  %d 盘的移动次数为: %.0f\n",n,g(n));
    else
        printf("  %d 盘的移动次数为: %.4e\n",n,g(n));
}
```

```
//求移动次数的递归函数
double g(int m)
{  double s;
   if(m==1)              //确定初始条件
      s=1;
   else
      s=2 * g(m-1)+1;
   return s;
}
```

3. 程序运行示例

```
请输入盘片数 n: 40
40 盘的移动次数为: 1099511627775
请输入盘片数 n: 64
64 盘的移动次数为: 1.8447e+019
```

64 个圆盘的移动次数是一个天文数字,若每秒移动一次,那么需要数亿个世纪才能完成这 64 个圆盘的移动。

4.3.2 展示移动过程

同样应用递归设计展示 n 个圆盘从 A 桩全部移到 C 桩上的移动过程。

1. 求解思路

设递归函数 hn(n,a,b,c)展示把 n 个圆盘从 A 桩借助 B 桩移到 C 桩的过程,函数 mv(a,c)输出从 A 桩到 C 桩的过程: A-->C。

完成 hn(n,a,b,c)。当 n=1 时,即 mv(a,c)。

当 n>1 时,分以下 3 步。

(1) 将 A 桩上面的 $n-1$ 个圆盘借助 C 桩移到 B 桩上,即 hn($n-1$,a,c,b)。

(2) 将 A 桩上第 n 个圆盘移到 C 桩上,即 mv(a,c)。

(3) 将 B 桩上的 $n-1$ 个圆盘借助 A 桩移到 C 桩上,即 hn($n-1$,b,a,c)。

在主程序中,用 hn(m,1,2,3)带实参 m,1,2,3 调用 hn(n,a,b,c),这里 m 为具体移动圆盘的个数。同时设置变量 k 统计移动的次数。

2. 展示汉诺塔移动圆盘过程程序设计

函数 mv(x,y)输出从 x 桩到 y 桩的过程,这里 x、y 不同情况分别取 A 或 B 或 C,主函数调用 hn(m,'A','B','C')。

```
//展示汉诺塔移动圆盘过程的递归设计,c432
#include<stdio.h>
int k=0;
void mv(char x,char y)                //输出函数
{  printf(" %c-->%c   ",x,y);
   k++;                               //统计移动次数
   if(k%5==0)
      printf("\n");
}
void hn(int m,char a,char b,char c)    //递归函数
{  if(m==1) mv(a,c);
```

```
     else
     {  hn(m-1,a,c,b);
        mv(a,c);
        hn(m-1,b,a,c);
     }
}
void main()                                              //主函数
{  int n;
   printf("\n input n: ");
   scanf("%d",&n);
   hn(n,'A','B','C');
   printf("\n k=%d \n",k);                               //输出移动次数
}
```

3. 程序运行示例与分析

```
input n: 4
A-->B   A-->C   B-->C   A-->B   C-->A
C-->B   A-->B   A-->C   B-->C   B-->A
C-->A   B-->C   A-->B   A-->C   B-->C
k=15
```

上面的运行结果是实现函数 hn(4,A,B,C)的过程,可分解为以下 3 步。

(1) A-->B A-->C B-->C A-->B C-->A C-->B A-->B,这 7 步是实施hn(3,A,C,B),即完成把上面 3 个圆盘从 A 桩借助 C 桩移到 B 桩。

(2) A-->C,这 1 步是实施 mv(A,C),即把最下面的圆盘从 A 桩移到 C 桩。

(3) B-->C B-->A C-->A B-->C A-->B A-->C B-->C,这 7 步是实施hn(3,B,A,C),即完成把 B 桩的 3 个圆盘借助 A 桩移到 C 桩。

其中,实现 hn(3,A,C,B)的过程可分解为以下 3 步。

(1) A-->B A-->C B-->C,这 3 步是实施 hn(2,A,B,C),即完成把上面两个圆盘从 A 桩借助 B 桩移到 C 桩。

(2) A-->B,这 1 步是实施 mv(A,B),即把第 3 个圆盘从 A 桩移到 B 桩。

(3) C-->A C-->B A-->B,这 3 步是实施 hn(2,C,A,B),即完成把 C 桩的两个圆盘借助 A 桩移到 B 桩。

以上结果分析可进一步帮助对递归的理解。

4.4 旋 转 数 阵

数阵通常包括方阵与矩阵等形态,涉及二维构建。数阵加上旋转的要求,更增添了构建的难度。

4.4.1 双转向旋转方阵

本案例涉及双转向,即在一个程序中通过选择,完成规定方阵的顺时针旋转或逆时针旋转这两个转向。

1. 案例提出

把前 n^2 个正整数 $1,2,\cdots,n^2$ 从左上角开始,由外层至中心按顺时针方向螺旋排列所成

的数字方阵,称 n 阶顺转方阵;按逆时针方向螺旋排列所成的方阵称为 n 阶逆转方阵。

图 4-2 所示即为 5 阶顺转方阵与 5 阶逆转方阵。

```
 1   2   3   4   5        1  16  15  14  13
16  17  18  19   6        2  17  24  23  12
15  24  25  20   7        3  18  25  22  11
14  23  22  21   8        4  19  20  21  10
13  12  11  10   9        5   6   7   8   9
    5阶顺转方阵               5阶逆转方阵
```

图 4-2 5 阶顺转方阵与逆转方阵

设计程序选择转向分别构造并输出这两种 n 阶旋转方阵。

2. 设计要点

设计以顺转展开,设置二维数组 $a[h][v]$ 存放方阵中第 h 行第 v 列元素。

1) 递归设计

把 n 阶方阵从外到内分圈,外圈内是一个 $n-2$ 阶顺转方阵,除起始数不同外,具有与原问题相同的特性属性。

因此,设置旋转方阵递归函数 $t(b,s,d)$,其中 b 是每个方阵的起始位置,d 是为 a 数组赋值的整数,s 是方阵的阶数。

$s>1$ 时,在函数 $t(b,s,d)$ 中还需调用 $t(b+1,s-2,d)$。

b 赋初值 0,因方阵的起始位置为 $(0,0)$。以后每转一圈后进入下一内方阵,起始位置 b 需增 1。

d 从 1 开始递增 1 取值,分别赋值给数组的各元素,至 n^2 为止。

s 从方阵的阶数 n 开始,以后每转一圈后进入下一内方阵,s 减 2。

$s=0$ 时返回,作为递归的出口。

若 n 为奇数,s 递减 2 至 $s=1$ 时,方阵只有一个数,显然为 $a[b][b]=d$,返回。

2) 方阵元素赋值

递归函数 $t(b,s,d)$ 中对方阵每一圈各边中的各个元素赋值。

(1) 一圈的上行从左至右递增:

```
for(j=1;j<s;j++)
  { a[h][v]=d;v++;d++;}           //行号 h 不变,列号 v 递增,数 d 递增
```

(2) 一圈的右列从上至下递增:

```
for(j=1;j<s;j++)
  { a[h][v]=d;h++;d++;}           //列号 v 不变,行号 h 递增,数 d 递增
```

(3) 一圈的下行从右至左递增:

```
for(j=1;j<s;j++)
  { a[h][v]=d;v--;d++;}           //行号 h 不变,列号 v 递减,数 d 递增
```

(4) 一圈的左列从下至上递增:

```
for(j=1;j<s;j++)
  { a[h][v]=d;h--;d++;}           //列号 v 不变,行号 h 递减,数 d 递增
```

经以上 4 步,完成一圈的赋值。

3）主程序调用递归函数

在主程序中，只要带实参调用递归函数 $t(0,n,1)$ 即可。

方阵按所选的转向以二维形式输出：

（1）$p=1$ 为顺转，输出 $a[h][v]$。

（2）$p=2$ 为逆转，输出 $a[v][h]$。

3. 程序设计

```c
//双转向旋转方阵递归设计,c441
#include<stdio.h>
int n,a[20][20]={0};
void main()
{   int h,v,b,p,s,d;
    printf("  请选择方阵阶数 n: ");
    scanf("%d",&n);
    printf("  请选择转向,顺转 1,逆转 2: ");
    scanf("%d",&p);
    b=1;s=n;d=1;
    void t(int b,int s,int d);        //递归函数说明
    t(b,s,d);
    if(p==1)                          //按要求输出旋转方阵
       printf("  %d阶顺转方阵: \n",n);
    else
       printf("  %d阶逆转方阵: \n",n);
    for(h=1;h<=n;h++)
    {  for(v=1;v<=n;v++)
       if(p==1)
          printf("%3d",a[h][v]);
       else
          printf("%3d",a[v][h]);
       printf("\n");
    }
return;
}
void t(int b,int s,int d)          //定义递归函数
{   int j,h=b,v=b;
    if(s==0) return;               //s=0,1时为递归出口
    if(s==1)
       { a[b][b]=d;return; }
    for(j=1;j<s;j++)               //一圈的上行从左至右递增
       { a[h][v]=d;v++;d++; }
    for(j=1;j<s;j++)               //一圈的右列从上至下递增
       { a[h][v]=d;h++;d++; }
    for(j=1;j<s;j++)               //一圈的下行从右至左递增
       { a[h][v]=d;v--;d++; }
    for(j=1;j<s;j++)               //一圈的左列从下至上递增
       { a[h][v]=d;h--;d++; }
    t(b+1,s-2,d);                  //调用内圈递归函数
}
```

4. 程序运行示例与变通

```
请选择方阵阶数 n：7
请选择方向，顺转 1，逆转 2：2
7 阶逆转方阵：
   1  24  23  22  21  20  19
   2  25  40  39  38  37  18
   3  26  41  48  47  36  17
   4  27  42  49  46  35  16
   5  28  43  44  45  34  15
   6  29  30  31  32  33  14
   7   8   9  10  11  12  13
```

变通：把方阵的输出元素做以下修改：

- a[h][v] 修改为 n * n+1−a[h][v]。
- a[v][h] 修改为 n * n+1−a[v][h]。

输出从中心开始旋转的数字方阵。

4.4.2　m 行 n 列顺转矩阵

旋转矩阵显然是旋转方阵的拓广，为降低难度，本案例只要求完成顺转一个转向。

1. 案例提出

当数阵的行数与列数不相等时，数阵称为矩阵。显然，顺转方阵是顺转矩阵的特例。

图 4-3 为 5 行 6 列的顺转矩阵。

试设计构造并输出任意指定 m 行 n 列的顺转矩阵。

2. 设计要点

1）递归设计

构建 m 行 n 列的旋转矩阵，设置二维数组 $a(m,n)$，

```
 1  2  3  4  5  6
18 19 20 21 22  7
17 28 29 30 23  8
16 27 26 25 24  9
15 14 13 12 11 10
```

图 4-3　5 行 6 列顺转矩阵

$a[h][v]$ 存放矩阵中第 h 行第 v 列的整数。

把 m 行 n 列矩阵从外到内分圈，外圈内是一个 $m-2$ 行 $n-2$ 列阶顺转矩阵，具有与原问题相同的特性属性。

因此，设置旋转矩阵递归函数 $t(b,s,d)$，其中 b 是每个矩阵的起始位置，d 是为 a 数组赋值的整数，$s=\min(m,n)$ 是矩阵的阶数。

$s>1$ 时，在函数 $t(b,s,d)$ 中还需调用 $t(b+1,s-2,d)$。

b 赋初值 1（取数组下标从 1 开始），矩阵的起始位置为 $(1,1)$。以后每转一圈后进入下一内矩阵，起始位置 b 需增 1。

d 从 1 开始递增 1 取值，分别赋值给数组的各元素，至 mn 为止。

s 从矩阵的阶数 $\min(m,n)$ 开始，每转一圈后进入内矩阵，s 需减 2。

（1）$s=0$ 时返回，作为递归的出口。

（2）$s=1$ 且 $m=n$，即矩阵为一方阵且只有一个数，显然为 $a[b][b]=d$，返回。

（3）$s>1$ 时，在函数 $t(b,s,d)$ 中还需调用 $t(b+1,s-2,d)$。

2）矩阵元素赋值

递归函数 $t(b,s,d)$ 中对矩阵每一圈各边的各个元素赋值。

（1）一圈的上行 $n+1-2*b$ 个元素从左至右递增：

```
for(j=1;j<=n+1-2*b;j++)
```

```
   { a[h][v]=d;v++;d++; }            //行号 h 不变,列号 v 递增,数 d 递增
```

(2) 一圈的右列 $m+1-2*b$ 个元素从上至下递增:

```
for(j=1;j<=m+1-2*b;j++)
   { a[h][v]=d;h++;d++; }            //列号 v 不变,行号 h 递增,数 d 递增
```

(3) 一圈的下行 $n+1-2*b$ 个元素从右至左递增:

```
for(j=1;j<=n+1-2*b;j++)
   { a[h][v]=d;v--;d++;              //行号 h 不变,列号 v 递减,数 d 递增
     if(d>m*n) break;
}
```

(4) 一圈的左列 $m+1-2*b$ 个元素从下至上递增:

```
for(j=1;j<=m+1-2*b;j++)
   { a[h][v]=d;h--;d++;              //列号 v 不变,行号 h 递减,数 d 递增
     if(d>m*n) break;
}
```

经以上 4 步,完成一圈的赋值。

注意到当 $s=\min(m,n)$ 为奇数时,最后一圈($s=1$)只有一半。为避免最后一圈的另一半再赋值可能因数据覆盖导致出错,当完成整数 $d=m*n$ 赋值后,即返回,作为递归的出口。

主程序中,只要带实参调用递归函数 $t(1,\min(m,n),1)$ 即可。

按圈赋值完成,输出 m 行 n 列的顺转矩阵。

3. m 行 n 列顺转矩阵递归设计

```
//m 行 n 列顺转矩阵递归设计,c442
#include<stdio.h>
int m,n,a[20][20]={0};
void main()
{  int h,v,b,s,d;
   printf("  m 行 n 列矩阵,请确定 m,n: ");scanf("%d,%d",&m,&n);
   s=m>n?n:m;
   b=1;d=1;
   void t(int b,int s,int d);            //递归函数说明
   t(b,s,d);                             //调用递归函数
   printf("  %d×%d 顺转矩阵: \n",m,n);
   for(h=1;h<=m;h++)
   {  for(v=1;v<=n;v++)
        printf(" %3d",a[h][v]);
      printf("\n");
   }
   return;
}
void t(int b,int s,int d)                //定义递归函数
{  int j,h=b,v=b;
   if(s<=0) return;                      //递归出口
   if(s==1 && m==n)                      //n=m 且 n 为奇数时的递归出口
     { a[h][v]=d;return; }
   for(j=1;j<=n+1-2*b;j++)               //一圈的上行从左至右递增
```

```
  { a[h][v]=d;v++;d++;}
  for(j=1;j<=m+1-2*b;j++)                //一圈的右列从上至下递增
    { a[h][v]=d;h++;d++;}
  for(j=1;j<=n+1-2*b;j++)                //一圈的下行从右至左递增
    { a[h][v]=d;v--;d++;
      if(d>m*n) break;                   //min(m,n)为奇数且 n>m 时停止循环
  }
  for(j=1;j<=m+1-2*b;j++)                //一圈的左列从下至上递增
  { a[h][v]=d;h--;d++;
    if(d>m*n) break;                     //min(m,n)为偶数或者 n<m 时停止循环
  }
  t(b+1,s-2,d);                          //调用内一圈递归函数
}
```

4. 程序运行示例与说明

```
m行 n列矩阵,请确定 m,n: 5,8
5×8 顺转矩阵:
  1   2   3   4   5   6   7   8
 22  23  24  25  26  27  28   9
 21  36  37  38  39  40  29  10
 20  35  34  33  32  31  30  11
 19  18  17  16  15  14  13  12
```

如果 $m=n$,还是上述赋值,把行列互换打印输出,可得逆转方阵。这样处理是巧妙的,较为简便。

如果 $m \neq n$,要得到逆转矩阵,必须重新设计才行。

4.5　快速排序与选择

排序就是将一组数据按指定顺序排列成一个有序序列,是数据处理中一种重要的运算。排序的方法非常多,寻求时间复杂度较低的排序算法是设计时追求的目标。

4.5.1　快速排序

1. 排序概述

排序分为升序排序与降序排序。通常把待排序的 n 个数据存放在一个数组中,排序后的 n 个数据仍存放在这 n 个数组元素中。

最简单的排序是把存放在数组中的 n 个数据逐个比较,必要时进行数据交换。

当 $i=1$ 时,$r[1]$ 分别与其余 $n-1$ 个数据 $r[j](j=2,3,\cdots,n)$ 比较,若 $r[i]>r[j]$,借助变量 t 实施交换,确保 $r[1]$ 最小。

然后,$i=2$ 时,$r[2]$ 分别与其余 $n-2$ 个数据 $r[j](j=3,4,\cdots,n)$ 比较,若 $r[i]>r[j]$,借助变量 t 实施交换,确保 $r[2]$ 次小。

以此类推,最后当 $i=n-1$ 时,$r[n-1]$ 与 $r[n]$ 比较,若 $r[n-1]>r[n]$,实施交换,确保 $r[n]$ 最大。

逐个比较排序进行升序排序的算法描述如下:

```
for(i=1;i<=n-1;i++)
for(j=i+1;j<=n;j++)
    if(r[i]>r[j])
       {t=r[i];r[i]=r[j];r[j]=t;}
```

显然,数据比较的次数为

$$s=1+2+\cdots+(n-1)=\frac{n(n-1)}{2}$$

可见,逐个比较排序的时间复杂度为 $O(n^2)$。当 n 非常大时,排序所需时间会很长。考虑到逐个比较排序简单,当 n 不是很大时也常使用。

当排序的数量规模很大时,排序的时间也就相应变长。为了缩减排序的时间,降低排序的时间复杂度,出现了很多新颖而有特色的排序算法,下面介绍的快速排序法就是其中之一。

2. 快速排序设计

1) 快速排序思路

快速排序又称为分区交换排序,其基本思想是分治,即分而治之:在待排序的 n 个数据 $r[1,2,\cdots,n]$ 中任取一个数(例如 $r[1]$)作为基准,把其余 $n-1$ 个数据分为两个区,小于基准的数放在左边,大于基准的数放在右边。

这样分成的两个区实际上是待排序数据的两个子列。然后对这两个子列分别重复上述分区过程,直到所有子列只有一个元素,即所有元素排到位后,输出排序结果。

2) 分区交换描述

```
while(i!=j)
{  while(r[j]>=r[0] && j>i)        //从右至左逐个检查是否大于基准
     j=j-1;
   if(i<j) {r[i]=r[j];i=i+1;}     //把小于基准的一个数赋给 r[i]
   while(r[i]<-r[0] && j>i)        //从左至右逐个检查是否小于基准
     i=i+1;
   if(i<j) {r[j]=r[i];j=j-1;}     //把大于基准的一个数赋给 r[j]
}
```

3) 分区交换实施剖析

为了解分区交换的实施,以具体数据稍加剖析如下。

设 $n=12$,参与排序的 12 个整数为

$$r[1] \qquad\qquad \cdots \qquad\qquad r[12]$$
$$25,45,40,13,30,27,56,23,34,41,46,52$$

调用 qk(1,12),执行步骤如下。

(1) $i=1,j=12$,选用 $r[1]=25$ 为基准,并赋给 $r[0]$,即 $r[0]=25$,进入 1~12 实施分区交换的 while 循环。

- 从右至左逐个检查大于基准 25 的数,至 $j=8$,$r[8]=23$ 小于基准,则 $r[1]=23$,$i=2$。
- 从左至右逐个检查小于基准 25 的数,至 $i=2$,$r[2]=45$ 大于基准,则 $r[8]=45$,$j=7$。

(2) $i=2,j=7,i\neq j$,继续 while 循环。

- 从右至左逐个检查大于基准 25 的数,至 $j=4$,$r[4]=13$ 小于基准,则 $r[2]=13$,$i=3$。

- 从左至右逐个检查小于基准 25 的数,至 $i=3$,$r[3]=40$ 大于基准,则 $r[4]=40$,$j=3$。

(3) $i=3$,$j=3$,$i=j$,结束 while 循环,由 $r[i]=r[0]$ 定位基准为 $r[3]=25$。

至此,完成 qk(1,12) 的分区,当前排序为

$$r[1] \quad\quad\quad\quad \cdots \quad\quad\quad\quad r[12]$$
$$23,13,25,40,30,27,56,45,34,41,46,52$$

进一步调用 qk(1,2) 与 qk(4,12),继续细化分区。

例如,调用 qk(1,2),执行步骤如下。

$i=1$,$j=2$,选用 $r[1]=23$ 为基准,并赋给 $r[0]$,即 $r[0]=23$,进入 $1\sim2$ 实施分区交换的 while 循环。

(1) 从右至左逐个检查大于基准 23 的数,至 $j=2$,$r[2]=13$ 小于基准,则 $r[1]=13$,$i=2$。

(2) 当从左至右检查时,由于 $i=2$,$j=2$,$i=j$,结束 while 内循环和 while 外循环,由 $r[i]=r[0]$ 定位基准为 $r[2]=23$。

至此,完成 qk(1,2) 的分区,子列的当前排序为

$$r[1] \quad r[2]$$
$$13 \quad\quad 23$$

而调用 qk(4,12),还需做多次分区。

所有分区完成,即升序排序完成,返回调用 qk(1,12) 处,输出排序结果。

3. 快速排序程序实现

```c
//递归实现快速排序,c451
#include<stdio.h>
#include<stdlib.h>
#include<time.h>
int r[20001];
void main()
{   int i,n,t;
    void qk(int m1,int m2);          //函数声明
    t=time(0)%1000;srand(t);         //随机数发生器初始化
    printf("  input n:");
    scanf("%d",&n);
    printf("  参与排序的%d 个整数为: \n",n);
    for(i=1;i<=n;i++)
    {   r[i]=rand()%(4*n)+10;        //随机产生并输出 n 个整数
        printf("%d ",r[i]);
    }
    qk(1,n);
    printf("  \n  以上%d 个整数从小到大排序为: \n",n);
    for(i=1;i<=n;i++)
        printf("%d ",r[i]);          //输出排序结果
    printf("\n");
}
```

```
void qk(int m1,int m2)                        //快速排序递归函数
{   int i,j;
    if(m1<m2)
    { i=m1;j=m2;r[0]=r[i];                    //定义第 i 个数作为分区基准
      while(i!=j)
      {   while(r[j]>=r[0] && j>i)            //从右至左逐个检查是否大于基准
            j=j-1;
          if(i<j) {r[i]=r[j];i=i+1;}          //把小于基准的一个数赋给 r[i]
          while(r[i]<=r[0] && j>i)            //从左至右逐个检查是否小于基准
            i=i+1;
          if(i<j) {r[j]=r[i];j=j-1;}          //把大于基准的一个数赋给 r[j]
      }                                        //通过循环完成分区
      r[i]=r[0];                              //分区的基准为 r[i]
      qk(m1,i-1); qk(i+1,m2);                 //在两个区中继续分区
    }
    return;
}
```

4. 快速排序运行示例

```
input n: 20
参与排序的 20 个整数为:
78 81 25 88 32 59 19 30 72 57 52 27 34 56 69 54 61 42 43 44
以上 20 个整数从小到大排序为:
19 25 27 30 32 34 42 43 44 52 54 56 57 59 61 69 72 78 81 88
```

5. 快速排序的时间复杂度分析

设 $T(n)$ 为对 n 个元素快速排序进行的时间,每次分区正好把待分区间分为长度相等的两个子区间。注意到每一次分区时对每一个元素都要扫描一遍,所需时间为 $O(n)$,于是

$$T(n)=2T(n/2)+n$$
$$=2(2T(n/4)+n/2)+n=4T(n/4)+2n$$
$$=4(2T(n/8)+n/4)+2n=8T(n/8)+3n$$
$$\cdots\cdots$$
$$=nT(1)+n\log_2 n$$

以上分区按每个区数的个数相等计算。如果每次分区时各区数的个数不相等,平均时间性能为 $O(n\log_2 n)$。

因而快速排序的时间复杂度 $O(n\log_2 n)$ 低于逐个比较排序的时间复杂度 $O(n^2)$。

4.5.2 分区交换选择

1. 案例提出

在一个无序序列 $r(1),r(2),\cdots,r(n)$ 中,寻找第 k 小元素的问题称为选择。这里第 k 小元素是序列按升序排列后的第 k 个元素。

特别地,当 $k=n/2$ 时,即寻找位于 n 个元素中的中间元素,称为中值问题。

2. 设计要点

很自然的想法是把序列实施升序排列,第 k 个元素即为所寻找的第 k 小元素。上面的快速排序算法的时间是 $O(n\log_2 n)$,寻求比 $O(n\log_2 n)$ 更省时的选择算法是我们的目标。

参照上述分区交换的快速排序算法,在待选择的 n 个数据 $r[1], r[2], \cdots, r[n]$ 中任取一个数(例如 $r[1]$)作为基准,把其余 $n-1$ 个数据分为两个区,小于基准的数放在左边,大于基准的数放在右边,基准定位在 s,则:

(1) 若 $s=k$,基准数即为所寻求的第 k 小元素。

(2) 若 $s>k$,可知左边小于该基准数的个数 $s-1 \geqslant k$,则在左边的子区继续分区。

(3) 若 $s<k$,可知所寻求的第 k 小元素在右边子区,则在右边的子区继续分区。

依(2)、(3)继续分区,直到出现(1)结束分区,输出结果。

3. 程序实现

```
//递归实现快速选择,c452
#include<stdio.h>
#include<stdlib.h>
#include<time.h>
int m1,m2,k,r[20001];
void main()
{  int i,j,n,t;
   int s(int m1,int m2,int k);              //函数声明
   t=time(0)%1000;srand(t);                 //随机数发生器初始化
   printf("  参与选择的有 n 个整数,请确定 n: ");
   scanf("%d",&n);
   printf("  选择第 k 小整数,请确定 k: ");
   scanf("%d",&k);
   printf("  参与选择的%d 个整数为: \n",n);
   for(i=1;i<=n;i++)
   {  t=rand()%(4*n)+10;                     //随机产生并输出 n 个整数
      for(j=1;j<i;j++)
        if(t==r[j]) break;
        if(j==i)
        {r[i]=t; printf("  %d",r[i]);}
      else {i--; continue;}
   }
   s(1,n,k);
   printf("  \n  以上%d 个整数中第%d 小整数为%d。\n",n,k,r[k]);
}
int s(int m1,int m2,int k)                   //快速选择递归函数
{  int i,j;
   if(m1<m2)
   {  i=m1;j=m2;r[0]=r[i];                    //定义第 i 个数作为分区基准
      while(i!=j)
      {  while(r[j]>=r[0] && j>i)             //从右至左逐个检查是否大于基准
           j=j-1;
         if(i<j) {r[i]=r[j];i=i+1;}           //把小于基准的一个数赋给 r[i]
           while(r[i]<=r[0] && j>i)           //从左至右逐个检查是否小于基准
           i=i+1;
         if(i<j) {r[j]=r[i];j=j-1;}           //把大于基准的一个数赋给 r[j]
      }                                        //通过循环完成分区
      r[i]=r[0];                              //分区的基准为 r[i]
      if(i==k)  return r[k];
      else if(i>k) return s(m1,i-1,k);
      else return s(i+1,m2,k);                //选择继续分区
   }
}
```

4. 程序运行示例

参与选择的有 n 个整数,请确定 n: 15
选择第 k 小整数,请确定 k: 3
参与选择的 15 个整数为:
26 41 57 30 50 45 25 53 68 60 46 32 59 61 52
以上 15 个整数中第 3 小整数为 30。

5. 快速选择的时间复杂度分析

设 $T(n)$ 为对 n 个元素分区选择所进行的时间,每次分区正好把待分区间分为长度相等的两个子区间。注意到每一次分区时对每一个元素都要扫描一遍,所需时间为 $O(n)$,于是

$$T(n) = T(n/2) + n = T(n/4) + n/2 + n$$
$$= T(n/8) + n/4 + n/2 + n$$
$$\cdots\cdots$$
$$= nT(1) + n$$

以上分区按每个区数的个数相等计算。如果每次分区时各区的个数不相等,平均时间性能为 $O(n)$,低于排序的时间复杂度 $O(n \log_2 n)$。

4.6 排列组合的实现

排列组合是组合数学的基础,从 n 个不同元素中任取 m 个,约定 $1 < m \leq n$,按任意一种次序排成一列,称为排列,其排列种数记为 $A(n,m)$。从 n 个不同元素中任取 m 个(约定 $1 < m < n$)成一组,称为一个组合,其组合种数记为 $C(n,m)$。计算 $A(n,m)$ 与 $C(n,m)$ 只要简单进行乘运算即可,要具体展现出排列的每一列与组合的每一组,决非轻而易举。

本节应用递归设计来具体实现排列与组合。

4.6.1 实现排列 $A(n,m)$

1. 实现基本排列 $A(n,m)$

对指定的正整数 m、n(约定 $1 < m \leq n$),具体实现从 n 个不同元素中任取 m 个元素 $A(n,m)$ 的每一排列。

2. 递归设计

设置 a 数组存储 n 个整数 $1 \sim n$。

递归函数 $p(k)$ 的变量 k 从 1 开始取值。当 $k \leq m$ 时,第 k 个数 $a[k]$ 取 i($1 \sim n$),并且标志量 $u = 0$。

(1) 若 $a[k]$ 与其前面已取的数 $a[j]$($j < k$)比较,出现 $a[k] = a[j]$,即第 k 个数取 i 不成功,标志量 $u = 1$。

(2) 若 $a[k]$ 与所有前面已取的 $a[j]$ 比较,没有一个相等,则第 k 个数取 i 成功,标志量保持 $u = 0$,然后判断:

- 若 $k = m$,即已取了 m 个数,输出这 m 个数即为一个排列,并用 s 统计排列的个数;输出一个排列后,$a[k]$ 继续从 $i+1$ 开始,在余下的数中取一个数。直到全部取完,则返回上一次调用 $p(k)$ 处,即回溯到 $p(k-1)$,第 $k-1$ 个数继续往下

取值。

* 若 $k<m$，即还未取 m 个数，即在 $p(k)$ 状态下调用 $p(k+1)$ 继续探索下一个数，下一个数 $a[k+1]$ 又从 $(1\sim n)$ 中取数。

（3）若标志量 $u=1$，第 k 个数取 i 不成功，则接着从 $i+1$ 开始取下一个数。若在 $1\sim n$ 中的每一个数都取了，仍是 $u=1$，则返回上一次调用 $p(k)$ 处，即回溯到 $p(k-1)$，第 $k-1$ 个数继续往下取值。

可见递归具有回溯的功能，即 $p(k)$ 在取所有 n 个数之后，自动返回调用 $p(k)$ 的上一层，即回溯到 $p(k-1)$，第 $k-1$ 个数继续往下取值。这也是递归能把所有排列一个不剩全部展示的原因所在。

在主程序，只要调用 $p(1)$ 即可，所有排列在递归函数中输出。最后返回 $p(1)$ 的 $a[1]$ 取完所有数，返回排列个数 s，输出排列的个数后结束。

（4）以上实现 $A(n,m)$ 的递归深度为 m，递归算法的时间复杂度为 $O(mn)$。

3. 实现排列 $A(n,m)$ 程序设计

```
//实现排列 A(n,m),c461
#include<stdio.h>
int m,n,a[30]; long s=0;
void main()
{   int p(int k);
    printf(" input n  (n<10):"); scanf("%d",&n);
    printf(" input m(1<m<=n):"); scanf("%d",&m);
    p(1);                               //从第 1 个数开始
    printf("\n 总数为: %ld \n", s);      //输出 A(n,m)的值
}
//排列递归函数 p(k)
int p(int k)
{   int i,j,u;
    if(k<=m)
    {   for(i=1;i<=n;i++)
        {   a[k]=i;                      //探索第 k 个数赋值 i
            for(u=0,j=1;j<=k-1;j++)
                if(a[k]==a[j])           //若出现重复数字
                    u=1;                 //若第 k 数不可置 i,则 u=1
            if(u==0)                     //若第 k 数可置 i,则检测是否到 m 个数
            {   if(k==m)                 //若已到 m 个数时,则打印出一个解
                {   s++; printf(" ");
                    for(j=1;j<=m;j++)
                        printf("%d",a[j]);
                    if(s%10==0) printf("\n");
                }
                else
                    p(k+1);              //若没到 m 个数,则探索下一个数 p(k+1)
            }
        }
    }
    return s;
}
```

4. 程序运行示例与回溯剖析

```
input n(n<10): 3
input m(1<m<=n): 2
  12  13  21  23  31  32
总数为: 6
```

下面以 $n=3,m=2$ 为例说明递归中的回溯。

(1) 主程序调用 $p(1)$。

$a[1]=1,u==0,k<m$,调用 $p(2)$。

$a[2]=1,u==1$。

继续 $a[2]=2,u==0,k==m$,输出排列 $\underline{12}$。

继续 $a[2]=3,u==0,k==m$,输出排列 $\underline{13}$。

继续 $a[2]$已无数可取,返回(即回溯)到 $p(1)$。

(2) 继续 $a[1]=2,u==0,k<m$,调用 $p(2)$。

$a[2]=1,u==0,k==m$,输出排列 $\underline{21}$。

继续 $a[2]=2,u==1$。

继续 $a[2]=3,u==0,k==m$,输出排列 $\underline{23}$。

继续 $a[2]$已无数可取,返回(回溯)到 $p(1)$。

(3) 继续 $a[1]=3,u==0,k<m$,调用 $p(2)$。

$a[2]=1,u==0,k==m$,输出排列 $\underline{31}$。

继续 $a[2]=2,u==0,k==m$,输出排列 $\underline{32}$。

继续 $a[2]=3,u==1$。

继续 $a[2]$已无数可取,返回(回溯)到 $p(1)$。

(4) $a[1]$已无数可取,返回(回溯)到调用 $p(1)$的主程序,输出排列数 6 后结束。

可见,在执行 $p(1)$过程中,3 次调用 $p(2)$,3 次回溯到 $p(1)$。

4.6.2　实现组合 $C(n,m)$

注意到组合与组成元素的顺序无关,约定组合中的组成元素按递增排序。因而,把以上排序程序中的约束条件进行简单修改:

$$a[j]==a[i] \quad 修改为 \quad a[j]>=a[i]$$

或

$$a[k]==a[j] \quad 修改为 \quad a[k]>=a[j]$$

即可实现从 n 个不同元素中取 m 个(约定 $1<m<n$)的组合 $C(n,m)$。

这样修改实现组合的取值次数、判别次数均与实现排列相同,做了大量无效操作,效率太低。

1. 实现组合递归设计

考虑到组合中的组成元素按递增排序,实现 a 数组取值的 i 循环设置为

```
for(i=a[k-1]+1;i<=n+k-m;i++)
   a[k]=i;
```

循环起点为 $a[k-1]+1$,即 $a[k]$取值要比 $a[k-1]$大,避免了元素取相同值的判别。

循环终点为 $n+k-m$,即 $a[k]$最大只能取 $n+k-m$,为后面 $m-k$ 个元素 $a[k+1]$,

…,$a[m]$留下取值空间(后面的元素取值比 $a[k]$ 大,且最大只能到 n)。

显然 $a[1]$ 需从 1 开始取值,因而循环前设置 $a[0]=0$。

在递归函数 $c(k)$ 中,$a[k]$ 取值后,即调用 $c(k+1)$,$a[k+1]$ 取值……

当 $k=m$ 时,输出一个组合;然后 $a[m]$ 继续往后取值,继续输出组合;直到 $a[m]$ 取值结束,返回(即回溯)到前 $c(m-1)$ 状态,$a[m-1]$ 继续往后取值。

最后 $c(1)$ 状态中的 $a[1]$ 取值结束,即返回主程序,输出组合的种数 s。

2. 实现组合程序设计

```
//递归实现组合 C(n,m),c462
#include<stdio.h>
int m,n,a[100]; long s=0;
void main()
{   int c(int k);
    printf(" input n  (n<10):"); scanf("%d",&n);
    printf(" input m(1<m<=n):"); scanf("%d",&m);
    c(1);                                   //从第 1 个数开始
    printf("\n C(%d,%d)=%ld \n",n,m,s);     //输出 C(n,m)的值
}
//组合递归函数 c(k)
int c(int k)
{   int i,j;
    if(k<=m)
    {   a[0]=0;
        for(i=a[k-1]+1;i<=n+k-m;i++)
        {   a[k]=i;                         //探索第 k 个数赋值 i
            {   if(k==m)                    //若已到 m 个数时,则打印出一个解
                {   s++; printf(" ");
                    for(j=1;j<=m;j++)
                        printf("%d",a[j]);
                    if(s%10==0) printf("\n");
                }
                else
                    c(k+1);                 //若没到 m 个数,则探索下一个数 c(k+1)
            }
        }
    }
    return s;
}
```

3. 运行程序示例

```
input n(n<10): 6
input m(1<m<=n): 3
123 124 125 126 134 135 136 145 146 156
234 235 236 245 246 256 345 346 356 456
C(6,3)=20
```

4. 实现可重复的组合

注意到可重复的组合组成元素可以相同,因而,把以上递归函数中 $a[i]$ 的取值范围做简单修改:

```
a[0]=1;
for(i=a[k-1];i<=n;i++)
```

即后一个元素可与前面的元素取值相同,每一个元素都可取到 n。这样修改可实现从 n 个不同元素中取 m 个(约定 $1 < m < n$)可重复的组合。

同时,在输出时注明"可重复"。

运行修改后的程序示例:

```
input n(n<10): 5
input m(1<m<=n): 3
    111 112 113 114 115 122 123 124 125 133
    134 135 144 145 155 222 223 224 225 233
    234 235 244 245 255 333 334 335 344 345
    355 444 445 455 555
可重复 C(5,3)=35
```

5. 程序变通

把以上实现排列或实现组合程序中的输出语句

```
printf("%d",a[j]);
```

改为

```
printf("%c",a[j]+64);
```

排列(或组合)输出由前 n 个正整数改变为前 n 个大写英文字母输出。

当排列或组合的元素超过 10 个时,为区别 12 是一个元素 12 还是两个元素 1、2,可在输出排列的每一个元素后加空格。

4.6.3　复杂排列

应用递归探讨实现从 n 个不同元素中取 r(约定 $1 < r \leqslant n$)个元素与另外 m 个相同元素组成的复杂排列。

1. 递归设计

设 n 个不同元素为 $1,2,\cdots,n$,m 个相同元素为 0。

应用递归探索从 n 个不同元素($1 \sim n$)中取 r 个元素与另外 m 个相同元素 0 组成的排列。

递归函数 $p(k)$ 的变量 k 从 0 开始取值。当 $k \leqslant r+m$ 时,第 k 个数 $a[k]$ 取 $i(0 \sim n)$,并且标志量 $u=0$。

(1) 若 $a[k]$ 与其前面已取的正整数 $a[j](j < k)$ 比较,出现 $a[k]=a[j]$,即第 k 个数取 i 不成功,标志量 $u=1$。

(2) 若 $a[k]$ 与所有前面已取的正整数 $a[j]$ 比较,没有一个相等,则第 k 个数取 i 成功,标志量 $u=0$,然后判断:

① 若 $k=r+m$,即已取了 $r+m$ 个数。此时需统计 0 的个数是否为 m,若 0 的个数 $h=m$,输出这 $r+m$ 个数即为一排列,并用 s 统计排列的个数。

输出一个排列后,$a[k]$ 继续从 $i+1$ 开始,在余下的数中取下一个数。若 0 的个数 $h \neq m$,$a[k]$ 继续在余下的数中取下一个数。直到全部取完,则返回上一次调用 $p(k)$ 处,即回溯到 $p(k-1)$,第 $k-1$ 个数继续往下取值。

② 若 $k < r+m$,即还未取 m 个数,即在 $p(k)$ 状态下调用 $p(k+1)$ 继续探索下一个数,

下一个数 $a[k+1]$ 又从 $(0\sim n)$ 中取数。

（3）标志量 $u=1$，第 k 个数取 i 不成功，则接着从 $i+1$ 开始中取下一个数。若在 $0\sim n$ 中的每一个数都取了，仍是 $u=1$，则返回上一次调用 $p(k)$ 处，即回溯到 $p(k-1)$，第 $k-1$ 个数继续往下取值。

可见递归的回溯功能，是递归能把所有排列既不重复又不遗漏地全部展示出来的原因所在。

在主程序中，只要调用 $p(1)$ 即可，所有排列在递归函数中输出。

最后 $p(1)$ 的 $a[1]$ 取完所有数，返回 s，即输出排列的个数后结束。

2. 复杂排列程序设计

```
//从 n 个不同元素取 r 个与另 m 个相同元素的复杂排列,c463
#include<stdio.h>
int m,n,r,a[30]; long s=0;
void main()
{  int p(int k);
   printf(" input n: "); scanf("%d",&n);
   printf(" input r(1<r<=n): "); scanf("%d",&r);
   printf(" input m: "); scanf("%d",&m);
   printf(" 从%d个不同元素取%d个与另%d个相同元素的排列:\n",n,r,m);
   p(1);                              //从第 1 个数开始
   printf("\n s=%ld \n",s);           //输出复杂排列的个数
}
//复杂排列递归函数
int p(int k)
{  int h,i,j,u;
   if(k<=r+m)
   {  for(i=0;i<=n;i++)
      {  a[k]=i;                       //探索第 k 个数赋值 i
         for(u=0,j=1;j<=k-1;j++)
           if(a[j]!=0 && a[k]==a[j])   //若出现非零元素相同,则 u=1
             u=1;
         if(u==0)                      //若第 k 数可置 i,则检测是否 r+m 个数
         {  if(k==r+m)                 //若已到 r+m 个数则检测 0 的个数 h
            {  for(h=0,j=1;j<=r+m;j++)
                 if(a[j]==0) h++;
               if(h==m)                //若相同元素 0 的个数为 m 个,输出一排列
               {  s++; printf("  ");
                  for(j=1;j<=r+m;j++)
                     printf("%d",a[j]);
                  if(s%10==0) printf("\n");
               }
            }
            else p(k+1);               //若没到 r+m 个数,则探索下一个数 p(k+1)
         }
      }
   }
   return s;
}
```

3. 程序运行示例

```
input n: 4
input r(1<r<=n): 2
input m: 2
从 4 个不同元素取 2 个与另 2 个相同元素的排列：
0012 0013 0014 0021 0023 0024 0031 0032 0034 0041
0042 0043 0102 0103 0104 0120 0130 0140 0201 0203
……
3100 3200 3400 4001 4002 4003 4010 4020 4030 4100
4200 4300
s=72
```

4.7　整数的拆分

本节所探讨的整数拆分与第 3 章的整数划分都是把一个整数(和数)分解为若干数(零数)之和,所不同的是：整数划分允许零数重复,而整数拆分不允许零数重复。整数划分未指定零数的范围(默认所有不大于和数的正整数),而本节探讨的整数拆分需指定零数的范围,包括"零数取自某一连续区间"与"零数取自某些指定整数"两种情形。

4.7.1　拆分零数取自连续区间

1. 案例提出

给定正整数 s(简称为和数),把 s 分成为某些指定正整数(简称为零数或部分)之和,拆分式中不允许零数重复,且不记零数的次序。

试求 s 共有多少个不同的拆分式,展示出 s 的所有这些拆分式。

首先,把指定整数 ss 拆分为连续整数 $1 \sim ms$(ms≤ss)之和,共有多少种不同的拆分法? 展示出所有这些拆分式。

2. 递归算法设计要点

注意到拆分与式中各零数的排列顺序无关,我们考虑从连续整数 $1 \sim ms$ 这 ms 个数中取 m($m <$ ms)个数的所有组合结果入手。

对于给定的和数 ss 与最大零数 ms,首先计算拆分式中零数的最少个数 wmin 与零数的最多个数 wmax,显然,拆分式中零数的个数 m 取值在区间[wmin,wmax]中。

建立组合递归函数 $c(k)$,得到从 $1 \sim ms$ 这 ms 个数中取 m(wmin≤m≤wmax)个数的所有组合{$a[1], a[2], \cdots, a[m]$},当这 m 个数之和 $a[1] + a[2] + \cdots + a[m] =$ ss 时,输出 ss 的一个拆分式,并用 n 统计拆分式的个数。

m 在区间[wmin,wmax]中全部取完,则 ss 的所有拆分式全部找到。

3. 递归程序设计

```
//和数 ss,零数取自 1~ms, c471
#include<stdio.h>
int k,m,n,ms,ss,a[100];
void main()
{   int i,h,wmin,wmax;
    int c(int k);
    printf(" 请输入和数,最大零数: ");scanf("%d,%d",&ss,&ms);
    for(h=0,i=1;i<=ms;i++)
```

```
    {  h=h+i;
       if(h>ss) {wmax=i-1;break;}
    }
    if(i>ms)                          //输入的最大零数太小,程序返回
    { printf("  输入的最大零数太小!\n");return; }
    for(h=0,i=ms;i>=1;i--)
    {  h=h+i;
       if(h>ss) {wmin=ms-i;break;}
    }
    for(m=wmin;m<=wmax;m++)            //从 1~ms 中取 m 个数
      c(1);
    printf("n=%d\n",n);               //输出拆分种数 n
}
//组合递归函数 c(k)
int c(int k)
{  int i,j,t;
   if(k<=m)
   {  a[0]=0;
      for(i=a[k-1]+1;i<=ms+k-m;i++)
      {  a[k]=i;                      //探索第 k 个数赋值 i
         {  if(k==m)                  //若已到 m 个数时,则检测其和
            {  for(t=0,j=m;j>0;j--)
                 t=t+a[j];
               if(t==ss)             //满足条件时输出一个拆分式
               {  n++;printf("%d=",ss);
                  for(j=1;j<m;j++) printf("%2d+",a[j]);
                     printf("%2d\n",a[m]);
               }
            }
            else
               c(k+1);               //若没到 m 个数,则调用 c(k+1)
         }
      }
   }
   return n;
}
```

4. 程序运行示例

```
请输入和数,最大零数: 20,8
20=5+7+8
20=1+4+7+8
……
20=1+3+4+5+7
20=2+3+4+5+6
n=13
```

4.7.2　拆分零数取自指定整数

我们探讨求解一般的整数拆分问题:把指定整数 ss 拆分为 ms 个指定的且互不相同的整数 $b_1, b_2, \cdots, b_{ms}$ 之和,共有多少种不同的拆分法? 展示出所有这些拆分式。

1. 递归设计要点

我们考虑从键盘输入的 ms 个数中取 $m(m<\mathrm{ms})$ 个数的所有组合结果入手。

设输入的 ms 个数存放在 b 数组中,其下标用 a 数组的值替代。

对于从键盘输入的和数 ss 与 ms 个零数 $b[1],b[2],\cdots,b[\mathrm{ms}]$,首先计算拆分式中零数的最少个数 wmin 与零数的最多个数 wmax,显然,拆分式中零数的个数 m 取在区间 $[\mathrm{wmin},\mathrm{wmax}]$ 中。

建立组合递归函数 $c(k)$,得到从 $1\sim\mathrm{ms}$ 这 ms 个数中取 $m(\mathrm{wmin}\leqslant m\leqslant\mathrm{wmax})$ 个数的所有组合 $\{a[1],a[2],\cdots,a[m]\}$,当这 m 个数之和 $b[a[1]]+b[a[2]]+\cdots+b[a[m]]=$ ss 时,输出 ss 的一个拆分式,并用 n 统计拆分式的个数。

2. 拆分为指定整数之和递归设计

```
//和数 ss,零数取自指定数,c472
#include<stdio.h>
int k,m,n,ms,ss,a[100],b[100];
void main()
{  int i,h,wmin,wmax;
   int c(int k);
   printf("  输入和为: "); scanf("%d",&ss);
   printf("  输入零数的个数: ");scanf("%d",&ms);
   printf("  依次由小到大输入零数: \n");
   for(i=1;i<=ms;i++)
     { printf("  b[%d]=",i); scanf("%d",&b[i]);}
   for(h=0,i=1;i<=ms;i++)
     {h=h+b[i];
       if(h>ss) {wmax=i-1;break;}
     }
   if(i>ms)                          //输入的零数组太小,程序返回
     {  printf("  输入的零数组太小!\n"); return; }
     for(h=0,i=ms;i>=1;i--)
     {  h=h+b[i];
        if(h>ss) {wmin=ms-i;break;}
     }
     for(m=wmin;m<=wmax;m++)         //从 ms 个数中取 m 个数
        c(1);
     printf("n=%d\n",n);            //输出拆分种数 n
}
//组合递归函数 c(k)
int c(int k)
{  int i,j,t;
   if(k<=m)
   {  a[0]=0;
      for(i=a[k-1]+1;i<=ms+k-m;i++)
      {  a[k]=i;                     //探索第 k 个数赋值 i
         {  if(k==m)                 //若已到 m 个数时,检测 m 个数之和
            {  for(t=0,j=m;j>0;j--) t=t+b[a[j]];
               if(t==ss)             //若 m 个数之和为 ss,输出一个拆分式
               {  n++;printf("%d=",ss);
                  for(j=1;j<m;j++)
```

```
            printf("%2d+",b[a[j]]);
         printf("%2d\n",b[a[m]]);
      }
    }
    else
      c(k+1);       //若没到 m 个数,则调用 c(k+1)
    }
  }
}
return n;
}
```

3. 程序运行示例

```
输入和为: 15
输入零数的个数: 5
依次由小到大输入零数: 1, 3, 4, 7, 8
15=7+8
15=3+4+8
15=1+3+4+7
n=3
```

4.8   递归应用小结

递归是计算机程序设计中的常用算法,其实质就是利用系统堆栈实现函数自身调用或者是相互调用的过程。在通往边界的过程中,都会把单步地址保存下来,再按照先进后出进行运算,递归的数据传送也类似。

本章应用递归求解了排队购票计数问题,展示了汉诺塔的移动过程,构建了旋转数阵,实现了快速排序与选择。同时,利用递归的回溯功能实现排列组合与整数的拆分。

递归与递推相比较,可以概括以下几点。

(1) 某些计数问题求解,递推和递归两种方法可以相互替换。

一些计数应用案例可应用递推求解,也可应用递归求解。例如,在"排队购票"案例求解时,应用了递归与递推两种算法设计。

(2) 在处理展示与构造性案例时,两种方法不能相互替代。

展示与构造性案例求解,递推与递归难以相互替代。例如,应用递归设计展示汉诺塔的移动过程,应用递推却难以实现;而应用递推展示整数划分式,应用递归也很难如愿。

(3) 递归的求解效率低于递推。

递归的运算方法决定了它的效率较低,因为数据要不断地进栈出栈,且存在大量的重复计算。在应用递归时,只要递归深度 n 值稍大,程序求解就比较困难。

递推免除了数据进出栈的过程,即不需要函数不断地向边界值靠拢,而直接从边界出发,逐步推出函数值,避免了重复计算。因而从计算效率来说,递推远远高于递归。

例如,采用递归求 5!,递归中包含了递推和回溯过程。计算过程中同一个子问题每次遇到都要求解,显然做了大量的重复计算。

而递推从初始条件 1!＝1 出发,按递推关系 $n!＝n(n-1)!$ 直接推出 5!,其执行过程简洁得多:

$1!＝1$(初始条件)$\rightarrow 2!＝2\times 1!＝2\rightarrow 3!＝3\times 2!＝6\rightarrow 4!＝4\times 3!＝24\rightarrow 5!＝5\times 4!＝120$

又如计算斐波那契数列第 5 项 $f(5)$,应用递归计算 $f(5)$ 的过程如图 4-4 所示。

由图 4-4 可见,$f(1)$ 被调用了 2 次,$f(2)$ 被调用了 3 次,$f(3)$ 被调用了 2 次,做了很多重复工作。

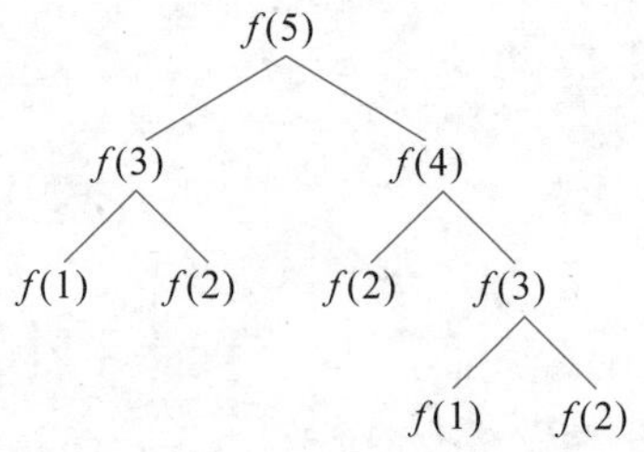

而应用递推计算 $f(5)$,从初始条件 $f(1)=f(2)=1$ 出发,依据递推关系 $f(n)=f(n-2)+f(n-1)$ 逐步直接推出 $f(5)$:

$$f(1)=f(2)=1\rightarrow f(3)=f(1)+f(2)=2\rightarrow f(4)$$
$$=f(2)+f(3)=3\rightarrow f(5)=f(3)+f(4)=5$$

图 4-4　计算 $f(5)$ 的递归树

递推过程直观明了。

在有些情况下,递归可以转换为效率较高的递推。但是递归作为重要的基础算法,它的作用不可替代,在把握这两种算法的时候应该特别注意。

为了便于比较,下面对应用递归与递推分别求整数 s 的划分数的两种算法进行时间测试。

例 4-3　将正整数 s 表示成一系列正整数之和,$s=n_1+n_2+\cdots+n_k$,其中 $n_1\geqslant n_2\geqslant\cdots\geqslant n_k,k\geqslant 1$。正整数 s 的不同划分个数称为 s 的划分数,记为 $p(s)$。例如,6 有 11 种不同的划分,所以 $p(6)=11$,分别是

$6;5+1;4+2;4+1+1;3+3;3+2+1;3+1+1+1;2+2+2;2+2+1+1;2+1+1+1+1;1+1+1+1+1+1$

应用递归与递推分别求整数 s 的划分数。

1. 递归设计

1) 确定递归关系

设 n 的"最大零数不超过 m"的划分式个数为 $q(n,m)$,则

$$q(n,m)=1+q(n,n-1)\quad(n=m)$$

等式右边的 1 表示 n 只包含等于 n 本身;$q(n,n-1)$ 表示 n 的所有其他划分,即最大零数不超过 $n-1$ 的划分。

$$q(n,m)=q(n,m-1)+q(n-m,m)\quad(1<m<n)$$

其中,$q(n,m-1)$ 表示零数中不包含 m 的划分式数目;$q(n-m,m)$ 表示零数中包含 m 的划分数目,因为如果确定了一个划分的零数中包含 m,则剩下的部分就是对 $n-m$ 进行不超过 m 的划分。

加入递归的停止条件。第一个停止条件是 $q(n,1)=1$,表示当最大的零数是 1 时,该整数 n 只有一个划分,即 n 个 1 相加。第二个停止条件是 $q(1,m)=1$,表示整数 $n=1$ 只有一个划分,不管上限 m 是多大。

2）递归程序实现

```
//整数划分递归计数,c481
#include<stdio.h>
long q(int n,int m)                              //定义递归函数 q(n,m)
{  if(n<1 || m<1)  return 0;
   if(n==1 || m==1) return 1;
   if(n<m) return q(n,n);
   if(n==m) return q(n,m-1)+1;
   return q(n,m-1)+q(n-m,m);
}
void main()
{  int s;
   printf("请输入 s:"); scanf("%d",&s);
   printf(" p(%d)=%ld \n",s,q(s,s));            //调用递归函数 q(s,s)
}
```

2. 递推设计

1）确定递推关系

设 n 的"最大零数不超过 m"的划分式个数为 $q(n,m)$。

所有 $q(n,m)$ 个划分式分为两类：零数中不包含 m 的划分式有 $q(n,m-1)$ 个；零数中包含 m 的划分式有 $q(n-m,m)$ 个，因为如果确定了一个划分的零数中包含 m，则剩下的部分就是对 $n-m$ 进行不超过 m 的划分。因而有

$$q(n,m)=q(n,m-1)+q(n-m,m) \quad (1\leqslant m<n\leqslant s)$$

其中

$$q(n-m,m)=q(n-m,n-m) \quad (若 n-m<m)$$

注意到 n 等于 n 本身也为一个划分式，则有

$$q(n,n)=1+q(n,n-1)$$

同时确定递推初始条件

$$q(n,1)=1$$

$$q(1,m)=1 \quad (m=1,2,\cdots,s，因整数 1 只有一个划分，不管 m 是多大)$$

以上的递推关系、初始条件与递归算法基本相同。

2）递推程序设计

```
//整数划分递推计数,c482
#include<stdio.h>
void main()
{  int m,n,s; long q[200][200];
   printf(" 请输入 s:"); scanf("%d",&s);          //输入划分的整数 s
   for(m=1;m<=s;m++)
     {q[m][0]=0;q[m][1]=1;q[1][m]=1;}            //确定初始条件
   for(n=2;n<=s;n++)
   {  for(m=1;m<=n-1;m++)
     {  if(n-m<m) q[n-m][m]=q[n-m][n-m];
        q[n][m]=q[n][m-1]+q[n-m][m];            //实施递推
```

```
        }
        q[n][n]=q[n][n-1]+1;                       //加上 n=n 这一个划分式
    }
    printf(" 整数%d的划分个数为: %ld \n",s,q[s][s]);  //输出递推结果
}
```

在递推设计中设置了二维数组 $q[n][n]$,其空间复杂度为 $O(n^2)$,显然限制了递推的计算范围。

3. 递推与递归计算效率测试比较

为了比较这两个算法求解的计算效率,可应用时间测试函数在不同的和数 s 点对递归与递推进行计算时间测试,测试结果如表 4-1 所示。

表 4-1　递归算法与递推算法的计算时间测试结果

和数 s	20	40	60	80	100
划分式个数	627	37 338	966 467	15 796 476	190 569 292
递归时间/ms	0	10	130	2143	25 377
递推时间/ms	0	0	0	0	0

可见,和数 s 越大,递归与递推的计算效率相差越大。必须说明,表中数据只是做效率的相对比较。时间为 0 并不是说不需要时间,只是因运行太快测试反映不出来。

习　题　4

4-1 阶乘的递归调用。阶乘 $n!$ 的定义:
$$1!=1 \quad n!=n(n-1)! \quad (n>1)$$

设计求 $n!$ 的递归函数,调用该函数求 $s=1+\dfrac{1}{1!}+\dfrac{1}{2!}+\cdots+\dfrac{1}{n!}$。

4-2 递归求解 f 数列。已知 f 数列定义:
$$f_1=f_2=1, f_n=f_{n-1}+f_{n-2} \quad (n>2)$$

建立 f 数列的递归函数,求 f 数列的第 n 项与前 n 项之和。

4-3 递归求解 b 数列。已知 b 数列定义:
$$b_1=1, b_2=2, b_n=3b_{n-1}-2b_{n-2} \quad (n>2)$$

建立 b 数列的递归函数,求 b 数列的第 n 项与前 n 项之和。

4-4 递归求解双递推摆动数列。已知递推数列:
$$a(1)=1, a(2i)=a(i)+1, a(2i+1)=a(i)+a(i+1) \quad (i \text{ 为正整数})$$

试建立递归,求该数列的第 n 项与前 n 项的和。

4-5 应用递归设计输出杨辉三角。

4-6 试把 $m \times n$ 顺转矩阵的递归设计转变为递推设计。

4-7 试应用递归设计构造并输出任意指定 $m \times n$ 逆转矩阵。

4-8 应用递归设计实现 n 个相同元素与另 m 个相同元素的所有排列。

第5章 回 溯 法

5.1 回溯法概述

回溯法(back track method)是一种比枚举"聪明"的常用算法。

本章介绍回溯设计及其应用,并在案例的回溯求解中比较回溯相对于枚举的特点与优势。

5.1.1 回溯的概念

有许多问题,当需要找出它的解集,或者要求回答什么解是满足某些约束条件的最佳解时,往往使用回溯法。

回溯法有"通用解题法"的美称,是一种比枚举"聪明"的效率更高的搜索技术。回溯在搜索过程中动态地产生问题的解空间,系统地搜索问题的所有解。如果需要,可通过比较,在所有解中找出满足某些约束条件的最佳解。

回溯法是一种试探求解的方法:通过对问题的归纳分析,找出求解问题的一个线索,沿着这一线索往前试探,若试探成功,即得到解;若试探失败,就逐步往回退,换其他路线再往前试探。因此,回溯法可以形象地概括为"向前走,碰壁回头",这样可大大缩减无效操作,提高搜索效率。

回溯法的试探搜索是一种组织得井井有条的、能避免一些不必要搜索的枚举式搜索。回溯法在问题的解空间树中,从根结点出发搜索解空间树,搜索至解空间树的任意一个结点,先判断该结点是否包含问题的解;如果肯定不包含,则跳过对该结点为根的子树的搜索,逐层向其父结点回溯;否则,进入该子树,继续搜索。

从解的角度理解,回溯法将问题的候选解按某种顺序进行枚举和检验。当发现当前候选解不可能是解时,就选择下一个候选解。在回溯法中,放弃当前候选解,寻找下一个候选解的过程称为回溯。如果当前候选解除了不满足问题规模要求外,满足所有其他要求,则继续扩大当前候选解的规模,并继续试探。如果当前候选解满足包括问题规模在内的所有要求,则该候选解就是问题的一个解。

与枚举法相比,回溯法的"聪明"之处在于能适时"回头",若再往前走不可能得到解,就回溯,退一步另找线路,这样可省去大量的无效操作。因此,与枚举相比,回溯更适宜于问题规模比较大,候选解比较多的案例求解。

5.1.2 回溯描述

1. 回溯的一般方法

下面简要阐述回溯的一般方法。

回溯求解的问题 P 通常要能表达为:对于已知的由 n 元组$(x_1,x_2,\cdots,x_n)$组成的一个状态空间 $E=\{(x_1,x_2,\cdots,x_n)\,|\,x_i\in s_i,i=1,2,\cdots,n\}$,给定关于 n 元组中的一个分量的约

束集 D,要求 E 中满足 D 的全部约束条件的所有 n 元组。其中,s_i 是分量 x_i 的定义域,$i=1,2,\cdots,n$。称 E 中满足 D 的全部约束条件的任一 n 元组为问题 P 的一个解。

解问题 P 的最朴素的方法就是枚举,即对 E 中的所有 n 元组逐一地检验其是否满足 D 的全部约束。若满足,则为问题 P 的一个解。显然,当 P 的数量规模比较大时,枚举的计算量是相当大的。

对于约束集 D 具有完备性的问题 P,一旦检测断定某个 j 元组$(x_1,x_2,\cdots,x_j)$违反 D 中仅涉及 $x_1,x_2,\cdots,x_j$ 的一个约束,就可以肯定以$(x_1,x_2,\cdots,x_j)$为前缀的任何 n 元组$(x_1,x_2,\cdots,x_j,x_{j+1},\cdots,x_n)$都不会是问题 P 的解,因而就不必去搜索它们,省略了对部分元素$(x_{j+1},\cdots,x_n)$的操作与测试。回溯法正是针对这类问题,利用这类问题的上述性质而提出来的比枚举效率更高的算法。

2. 4 皇后问题的回溯举例

为了具体说明回溯的实施过程,先看一个简单实例。

如何在 4×4 的方格棋盘上放置 4 个皇后,使皇后互不攻击,即任意两个皇后不允许处在同一横排或同一纵列,也不允许处在与棋盘边框成 $45°$角的同一斜线上。

图 5-1 所示为应用回溯的实施过程,其中方格中的数字表示皇后所在位置(列),方格中的×表示由于受前面已放置的皇后的攻击而放弃的位置。

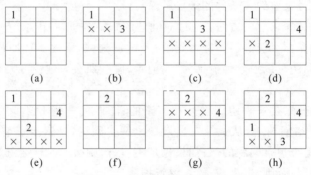

图 5-1　4 皇后问题回溯实施

图 5-1(a)为在第 1 行第 1 列放置一个皇后的初始状态。

图 5-1(b)中,第 2 个皇后不能放置在第 1、2 列,因而放置在第 3 列。

图 5-1(c)中,表示第 3 行的所有各列均不能放置皇后,则回溯至第 2 行,第 2 个皇后需后移。

图 5-1(d)中,第 2 个皇后后移到第 4 列,第 3 个皇后放置在第 2 列。

图 5-1(e)中,第 4 行的所有各列均不能放置皇后,则回溯至第 3 行;第 3 个皇后后移的所有位置均不能放置皇后,则回溯至第 2 行;第 2 个皇后已无位可退,则回溯至第 1 行;第 1 个皇后需后移。

图 5-1(f)中,第 1 个皇后后移至第 2 格。

图 5-1(g)中,第 2 个皇后不能放在第 1、2、3 列,因而放置在第 4 列。

图 5-1(h)中,第 3 个皇后放在第 1 列;第 4 个皇后不能放置在第 1、2 列,于是放置在第 3 列。

经以上探索与回溯,得到 4 皇后问题的一个解:2413(第 1 行皇后在第 2 列,第 2 行皇后在第 4 列,第 3 行皇后在第 1 列,第 4 行皇后在第 3 列)。

继续探索与回溯,可得 4 皇后问题的另一个解:3142。

继续探索与回溯,直到第 1 行的皇后至第 4 格后无位可退,探索结束。

3. 回溯法框架描述

1) 回溯描述

对于一般含参量 m、n 的搜索问题,回溯法框架描述如下:

```
输入正整数 n,m,(n≥m)
i=1;a[i]=<元素初值>;
while(1)
{
    for(g=1,k=i-1;k>=1;k--)
        if(<约束条件 1>) g=0;            //检测约束条件,不满足则返回
    if(g &&<约束条件 2>)
        printf(a[1: m]);                //输出一个解
    if(i<n && g)
        {i++;a[i]=<取值点>;continue; }
    while(a[i]==<回溯点>&& i>1) i--;      //向前回溯
    if(a[i]==n && i==1) break;          //退出循环,结束
    else a[i]=a[i]+1;
}
```

具体求解问题的探索搜索范围与要求不同,在应用回溯设计时,需根据问题的具体情况确定数组元素的初值、取值点与回溯点,同时需把问题中的约束条件进行必要的分解,以适应上述回溯流程。

其中,实施向前回溯的循环

```
while(a[i]==<回溯点>&& i>1) i--;
```

是向前回溯一步还是回溯两步或更多步,完全根据 $a[i]$ 是否达到回溯点来确定。例如,回溯点是 $n,i=6$,当 $a[6]=n$ 时回溯到 $i=5$;若 $a[5]=n$ 时回溯到 $i=4$;以此类推。

以上回溯由迭代式 $i--;$(即 $i=i-1;$)实现,因而又称为迭代回溯。

图 5-1 所示的 4 皇后问题迭代回溯过程描述如下:

```
i=1;a[i]=1;
while(1)
{
    g=1;for(k=i-1;k>=1;k--)
    if(a[i]=a[k] || abs(a[i]-a[k])=i-k)
        g=0;                            //检测约束条件,不满足则返回
    if(g && i==4)
        printf(a[1: 4]);                //输出一个解
    if(i<4 && g) {i++;a[i]=1;continue;}
    while(a[i]==4 && i>1) i--;          //向前回溯
    if(a[i]==4 && i==1) break;          //退出循环结束探索
    else a[i]=a[i]+1;
}
```

2) 递归回溯

在第 4 章应用递归实现排列组合的设计中,我们已经知道递归也能实现回溯。递归回

溯通过递归尝试遍历问题的各个可能解的通路。当发现此路不通时,回溯到上一步,继续尝试别的通路。

递归回溯描述如下:

```
int put(int k)
{  int i,j,u;
   if( k<=<规模>)
   {  u=0;
      if(<约束条件>) u=1;          //当 u=1 时不可操作
      if(u==0)                    //当 u=0 时可操作
      {  if(k==<规模>)            //若已满足规模,则打印出一个解
           printf(<一个解>);
         else  put(k+1);         //调用 put(k+1)
      }
   }
}
```

在调用 put(k)时,当检测约束条件知不可操作(记 u=1),即再往前不可能得解,此时当然不可能输出解,也不调用 put(k+1),而是回溯,返回调用 put(k)之处。这就是递归回溯的机理。

如果是主程序调用 put(1),最后返回到主程序调用 put(1)的后续语句,完成递归。

图 5-1 所示的 4 皇后问题迭代回溯过程描述如下:

```
int put(int k)
{  int i,j,u;
   if(k<=4)
   {  for(i=1;i<=4;i++)                              //探索第 k 行从第 1 格开始放皇后
      {  a[k]=i;
         for(u=0,j=1;j<=k-1;j++)
           if(a[k]==a[j] || abs(a[k]-a[j])==k-j)
             u=1;                                    //若第 k 行第 i 格放不下,则置 u=1
           if(u==0)                                  //若第 k 行第 i 格可放,则检测是否满 4 行
           {  if(k==4)                               //若已放满 4 行,则打印出一个解
              {  s++; printf(" ");
                 for(j=1;j<=4;j++)
                   printf("%d",a[j]);
              }
              else  put(k+1);                        //若没放满 4 行,则放下一行: put(k+1)
           }
      }
   }
}
```

4. 回溯法的效益分析

应用回溯设计求解实际问题,由于解空间的结构差异,很难精确计算与估计回溯产生的结点数,这是分析回溯法效率时遇到的主要困难。回溯法实际产生的结点数通常只有解空间所有结点数的一小部分,这也是回溯法的探索效率大大高于枚举的原因所在。

回溯求解过程实质上是遍历一棵"状态树"的过程,只是这棵树不是遍历前预先建立的。回溯法在搜索过程中,只要所激活的状态结点满足终结条件,应该把它输出或保存。由于在回溯法求解问题时,一般要求输出问题的所有解,因此,在得到并输出一个解后并不终止,还

要进行回溯,以便得到问题的其他解,直至回溯到状态树的根且根的所有子结点均已被搜索过为止。

组织解空间便于算法在求解集时更易于搜索,典型的组织方法是图或树。一旦定义了解空间的组织方法,这个空间即可从开始结点进行搜索。

回溯法的时间通常取决于状态空间树上实际生成的那部分问题状态的数目。对于元组长度为 n 的问题,若其状态空间树中结点总数为 $n!$,则回溯算法的最坏情形的时间复杂度可达 $O(p(n)n!)$;若其状态空间树中结点总数为 2^n,则回溯算法的最坏情形的时间复杂度可达 $O(p(n)2^n)$,其中 $p(n)$ 为 n 的多项式。

对于不同的实例,回溯法的计算时间有很大的差异。对于数量规模比较大的求解实例,应用回溯法一般可在较短的时间内求得其解,可见回溯法不失为一种快速有效的算法。

对于某一具体情况问题的回溯求解,常通过计算实际生成结点数的方法即蒙特卡罗方法(Monte Carlo)来评估其计算效率。蒙特卡罗方法的基本思想是:在状态空间树上随机选择一条路径 $(x_0, x_1, \cdots, x_{n-1})$,设 X 是这一路径上部分向量 $(x_0, x_1, \cdots, x_{k-1})$ 的结点,如果在 X 处不受限制的子向量数是 m_k,则认为与 X 同一层的其他结点不受限制的子向量数也都是 m_k。也就是说,若不受限制的 x_0 取值有 m_0 个,则该层上有 m_0 个结点;若不受限制的 x_1 取值有 m_1 个,则该层上有 $m_0 m_1$ 个结点;以此类推。由于认为在同一层上不受限制的结点数相同,因此,该路径上实际生成的结点数估计为

$$m = 1 + m_0 + m_0 m_1 + m_0 m_1 m_2 + \cdots$$

计算路径上结点数 m 的蒙特卡罗算法描述如下:

```
//已知随机路径上取值数据 m₀,m₁,···,m_{k-1}
m=1;t=1;
for(j=0;j<=k-1;j++)
{   t=t*m[j];
    m=m+t;
}
printf("%ld",m);
```

把所求得的随机路径上的结点数(或若干条随机路径的结点数的平均值)与状态空间树的总结点数进行比较,由其比值可以初步看出回溯设计的效益。

5.2　桥本分数式与 10 数字分数式

桥本分数式是一个填数趣题,本节从桥本分数式及其引申 10 数字分数式这两个难度不高的典型数式案例的求解入手,看看回溯求解的具体实现。

5.2.1　桥本分数式

1. 案例背景

日本数学家桥本吉彦教授于 1993 年 10 月在我国山东举行的中日美三国数学教育研讨会上向与会者提出以下填数趣题:把 1～9 这 9 个数字填入下式的 9 个方格中(数字不得重复),使分数等式成立。

$$\frac{\square}{\square\square} + \frac{\square}{\square\square} = \frac{\square}{\square\square}$$

桥本教授当即给出了一个解答。这一填数趣题的解是否唯一? 如果不唯一,究竟有多少个解? 试求出所有解答(等式左边两个分数交换次序只算一个解答)。

2. 回溯设计

我们采用回溯法逐步调整探求。把式中 9 个□规定一个顺序后,先在第一个□中填入一个数字(从 1 开始递增),然后从小到大选择一个不同于前面□中的数字填在第二个□中,以此类推,把 9 个□都填入没有重复的数字后,检验是否满足等式。若等式成立,打印所得的解。

可见,问题的解空间是 9 位的整数组,其约束条件是 9 位数中没有相同数字且必须满足分式的要求。

为此,设置 a 数组,式中每一□位置用一个数组元素来表示:

$$\frac{a[1]}{a[2]a[3]} + \frac{a[4]}{a[5]a[6]} = \frac{a[7]}{a[8]a[9]}$$

同时,记式中的 3 个分母分别为

$$m_1 = a[2]a[3] = a[2] \times 10 + a[3]$$
$$m_2 = a[5]a[6] = a[5] \times 10 + a[6]$$
$$m_3 = a[8]a[9] = a[8] \times 10 + a[9]$$

所求分数等式等价于整数等式 $a[1]m_2m_3 + a[4]m_1m_3 = a[7]m_1m_2$ 成立。这一转换可以把分数的测试转换为整数测试。

注意到等式左侧两个分数交换次序只算一个解,为避免解的重复,设 $a[1] < a[4]$。

式中 9 个□各填一个数字,不允许重复。为判断数字是否重复,设置中间变量 g,先赋值 $g=1$;若出现某两数字相同(即 $a[i]=a[k]$)或 $a[1]>a[4]$,则赋值 $g=0$(重复标记)。

首先从 $a[1]=1$ 开始,逐步给 $a[i]$($1 \leqslant i \leqslant 9$)赋值,每一个 $a[i]$ 赋值从 1 开始递增至 9,直至 $a[9]$ 赋值,判断:

(1) 若 $i=9$,$g=1$,$a[1]m_2m_3 + a[4]m_1m_3 = a[7]m_1m_2$ 同时满足,则为一组解,用 n 统计解的个数后,输出这组解。

(2) 若 $i<9$ 且 $g=1$,表明还不到 9 个数字,则下一个 $a[i]$ 从 1 开始赋值继续。

(3) 若 $a[9]=9$,则返回前一个数组元素 $a[8]$ 增 1 赋值(此时,$a[9]$ 又从 1 开始)再试。若 $a[8]=9$,则返回前一个数组元素 $a[7]$ 增 1 赋值再试。以此类推,直到 $a[1]=9$ 时,已无法返回,意味着已全部试毕,求解结束。

按以上所描述的回溯的参量:$m=n=9$。

元素初值:$a[1]=1$,数组元素初值取 1。

取值点:$a[i]=1$,各元素从 1 开始取值。

回溯点:$a[i]=9$,各元素取值至 9 后回溯。

约束条件 1:$a[i]==a[k] \;||\; a[1]>a[4]$,其中 $i>k$。

约束条件 2:$i=9$ && $a[1]m_2m_3 + a[4]m_1m_3 = a[7]m_1m_2$。

3. 桥本分数式回溯程序设计

```
//桥本分数式回溯实现,c521
//把 1~9 填入□/□□+□/□□=□/□□
#include<stdio.h>
void main()
{   int g,i,k,s,a[10];
    long m1,m2,m3;
    i=1;a[1]=1;s=0;
    while(1)
    {   g=1;
        for(k=i-1;k>=1;k--)
          if(a[i]==a[k]) {g=0;break;}              //两数相同,标记 g=0
        if(i==9 && g==1 && a[1]<a[4])
        {   m1=a[2]*10+a[3];
            m2=a[5]*10+a[6];
            m3=a[8]*10+a[9];
            if(a[1]*m2*m3+a[4]*m1*m3==a[7]*m1*m2)   //判断等式
            {   s++;printf("(%2d) ",s);
                printf("%d/%ld+%d/",a[1],m1,a[4]);
                printf("%ld=%d/%ld   ",m2,a[7],m3);
                if(s%2==0) printf("\n");
            }
        }
        if(i<9 && g==1)
          {i++;a[i]=1;continue;}                    //不到 9 个数,往后继续
        while(a[i]==9 && i>1) i--;                  //往前回溯
        if(a[i]==9 && i==1) break;
        else a[i]++;                                //至第 1 个数为 9 时结束
    }
    printf("  共以上%d个解。\n",s);
}
```

4. 程序运行结果与说明

```
(1) 1/26+5/78=4/39    (2) 1/32+5/96=7/84
(3) 1/32+7/96=5/48    (4) 1/78+4/39=6/52
(5) 1/96+7/48=5/32    (6) 2/68+9/34=5/17
(7) 2/68+9/51=7/34    (8) 4/56+7/98=3/21
(9) 5/26+9/78=4/13    (10) 6/34+8/51=9/27
共以上 10 个解。
```

关于桥本分数式求解,已有应用程序设计得到 9 个解,显然遗失了一个解。可见在程序设计求解时,如果程序中结构欠妥或参量设置不当,也可能造成解的遗失。

5.2.2　10 数字分数式

本节推出的 10 数字分数式是前面桥本分数式的引申,并添加"最简真分数"的条件限制。

1. 案例提出

把 0,1,2,…,9 这 10 个数字填入下式的 10 个方格中。

要求：

(1) 各数字不得重复。

(2) 数字 0 不得填在各分数的分子或分母的首位。

(3) 式中各分数为最简真分数，即分子、分母没有大于 1 的公因数。

这一分数等式填数趣题究竟有多少个解答？试求出所有解答。

2. 回溯设计

设置 a 数组表示式中的 10 个数字，即

$$\frac{a[1]}{a[2]a[3]}+\frac{a[4]}{a[5]a[6]a[7]}=\frac{a[8]}{a[9]a[10]}$$

同时，记式中的 3 个分母分别为

$$m_1=a[2]a[3]=a[2]\times10+a[3]$$
$$m_2=a[5]a[6]a[7]=a[5]\times100+a[6]\times10+a[7]$$
$$m_3=a[9]a[10]=a[9]\times10+a[10]$$

在上述回溯设计的基础上修改若干参数：

(1) 数字从 9 个增加到 10 个，因而 $i<9$ 改为 $i<10$；$i==9$ 改为 $i==10$。

(2) 数组元素取值修改为从 0 开始，即 $a[1]=0,a[i]=0$。

(3) 数字 0 不得在各分数的分子与分母的首位，即 0 只能在 $a[3]$、$a[6]$、$a[7]$ 与 $a[10]$ 这 4 个数字中，因而在输出解的条件中增加 $a[3]a[6]a[7]a[10]==0$。

此外，需增加判断 3 个分数是否为最简真分数的测试循环。

3. 10 数字分数式程序实现

```
//10 数字分数式,c522
#include<stdio.h>
void main()
{   int g,i,k,s,t,u,a[11]; long m1,m2,m3;
    i=1;a[1]=0;s=0;
    while(1)
    {   g=1;
        for(k=i-1;k>=1;k--)
          if(a[i]==a[k]) {g=0;break;}                   //两数相同,标记 g=0
        if(i==10 && g==1 && a[3]*a[6]*a[7]*a[10]==0)
        {   m1=a[2]*10+a[3];
            m2=a[5]*100+a[6]*10+a[7];
            m3=a[9]*10+a[10];
            if(a[1]*m2*m3+a[4]*m1*m3==a[8]*m1*m2)       //判断等式
            {   t=0;
                for(u=2;u<=9;u++)                       //测试 3 个分数是否为真分数
                {   if(a[1]%u==0 && m1%u==0) {t=1;break;}
                    if(a[4]%u==0 && m2%u==0) {t=1;break;}
                    if(a[8]%u==0 && m3%u==0) {t=1;break;}
```

```
        }
        if(t==0)
        {  printf("  %d/%ld+%d/",a[1],m1,a[4]);
           printf("%ld=%d/%ld\n ",m2,a[8],m3);
        }
    }
}
if(i<10 && g==1)
   {i++;a[i]=0;continue;}          //不到 10 个数,往后继续
while(a[i]==9 && i>1) i--;         //往前回溯
if(a[i]==9 && i==1) break;
else a[i]++;                       //至第 1 个数为 9 时结束
    }
}
```

4. 程序运行结果与变通

4/19+5/608=7/32

以上 10 数字分数式求解是在桥本分数式设计基础上变通所得的,结构完全相同。请比较以上两个回溯设计的参数变化。

如果把问题要求中的第(3)点去掉,即不要求各分数为最简真分数,程序应如何修改?

以上桥本分数式与 10 数字分数式的回溯设计都能快捷地通过上机求解,速度明显快于枚举设计。

5.3 直尺与串珠

本节应用回溯探索涉及直尺刻度分布的"古尺神奇"与环序列覆盖的"数码串珠"两个有趣的案例。

5.3.1 古尺神奇

1. 案例提出

有一把年代不明的古尺长 36 寸(1 寸≈3.33 厘米),因使用日久,尺上的刻度只剩下 8 条,其余刻度均已不复存在。神奇的是,用该尺仍可一次性度量 1～36 的任意整数寸长度。

试确定古尺上 8 条刻度分布的位置。

2. 回溯设计

这是一个新颖且有一定难度的实用案例。

我们探索更具一般性的尺长 s,刻度数为 n(s、n 均为正整数)的完全度量问题。

为了确定实现尺长 s 完全度量的 n 条刻度的分布位置,设置 a、b 两个数组。

a 数组元素 $a[i]$ 为第 i 条刻度距离尺左端线的长度,约定 $a[0]=0$ 以及 $a[n+1]=s$ 对应尺的左右端线。注意到尺的两端至少有一条刻度距端线为 1(否则长度 $s-1$ 不能度量),不妨设 $a[1]=1$,其余的 $a[i]$($i=2,3,\cdots,n$)在 2～$s-1$ 中取数。不妨设

$$2\leqslant a[2]<a[3]<\cdots<a[n]\leqslant s-1$$

从 $a[2]$ 取 2 开始,以后 $a[i]$ 从 $a[i-1]+1$ 开始递增 1 取值,直至 $s-(n+1)+i$ 为止。

当 $i=n$ 时，n 条刻度连同尺的两条端线共 $n+2$ 条，从 $n+2$ 取 2 的组合数为 $C(n+2,2)$，记为 m，显然有

$$m=C(n+2,2)=\frac{(n+1)(n+2)}{2}$$

m 种长度赋给 b 数组元素 $b[1],b[2],\cdots,b[m]$。为判定某种刻度分布能否实现完全度量，设置特征量 u，对于 $1\leqslant d\leqslant s$ 的每一个长度 d，如果在 $b[1]\sim b[m]$ 中存在某一元素等于 d，特征量 u 值增 1。

若 $u=s$，说明从 1 至尺长 s 的每一个整数 d 都有一个 $b[i]$ 相对应，即达到完全度量，于是输出直尺的 n 条刻度分布位置。

(1) 若 $i<n$，i 增 1，$a[i]=a[i-1]+1$，继续探索。

(2) 若 $i>1$，$a(i)$ 增 1，至 $a[i]=s-(n+1)+i$ 时回溯。

3. 古尺刻度回溯程序设计

```
//尺长 s,寻求 n 条刻度分布回溯探索,c531
#include<stdio.h>
void main()
{ int d,i,j,k,t,u,s,m,n,a[30],b[300];
  printf("  尺长 s,寻求 n 条刻度分布,请确定 s,n: ");
  scanf("%d,%d",&s,&n);
  a[0]=0;a[1]=1;a[n+1]=s;
  m=(n+2)*(n+1)/2;
  i=2;a[i]=2;
  while(1)
  { if(i<n)
    {i++; a[i]=a[i-1]+1; continue;}
    else
    { for(t=0,k=0;k<=n;k++)
      for(j=k+1;j<=n+1;j++)
        {t++;b[t]=a[j]-a[k];}               //序列部分和赋值给 b 数组
      for(u=0,d=1;d<=s;d++)
      for(k=1;k<=m;k++)
        if(b[k]==d) {u+=1;k=m;}             //检验 b 数组取 1~s 有多少个
      if(u==s)                             //b 数组值包括 1~s 所有整数
      { if((a[n]!=s-1) || (a[n]==s-1) && (a[2]<=s-a[n-1]))
        { printf(" ┌");                     //输出尺的上边
          for(k=1;k<=s-1;k++) printf("—");
          printf("┐ \n");
          printf(" | ");
          for(k=1;k<=n+1;k++)               //输出尺的数字标注
          { for(j=1;j<=a[k]-a[k-1]-1;j++) printf("  ");
            if(k<n+1) printf("%2d",a[k]);
            else printf(" | \n");
          }
          printf(" └");                      //输出尺的下边与刻度
          for(k=1;k<=n+1;k++)
```

```
        {   for(j=1;j<=a[k]-a[k-1]-1;j++) printf("一");
            if(k<n+1) printf("⊥");
            else printf("⌐\n");
        }
        printf("直尺的段长序列为: ");                //输出段长序列
            for(k=1;k<=n;k++) printf("%2d,",a[k]-a[k-1]);
        printf("%2d\n",s-a[n]);
        }
    }
}
while(a[i]==s-(n+1)+i && i>1) i--;                //调整或回溯
if(i>1) a[i]++;
else break;
}
}
```

4. 程序运行示例与思考

尺长 s,寻求 n 条刻度分布,请确定 s,n: 36,8

输出结果如图 5-2 所示。

图 5-2 古尺刻度示意图

直尺的段长序列为

$$1,2,3,7,7,7,4,4,1$$

思考:由以上程序得到的刻度分布图与直尺的段长序列,是否可以推得以下一般结论?

尺长为 $7n-20(n>6)$ 直尺上分布 n 条刻度,把尺分为如下 $n+1$ 段:

$$1,2,3,7,7,\cdots,7,4,4,1$$

其中,尺的中部有连续 $n-5$ 个长度为 7 的段,则该尺可完全度量。

请证明这一结论。

5.3.2 数码串珠

1. 案例提出

在某佛寺遗址考古发掘中意外发现一串奇特的数码珠串,珠串上共串缀有 6 颗宝珠,每一宝珠上都刻有一个神秘的数。专家考证这 6 颗宝珠上的整数具有以下奇异特性。

(1) 6 颗宝珠上的整数互不相同。

(2) 这 6 个整数之和为 31,沿珠串相连的若干颗(1~6 颗)珠上整数之和为 $1,2,\cdots,31$ 不间断,这一象征祥瑞的特性表现为完全覆盖,即可覆盖区间[1,31]中的所有整数。

请确定珠串上 6 颗宝珠的整数及其相串的顺序。

2. 回溯设计要点

把问题一般化:在如图 5-3 所示的圆环上的 6 个小圆圈中各填入一个整数,这 6 个整数之和为 s,且沿圆圈相连的若干(1~6 个)整数之和覆盖区间$[1,s]$中的所有整数。

求 s 的最大值。

问题要求的关键是抓住核心的第(2)点设计,在满足(2)的解中去除有整数相同的解即可。

1) 确定部分和的数量

一般地,求解圆环上有 n 个整数,其和为 s,沿环的部分和为区间 $[1-s]$ 上的所有整数。

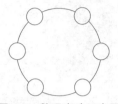

图 5-3　数码串珠示意图

为叙述方便,称沿圆环若干相连整数之和为部分和,称部分和为区间 $[1,s]$ 中的所有整数的情况为完全覆盖。

首先探讨沿圆环 6 个整数组成部分和的个数。

部分和为 1 个整数,共 6 个;与之一一相对的部分和为其余 5 个相连整数之和,也为 6 个。

部分和为 2 个相连整数之和,共 6 个;与之一一相对的部分和为其余 4 个相连整数之和,也为 6 个。

部分和为 3 个相连整数之和,共 6 个。

部分和为所有 6 个相连整数之和,共 1 个。

因而部分和的个数为 $6 \times 5 + 1 = 31$。

如果 $s = 31$,要覆盖 $[1, 31]$,意味着 31 个部分和没有相同的。

若环上为 n 个整数,部分和为 $n(n-1) + 1$ 个。

2) 建立数学模型

为了确定和为 s 的 n 个整数取值及这些整数的分布,使沿环的部分和能完全覆盖 $[1, s]$,建立以下数学模型。

设圆圈的周长为 s,在圆圈上划 n 条刻度,用 a 数组作标记。起点为 $a[0] = 0$,约定 $a[1] - a[0]$ 为第 1 个数,$a[2] - a[1]$ 为第 2 个数……一般地,$a[i] - a[i-1]$ 为第 i 个数。因共 n 个数,显然刻度 $a[n] = s$ 且与起点 $a[0]$ 重合。

因 n 个数中至少有一个数为 1(否则不能覆盖 1),不妨设第 1 个数为 1,即 $a[1] = 1$。

n 个数的每一个数都可以与(约定顺时针方向)相连的 $1, 2, \cdots, n-1$ 个数组成部分和。为构造部分和方便,定义 $a[n+1]$ 与 $a[1]$ 重合,即 $a[n+1] = s + a[1]$;定义 $a[n+2]$ 与 $a[2]$ 重合,即 $a[n+2] = s + a[2]$……最后有 $a[2n-1]$ 与 $a[n-1]$ 重合,即 $a[2n-1] = s + a[n-1]$。

3) 判别完全覆盖

设置 b 数组存储部分和,变量 u 统计 b 数组覆盖区间 $[1, s]$ 中数的个数。若 $u = s - 1$(s 本身显然覆盖,除去不计),即完全覆盖,输出和为 s 时的解。

4) 取数与回溯

(1) 若 $i < n-1$,i 增 1,$a[i] = a[i-1] + 1$,继续探索。

(2) 若 $i > 1$,$a[i]$ 增 1,继续,至 $a[i] = s - n + i$ 时回溯。

变量 s 与 n 的值从键盘输入。运行程序时,选择 s 是从 $n(n+1) + 1$ 开始取值,逐次减 1 输入,最先所得解为对应 n 的 s 最大值,然后再从这些解中选取没有相同整数的解。

3. 回溯程序实现

```
//n个整数和为s,部分和完全覆盖[1,s],c532
#include<stdio.h>
void main()
{   int d,h,i,j,k,t,u,s,n,a[30],b[300];
    printf("    n个整数和为s,部分和完全覆盖,请确定s,n: ");
    scanf("%d,%d",&s,&n);
    a[0]=0;a[1]=1;a[n]=s;
```

```
    i=2;a[i]=2;h=0;
    while(1)
    {  if(i<n-1)
       {i++; a[i]=a[i-1]+1; continue;}
       else
       {  for(k=n+1;k<=2*n-1;k++)
            a[k]=s+a[k-n];
          for(t=0,k=0;k<=n-1;k++)
          for(j=k+1;j<=k+n-1;j++)
            {t++;b[t]=a[j]-a[k];}                //序列部分和赋值给 b 数组
          for(u=0,d=1;d<=s-1;d++)
          for(k=1;k<=t;k++)
            if(b[k]==d) {u++;k=t;}               //检验 b 数组取 1~s 有多少个
          if(u==s-1)                             //b 数组值包括 1~s 所有整数
          {  h++; printf("  %2d: 1",h);          //输出串珠上的数码
             for(k=2;k<=n;k++)
               printf(",%2d",a[k]-a[k-1]);
             if(h%2==0) printf("\n");
          }
       }
       while(a[i]==s-n+i && i>1) i--;            //调整或回溯
       if(i>1) a[i]++;
       else break;
    }
}
```

4. 程序运行示例与说明

```
n 个整数和为 s,部分和完全覆盖,请确定 s,n: 31,6
1: 1, 2, 5, 4, 6,13   2: 1, 2, 7, 4,12, 5
3: 1, 3, 2, 7, 8,10   4: 1, 3, 6, 2, 5,14
5: 1, 5,12, 4, 7, 2   6: 1, 7, 3, 2, 4,14
7: 1,10, 8, 7, 2, 3   8: 1,13, 6, 4, 5, 2
9: 1,14, 4, 2, 3, 7  10: 1,14, 5, 2, 6, 3
```

所输出的解中没有出现重复整数,均满足题目要求条件(1)。

这 10 个解两两配对,互为顺时针与逆时针关系。例如,其中第 1 个解与第 8 个解是一对。第 3 个解的数码珠串排列如图 5-4 所示。

请具体实施检验,图 5-4 所示的数码珠串能否完全覆盖区间 [1,31] 上的所有整数。

注意到圆环上的 6 个数所能组成的部分和总数为 31,区间 [1,31] 上的完全覆盖意味着没有任意两部分和是重复的。

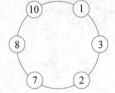

请修改程序,探索 5 个数码组成的数码珠串能完全覆盖的和 s 为多大?

图 5-4 数码珠串示意图

5.4 逐位整除数

本节探索一个新颖的"逐位整除数"搜索案例,分别应用回溯设计与递推设计求解。

1. 案例提出

定义 n 位逐位整除数:从高位开始,高 1 位能被 1 整除(显然如此),高 2 位能被 2 整

除……整个 n 位数能被 n 整除。

例如，1 024 569 就是一个 7 位逐位整除数，因其能被 7 整除，高 6 位即 102 456 能被 6 整除，高 5 位即 10 245 能被 5 整除……

对于指定的正整数 n，搜索共有多少个不同的 n 位逐位整除数，存在 n 位逐位整除数的整数 n 是否有最大值？

试探索指定的 n 位逐位整除数，输出所有 n 位逐位整除数。

2. 回溯设计

1) 设计要点

设置 a 数组，存放求解的逐位整除数的各位，$a[1]$ 存储最高位数字，$a[2]$ 存储次高位数字……$a[n]$ 存储 n 位数的个位数字。

在 a 数组中，数组元素 $a[1]$ 为最高位，从 1 开始取值，显然能被 1 整除；$a[2]$ 从 0 开始取值，存放第 2 位数，前 2 位即 $a[1]\times10+a[2]$ 能被 2 整除……

为了判别已取的 i 位数能否被 i 整除，设置 j 循环：

```
for(r=0,j=1;j<=i;j++)
   { r=r*10+a[j]; r=r%i; }
```

(1) 若 $r=0$，即该 i 位数能被 i 整除，取标志量 $t=0$。此时有两个选择：

① 若已取了 n 位，则输出一个 n 位逐位整除数。最后一位增 1 后继续探索。

② 若不到 n 位，则 $i=i+1$，继续探索下一位。

(2) 若 $r\ne0$，即前 i 位数不能被 i 整除，取标志量 $t=1$。此时 $a[i]=a[i]+1$，即第 i 位增 1 后继续。

若增值至 $a[i]>9$，则 $a[i]=0$，即该位清零后，$i=i-1$ 迭代回溯到前一位。直到第 1 位增值超过 9 后，退出循环结束。

该算法可探索并输出所有 n 位逐位整除数，用 s 统计解的个数。若 $s=0$，说明没有找到 n 位逐位整除数，输出"无解"。

2) 回溯设计程序实现

```
//n位逐位整除探索,c541
#include<stdio.h>
void main()
{ int i,j,n,r,t,s,a[100];
  printf("  逐位整除数n位,请确定n: "); scanf("%d",&n);
  printf("  所求%d位逐位整除数: \n",n);
  for(j=1;j<=100;j++) a[j]=0;
  t=0;s=0;
  i=1;a[1]=1;
  while(a[1]<=9)
  {  if(t==0 && i<n) i++;
     for(r=0,j=1;j<=i;j++)              //检测i位数是否能被i整除
     {  r=r*10+a[j]; r=r%i; }
       if(r!=0)
       {  a[i]=a[i]+1;t=1;              //余数 r!=0 时,a[i]增1,t=1
          while(a[i]>9 && i>1)
          {  a[i]=0;
             i--;                       //回溯
```

```
            a[i]=a[i]+1;
        }
    }
    else t=0;                    //余数 r=0 时,t=0
    if(t==0 && i==n)
    { s++;printf("  %d: ",s);
    for(j=1;j<=n;j++)
        printf("%d",a[j]);
    printf("\n");
    a[i]=a[i]+1;
    }
}
    if(s==0) printf(  "  没有找到!\n");
    else  printf("  共以上%d个解。\n",s);
}
```

3)程序运行示例与说明

逐位整除数 n 位,请确定 n: 25
所求 25 位逐位整除数:
1: 3608528850368400786036725
共以上 1 个解。

输入 $n>25$ 时,无解! 这说明逐位整除数位数的最大值为 25。

之所以说逐位整除数位数的最大值为 25,因为在这唯一的 25 位逐位整除数后添加 0~9 中任何一个数字后变为 26 位整数都不能被 26 整除。也就是说,不存在 26 位(及其以上位)逐位整除数。

请验证以上求得的 25 位逐位整除数是否满足逐位整除数的整除特性:数的高 k 位能被 k 整除($k=1,2,\cdots,25$)。

3. 递推设计

根据逐位整除数的递推特性,也可以应用递推设计求解逐位整除数。

1)递推设计要点

注意到逐位整除数的构造特点:n 位逐位整除数的高 $n-1$ 位是一个 $n-1$ 位逐位整除数。因而可在每一个 $n-1$ 位逐位整除数后加一个数字 j(0~9),得到一个 n 位数。测试该 n 位数是否能被 n 整除,若是,则得到一个 n 位逐位整除数。

递推基础为 $n=1$ 位,显然有 $g=9$ 个一位数 j(1~9)。

注意到逐位整除数的位数可能比较大,为了递推方便,设置两个二维数组。

(1)$a(i,d)$ 为 $k-1$ 位的第 i 个逐位整除数的从高位开始第 d(1~$n-1$)位数字。

(2)$b(m,d)$ 为递推得到 k 位的第 m 个逐位整除数的从高位开始第 d(1~n)位数字。

完成从 $k-1$ 位推出 k 位之后,需把 m 赋值给 g,把 b 数组赋值给 a 数组,为下一步递推做准备。

最后输出递推得到的 n 位逐位整除数的个数 g 及所有 n 位逐位整除数。

当递增至 n 位没有得到 n 位逐位整除数时($g=0$),输出"无解!"后结束。

2）递推设计程序实现

```
//递推探索 n 位逐位整除数,c542
#include<stdio.h>
void main()
{  int d,g,i,j,k,m,n,r, a[3000][30],b[3000][30];
   printf("  请输入逐位整除数的位数 n: ");
   scanf("%d",&n);
   g=9;                              //递推基础：1 位时赋初值
   for(j=1;j<=g;j++) a[j][1]=j;
   for(k=2;k<=n;k++)                 //递推位数 k 从 2 开始递增
   {  m=0;
      for(i=1;i<=g;i++)             //枚举 g 个 n-1 位逐位整除数
      for(j=0;j<=9;j++)            //n 位数的个位数字为 j
      {  a[i][k]=j;
         for(r=0,d=1;d<=k;d++)     //检测 n 位数除 n 的余数 r
            { r=r*10+a[i][d]; r=r%k; }
         if(r==0)
         {  m++;
            for(d=1;d<=k;d++)
               b[m][d]=a[i][d];    //满足条件的 n 位数赋值给 b 数组
         }
      }
      g=m;                         //递推得到 g 个 n 位逐位整除数
      for(i=1;i<=g;i++)
      for(d=1;d<=k;d++)
       a[i][d]=b[i][d];            //g 个 b 数组向 a 数组赋值,准备下一步递推
   }
   if(g>0)                         //输出 n 位逐位整除数的个数及每一个数
   {  printf("  %d 位逐位整除数共%4d 个:\n",n,g);
      for(i=1;i<=g;i++)
      {  printf("  %d: ",i);
         for(d=1;d<=n;d++)
            printf("%d",a[i][d]);
         printf("\n");
      }
   }
   else
     { printf("  无解!\n");return; }
}
```

3）程序运行与说明

```
请输入逐位整除数的位数 n: 24
24 位逐位整除数共 3 个:
1: 144408645048225636603816
2: 360852885036840078603672
3: 402852168072900828009216
```

事实上,唯一的一个 25 位逐位整除数就是在以上第 2 个 24 位逐位整除数后加上一个数字 5 而形成的。而其前后两个 24 位逐位整除数后加上任意一个数字后所得 25 位数都不能被 25 整除。

注意到本案例 n 不可能大于 25,在此范围内以上两个设计均能快速求得相应的解。

变通：修改算法,求解 n 位逐位整除数的个数 $f(n)$ 的最大值。

5.5 环 序 列

本节探讨应用回溯设计求解两个典型环序列案例。

与一般序列不同,所谓环序列,就是序列首尾相接构成一个环,如前面的数码串珠即一个环序列。在环序列中,无所谓首项与尾项,为避免重复输出,环序列可简化为一般序列输出,约定其首项为某一特定值。

相连的首尾项当然也必须满足环序列的约束条件。

5.5.1 素数和环

1. 案例提出

把前 n 个正整数围成一个环,如果环中所有相邻的两个数之和都是一个素数,该环称为一个 n 项素数和环。

对于指定的 n,构造并输出所有不同的素数和环。

2. 设计要点

设置 a 数组在前 n 个正整数中取值。为避免重复输出,约定第 1 个数 $a[1]=1$。

设置 b 数组标记奇素数。对指定的正整数 n,首先用试商判别法,把 $2n$ 范围内的奇素数标记为 1,例如 $b[7]=1$ 表明 7 为素数。

在永真循环中,i 从 2 开始至 n 递增,$a[i]$ 从 2 开始至 n 递增取值。

(1) 判断元素 $a[i]$ 的取值是否可行。赋值 $t=1$,然后进行判断:

① 若 $a[j]==a[i]$($j=1,2,\cdots,i-1$),即 $a[i]$ 与前面的 $a[j]$ 相同,$a[i]$ 的取值不可行,标注 $t=0$。

② 若 $b[a[i]+a[i-1]]!=1$,即所取 $a[i]$ 与其前一项之和不是素数,标注 $t=0$。

(2) 若判断后保持 $t=1$,说明 $a[i]$ 的取值可行。

此时若 i 已取到 n,且 $b[a[n]+1]=1$(即首尾项之和也是素数),输出一个解。

若 $i<n$,则 $i++$,$a[i]=2$,即继续,下一元素从 2 开始取值。

(3) 若 $a[i]$ 已取到 n,再不可能往后取值,则 $i--$,即行回溯。

回溯至前一个元素,$a[i]++$ 继续增值。

最后回溯至 $i=1$,完成所有探索,跳出循环结束。

考虑到当 n 较大时,n 项素数和环非常多,约定只输出 3 个解后提前结束。

3. 回溯实现 n 项素数和环

```
//回溯求解 n 项素数和环,c551
#include<stdio.h>
#include<math.h>
void main()
{   int t,i,j,n,k,s,a[2000],b[1000];
    printf("    前 n 个正整数组成素数和环,请输入整数 n: ");
    scanf("%d",&n);
    for(k=1;k<=2*n;k++) b[k]=0;
    for(k=3;k<=2*n;k+=2)
    {   for(t=0,j=3;j<=sqrt(k);j+=2)
```

```
            if(k%j==0)
              {t=1;break;}
      if(t==0) b[k]=1;                               //奇数 k 为素数的标记
   }
   printf("  前%d个正整数组成素数和环,其中3个为:\n",n);
   a[1]=1;s=0;
   i=2;a[i]=2;
   while(1)
   {  t=1;
      for(j=1;j<i;j++)
        if(a[j]==a[i] || b[a[i]+a[i-1]]!=1)       //出现相同元素或非素数时返回
          {t=0;break;}
      if(t && i==n && b[a[n]+1]==1)
      {  s++;
         printf("  %d:  1",s);
         for(j=2;j<=n;j++) printf(",%d",a[j]);
         printf("\n");
         if(s==3) return;
      }
      if(t && i<n)
        {i++;a[i]=2;continue;}
      while(a[i]==n && i>1) i--;                    //实施回溯
      if(i>1) a[i]++;
      else break;
   }
}
```

4. 程序运行示例与说明

```
前 n 个正整数组成素数和环,请输入整数 n: 20
前 20 个正整数组成素数和环,其中 3 个为:
1:  1,2,3,4,7,6,5,8,9,10,13,16,15,14,17,20,11,12,19,18
2:  1,2,3,4,7,6,5,8,9,10,13,16,15,14,17,20,11,18,19,12
3:  1,2,3,4,7,6,5,8,9,10,13,18,19,12,11,20,17,14,15,16
```

容易验证,所得素数和环中每相邻两项(包括首尾两项)之和均为素数。

如果求解素数和序列,只要把环中的首尾相接的条件 b[a[n]+1]==1 去除即可。

5.5.2　德布鲁金环

1. 德布鲁金环概述

由 2^n 个 0 或 1 组成的数环,形成 2^n 个由相邻 n 个数字组成的二进制数恰在环中出现一次。这个数环被称作 n 阶德布鲁金环。

为构造与统计方便,约定 n 阶德布鲁金环由 n 个 0 开头。

$n=2$ 时,即 2 阶德布鲁金环非常简单,约定由 00 开头,显然只有 0011 这一个解,2 个数字组成的二进制数依次为 00,01,11,10(因为是环,开头的 0 即为尾部的 0,下同),共 4 个,每个恰出现一次。

$n=3$ 时,即 3 阶德布鲁金环也不复杂,约定由 000 开头,第 4 个数字与第 8 个数字显然都为 1(否则会出现 0000 出界)。余下 3 个数字组合只能为 011,110,101 这 3 种情形。而 00011011 未出现 111,且有 110,011 等重复,显然不满足 3 阶德布鲁金环条件。因而,3 阶德布鲁金环有 00010111 与 00011101 两个解。

解 00010111 中每相邻 3 个数字组成的二进制数依次为 000,001,010,101,011,111,110,100,这 8 个数恰各出现一次。

解 00011101 中每相邻 3 个数字组成的二进制数依次为 000,001,011,111,110,101,010,100,这 8 个数恰各出现一次。

分析这两个解,事实上是方向互逆的关系,其中一个解为顺时针方向,而另一个解为逆时针方向。

随着阶数的增加,求解德布鲁金环的难度也相应增大。

下面应用回溯设计求解 n 阶德布鲁金环。

2. 回溯设计

在 n 阶德布鲁金环中,共有 $m=2^n$ 个二进制数字。设置一维数组 a,约定前 n 个数字为 0,即 $a[0]=a[1]=\cdots=a[n-1]=0$,$a[n]=1$,$a[m-1]=1$。

应用回溯法探求 $a[n+1]\sim a[m-2]$,这些元素取 0 或 1。问题的解空间是由数字 0 或 1 组成的 $m-n-2$ 位整数组,其约束条件是 0 的个数为 $m/2-n$ 个,且没有相同的由相邻 n 个数字组成的二进制数。

当 $i\leqslant m-2$ 时,$a[i]$ 取值为 0。

当 $i>n+1$ 且 $a[i]=1$ 时,回溯。

当 $i=n+1$ 且 $a[i]=1$ 时,退出。

当 $a[n+1]\sim a[m-2]$ 已取数字时,设置 h 统计其中 0 的个数,若 $h\neq m/2-n$,则返回。

若 $h=m/2-n$,则进一步通过循环计算 m_1 和 m_2,判断是否有相同的由 n 个数字组成的二进制数。

若存在相同的由 n 个数字组成的二进制数,标注 $t=1$;否则保持 $t=0$,打印输出。

按以上所描述的回溯的参量:n(计算 $m=2^n$)。

元素初值:$a[n]=1$,$a[m-1]=1$,其余数组元素初值取 0。

取值点:$a[i]=0$,各数组元素从 0 开始取值。

回溯点:$a[i]=1$,各数组元素取值至 1 时回溯。

约束条件 1:$i=m-2$ 且 $h=m/2-n$(其中 h 为 $a[i]$ 中 0 的个数)。

约束条件 2:$m_1\neq m_2$,m_1 与 m_2 分别为环中所有由相邻的 n 个数字组成的二进制数。

3. n 阶德布鲁金环程序设计

```
//n阶德布鲁金环回溯设计,c552
#include<stdio.h>
#include<math.h>
void main()
{   int d,i,h,k,j,m,m1,m2,n,s,t,x,a[200];
    printf("请输入(2<n)n: "); scanf("%d",&n);
    m=1;
    for(k=1;k<=n;k++)   m=m*2;              //计算 m=2^n
    s=0;
    for(k=0;k<=m+n;k++) a[k]=0;
    a[n]=1;a[m-1]=1;
```

```
i=n+1;
while(1)
{ if(i==m-2)
  { for(h=0,j=n+1;j<=m-2;j++)
      if(a[j]==0) h++;
    if(h==m/2-n)                              //判别是否有 m/2-n 个 0
    { for(t=0,k=0;k<=m-2;k++)
      for(j=k+1;j<=m-1;j++)
        {d=1;m1=0;m2=0;
        //检验是否有相同的由 n 个相邻数字组成的二进制数
        for(x=n-1;x>=0;x--)
          {m1=m1+a[k+x] * d; m2=m2+a[j+x] * d;d=d * 2;}
        if(m1==m2) {t=1;break;}
      }
      if(t==0)
      { s++;
        if(n<=4 || (n>4 && s<=3))
        { printf("NO(%5d): ",s);
          for(j=0;j<=m-1;j++)
            printf("%d",a[j]);
          printf("\n");
        }
      }
    }
  }
  if(i<m-1)
    {i++;a[i]=0;continue;}
  while(a[i]==1 && i>n+1) i--;              //向前回溯
  if(a[i]==1 && i==n+1) break;
    else a[i]=1;
}
}
```

4. 运行结果与变通

```
请输入(2<n)n: 5
NO(1): 0000010001100101001110101100111111
NO(2): 0000010001100101001110111101011111
NO(3): 0000010001100101001111110010110111
```

这是 5 阶德布鲁金环的前 3 个解。当输入 $n=3$ 或 $n=4$ 时,可得相应的 3 阶或 4 阶德布鲁金环。

当 $n>5$ 时,程序运行的时间迅速增加。解决 5 阶以上的德布鲁金环问题,还要从算法上进行优化与改进。

变通:如果约定 n 阶德布鲁金环由 n 个 1 开头,算法应如何修改?

5.6　伯努利装错信封问题

某人给 6 个朋友每人写了一封信,同时写了这 6 个朋友地址的信封。有多少种投放信笺的方法,使每封信与信封上的收信人都不相符?

这是波兰的一道数学竞赛试题,也是伯努利装错信封问题的一个特例。

5.6.1　装错信封问题

1. 案例背景

某人写了 n 封信,并写了这 n 封信对应的 n 个信封。把所有的信都装错了信封的情况共有多少种?展示所有信都装错了信封的情形。

这是组合数学中有名的错位问题。著名数学家伯努利(Bernoulli)曾最先考虑此题。后来,数学家欧拉对此题产生了兴趣,称此题是"组合理论的一个妙题",并独立地解出了此题。这些数学大师都只给出错位问题的数量,本案例要求程序设计展示出所有错位情形。

2. 回溯设计求解

1) 设计要点

为叙述方便,把某一元素在自己相应位置(如 2 在第 2 个位置)称为在自然位,把某一元素不在自己相应位置称为错位。

事实上,所有 n 个元素全排列分为 3 类。

(1) 所有元素都在自然位,实际上只有一个排列。当 $n=5$ 时,即 12345。

(2) 所有元素都错位。例如当 $n=5$ 时,24513。

(3) 部分元素在自然位,部分元素错位。例如当 $n=5$ 时,21354。

装错信封问题求解实际上是求 n 个元素全排列中的"所有元素都错位"子集。

当 $n=2$ 时,显然只有一个解:21(2 不在第 2 个位置且 1 不在第 1 个位置)。

当 $n=3$ 时,有 231、312 两个解。

求"所有元素都错位"子集,可在实现排列算法中加上"限制取位"的条件。

设置一维数组 a,$a[i]$ 在 $1\sim n$ 中取值,当出现 $a[i]$ 在自然位或数字相同 $a[j]=a[i]$ 时返回($j=1,2,\cdots,n-1$)。

当 $i<n$ 时,还未取 n 个数,i 增 1 后 $a[i]=1$,继续。

当 $i=n$ 且最后一个元素不在自然位($a[n]\neq n$)时,输出一个全错位排列,并设置变量 s 统计错位排列的个数。

当 $a[i]<n$ 时,$a[i]$ 增 1,继续。

当 $a[i]=n$ 时,回溯或调整,直到 $i=1$ 且 $a[1]=n$ 时结束。

2) 回溯程序设计

```
//装错信封问题,c561
#include<stdio.h>
void main()
{  int n,i,j,t,a[30]; long s=0;
   printf(" input n (2<n<10):"); scanf("%d",&n);
   i=1;a[i]=2;
   while(1)
   {  t=1;
      if(a[i]!=i)
      {  for(j=1;j<i;j++)
```

```
   if(a[j]==a[i])                    //出现相同元素时返回
     { t=0;break;}
   }
  else t=0;                          //元素在自然位时返回
  if(t && i==n)                      //已到 n,输出一个解
  {  s++;
     for(j=1;j<=n;j++)
       printf("%d",a[j]);
     printf("  ");
     if(s%10==0) printf("\n");
  }
  if(t && i<n)
    {i++;a[i]=1;continue;}
  while(a[i]==n && i>0) i--;
  if(i>0) a[i]++;                    //调整或回溯
  else break;
 }
 printf("\n s=%ld\n",s);
}
```

3) 程序运行示例

```
input n  (n<10): 5
21453  21534  23154  23451  23514  24153  24513  24531  25134  25413
25431  31254  31452  31524  34152  34251  34512  34521  35124  35214
35412  35421  41253  41523  41532  43152  43251  43512  43521  45123
45132  45213  45231  51234  51423  51432  53124  53214  53412  53421
54123  54132  54213  54231
s=44
```

输入 $n=6$,即得 265 个 6 位错位排列,也是上面所提竞赛题的解。

3. 递归求解

1) 递归函数要点

设置 a 数组在 n 个整数 $1\sim n$ 中选取 n 个数。

递归函数 $p(k)$ 的变量 k 从 1 开始取值。当 $k\leqslant n$ 时,第 k 个数 $a[k]$ 取 $i(1\sim n)$,并且标志量 $u=0$。

(1) 若 $a[k]$ 在自然位,即刻返回进行下一轮探索,或 $a[k]$ 与其前面已取的数 $a[j](j<k)$ 比较,出现相同元素 $a[k]=a[j]$,即第 k 个数取 i 不成功,标志量 $u=1$。

(2) 若 $a[k]$ 不在自然位,且与所有前面已取的 $a[j]$ 比较没有一个相等,则第 k 个数取 i 成功,标志量 $u=0$,然后判断:

① 若 $k=n$,即已取了 n 个数,且第 n 个元素不在自然位,即 $a[n]\neq n$,输出这 n 个数即为一个错位排列,并用 s 统计排列的个数;输出一个排列后,$a[k]$ 继续从 $i+1$ 开始,在余下的数中取下一个数。直到全部取完,则返回上一次调用 $p(k)$ 处,即回溯到 $p(k-1)$,第 $k-1$ 个数继续往下取值。

② 若 $k<n$,即还未取 n 个数,即在 $p(k)$ 状态下调用 $p(k+1)$ 继续探索下一个数,下一个数 $a[k+1]$ 又从 $1\sim n$ 中取数。

(3) 标志量 $u=1$,第 k 个数取 i 不成功,则接着从 $i+1$ 开始中取下一个数。若在 $1\sim n$ 中的每一个数都取了,仍是 $u=1$,则返回上一次调用 $p(k)$ 处,即回溯到 $p(k-1)$,第 $k-1$

个数继续往下取值。

可见递归具有回溯的功能,即 $p(k)$ 在取所有 n 个数之后,自动返回调用 $p(k)$ 的上一层,即回溯到 $p(k-1)$,第 $k-1$ 个数继续往下取值。这也是递归能把所有错位排列一个不剩地全部展示出来的原因所在。

在主程序中只要调用 $p(1)$ 即可,所有错位排列在递归函数中输出。最后 $p(1)$ 的 $a[1]$ 取完所有数,返回 s,即输出错位排列的个数后结束。

2)递归程序设计

```
//装错信封问题,c562
#include<stdio.h>
int n,a[30]; long s=0;
void main()
{   int put(int k);
    printf(" input n   (2<n<10):"); scanf("%d",&n);
    put(1);                              //从第 1 个数开始
    printf("\n 总数为: %ld \n",s);         //输出个数
}
//装错信封问题递归函数 put(k)
int put(int k)
{   int i,j,u;
    if(k<=n)
    {   for(i=1;i<=n;i++)
        {   a[k]=i;                       //探索第 k 个数赋值 i
            if(a[k]!=k)
            {   for(u=0,j=1;j<=k-1;j++)
                    if(a[k]==a[j])        //若出现重复数字
                        u=1;              //第 k 个数不可置 i,则 u=1
            }
            else continue;               //a[i]在自然位时返回,进行下一轮探索
            if(u==0)                      //若第 k 个数可置 i,则检测是否到 n 个数
            {   if(k==n)                   //已到 n,则输出解
                {   s++; printf(" ");
                    for(j=1;j<=n;j++)
                        printf("%d",a[j]);
                    if(s%10==0) printf("\n");
                }
                else
                    put(k+1);             //若没到 n 个数,则探索下一个数
            }
        }
    }
    return s;
}
```

3)程序运行示例

```
input n   (n<10): 4
2143 2341 2413 3142 3412 3421 4123 4312 4321
总数为: 9
```

5.6.2　特殊错位探索

求解部分元素在自然位、部分元素错位的排列问题,往往需添加上一些特定的限制错位条件。

例如,在 $1 \sim n$ 的全排列中,展示偶数在其自然位而奇数全错位的所有情形。

1. 回溯设计

在以上利用回溯求解的程序设计基础上修改一个条件:把 a[i]!=i 修改为 i%2=0 and a[i]==i or i%2!=0 and a[i]!=i,即只有偶数在自然位或奇数错位时才进行元素相等的判断,否则返回进行下一轮探索。

2. 程序实现

```
//有限制条件的错位排列,c563
#include<stdio.h>
void main()
{   int n,i,j,t,a[30]; long s=0;
    printf(" input n   (2<n<10):"); scanf("%d",&n);
    i=1;a[i]=3;
    while(1)
    {   t=1;
        if(i%2==0 && a[i]==i || i%2!=0 && a[i]!=i)
        {   for(j=1;j<i;j++)                 //出现相同元素返回
            if(a[j]==a[i])   {t=0;break;}
        }
        else t=0;                           //a[i]为奇数,在自然位或偶数错位时返回
        if(t && i==n)
        {   s++;
            for(j=1;j<=n;j++) printf("%d",a[j]);
            printf("  ");
            if(s%5==0) printf("\n");
        }
        if(t && i<n)
          {i++;a[i]=1;continue;}
        while(a[i]==n && i>0) i--;           //调整或回溯
        if(i>0) a[i]++;
        else break;
    }
    printf("\n s=%ld\n",s);
}
```

3. 程序运行示例

```
input n   (n<10):9
321476985   321496587   325416987   325476981   325496187
327416985   327496185   327496581   329416587   329476185
......
927416385   927416583   927436185   927436581
s=44
```

4. 程序的改进

1）设计要点

前面的程序设计在展示偶数在其自然位而奇数全错位的所有排列中，需要对每位数进行探索和回溯，其实，处于自然位的偶数已经固定了，例如，2 只能处于第 2 位，8 只能处于第 8 位，等等，因此程序做了许多无用的循环判断和回溯，当 n 非常大时显然会降低解题效率。为此，可以先固定偶数的自然位，只对奇数进行探索和回溯，这样程序的执行效率会大大提高。

对奇数进行探索的过程与上面的程序设计完全相同，在此不再赘述。

2）程序实现

```c
//先确定偶数自然位的求解程序,c564
#include<stdio.h>
void main()
{ int n,i,j,t,a[30];long s=0;
  printf(" input n   (2<n<10):");scanf("%d",&n);
  for(i=2;i<=n;i+=2) a[i]=i;                //先确定偶数的自然位
  i=1;a[i]=3;
  while(1)
  {  t=1;
     if(a[i]!=i)
     {  for(j=1;j<i;j+=2)                   //出现相同元素返回
          if(a[j]==a[i])
            {t=0;break; }
     }
     else t=0;                             //当前奇数在自然位时返回
     if(t && (i>=n-1))
     {  s++;
        for(j=1;j<=n;j++) printf("%d",a[j]);
          printf("  ");
        if(s%5==0) printf("\n");
     }
     if(t && i<n-1)
       {i+=2;a[i]=1;continue; }
       while(i>0 && a[i]>=n-1) i-=2;        //调整或回溯
       if(i>0) a[i]+=2;
       else break;
  }
  printf("\n s=%ld\n",s);
}
```

3）程序运行示例与变通

```
input n   (n<10): 8
32147658  32547618  32741658  52147638  52741638
52743618  72143658  72541638  72543618
s=9
```

考察输出的解，所有偶数都在自然位，所有奇数都错位。

变通：如果要求所有偶数都错位，所有奇数都在自然位，程序应如何修改？

5.7　别出心裁的情侣拍照问题

别出心裁的情侣拍照问题是一个复杂而有趣的排列设计案例。

编号分别为 $1\sim8$ 的 8 对情侣参加聚会后拍照。主持人要求这 8 对情侣共 16 人排成一横排,别出心裁地规定每对情侣男左女右且不得相邻:编号为 1 的情侣之间有 1 个人,编号为 2 的情侣之间有 2 个人……编号为 8 的情侣之间有 8 个人。为避免重复,规定排队左端编号小于右端编号。

求所有满足以上要求的不同拍照排队方式共有多少种,输出所有拍照排队。

5.7.1　逐位安排与回溯

1. 逐位安排与回溯设计

试对一般情形的 n 对情侣拍照排列进行设计。例如,$n=3$ 时的一种拍照排队为 231213。

对应 n 组每组 2 个相同元素(相当于 n 对情侣)进行排列,设置 a 数组,数组元素从 0 取到 $2n-1$ 不重复取值,对 n 同余的两个数为一对编号:余数为 0 的为 1 号,余数为 1 的为 2 号……余数为 $n-1$ 的为 n 号。

例如,$n=4$,数组元素 0 与 4 对 4 同余,为 1 号;1 与 5 对 4 同余,为 2 号。一般地,i 与 $4+i$ 对 4 同余,为 $i+1$ 号($i=0,1,2,3$)。

返回条件为(当 $j<i$ 时)

$$a[j]=a[i] \text{ 或 } a[j]\%n=a[i]\%n \text{ 且 } (a[j]>a[i] \text{ 或 } a[j]+2!=i-j)$$

其中,$a[j]=a[i]$ 确保 a 数组的 $2n$ 个元素不重复取值。

$a[j]\%n=a[i]\%n$ 且 $a[j]>a[i]$,避免一对取余相同的数左边大于右边,导致重复。

$a[j]\%n=a[i]\%n$ 且 $a[j]+2!=i-j$,避免一对情侣位置差不满足题意要求。

例如,$a[j]=0$ 时,$a[i]=n$,为一对 1 号情侣,位置应相差 2(即中间有 1 人),即满足条件 $i-j=a[j]+2=2$。

$a[j]=1$ 时,$a[i]=n+1$,为一对 2 号情侣,位置应相差 3(即中间有 2 人),即满足条件 $i-j=a[j]+2=3$。

……

这些都应满足位置条件 $a[j]+2=i-j$。如果 $a[j]+2\neq i-j$,不满足一对情侣的位置要求。

满足返回条件,标注 $g=0$,意味着 $a[i]$ 取值不合格,返回。

若 $g=1$,且已取到 $2n$,同时排左端编号小于右端编号,即满足拍照条件:

$$g>0 \text{ 且 } i=2n \text{ 且 } a[1]\%n<a[m]\%n$$

为一个拍照排列,用 s 累计解的个数并输出该排列解。

2. 程序设计

```
//情侣拍照:编号为 1,2,…,n 的 n 对情侣排列,c571
//第 i 对情侣中间恰有 i 个人,1<=i<=n
#include<stdio.h>
```

```
void main()
{   int i,j,g,n,m,s,a[20];
    printf(" input n  (2<n): ");
    scanf("%d",&n);
    m=2*n;
    i=1;a[i]=0;s=0;
    while(1)
    {   g=1;
        for(j=1;j<i;j++)
          if(a[j]==a[i] || a[j]%n==a[i]%n && (a[j]>a[i] || a[j]+2!=i-j))
            {g=0;break;}             //出现相同元素或同余两数中较小的数在后时返回
        if(g && i==m && a[1]%n<a[m]%n)   //满足统计解的个数条件
        {   s++;
            for(j=1;j<=m;j++)
                printf("%d",a[j]%n+1);   //输出一个排列
            printf("  ");
            if(s%4==0) printf("\n");
        }
        if(g && i<m)
          {i++;a[i]=0;continue;}
        while(a[i]==m-1 && i>0) i--;   //回溯到前一个元素
        if(i>0) a[i]++;
        else break;
    }
    if(s>0)
        printf("\n 拍照排队共有解 s=%d 个。\n",s);
    else printf("\n 拍照排队无解。\n");
}
```

3. 程序运行示例与变通

```
input n  (2<n): 8
1316738524627548   1316834752642857   1316835724625847   1316837425624875
……
7246258473651318   7345638475261218
拍照排队共有解 s=150 个。
```

变通：在 $n=8$ 的共 150 个拍照排队解中，若只输出排左为 1 号且排右为 8 号的解，应如何修改程序？

4. 解的讨论

如果输入 n 为 6，没有满足要求的解。

可证明 $n=6$ 时无解。事实上，设 12 个位置的编号分别为 $1,2,\cdots,12$。显然这 12 个编号加起来的和为

$$S_1 = 1+2+3+4+5+6+7+8+9+10+11+12 = 78$$

同时设：

(1) 1 号情侣的位置编号为 a 和 $a+2$。

(2) 2 号情侣的位置编号为 b 和 $b+3$。

(3) 3 号情侣的位置编号为 c 和 $c+4$。

(4) 4 号情侣的位置编号为 d 和 $d+5$。

(5) 5 号情侣的位置编号为 e 和 $e+6$。

(6) 6 号情侣的位置编号为 f 和 $f+7$。

将这 12 个位置编号加起来的和为

$$S_2 = a+(a+2)+b+(b+3)+c+(c+4)+d+(d+5)+e+(e+6)+f+(f+7)$$
$$= 2(a+b+c+d+e+f)+27$$

显然,S_2 是一个奇数,与 S_1 是一个偶数矛盾。可见,当 $n=6$ 时无解。

同理可证,$n=5$ 时也无解(此时 S_2 为偶数,S_1 为奇数)。

一般地,可证明当 $n\%4=1$ 或 $n\%4=2$ 时无解。

5.7.2　成对安排与回溯

应用以上回溯设计求解 $n=11$ 和 $n=12$ 时的拍照排队,因所需时间太长而迟迟不能得出结果。为了提高当 n 较大时的求解速度,拟改进回溯设计,实施成对安排与回溯。

1. 成对安排与回溯设计

注意到男左女右,把每对情侣中女伴编号在男伴编号基础上加 n。例如 5 号男伴,其女伴的编号为 $n+5$。这样,n 对情侣的编号恰好是 $1,2,\cdots,2n$。

座位按 $1,2,\cdots,2n$ 编号。设置数组 a 表示每个人的座号。例如,第 i 号男子坐在第 j 号,则 $a[i]=j$,他的女伴应该坐在第 $j+i+1$ 号,即 $a[i+n]=j+i+1$。

设置数组 b 表示每个座位上所坐人的号码,第 i 对情侣的号码都用 i。比如,前面的坐法可写为 $b[j]=b[j+i+1]=i$。

安排的初始值:$a[1]=1,a[n+1]=3$;即 $b[1]=b[3]=1$。

对第 i 对情侣安排,男伴如果安排在第 j 位,即 $a[i]=j(1\leqslant j\leqslant 2n-i-1)$,则其女伴需安排在第 $i+j+1$ 位,因而做赋值 $b[j]=b[i+j+1]=i$。这样成对安排的前提是这两个位置是空的,即 $b[j]=b[i+j+1]=0$。该对安排成功标记 $g=1$。

如果对所有的 j 第 i 对情侣安排不了,标记 $t=0$,$i--$,回溯到其前面一对调整。

如果第 i 对情侣安排成功,检测 $i=n$ 且 $b[1]<b[2n]$(为避免重复),则输出一个拍照排列,同时 $t=0$。

设置 $t=0$ 的调整回溯循环,把前面安排不成功位置清空:$b[a[i]]=b[a[i]+i+1]=0$(输出一个解后也需把最后位置清空);然后探索从 j 位开始($a[i]+1\leqslant j\leqslant 2n-i-1$)进行新的成对安排。

当 n 较大时,拍照排列的解太多,约定当 $n>10$ 时只求出其前 3 个解。

2. 成对安排与回溯程序设计

```
//成对安排与回溯程序,c572
#include<stdio.h>
#define N 200
void main()
{  int i,j,g,n,m,t,a[200],b[200];
   long s;
   printf(" input n : ");
   scanf("%d",&n);
   if(n%4==1 || n%4==2)
     {printf("  %d 对排队无解!\n",n);return;}
   m=2*n;t=1;s=0;
   for(j=0;j<=m;j++) b[j]=a[j]=0;
   i=1;a[1]=1;a[n+1]=3;b[1]=b[3]=1;
   while(i>0)
```

```
{   if(i==n && b[1]<b[m])
    {   s++;
        printf("%ld: ",s);
        for(j=1;j<=m;j++) printf("%d ",b[j]);
        printf("\n");
        if(n>10 && s==3) return;
        b[a[n]]=b[a[m]]=0; t=0; i--;
    }
    else if(t==1)
    {   i++; g=0;
        for(j=1;j<=m-i-1;j++)
            if(b[j]==0 && b[i+j+1]==0)
            {   a[i]=j; a[n+i]=j+i+1;
                b[j]=b[i+j+1]=i;g=1; break;
            }
        if(g==0){ t=0; i--; }                    //没有新对定位则回溯
    }
    if(t==0)
    {g=0; b[a[i]]=b[a[i]+i+1]=0;                  //一对位清空
     for(j=a[i]+1;j<=m-i-1;j++)
        if(b[j]==0 && b[i+j+1]==0)                //从后一位开始搜索新的定位对
        {   a[i]=j; a[n+i]=j+i+1;
            b[j]=b[i+j+1]=i; g=1; t=1; break;
        }
     if(g==0)i--;                                 //没有新对定位则回溯
    }
  }
  printf("  %d对排队共%ld个解!\n",n,s);
}
```

3. 程序运行示例与说明

```
input n: 15
1: 1,2,1,3,2,4,14,3,15,13,4,5,12,6,7,10,11,5,8,9,6,14,7,13,15,12,10,8,11,9
2: 1,2,1,3,2,4,14,3,15,13,4,5,12,6,7,11,9,5,10,8,6,14,7,13,15,12,9,11,8,10
3: 1,2,1,3,2,4,15,3,12,14,4,5,13,6,10,7,11,5,8,9,6,12,15,7,14,10,13,8,11,9
```

请验证以上拍照排列是否满足排队位置要求。

如果要求输出的拍照排队的左端为 1,排队的右端为 n,程序应如何修改?

在求解情侣拍照案例中,尽管"成对安排与回溯"算法的具体时间复杂度难以确定,但从程序实际运行可知,该算法从时间复杂度方面大大改进了"逐位安排与回溯"算法。

5.8　回溯应用小结

本章应用回溯设计求解了逐位整除数、桥本分数式等涉及数与数式的典型案例,新颖的素数和环与德布鲁金环等环序列,直尺刻度分布与数码串珠等趣题,及伯努利装错信封问题与别出心裁的情侣拍照等难度较大的组合案例。可见,回溯法的应用范围是非常广阔的。

回溯法有"通用解题法"之称,是一种比枚举"聪明"的搜索技术,在搜索过程中动态地产生问题的解空间,系统地搜索问题的所有解。当搜索到解空间树的任一结点时,判断该结点是否包含问题的解。如果该结点肯定不包含,则跳过以该结点为根的所有子树的搜索,逐层向其祖先结点回溯,可缩减无效操作,大大提高搜索效率。

在应用回溯求解案例时,要注意结合案例的具体情况确定各元素的取值范围、取值点与约束条件,特别是结合案例实际确定合适的回溯点是回溯设计的关键。

值得注意的是,递归具有回溯的功能,很多应用回溯求解的问题,也可以应用递归探索求解。例如,在前面求解桥本分数式中,应用回溯求解得到桥本分数式的 10 个解,应用递归设计同样可以求解。

例 5-1　应用递归设计求解桥本分数式。

1) 递归算法设计

设置桥本分数式递归函数 put(k)。

当 $k<=9$ 时,第 k 个数字取值 $a[k]=i(i=1,2,\cdots,9)$,标记 $u=0$。

每个 $a[k]$ 与前已取的 $a[j]$($j<k$)比较,是否出现重复数字。若 $a[k]==a[j]$,则第 k 个数字取值不成功,标记 $u=1$,重新取值。

若保持 $u=0$,第 k 个数字取值成功,做如下判断及操作。

(1) 检测 k 是否到 9,若到 9 且满足等式,则输出一个解。

(2) 若 k 不到 9,或不满足等式要求,则调用 put($k+1$)。

若 $a[k]$ 已取到 9,返回 $k-1$ 状态,即回溯到 $k-1$ 状态重新取值。

主程序调用 put(1),返回 put(1)时,即输出解的个数 s,结束。

2) 递归程序设计

```
//桥本分数式递归求解,c581
#include<stdio.h>
int a[10],s=0;
void main()
{  int put(int k);
   put(1);                                  //调用递归函数 put(1)
   printf("  共有以上%d个解。\n",s);
}
//桥本分数式递归函数
int put(int k)
{int i,j,u,m1,m2,m3;
 if(k<=9)
 {  for(i=1;i<=9;i++)                       //探索第 k 个数字取值 i
    {  a[k]=i;
       for(u=0,j=1;j<=k-1;j++)
         if(a[k]==a[j])
           u=1;                             //出现重复数字,则置 u=1
       if(u==0)                             //若第 k 个数字可为 i
       {  if(k==9 && a[1]<a[4])             //若已到 9 个数字,则检查等式
          {  m1=a[2]*10+a[3];m2=a[5]*10+a[6];
             m3=a[8]*10+a[9];
             if(a[1]*m2*m3+a[4]*m1*m3==a[7]*m1*m2)
             {  s++; printf(" %2d: ",s);    //输出一个解
                printf("%d/%d+%d/%d",a[1],m1,a[4],m2);
                printf("=%d/%d   ",a[7],m3);
                if(s%2==0) printf("\n");
```

```
            }
        }
        else  put(k+1); //若不到 9 个数字,则调用 put(k+1)
        }
    }
}
    return s;
}
```

运行程序同样可得到桥本分数式的 10 个解。

第 4 章应用递归实现组合 $C(n,m)$,应用回溯也可以实现组合 $C(n,m)$。

例 5-2 应用回溯设计实现组合 $C(n,m)$。

1) 回溯算法设计要点

考虑到组合中的组成元素按递增排序,第 i 个元素 $a[i]$ 满足

$$a[i-1]<a[i]<=n+i-m$$

$a[i]$ 取值起点为 $a[i-1]+1$,即 $a[i]$ 要比 $a[i-1]$ 大,避免了元素取相同值的判别。

$a[i]$ 取值终点为 $n+i-m$,即 $a[i]$ 最大只能取 $n+i-m$,为后面 $m-i$ 个元素留下取值空间(后面的元素取值比 $a[i]$ 大,且最大只能到 n)。

当 $i<m$ 时,不足 m 个,继续后一个元素。

当 $i=m$ 时,输出一个组合。

当 $a[i]==n+i-m$ 时,$a[i]$ 不可再增值,实施回溯。

直至 $i=0$ 时,退出循环结束。

2) 回溯实现组合 $C(n,m)$ 程序设计

```
//回溯实现组合 C(n,m),c582
#include<stdio.h>
void main()
{   int i,j,m,n,s,a[100];
    printf(" 实现 C(n,m), 输入 n,m (m<n):");
    scanf("%d,%d",&n,&m);
    i=1; a[i]=1; s=0;
    while(i<=m)
    {   if(i==m)
        {   s++;
            for(j=1;j<=m;j++)                  //输出一个组合
                printf("%d",a[j]);
            printf("  ");
            if(s%10==0) printf("\n");
        }
        else
        {   i++;a[i]=a[i-1]+1;continue; }
        while(a[i]==n+i-m && i>0) i--;         //调整或回溯
        if(i>0) a[i]++;
        else break;
    }
    printf("\n C(%d,%d)=%d \n",n,m,s);         //输出 C(n,m)的值
}
```

通过以上两例,可寻找、总结回溯与递归之间的关联。尽管递归的效率不高,但递归设

计的简明是一般回溯设计所不及的。当然,某些案例用这两种算法都可以求解,并不意味着递归可以取代回溯,也不能说回溯可以取代递归。

回溯法的时间复杂度因案例的具体情况而异,其计算时间可用蒙特卡罗方法计算。从一般实际案例的回溯设计可以看出,尽管回溯的时间复杂度难以确定,回溯搜索的实际效率仍然远高于枚举。

在应用回溯求解实际案例时,选择合适的回溯模式,确定合适的回溯参数,直接关系回溯搜索的效率。例如,情侣拍照的两个回溯设计都是回溯,由于所选择的回溯模式不同,自然回溯参数也不同,求解效率相差很大。

习　题　5

5-1　倒桥本分数式。把 1~9 这 9 个数字填入下式的 9 个方格中,数字不得重复,且要求 1 不得填在各分数的分母,式中各分数的分子、分母没有大于 1 的公因数,使分数等式成立。

$$\frac{\square\square}{\square} + \frac{\square\square}{\square} = \frac{\square\square}{\square}$$

这一填数分数等式共有多少个解?

5-2　两组均分。参加拔河比赛的 12 个同学的体重如下:

$$48,43,57,64,50,52,18,34,39,56,16,61$$

为使比赛公平,要求参赛的两组每组 6 个人,且每组同学的体重之和相等。请设计算法解决这个"两组均分"问题。

5-3　枚举求解 8 项素数和环,与回溯结果进行比较。

5-4　递归求解 20 项素数环。

5-5　枚举探索数码串珠为 6 珠时所能覆盖的最大和 s。

5-6　枚举探索 4 阶德布鲁金环,并与德布鲁金环的回溯程序运行结果进行比较。
　　求解由 16 个 0 或 1 组成的环序列,形成的由每相邻 4 个数字组成的 16 个二进制数恰好在环中都出现一次。

5-7　回溯实现组合 $C(n,m)$。对指定的正整数 m,n(约定 $1<m\leqslant n$),回溯实现从 n 个不同元素中取 m 个(约定 $1<m<n$)的组合 $C(n,m)$。

5-8　回溯实现复杂排列。应用回溯法探索从 n 个不同元素中取 m(约定 $1<m\leqslant n$)个元素与另外 $n-m$ 个相同元素组成的复杂排列。

5-9　8 对夫妇特殊的拍照。一对夫妇邀请了 7 对夫妇朋友来家聚餐,东道主夫妇编为 0 号,其他各对按先后分别编为 1~7 号。聚餐后拍照,摄影师要求这 8 对夫妇男左女右站在一排,东道主夫妇相邻排在横排的正中央,其他各对排位要求是:1 号夫妇中间安排 1 个人,2 号夫妇中间安排 2 个人,以此类推。
　　共有多少种拍照排队方式?

第6章 动态规划

6.1 动态规划概述

动态规划(dynamic programming)是运筹学的一个分支,是求解决策过程最优化的数学方法。20世纪50年代,美国数学家贝尔曼(Richard Bellman)等在研究多阶段决策过程的优化问题时,提出了著名的最优性原理,把多阶段决策过程转换为一系列单阶段问题逐个求解,创立了解决多阶段过程优化问题的新方法——动态规划。

动态规划自问世以来,在经济管理、生产调度、工程技术等多阶段决策问题的最优控制方面得到了广泛应用。

6.1.1 动态规划的概念

动态规划处理的对象是多阶段决策问题。

1. 多阶段决策问题

多阶段决策问题是指这样一类特殊的活动过程:问题可以分解成若干相互联系的阶段,在每一阶段都要做出决策,形成一个决策序列,该决策序列也称为一个策略。对于每个决策序列,可以在满足问题的约束条件下用一个数值函数(即目标函数)衡量该策略的优劣。多阶段决策问题的最优化目标是获取导致问题最优值的最优决策序列(最优策略),即得到最优解。

例6-1 已知6种物品和一个可载重量为60的背包,物品$i(i=1,2,\cdots,6)$的重量分别为15,17,20,12,9,14,产生的效益分别为32,37,46,26,21,30。在装包时每一件物品可以装入,也可以不装,但不可拆开装。确定如何装包,使所得装包总效益最大。

这就是一个多阶段决策问题,装每一件物品就是一个阶段,每一个阶段都要有一个决策:这一件物品装包还是不装。

这一装包问题的约束条件为

$$\sum_{i=1}^{6} x_i w_i \leqslant 60$$

目标函数为

$$\max \sum_{i=1}^{6} x_i p_i, \quad x_i \in \{0,1\}$$

对于这6个阶段的问题,如果每一个阶段都面临2个选择,则共存在2^6个决策序列。

如果按单位重量的效益从大到小装包,得第1件与第6件物品不装,依次装第5、3、2、4件物品,这就是一个决策序列,可简写为序列(0,1,1,1,1,0),该策略所得总效益为130。如果决策第1件与第4件物品不装,第2、3、5、6件物品装包,可简写为序列(0,1,1,0,1,1),这一决策序列的总载重量为60,满足约束条件,使目标函数即装包总效益为134。

可以比较所有 2^6 个决策序列所产生的效益,可知效益的最大值为 134,即最优值为 134。因而决策序列 $(0,1,1,0,1,1)$ 为最优决策序列,即最优解。

在求解多阶段决策问题中,各个阶段的决策依赖于当时的状态并影响以后的发展,即引起状态的转移。一个决策序列是随着变化的状态而产生的,因而有"动态"的含义。

2. 最优性原理

应用动态规划设计使多阶段决策过程达到最优(成本最省、效益最高或路径最短等),依据的是动态规划的最优性原理:"作为整个过程的最优策略具有这样的性质,无论过去的状态和决策如何,对前面的决策所形成的状态而言,余下的诸决策必须构成最优策略。"也就是说,最优决策序列中的任何子序列都是最优的。

最优性原理用数学语言描述如下:假设为了解决某一多阶段决策过程的优化问题,需要依次做出 n 个决策 $D_1,D_2,\cdots,D_n$,若这个决策序列是最优的,对于任何一个整数 $k(1<k<n)$,不论前面 k 个决策 $D_1,D_2,\cdots,D_k$ 是怎样的,以后的最优决策只取决于由前面决策所确定的当前状态,即以后的决策序列 $D_{k+1},D_{k+2},\cdots,D_n$ 也是最优的。

3. 最优子结构特性

最优性原理体现为问题的最优子结构特性。当一个问题的最优解中包含了子问题的最优解时,则称该问题具有最优子结构特性。最优子结构特性使得在从较小问题的解构造较大问题的解时,只需考虑子问题的最优解,从而大大减少了求解问题的计算量。最优子结构特性是动态规划求解问题的必要条件。

例如,在 6.7 节的案例求解中得在数字串 847313926 中插入 5 个乘号,分为 6 个整数相乘,使乘积最大的最优解为

$$8 \times 4 \times 731 \times 3 \times 92 \times 6 = 38737152$$

该最优解包含了以下子问题的最优解。

(1) 在 84731 中插入 2 个乘号使乘积最大,插入方式为 $8 \times 4 \times 731$。

(2) 在 7313 中插入 1 个乘号使乘积最大,插入方式为 731×3。

(3) 在 3926 中插入 2 个乘号使乘积最大,插入方式为 $3 \times 92 \times 6$。

(4) 在 4731392 中插入 3 个乘号使乘积最大,插入方式为 $4 \times 731 \times 3 \times 92$。

这些子问题的最优解都包含在原问题的最优解中,这就是最优子结构特性。

最优性原理是动态规划的基础。任何一个问题,如果失去了这个最优性原理的支持,就不可能用动态规划设计求解。能采用动态规划求解的问题都需要满足以下条件。

(1) 问题中的状态必须满足最优性原理。

(2) 问题中的状态必须满足无后效性。

所谓无后效性是指:下一时刻的状态只与当前状态有关,而和当前状态之前的状态无关,当前状态是对以往决策的总结。

6.1.2　动态规划实施步骤

用动态规划求解最优化问题,通常按以下步骤进行。

(1) 把所求最优化问题分成若干阶段,找出最优解的性质,并刻划其结构特性。

最优子结构特性是动态规划求解问题的必要条件,只有满足最优子结构特性的多阶段

决策问题才能应用动态规划设计求解。

（2）将问题发展到各个阶段时所处不同的状态表示出来，确定各个阶段状态之间的递推（或递归）关系，并确定初始（边界）条件。

通过设置相应的函数表示各个阶段的最优值，分析归纳出各个阶段状态之间的转移关系，是应用动态规划设计求解的关键。

（3）应用递推（或递归）求解最优值。

递推（或递归）计算最优值是动态规划算法的实施过程。具体应用与所设置的表示各个阶段最优值的函数密切相关。

（4）根据计算最优值时所得到的信息构造最优解。

构造最优解就是具体求出最优决策序列。通常在计算最优值时，根据问题的具体情况记录必要的信息，根据所记录的信息构造出问题的最优解。

以上步骤中前 3 个是动态规划设计求解最优化问题的基本步骤。当只需求解最优值时，第（4）步可以省略。若需求出问题的最优解，则必须执行第（4）步。

6.2　最长子序列探索

一个序列的子序列，是指在序列中删除若干项后，余下的项构成的序列。

本节应用动态规划探索两个典型的子序列问题：最长非降子序列与两个序列的最长公共子序列。

6.2.1　最长非降子序列

1. 案例提出

给定一个由 n 个正整数组成的序列，从该序列中删除若干整数，使剩下的整数组成非降（即后面的项不小于前面的项）子序列，求最长的非降子序列。

例如，由 12 个正整数组成的序列为

$$48,16,45,47,52,46,36,28,46,69,14,42$$

在序列中删除若干项，使剩下的项为非降序列，剩下的非降序列最多为多少项？

2. 递推实现动态规划设计

设序列的各项为 $a[1],a[2],\cdots,a[n]$（可随机产生，也可从键盘依次输入），对每一个整数操作为一个阶段，共为 n 个阶段。

1）建立递推关系

设置 b 数组，$b[i]$ 表示序列的第 i 个数（含第 i 个数）到第 n 个数中的最长非降子序列的长度，$i=1,2,\cdots,n$。对所有的 $j>i$，比较当 $a[j]\geqslant a[i]$ 时 $b[j]$ 的最大值，显然 $b[i]$ 为这一最大值加 1，表示加上 $a[i]$ 本身这一项。

因而有递推关系：

$$b[i]=\max(b[j])+1\quad(a[j]\geqslant a[i],1\leqslant i<j\leqslant n)$$

边界条件：$b[n]=1$。

2) 递推计算最优值

```
b[n]=1;
for(i=n-1;i>=1;i--)
{  max=0;
   for(j=i+1;j<=n;j++)
     if(a[i]<=a[j] && b[j]>max)
       max=b[j];
   b[i]=max+1;                                      //逆推得 b[i]
}
```

逆推依次求得 $b[n-1]$，$b[n-2]$，$\cdots$，$b[1]$，比较这 $n-1$ 个值，其中的最大值 lmax 即为所求的最长非降子序列的长度，即最优值。

以上动态规划算法的时间复杂度为 $O(n^2)$。

3) 构造最优解

从序列的第 1 项开始，依次输出 $b[i]$ 分别等于 lmax，lmax-1，$\cdots$，1 的项 $a[i]$，这就是所求的一个最长非降子序列。

4) 递推实现动态规划程序设计

```
//递推实现动态规划,c621
#include<stdio.h>
#include<stdlib.h>
#include<time.h>
void main()
{  int i,j,n,t,x,max,lmax,a[2000],b[2000];
   t=time(0)%1000;srand(t);                         //随机数发生器初始化
   printf(" input n(n<2000): "); scanf("%d",&n);
   for(i=1;i<=n;i++)
     { a[i]=rand()%(5*n)+10;                        //产生并输出 n 个数组成的序列
       printf("%d",a[i]);
     }
   b[n]=1;lmax=0;
   for(i=n-1;i>=1;i--)                              //逆推求最优值 lmax
   { max=0;
     for(j=i+1;j<=n;j++)
       if(a[i]<=a[j] && b[j]>max)
         max=b[j];
     b[i]=max+1;                                    //逆推得 b[i]
     if(b[i]>lmax) lmax=b[i];                       //比较得最大非降序列长
   }
   printf("\n L=%d.\n",lmax);                       //输出最大非降序列长
   x=lmax;
   for(i=1;i<=n;i++)
     if(b[i]==x)
       {printf("%d",a[i]);x--;}                     //输出一个最大非降序列
}
```

3.递归实现动态规划设计

1) 建立递归关系

设 $q(i)$ 表示序列的第 i 个数(含第 i 个数)到第 n 个数中的最长非降子序列的长度，$i=1,2,\cdots,n$。对所有的 $j>i$，比较当 $a[j]\geqslant a[i]$ 时 $q(j)$ 的最大值，显然 $q(i)$ 为这一最大值加 1，表示加上 $a[i]$ 本身这一项。

因而有递归关系：

$$q(i) = \max(q(j)) + 1 \quad (a[j] \geqslant a[i], 1 \leqslant i < j \leqslant n)$$

递归出口：$q(n) = 1$。

2）递归函数设计

```
int q(int i)
{  int j,f,max;
   if(i==n) f=1;
   else
   {  max=0;
      for(j=i+1;j<=n;j++)
         if(a[i]<=a[j] && q(j)>max)
            max=q(j);
      f=max+1;
   }
   return f;
}
```

3）求最长非降子序列长度

在主函数中依次调用 $q(n-1), q(n-2), \cdots, q(1)$，比较这 $n-1$ 个值，其中的最大值 lmax 即为所求的最长非降子序列的长度，即最优值。

4）构造最优解

从序列的第 1 项开始，依次输出 $q(i)$ 分别等于 lmax，lmax$-1, \cdots, 1$ 所对应的项 $a[i]$，这就是所求的一个最长非降子序列。

5）递归实现动态规划程序设计

```
//递归实现动态规划,c622
#include<stdio.h>
#include<stdlib.h>
#include<time.h>
int i,n,a[2000];
void main()
{  int t,x,lmax; int q(int i);
   t=time(0)%1000;srand(t);              //随机数发生器初始化
   printf(" input n(n<2000): ");
   scanf("%d",&n);
   for(i=1;i<=n;i++)
   {  a[i]=rand()%(5*n)+10;              //产生并输出n个数组成的序列
      printf("%d",a[i]);
   }
   lmax=0;
   for(i=n-1;i>=1;i--)
       if(q(i)>lmax) lmax=q(i);          //比较得最大非降序列长
   printf("\n L=%d.\n",lmax);            //输出最大非降序列长
   printf("其中一个长度为%d的非降子序列: ",lmax);
   x=lmax;
   for(i=1;i<=n;i++)
      if(q(i)==x)
         {printf("%d",a[i]);x--;}        //输出一个最大非降序列
}
```

4. 程序运行示例与讨论

```
input n(n<2000): 12
45  39  10  27  34  63  62  35  47  16  52  13
L=6.
其中一个长度为6的非降子序列: 10  27  34  35  47  52
```

注意,序列长度为6的非降子序列可能有多个,这里只输出其中一个。

以上递归算法中,一个明显的缺点就是重复计算,在递归求解最大非降序列长度时包含大量重复计算,从而使得程序运行效率比较低。相对而言,由于递推算法没有重复计算,因此其运行效率比较高。一般地,动态规划设计中应用递推得到最优值。

以上序列表现为整数,事实上,序列可为一般意义上的字符。

6.2.2　最长公共子序列

1. 案例提出

一个给定序列的子序列是在该序列中删去若干项后所得到的序列。用数学语言表述如下:给定序列 $X=\{x_1,x_2,\cdots,x_m\}$,序列 $Z=\{z_1,z_2,\cdots,z_k\}$,X 的子序列是指存在一个严格递增下标序列 $\{i_1,i_2,\cdots,i_k\}$ 使得对于所有 $j=1,2,\cdots,k$ 有 $z_j=x_{i_j}$。例如,序列 $Z=\{b,d,c,a\}$ 是序列 $X=\{a,b,c,d,c,b,a\}$ 的一个子序列,或按紧凑格式书写,序列 bdca 是 abcdcba 的一个子序列。

若序列 Z 是序列 X 的子序列,又是序列 Y 的子序列,则称 Z 是序列 X 与 Y 的公共子序列。例如,序列 bcba 是 abcbdab 与 bdcaba 的公共子序列。

给定两个序列 $X=\{x_1,x_2,\cdots,x_m\}$ 和 $Y=\{y_1,y_2,\cdots,y_n\}$,找出序列 X 和 Y 的最长公共子序列。

例如,给出序列 X:hsbafdreghsbacdba 与序列 Y:acdbegshbdrabsa,如何求取这两个序列的最长公共子序列?

2. 动态规划设计

求序列 X 与 Y 的最长公共子序列可以使用枚举法:列出 X 的所有子序列,检查 X 的每一个子序列是否也是 Y 的子序列,并记录其中公共子序列的长度,通过比较最终求得 X 与 Y 的最长公共子序列。

对于一个长度为 m 的序列 X,其每一个子序列对应于下标集 $\{1,2,\cdots,m\}$ 的一个子集,即 X 的子序列数目多达 2^m 个。由此可见,应用枚举法求解是指数时间的。

最长公共子序列问题具有最优子结构性质,应用动态规划设计求解。

1) 建立递推关系

设序列 $X=\{x_1,x_2,\cdots,x_m\}$ 和 $Y=\{y_1,y_2,\cdots,y_n\}$ 的最长公共子序列为 $Z=\{z_1,z_2,\cdots,z_k\}$,$\{x_i,x_{i+1},\cdots,x_m\}$ 与 $\{y_j,y_{j+1},\cdots,y_n\}(i=0,1,\cdots,m;j=0,1,\cdots,n)$ 的最长公共子序列的长度为 $c(i,j)$。

若 $i=m+1$ 或 $j=n+1$,此时为空序列,$c(i,j)=0$(边界条件)。

若 $x_1=y_1$,则有 $z_1=x_1$,$c(1,1)=c(2,2)+1$(其中 1 为 z_1 这一项)。

若 $x_1\neq y_1$,则 $c(1,1)$ 取 $c(2,1)$ 与 $c(1,2)$ 中的最大者。

一般地,若 $x_i=y_j$,则 $c(i,j)=c(i+1,j+1)+1$。

若 $x_i \neq y_j$，则 $c(i,j) = \max(c(i+1,j), c(i,j+1))$。

因而归纳为递推关系：

$$c(i,j) = \begin{cases} c(i+1,j+1)+1 & 1 \leqslant i \leqslant m, 1 \leqslant j \leqslant n, x_i = y_j \\ \max(c(i,j+1), c(i+1,j)) & 1 \leqslant i \leqslant m, 1 \leqslant j \leqslant n, x_i \neq y_j \end{cases}$$

边界条件：$c(i,j) = 0$　（$i = m+1$ 或 $j = n+1$）。

2）逆推计算最优值

根据以上递推关系，逆推计算最优值 $c(0,0)$ 流程如下：

```
for(i=0;i<=m;i++) c[i][n]=0;                    //赋初始值
for(j=0;j<=n;j++) c[m][j]=0;
    for(i=m-1;i>=0;i--)                         //计算最优值
     for(j=n-1;j>=0;j--)
       if(x[i]==y[j])
         c[i][j]=c[i+1][j+1]+1;
       else  if(c[i][j+1]>c[i+1][j])
              c[i][j]=c[i][j+1];
          else  c[i][j]=c[i+1][j];
printf("最长公共子串的长度为：%d",c[0][0]);        //输出最优值
```

以上算法的时间复杂度为 $O(mn)$。

3）构造最优解

为构造最优解，即具体求出最长公共子序列，设置数组 $s[i][j]$，当 $x[i] = y[j]$ 时，$s[i][j] = 1$；当 $x[i] \neq y[j]$ 时，$s[i][j] = 0$。

X 序列的每一项与 Y 序列的每一项逐一比较，根据 $s[i][j]$ 与 $c[i][j]$ 取值具体构造最长公共子序列。实施 $x[i]$ 与 $y[j]$ 比较，其中 $i = 0, 1, \cdots, m-1; j = t, 1, \cdots, n-1$。变量 t 从 0 开始取值，当确定最长公共子序列一项时，$t = j+1$。这样处理可避免重复取项。

当 $s[i][j] = 1$ 且 $c[i][j] = c(0,0)$ 时，取 $x[i]$ 为最长公共子序列的第 1 项。

当 $s[i][j] = 1$ 且 $c[i][j] = c(0,0) - 1$ 时，取 $x[i]$ 最长公共子序列的第 2 项。

一般地，当 $s[i][j] = 1$ 且 $c[i][j] = c(0,0) - w$ 时（w 从 0 开始，每确定最长公共子序列的一项，w 增 1），取 $x[i]$ 最长公共子序列的第 $w+1$ 项。

构造最长公共子序列描述如下：

```
for(t=0,w=0,i=0;i<=m-1;i++)
    for(j=t;j<=n-1;j++)
       if(s[i][j]==1 && c[i][j]==c[0][0]-w)
       {  printf("%c",x[i]);
          w++;t=j+1;break;
       }
```

4）算法的复杂度分析

以上动态规划算法的时间复杂度为 $O(n^2)$。

3. 最长公共子序列 C 程序实现

```
//最长公共子序列,c623
#include<stdio.h>
#define N 100
void main()
```

```
{  char x[N],y[N];
   int i,j,m,n,t,w,c[N][N],s[N][N];
   printf("请输入序列 X: ");scanf("%s",x);        //先后输入序列 X 和 Y
   printf("请输入序列 Y: "); scanf("%s",y);
   for(m=0,i=0;x[i]!='\0';i++) m++;
   for(n=0,i=0;y[i]!='\0';i++) n++;
   for(i=0;i<=m;i++) c[i][n]=0;                   //赋边界值
   for(j=0;j<=n;j++) c[m][j]=0;
   for(i=m-1;i>=0;i--)                            //递推,计算最优值
       for(j=n-1;j>=0;j--)
         if(x[i]==y[j])
           {  c[i][j]=c[i+1][j+1]+1;
              s[i][j]=1;
           }
         else
           {  s[i][j]=0;
              if(c[i][j+1]>c[i+1][j])
                c[i][j]=c[i][j+1];
              else   c[i][j]=c[i+1][j];
           }
         printf("最长公共子序列的长度为: %d",c[0][0]);    //输出最优值
         printf("\n 最长公共子序列为: ");              //构造最优解
         t=0;w=0;
         for(i=0;i<=m-1;i++)
           for(j=t;j<=n-1;j++)
             if(s[i][j]==1 && c[i][j]==c[0][0]-w)
             {  printf("%c",x[i]);
                w++;t=j+1;break;
             }
       printf("\n");
}
```

4. 运行程序示例与说明

请输入序列 X: hsbafdreghsbacdba
请输入序列 Y: acdbegshbdrabsa
最长公共子序列的长度为: 9
最长公共子序列为: adeghbaba

对于指定的两个序列可能存在多个最长公共子序列,程序输出的只是其中一个。

6.3　最优路径搜索

本节应用动态规划探讨两类最优路径搜索问题:一类是点数值路径,即连接成路径的每一个点都带有一个数值;另一类是边数值路径,即连接成路径的每一条边都带有一个数值。

6.3.1 点数值三角形的最优路径

点数值三角形是一个二维数阵：三角形由 n 行构成，第 k 行有 k 个点，每个点都带有一个数值。点数值三角形的数值可以随机产生，也可以从键盘输入。

最优路径通常由路径所经各点的数值和来确定。

1. 案例提出

在一个 n 行的点数值三角形中，寻找从顶点开始每一步可沿左斜（L）或右斜（R）向下至底的一条路径，使该路径所经过的点的数值和最小。

例如，$n=7$ 时给出的点数值三角形如图 6-1 所示，如何寻找从顶到底的数值和最小路径？该最优路径的数值和为多少？

```
          22
        14  19
      30  25  10
     8  20  12  27
   6  25  32   6   4
  6 10  10   6   2  32
32 29  2  13  15   3  24
```

图 6-1 7 行点数值三角形

2. 动态规划设计

设点数值三角形的数值存储在二维数组 a 中。

1）建立递推关系

设数组 $b[i][j]$ 为点 (i,j) 到底的最小数值和，字符数组 $stm[i][j]$ 指明点 (i,j) 向左或向右的路标。

$b[i][j]$ 与 $stm[i][j]$ $(i=n-1,n-2,\cdots,1)$ 的值由 b 数组的第 $i+1$ 行的第 j 个元素与第 $j+1$ 个元素值的大小比较决定，即有递推关系：

$b[i][j]=a[i][j]+b[i+1][j+1]$; $stm[i][j]=$ 'R' $(b[i+1][j+1]<b[i+1][j])$

$b[i][j]=a[i][j]+b[i+1][j]$; $stm[i][j]=$ 'L' $(b[i+1][j+1]\geqslant b[i+1][j])$

其中，$i=n-1,n-2,\cdots,1$。

边界条件：$b[n][j]=a[n][j]$，$j=1,2,\cdots,n$。

所求的最小路径数值和即问题的最优值为 $b[1][1]$。

2）逆推计算最优值

```
for(j=1;j<=n;j++)  b[n][j]=a[n][j];
for(i=n-1;i>=1;i--)                              //逆推得 b[i][j]
  for(j=1;j<=i;j++)
    if(b[i+1][j+1]<b[i+1][j])
      {b[i][j]=a[i][j]+b[i+1][j+1];stm[i][j]='R';}
    else
      {b[i][j]=a[i][j]+b[i+1][j];stm[i][j]='L';}
printf("%d",b(1,1));
```

3）构造最优解

为了确定并输出最小路径，利用 stm 数组从上向下查找。

先打印 $a[1][1]$，这是路径的起点。然后根据路标 $stm[1][1]$ 的值决定路径的第 2 个点：若 $stm[1][1]=$ 'R'，则下一个打印 $a[2][2]$；否则打印 $a[2][1]$。

一般地，在输出 i 循环（$i=2,3,\cdots,n$）中：

（1）若 $stm(i-1,j)=$ 'R'，则打印"—R—"和 $a(i,j+1)$，同时赋值 $j=j+1$。

（2）若 $stm(i-1,j)=$ 'L'，则打印"—L—"和 $a(i,j)$。

由此打印出最小路径，即所求的最优解。

4）算法的复杂度分析

以上动态规划算法的时间复杂度为 $O(n^2)$，空间复杂度也为 $O(n^2)$。

3. 最小路径搜索程序设计

```
//点数值三角形的最小路径,c631
#include<stdio.h>
#include<stdlib.h>
#include<time.h>
void main()
{   int n,i,j,t;
    int a[50][50],b[50][50]; char stm[50][50];
    printf("请输入数字三角形的行数 n: ");
    scanf("%d",&n);
    t=time(0)%1000; srand(t);                    //随机数发生器初始化
    for(i=1;i<=n;i++)
    {   for(j=1;j<=36-2*i;j++) printf(" ");
        for(j=1;j<=i;j++)
        {   a[i][j]=rand()/1000+1;
            printf("%4d",a[i][j]);               //产生并打印 n 行数字三角形
        }
    printf("\n");
    }
    printf("请在以上点数值三角形中从顶开始每步可左斜或右斜至底");
    printf("寻找一条数字和最小的路径。\n ");
    for(j=1;j<=n;j++) b[n][j]=a[n][j];
    for(i=n-1;i>=1;i--)                           //逆推得 b[i][j]
        for(j=1;j<=i;j++)
            if (b[i+1][j+1]<b[i+1][j])
                {b[i][j]=a[i][j]+b[i+1][j+1];stm[i][j]='R';}
            else {b[i][j]=a[i][j]+b[i+1][j];stm[i][j]='L';}
    printf("最小路径和为: %d\n",b[1][1]);          //输出最小路径和
    printf("最小路径为: %d",a[1][1]);j=1;          //输出和最小的路径
    for(i=2;i<=n;i++)
        if(stm[i-1][j]=='R')
            { printf("-R-%d",a[i][j+1]);j++;}
        else
            printf("-L-%d",a[i][j]);
    printf("\n");
}
```

4. 程序运行示例

运行程序,对于数据如图 6-1 所示的点数值三角形,输出如下:

```
最小路径和为: 74
最小路径为: 22-R-19-R-10-L-12-R-6-R-2-R-3
```

6.3.2　边数值矩形的最优路径

边数值矩形也是一个二维数阵:矩形由 n 行 m 列构成,每一行有 $m-1$ 条横边,每一列有 $n-1$ 条竖边,每一条边都带有一个数值。

最优路径通常由路径所经各边的数值和来确定。

1. 案例提出

已知 n 行 m 列的边数值矩形,每一个点有向右或向下两个去向,试求左上角顶点到右下角顶点的所经边数值和最大的路径。

例如,给出一个 5 行 6 列的边数值矩形如图 6-2 所

```
┌ 10 ┬ 12 ┬ 39 ┬ 13 ┬ 38 ┐
30    16    39    32    19    34
├ 42 ┼ 27 ┼ 25 ┼ 19 ┼ 17 ┤
16    31    21    40    22    22
├ 34 ┼ 39 ┼ 24 ┼ 35 ┼ 10 ┤
20    41    25    32    31    42
├ 21 ┼ 22 ┼ 37 ┼ 30 ┼ 30 ┤
26    40    27    35    34    18
└ 10 ┴ 41 ┴ 35 ┴ 36 ┴ 27 ┘
```

图 6-2　一个 5 行 6 列的边数值矩形

示,如何寻找从矩形的左上角顶点到右下角顶点的数值和最大路径？该最优路径的数值和为多少？

2. 动态规划设计

设矩形的行数为 n，列数为 m，每点为 (i,j)，$i=1,2,\cdots,n$；$j=1,2,\cdots,m$。显然，该边数值矩形每行有 $m-1$ 条横向数值边，每列有 $n-1$ 条纵向数值边。

从点 (i,j) 水平向右的边长记为 $r(i,j)(j<m)$，点 (i,j) 向下的边长记为 $d(i,j)(i<n)$。

1）建立递推关系

设 $a(i,j)$ 为点 (i,j) 到右下角顶点的最大路程。$st(i,j)$ 为点 (i,j) 的路标数组，其值取为 $\{'d','r'\}$。

$a(i,j)$ 的值由 $a(i+1,j)+d(i,j)$ 与 $a(i,j+1)+r(i,j)$ 比较，取其较大者，即有递推关系：

$$a(i,j)=\max(a(i+1,j)+d(i,j),a(i,j+1)+r(i,j))$$
$$st(i,j)=\{'d','r'\}$$

其中，$i=1,2,\cdots,n-1$；$j=1,2,\cdots,m-1$。

注意到右边纵列与下边横行只有唯一出口，因而有边界条件：

$$a(n,m)=0 \quad (\text{初始化最右下顶点的路径值为} 0)$$
$$a(i,m)=a(i+1,m)+d(i,m) \quad (i=n-1,n-2,\cdots,1)$$
$$a(n,j)=a(n,j+1)+r(n,j) \quad (j=m-1,m-2,\cdots,1)$$

2）逆推计算最优值

```
for (i=n-1;i>=1;i--)
    {a[i][m]=a[i+1][m]+d[i][m];st[i][m]='d';}      //右边纵列初始化
for (j=m-1;j>=1;j--)
    {a[n][j]=a[n][j+1]+r[n][j];st[n][j]='r';}      //下边横行初始化
for(i=n-1;i>=1;i--)                                 //逆推求解 a(i,j)
    for(j=m-1;j>=1;j--)
        if (a[i+1][j]+d[i][j]>a[i][j+1]+r[i][j])
            {a[i][j]=a[i+1][j]+d[i][j];st[i][j]='d';}
        else
            {a[i][j]=a[i][j+1]+r[i][j];st[i][j]='r';}
```

所求左上角顶点到右下角顶点的最大路程即最优值为 $a(1,1)$。

3）构造最优解

利用路标数组输出最优解，从起点 $(1,1)$ 即 $i=1,j=1$ 开始判断：

```
if(st[i][j]=='d')
    {printf("-%d-",d[i][j]);i++;}
else
    {printf("-%d-",r[i][j]);j++;}
```

必要时，可打印出所经点的坐标。

4）算法的复杂度分析

以上动态规划算法的时间复杂度为 $O(n^2)$。

3. 最大路径搜索程序设计

```c
//求边数值矩阵图的最大路径,c632
#include<stdio.h>
#include<stdlib.h>
#include<time.h>
void main()
{   int m,n,i,j,t,a[50][50],r[50][50],d[50][50];
    char st[50][50];
    t=time(0)%1000;srand(t);                        //随机数发生器初始化
    printf("在矩形图中寻找一条路程最大的路径。\n");
    printf("请输入矩形的行数n,列数m: "); scanf("%d,%d",&n,&m);
    a[n][m]=0;                                       //初始化最右下顶点的路径值为0
    printf(" ┌ ");                                   //随机产生并输出边数值矩形
    for(j=1;j<=m-2;j++)
        {   r[1][j]=rand()/1000+10; printf("%3d",r[1][j]);
            printf(" ┬ ");}
        r[1][m-1]=rand()/1000+10; printf("%3d",r[1][m-1]);
        printf(" ┐ \n");
        for (j=1;j<=m;j++)
            {d[1][j]=rand()/1000+10; printf("%3d   ",d[1][j]);}
        printf("\n");
        for(i=2;i<=n-1;i++)
        {   printf(" ├ ");
            for(j=1;j<=m-2;j++)
            {   r[i][j]=rand()/1000+10; printf("%3d",r[i][j]);
                printf(" ┼ ");
            }
            r[i][m-1]=rand()/1000+10; printf("%3d",r[i][m-1]);
            printf(" ┤ \n");
            for(j=1;j<=m;j++)
                { d[i][j]=rand()/1000+10; printf("%3d   ",d[i][j]);}
            printf("\n");
        }
    printf(" └ ");
    for(j=1;j<=m-2;j++)
    {   r[n][j]=rand()/1000+10; printf("%3d",r[n][j]);
        printf(" ┴ ");
    }
    r[n][m-1]=rand()/1000+10; printf("%3d",r[n][m-1]);
    printf(" ┘ \n");
    for(i=n-1;i>=1;i--)                              //右列初始化
        {a[i][m]=a[i+1][m]+d[i][m];st[i][m]='d';}
    for(j=m-1;j>=1;j--)                              //下边初始化
        {a[n][j]=a[n][j+1]+r[n][j];st[n][j]='r';}
    for(i=n-1;i>=1;i--)                              //逆推求最优值
        for(j=m-1;j>=1;j--)
            if(a[i+1][j]+d[i][j]>a[i][j+1]+r[i][j])
            {a[i][j]=a[i+1][j]+d[i][j];st[i][j]='d';}
            else
            {a[i][j]=a[i][j+1]+r[i][j];st[i][j]='r';}
    printf("\n最大路程为: %d。",a[1][1]);             //输出最大路程
    printf("\n最大路径为: (1,1)");
    j=1;i=1;                                         //构造并输出最大路径
    while(i<n||j<m)
```

```
    if(st[i][j]=='d')
    {  printf("-%d-",d[i][j]);i++;
       printf("(%d,%d)",i,j);
    }
    else
    {  printf("-%d-",r[i][j]);j++;
       printf("(%d,%d)",i,j);
    }
  printf("\n");
}
```

4. 运行示例与说明

运行程序,对图 6-2 所示的 5 行 6 列矩形,输入和输出如下:

```
最大路程为: 323。
最大路径为:
(1,1)-30-(2,1)-42-(2,2)-31-(3,2)-41-(4,2)-40-
(5,2)-41-(5,3)-35-(5,4)-36-(5,5)-27-(5,6)
```

为操作简单,以上各例中的数据是应用 C 语言的随机函数产生的。对于求解某些实际路径问题,具体的点数据或边数据可把随机产生改为通过键盘输入,可得实际案例的最优路径。

6.4　装 载 问 题

1. 案例提出

有 n 个集装箱要装上两艘载重量分别为 c_1、c_2 的轮船,其中集装箱 i 的重量为 w_i,且 $\sum_{i=1}^{n} w_i \leqslant c_1 + c_2, c_1, c_2, w_i \in \mathbf{N}^+$(不考虑集装箱的体积)。

试求解一个合理的装载方案,把所有 n 个集装箱装上这两艘船。

2. 设计要点

1) 问题求解策略

试采用以下的装载策略:首先将第一艘船尽可能装满,然后将剩余的集装箱装上第二艘船。

设装载量为 c_1 的船最多可装 maxc1,如果满足不等式

$$\sum_{i=1}^{n} w_i - c_2 \leqslant \mathrm{maxc1} \leqslant c_1 \Leftrightarrow \mathrm{maxc1} \leqslant c_1, \quad \sum_{i=1}^{n} w_i - \mathrm{maxc1} \leqslant c_2$$

则装载问题有解。

装载问题不一定总有解。例如,当 $n=3, c_1=c_2=50, w=\{15,40,40\}$,显然无法把这 3 个集装箱装上这两艘轮船。当问题无解时,做无解说明。

2) 动态规划设计

为了求取 maxc1,应用动态规划设计。

目标函数: $\max \sum_{i=1}^{n} x_i w_i$

约束条件: $\sum_{i=1}^{n} x_i w_i \leqslant c_1 (x_i \in \{0,1\}, c_1, w_i \in \mathbf{N}^+, i=1,2,\cdots,n)$

按装载每一个集装箱为一个阶段,共分为 n 个阶段。

首先建立递推关系。

设 $m(i,j)$ 为第一艘船还可载重量为 j，可取集装箱编号范围为 $i, i+1, \cdots, n$ 时的最大装载重量值。则

当 $0 \leqslant j < w_i$ 时，集装箱 i 不可能装入。$m(i,j)$ 与 $m(i+1,j)$ 相同。

当 $j \geqslant w_i$ 时，有两种选择：

(1) 不装入集装箱 i，这时最大重量值为 $m(i+1,j)$。

(2) 装入集装箱 i，这时已增加重量 w_i，剩余载重量为 $j-w_i$，可以选择集装箱 $i+1, \cdots, n$ 来装，最大载重量值为 $m(i+1,j-w_i)+w_i$。我们期望的最大载重量值是两者中的最大者，于是有递推关系：

$$m(i,j) = \begin{cases} m(i+1,j) & 0 \leqslant j < w_i \\ \max(m(i+1,j), m(i+1,j-w_i)+w_i) & j \geqslant w_i \end{cases}$$

以上 j、c_1 与 w_i 均为正整数，$i=1,2,\cdots,n$，所求最优值为 $m(1,c_1)$。

然后递推计算最优值：

```
for(j=0;j<w[n];j++) m[n][j]=0;
for(j=w[n];j<=c1;j++) m[n][j]=w[n];            //首先计算 m(n,j)
for(i=n-1;i>=1;i--)                            //递推计算 m(i,j)
    for(j=0;j<=c1;j++)
    if(j>=w[i]  &&  m[i+1][j]<m[i+1][j-w[i]]+w[i])
        m[i][j]=m[i+1][j-w[i]]+w[i];
    else
        m[i][j]=m[i+1][j];
printf("%d",m[1][c1]);
```

3) 递推过程分析

例如，$n=5$，5 个集装箱的重量分别为：$w_1=2, w_2=5, w_3=13, w_4=8, w_5=4$，两船的载重量分别为：$c_1=16, c_2=18$。

递推过程如下。

首先赋初值：

$$m(5,0) = \cdots = m(5,3) = 0 \quad (\text{不装 } w_5)$$

$$m(5,4) = m(5,5) = \cdots = m(5,16) = 4 \quad (\text{装 } w_5)$$

然后进行递推。

按递推关系分别列出 $n=4,3,2,1$ 时 m 数组的取值，如表 6-1～表 6-4 所示。

表 6-1　推出 $n=4$ 时 m 数组值

j	0～3	4～7	8～11	12～16
$m(4,j)$	0	4	8	12

表 6-2　推出 $n=3$ 时 m 数组值

j	0～3	4～7	8～11	12	13～16
$m(3,j)$	0	4	8	12	13

表 6-3　推出 $n=2$ 时 m 数组值

j	0～3	4	5～7	8	9～11	12	13～16
$m(2,j)$	0	4	5	8	9	12	13

表 6-4 推出 $n=1$ 时 m 数组值

j	$0\sim1$	$2\sim3$	4	5	6	7	8
$m(1,j)$	0	2	4	5	6	7	8

j	9	10	11	12	13	14	$15\sim16$
$m(1,j)$	9	10	11	12	13	14	15

最后所得目标值即第一艘船的最大装载量为 $m(1,16)=15$。注意到 5 个集装箱的总重量为 32,满足 $32-18\leqslant15\leqslant16$,此装载问题有解。

4）构造最优解

构造最优解即给出所得最优值时的装载方案。

```
if(m[i][cw]>m[i+1][cw])              //其中 cw 为当前的装载量,i=1,2,…,n-1
    装载 w[i];
else 不装载 w[i];
if(所载集装箱重量≠m(1,c1)) 装载 w[n];
```

举例说明：

$m(1,16)>m(2,16)$,装 $w(1)=2$；

$m(2,14)=m(3,14)$,不装 $w(2)$；

$m(3,14)>m(4,14)$,装 $w(3)=13$；

$m(4,1)=m(5,1)$,不装 $w(4)=8$；

$w(1)+w(3)=15=m(1,16)$,不装 $w(5)$。

于是得装载方案：

c1： 2 13 （15）

c2： 5 8 4 （17）

3. 装载问题的 C 程序实现

```
//装载问题,c641
#include<stdio.h>
#define N 100
void main()
{   int n,c1,c2,i,j,s,cw,sw,w[N],m[N][N];
    printf(" input c1,c2: "); scanf("%d,%d",&c1,&c2);
    printf(" input n: "); scanf("%d",&n);
    s=0;
    for(i=1;i<=n;i++)                        //输入 n 个集装箱重量
        {scanf("%d",&w[i]); s+=w[i]; }
    if(s>c1+c2)   return;                     //确保 n 个集装箱重量之和不大于 c1+c2
    printf("集装箱重量: %d",w[1]);
    for(i=2;i<=n;i++)
        printf(",%d",w[i]);
    printf("\n n=%d,s=%d ",n,s);
    printf("\n c1=%d,c2=%d \n",c1,c2);
    for(j=0;j<w[n];j++) m[n][j]=0;
    for(j=w[n];j<=c1;j++) m[n][j]=w[n];       //首先计算 m(n,j)
```

```
    for(i=n-1;i>=1;i--)                          //逆推,计算 m(i,j)
        for(j=0;j<=c1;j++)
            if(j>=w[i]  && m[i+1][j]<m[i+1][j-w[i]]+w[i])
                m[i][j]=m[i+1][j-w[i]]+w[i];
            else
                m[i][j]=m[i+1][j];
    printf("maxc1=%d \n",m[1][c1]);              //得最优值 m(1,c1)
    if(m[1][c1]>=s-c2)                           //判断是否有解
    { printf("c1: ");
      cw=m[1][c1];
      for(sw=0,i=1;i<=n-1;i++)                   //构造最优解,输出船 1 的装载
          if(m[i][cw]>m[i+1][cw])
          { cw-=w[i]; sw+=w[i];
            printf(" %3d",w[i]);
            w[i]=0;                              //w[i]装载后赋 0,为装船 2 做准备
          }
          if(m[1][c1]-sw==w[n])
          { printf(" %3d",w[n]);
            sw+=w[n]; w[n]=0;
          }
          printf("(%d)\n",sw);
          printf("c2: ");
          for(sw=0,i=1;i<=n;i++)                 //输出船 2 的装载
            if(w[i]>0)
            { sw+=w[i];
                printf(" %3d",w[i]);
            }
          printf("(%d)\n",sw);
    }
    else   printf("此装载问题无解!");             //输出无解信息
}
```

4. 程序运行与分析

```
input c1,c2: 120,126
input n: 15
集装箱重量: 26,19,24,13,10,20,15,12,6,5,22,7,17,27,20
n=15,s=243
c1=120,c2=126
maxc1=120
c1: 15  12  22   7  17  27  20  (120)
c2: 26  19  24  13  10  20   6   5  (123)
```

上述所求解的装载问题中,要求各个集装箱的重量与两船的载重量 c_1、c_2 均为正整数。

以上动态规划算法的时间复杂度为 $O(nc_1)$,空间复杂度也为 $O(nc_1)$。通常 $c_1 > n$,因而上述算法的时间与空间复杂度均高于 $O(n^2)$。

6.5 0-1 背包问题

0-1 背包问题是应用动态规划设计求解的典型案例。本节应用动态规划分别采用逆推与顺推两种设计方式求解一般 0-1 背包问题,并拓广到带两个约束条件的二维 0-1 背包问题的设计求解。

6.5.1 一般 0-1 背包问题

1. 案例提出

已知 n 种物品和一个可容纳 c 重量的背包,物品 i 的重量为 w_i,产生的效益为 p_i。在装包时物品 i 可以装入,也可以不装,但不可拆开装。也就是说,物品 i 可产生的效益为 $x_i p_i$,这里 $x_i \in \{0,1\}$,$c,w_i,p_i \in \mathbf{N}^+$。设计如何装包,使得装包总效益最大。

2. 最优子结构特性

0-1 背包的最优解具有最优子结构特性。设 $(x_1,x_2,\cdots,x_n)$,$x_i \in \{0,1\}$ 是 0-1 背包的最优解,那么 $(x_2,x_3,\cdots,x_n)$ 必然是 0-1 背包子问题的最优解:背包载重量 $c-x_1 w_1$,共有 $n-1$ 件物品,物品 i 的重量为 w_i,产生的效益为 p_i,$2 \leqslant i \leqslant n$。若不然,设 $(z_2,z_3,\cdots,z_n)$ 是该子问题的最优解,而 $(x_2,x_3,\cdots,x_n)$ 不是该子问题的最优解,由此可知

$$\sum_{2 \leqslant i \leqslant n} z_i p_i > \sum_{2 \leqslant i \leqslant n} x_i p_i \quad \text{且} \quad x_1 w_1 + \sum_{2 \leqslant i \leqslant n} z_i w_i \leqslant c$$

因此

$$x_1 p_1 + \sum_{2 \leqslant i \leqslant n} z_i p_i > \sum_{1 \leqslant i \leqslant n} x_i p_i \quad \text{且} \quad x_1 w_1 + \sum_{2 \leqslant i \leqslant n} z_i w_i \leqslant c$$

显然 $(x_1,z_2,z_3,\cdots,z_n)$ 比 $(x_1,x_2,\cdots,x_n)$ 收益更高,$(x_1,x_2,\cdots,x_n)$ 不是背包问题的最优解,与假设矛盾。因此,$(x_2,x_3,\cdots,x_n)$ 必然是 0-1 背包子问题的一个最优解。最优性原理对 0-1 背包问题成立。

3. 动态规划逆推求解

1) 算法设计

与一般背包问题不同,0-1 背包问题要求 $x_i \in \{0,1\}$,即物品 i 不能拆开,而只能或者整体装入,或者不装。当约定每件物品的重量与效益均为整数时,可用动态规划求解。

按每一件物品装包为一个阶段,共分为 n 个阶段。

目标函数: $\max \sum_{i=1}^{n} x_i p_i$

约束条件: $\sum_{i=1}^{n} x_i w_i \leqslant c$,$(x_i \in \{0,1\}$,$c,w_i,p_i \in \mathbf{N}^+$,$i=1,2,\cdots,n)$

(1) 建立递推关系。

设 $m(i,j)$ 为背包容量 j,可取物品范围为 $i,i+1,\cdots,n$ 的最大效益值。

当 $0 \leqslant j < w_i$ 时,物品 i 不可能装入。最大效益值与 $m(i+1,j)$ 相同。

当 $j \geqslant w_i$ 时,有两个选择:

① 不装入物品 i,这时最大效益值为 $m(i+1,j)$。

② 装入物品 i,这时已产生效益 $p(i)$,背包剩余容积为 $j-w(i)$,可以选择物品 $i+1,\cdots,n$ 来装,最大效益值为 $m(i+1,j-w(i))+p(i)$。

我们期望的最大效益值是两者中的最大者,于是有以下递推关系:

$$m(i,j)=\begin{cases}m(i+1,j) & 0\leqslant j<w_i\\\max(m(i+1,j),m(i+1,j-w_i)+p_i) & j\geqslant w_i\end{cases}$$

其中,w_i,p_i 均为正整数,$x_i\in\{0,1\}$,$i=1,2,\cdots,n$。

边界条件为

$$m(n,j)=p_n,\quad j\geqslant w_n$$
$$m(n,j)=0,\quad j<w_n$$

所求最大效益即最优值为 $m(1,c)$。

(2) 逆推计算最优值。

```
for(j=0;j<=c;j++)
  if(j>=w[n]) m[n][j]=p[n];                    //首先计算 m(n,j)
  else    m[n][j]=0;
for(i=n-1;i>=1;i--)                            //逆推,计算 m(i,j)
  for(j=0;j<=c;j++)
    if(j>=w[i] && m[i+1][j]<m[i+1][j-w[i]]+p[i])
      m[i][j]=m[i+1][j-w[i]]+p[i];
    else
      m[i][j]=m[i+1][j];
printf("最优值为%d",m(1,c));
```

(3) 构造最优解。

若 $m(i,cw)>m(i+1,cw)$,$i=1,2,\cdots,n-1$,则 $x_i=1$,装载 w_i。从 $cw=c$ 开始,$cw=cw-x_iw_i$。

否则,$x_i=0$,不装载 w_i。

最后,所装载的物品效益之和与最优值比较,决定 w_n 是否装载。

2) 0-1 背包问题逆推程序实现

```
//逆推 0-1 背包问题,c651
#include<stdio.h>
#define N 50
void main()
{   int i,j,c,cw,n,sw,sp,p[N],w[N],m[N][10*N];
    printf(" input n: "); scanf("%d",&n);       //输入已知条件
    printf(" input c: "); scanf("%d",&c);
    for(i=1;i<=n;i++)
    {   printf("input w%d,p%d: ",i,i);
        scanf("%d,%d",&w[i],&p[i]);
    }
    for(j=0;j<=c;j++)
    if(j>=w[n])
      m[n][j]=p[n];                             //首先计算 m(n,j)
    else
      m[n][j]=0;
    for(i=n-1;i>=1;i--)                         //逆推,计算 m(i,j)
    for(j=0;j<=c;j++)
        if(j>=w[i] && m[i+1][j]<m[i+1][j-w[i]]+p[i])
          m[i][j]=m[i+1][j-w[i]]+p[i];
        else
          m[i][j]=m[i+1][j];
```

```
cw=c;
printf("c=%d \n",c);
printf("背包所装物品: \n");
printf(" i      w(i)     p(i)\n");
for(sp=0,sw=0,i=1;i<=n-1;i++)        //以表格形式输出结果
    if(m[i][cw]>m[i+1][cw])
    {  cw-=w[i];sw+=w[i];sp+=p[i];
       printf("%2d      %3d      %3d \n",i,w[i],p[i]);
    }
if(m[1][c]-sp==p[n])
{  sw+=w[i];sp+=p[i];
   printf("%2d      %3d      %3d \n ",n,w[n],p[n]);
}
printf("w=%d,pmax=%d \n",sw,sp);
}
```

4. 动态规划顺推求解

1) 算法设计

目标函数、约束条件与分阶段同上。

(1) 建立递推关系。

设 $g(i,j)$ 为背包容量 j，可取物品范围为 $1,2,\cdots,i$ 的最大效益值。

当 $0 \leqslant j < w_i$ 时，物品 i 不可能装入。最大效益值与 $g(i-1,j)$ 相同。

当 $j \geqslant w_i$ 时，有两种选择：

① 不装入物品 i，这时最大效益值为 $g(i-1,j)$。

② 装入物品 i，这时已产生效益 p_i，背包剩余容积为 $j-w_i$，可以选择物品 $1,2,\cdots,i-1$ 来装，最大效益值为 $g(i-1,j-w_i)+p_i$。

期望的最大效益值是两者中的最大者，于是有以下递推关系：

$$g(i,j) = \begin{cases} g(i-1,j) & 0 \leqslant j < w_i \\ \max(g(i-1,j),g(i-1,j-w_i)+p_i) & j \geqslant w_i \end{cases}$$

其中，w_i、p_i 均为正整数，$x_i \in \{0,1\}$，$i=1,2,\cdots,n$。

边界条件为

$$g(1,j) = p_1, \quad j \geqslant w_1$$
$$g(1,j) = 0, \quad j < w_1$$

所求最大效益即最优值为 $g(n,c)$。

(2) 顺推计算最优值：

```
for(j=0;j<=c;j++)
  if(j>=w[1]) g[1][j]=p[1];                    //首先计算 g(1,j)
  else  g[1][j]=0;
for(i=2;i<=n;i++)                              //顺推,计算 g(i,j)
  for(j=0;j<=c;j++)
    if(j>=w[i] && g[i-1][j]<g[i-1][j-w[i]]+p[i])
        g[i][j]=g[i-1][j-w[i]]+p[i];
    else  g[i][j]=g[i-1][j];
printf("最优值为%d",g(n,c));
```

(3) 构造最优解。

若 $g(i,cw)>g(i-1,cw),i=n,n-1,\cdots,2$，则 $x(i)=1$，装载 w_i。从 $cw=c$ 开始，$cw=$

$cw-x_iw_i$。

否则，$x_i=0$，不装载 w_i。

最后，所装载的物品效益之和与最优值比较，决定 w_1 是否装载。

2) 0-1 背包问题顺推程序设计

```
//顺推 0-1 背包问题,c652
#include<stdio.h>
#define N 50
void main()
{   int i,j,c,cw,n,sw,sp,p[N],w[N],g[N][10*N];
    printf(" input n: "); scanf("%d",&n);          //输入已知条件
    printf(" input c: "); scanf("%d",&c);
    for(i=1;i<=n;i++)
    {   printf("input w%d,p%d: ",i,i);
        scanf("%d,%d,%d",&w[i],&p[i]);
    }
    for(j=0;j<=c;j++)
        if(j>=w[1]) g[1][j]=p[1];                   //首先计算 g(1,j)
        else   g[1][j]=0;
    for(i=2;i<=n;i++)                                //顺推,计算 g(i,j)
    for(j=0;j<=c;j++)
        if(j>=w[i] && g[i-1][j]<g[i-1][j-w[i]]+p[i])
          g[i][j]=g[i-1][j-w[i]]+p[i];
        else   g[i][j]=g[i-1][j];
    cw=c; printf("c=%d \n",c);
    printf("背包所装物品: \n");                       //构造最优解
    printf(" i     w(i)    p(i)\n");
    for(sp=0,sw=0,i=n;i>=2;i--)                      //以表格形式输出最优解
      if(g[i][cw]>g[i-1][cw])
      {   cw-=w[i];sw+=w[i];sp+=p[i];
          printf("%2d    %3d    %3d \n",i,w[i],p[i]);
      }
      if(g[n][c]-sp==p[1])
      {   sw+=w[i];sp+=p[i];
          printf("%2d    %3d    %3d \n ",1,w[1],p[1]);
      }
      printf("w=%d,  pmax=%d \n",sw,sp);
}
```

3) 程序运行示例

```
input n: 6              c=60
input c: 60             背包所装物品:
input w1,p1: 15,32      i  w(i)  p(i)
input w2,p2: 17,37      6   14   30
input w3,p3: 20,46      5    9   21
input w4,p4: 12,26      3   20   46
input w5,p5: 9,21       2   17   37
input w6,p6: 14,30      w=60,pmax=134
```

即装第 2、3、5、6 四件，装包重量为 60，获取最大效益 134。

5. 算法复杂度分析

以上动态规划算法的时间复杂度为 $O(nc)$，空间复杂度也为 $O(nc)$。通常 $c>n$，因而

算法的时间复杂度与空间复杂度均高于 $O(n^2)$。

6.5.2　二维约束 0-1 背包问题

在一般 0-1 背包案例基础上增加一个约束条件,即为二维约束 0-1 背包问题。

1. 案例提出

已知 n 种物品和一个可容纳 c 重量、d 容积的背包,物品 i 的重量为 w_i,容积为 v_i,产生的效益为 p_i。在装包时物品 i 可以装入,也可以不装,但不可拆开装。也就是说,物品 i 可产生的效益为 $x_i p_i$,这里 $x_i \in \{0,1\}$,$c,w_i,p_i \in \mathbf{N}^+$。设计如何装包,使所得效益最大。

下面应用动态规划设计求解。

2. 动态规划设计要点

与以上一维的背包问题相同,二维约束的 0-1 背包问题同样要求 $x_i \in \{0,1\}$,即物品 i 不能拆开,而只能或者整体装入,或者不装。与以上一维的背包问题不同,二维约束的 0-1 背包问题增加了容积的限制。

目标函数:$\max \sum\limits_{i=1}^{n} x_i p_i$

约束条件:$\sum\limits_{i=1}^{n} x_i w_i \leqslant c$,$\sum\limits_{i=1}^{n} x_i v_i \leqslant d$,$x_i \in \{0,1\}$,$c,d,w_i,v_i,p_i \in \mathbf{N}^+$,$i=1,2,\cdots,n$

1) 建立递推关系

设三维数组 $m(i,j,k)$ 为背包还可装入重量 j,还可装入容积为 k,可取物品范围为 $i,i+1,\cdots,n$ 时的最大效益值。

当 $0 \leqslant j < w_i$ 或 $0 \leqslant k < v_i$ 时,物品 i 不可能装入。最大效益值与 $m(i+1,j,k)$ 相同。

当 $j \geqslant w_i$ 且 $k \geqslant v_i$ 时,有两种选择:

(1) 不装入物品 i,这时最大效益值为 $m(i+1,j,k)$。

(2) 装入物品 i,这时已产生效益 p_i;剩余载重量为 $j-w_i$,可装容积为 $k-v_i$,可以选择物品 $i+1,\cdots,n$ 来装,最大效益值为 $m(i+1,j-w_i,k-v_i)+p_i$。

我们期望的最大效益值是两者中的最大者,于是有递推关系:

$$m(i,j,k) = \begin{cases} m(i+1,j,k) & 0 \leqslant j < w_i \ \text{或} \ 0 \leqslant k < v_i \\ \max(m(i+1,j,k),m(i+1,j-w_i,k-v_i)+p_i) & j \geqslant w_i \ \text{且} \ k \geqslant v_i \end{cases}$$

其中,w_i、v_i、p_i 均为正整数,$x_i \in \{0,1\}$,$i=1,2,\cdots,n$。

边界条件为

$$m(n,j,k) = p_n, \quad j \geqslant w_n \text{且} k \geqslant v_n$$
$$m(n,j,k) = 0, \quad j < w_n \text{或} k < v_n$$

背包可容重量 $c > 0$,容量 $d > 0$。

2) 逆推计算最优值

```
for(j=0;j<=c;j++)
    for(k=0;k<=d;k++)
        if(j>=w[n] && k>=v[n]) m[n][j][k]=p[n];        //首先计算 m(n,j,k)
        else  m[n][j][k]=0;
for(i=n-1;i>=1;i--)                                    //逆推,计算 m(i,j,k)
```

```
        for(j=0;j<=c;j++)
          for(k=0;k<=d;k++)
             if(j>=w[i] && k>=v[i] && m[i+1][j][k]<m[i+1][j-w[i]][k-v[i]]+p[i])
                 m[i][j][k]=m[i+1][j-w[i]][k-v[i]]+p[i];
                 else  m[i][j][k]=m[i+1][j][k];
printf("最优值为%d",m(1,c,d));
```

3) 构造最优解

如果 $m[i][cw][cv] > m[i+1][cw][cv]$，则 $x_i = 1$，装载第 i 件物品(从 $cw = c$ 开始，$cw = cw - x_i w_i$；从 $cv = d$ 开始，$cv = cv - x_i v_i$)。

否则，$x_i = 0$，不装载第 i 件物品。

最后，所装载的物品效益之和与最优值比较，决定第 n 件物品是否装载。

3. 二维约束 0-1 背包程序设计

```
//二维约束 0-1 背包问题,c653
#include<stdio.h>
#define N 9
void main()
{   int p[N],w[N],v[N],m[N][5*N][8*N];
    int i,j,k,c,d,cw,cv,n,sw,sv,sp;
    printf(" input n: "); scanf("%d",&n);              //输入已知条件
    printf(" input c: "); scanf("%d",&c);
    printf(" input d: "); scanf("%d",&d);
    for(i=1;i<=n;i++)
    {   printf("input w%d,v%d,p%d: ",i,i,i);
        scanf("%d,%d,%d",&w[i],&v[i],&p[i]);
    }
    for(j=0;j<=c;j++)
        for(k=0;k<=d;k++)
          if(j>=w[n] && k>=v[n]) m[n][j][k]=p[n];       //首先计算 m(n,j,k)
          else   m[n][j][k]=0;
    for(i=n-1;i>=1;i--)                                 //逆推,计算 m(i,j,k)
        for(j=0;j<=c;j++)
          for(k=0;k<=d;k++)
            if(j>=w[i] && k>=v[i] && m[i+1][j][k]<m[i+1][j-w[i]][k-v[i]]+p[i])
               m[i][j][k]=m[i+1][j-w[i]][k-v[i]]+p[i];
               else  m[i][j][k]=m[i+1][j][k];
    cw=c; cv=d;
    printf("c=%d,d=%d \n",c,d);
    printf("背包所装物品: \n");
    printf(" i       w(i)      v[i]       p(i)       \n");
    for(sp=0,sw=0,sv=0,i=1;i<=n-1;i++)                 //以表格形式输出结果
      if(m[i][cw][cv]>m[i+1][cw][cv])
      {   cw-=w[i];cv-=v[i];
          sw+=w[i];sv+=v[i];sp+=p[i];
          printf("%2d     %3d      %3d        %3d \n",i,w[i],v[i],p[i]);
      }
      if(m[1][c][d]-sp==p[n])
```

```
    {   sw+=w[i];sv+=v[i];sp+=p[i];
        printf("%2d    %3d    %3d      %3d \n ",n,w[n],v[n],p[n]);
    }
    printf("sw=%d,  sv=%d,  pmax=%d \n",sw,sv,sp);
}
```

4. 程序运行示例与分析

```
input n: 8                  c=40
input c: 40                 d=70
input d: 70                 背包所装物品：
input w1,v1,p1: 8,14,20     i   w(i)   v[i]    p(i)
input w2,v2,p2: 6,10,14     3   11     19      28
input w3,v3,p3: 11,19,28    5   5      9       12
input w4,v4,p4: 13,22,31    6   15     25      37
input w5,v5,p5: 5,9,12      8   9      15      22
input w6,v6,p6: 15,25,37    sw=40,
input w7,v7,p7: 12,20,27    sv=68,
input w8,v8,p8: 9,15,22     pmax=99
```

以上动态规划算法的时间复杂度为 $O(ncd)$，空间复杂度也为 $O(ncd)$。

当 n、c、d 比较大时，算法所占空间很大，大大限制了该算法的求解范围。动态规划可适应物品种数 n 从键盘给定的情形，程序设计比较灵活。

6.6 凸 n 边形的三角形划分

凸 n 边形的三角形划分是一个集数与形于一体的优化设计典型案例，其最优值与最优划分解的取得都有较强的技能要求。

1. 案例提出

给定凸 n 边形 $P=\{1,2,\cdots,n\}$，它的每一个顶点 i 都带有一个正权数 $r(i)(i=1,2,\cdots,n)$。要求在该凸 n 边形的顶点间连 $n-3$ 条互不相交的连线，把该 n 边形划分成 $n-2$ 个三角形，每个三角形的值为该三角形的 3 个顶点权数之积。

试确定一种最优三角形划分，使得划分的 $n-2$ 个三角形的值之和最小。

例如，图 6-3 为一个各顶点带权数的凸七边形，如何连接对角线划分成 5 个三角形，使得这 5 个三角形的值之和最小？

2. 动态规划设计要点

凸 n 边形有多种不同的三角形划分，例如 $n=7$ 时，图 6-4 中列出了多种不同三角形划分中的 3 种。

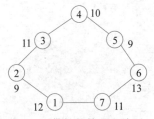

图 6-3 带权数的凸七边形

图 6-4 $n=7$ 的 3 种不同的三角形划分

每一种三角形划分对应不同的三角形的值之和,我们要寻求一种最优三角形划分,其三角形的值之和最小(最优值)。

1) 建立递推关系

设 $m(i,j)(i<j)$ 是多边形 $M_iM_{i+1}\cdots M_j$ 划分的最小值,则有如下递推关系:

$$m(i,j)=\min(m(i,k)+m(k,j)+r(i)r(k)r(j))\quad(i<k<j)$$

初始(边界)条件:

$$m(i,i+1)=0\quad(不构成三角形)$$

$$m(i,i+2)=r(i)r(i+1)r(i+2)\quad(j=i+2时,即三角形 M_iM_{i+1}M_{i+2})$$

显然,$m(1,n)$ 为最优值。

2) 求最优值的递推结构

注意到当 $i<k<j$,要求 $m(i,j)$ 时,要用到 $m(i,k)$ 与 $m(k,j)$。为此,设置如下循环:

```
for(d=2;d<=n-1;d++)
    for(i=1;i<=n-d;i++)
        j=i+d;
```

这样设计,可按 d 从 2 开始递增取值,先得 $m(i,k)$ 与 $m(k,j)$,为进而求 $m(i,j)$ 提供可能。

3) 构造最优解

设置 $s(i,j)$,在递推赋值时记录最优划分点 k。注意到分划线分布为二叉结构,应用 $s(i,j)$ 定义实现最优解的递归函数 $f(a,b)$:

设置 $c=s(a,b)$,记录参数 a、b 的最优划分点。

若 $c>a+1$,则输出"a--c"。

若 $c<b-1$,则输出"c--b"。

然后调用下一层递归函数 $f(a,c)$ 和 $f(c,b)$。

3. 程序实现

```
//凸 n 边形的三角形划分,c661
#include<stdio.h>
int p,s[100][100];
void main()
{   int d,n,i,j,k,r[100];long t,m[100][100];
    void f(int x,int y);
    printf("请输入 n(n>3): "); scanf("%d",&n);
    printf("凸%d边形从第 1 点开始,依次输入各点权数。\n",n);
    for(i=1;i<=n;i++)
    {   printf(" 请输入第%d 个顶点的权数: ",i);
        scanf("%d",&r[i]);
    }
    for(i=1;i<=n-1;i++)   m[i][i+1]=0;                //边界条件
    for(d=2;d<=n-1;d++)
    for(i=1;i<=n-d;i++)
    {   j=i+d;
        m[i][j]=100000000;
        for(k=i+1;k<j;k++)
        {   t=m[i][k]+m[k][j]+r[i] * r[k] * r[j];
```

```
        if(t<m[i][j])                          //比较,求取最小值 m(i,j)
          { m[i][j]=t;s[i][j]=k; }              //同时用 s(i,j)记录最优划分点
      }
    }
    p=0;
    printf("\n  最优%d条划分线分别为: \n",n-3);
    f(1,n);                                     //调用递归函数 f(1,n)给出最优划分线
    printf("\n  凸%d边形的三角形划分最小值为: %ld \n",n,m[1][n]);
    }
    void f(int a,int b)                         //应用 s(i,j)定义递归函数
    {int c;
    if(b>a+1)
    { c=s[a][b];                                //调用 s(i,j)所记录的最优划分点
      if(c>a+1)
      { p++;                                    //统计画线条数,每行输出 6 条
        printf(" %2d--%2d;",a,c);
        if(p%6==0) printf("\n");
      }
    if(c<b-1)
    { p++;
      printf(" %2d--%2d;",c,b);
      if(p%6==0) printf("\n");
    }
    f(a,c);f(c,b);                              //调用下一层 s(i,j)递归函数
    }
    return;
}
```

4. 程序运行与分析

请输入 n: 7
凸 7 边形从第 1 点开始,依次输入各点权数: 12 9 11
10 9 13 11
最优 4 条划分线分别为:
2--7; 2--5; 5--7; 2--4;
凸 7 边形的三角形划分最小值为: 5166

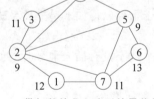

最优划分如图 6-5 所示。

如果不考虑递归构造最优解,动态规划在三重循环 图 6-5 带权数的凸七边形的最优划分
中实现,算法的时间复杂度为 $O(n^3)$。

6.7 插入乘号问题

在指定数字串中插入运算符号问题,包括插入若干乘号求积的最大值或最小值,或插入
若干加号求和的最大值或最小值,都是比较新颖且有一定难度的最优化案例。这里通过限
制数字串的长度来降低设计求解的难度。

1. 案例提出

在一个由 n 个数字组成的数字串中插入 r 个乘号($1 \leqslant r < n \leqslant 15$),将它分成 $r+1$ 个整
数,试找一种乘号的插入方法,使得这 $r+1$ 个整数的乘积最大。

例如,对给定的数字串 847313926,如何插入 5 个乘号,使其乘积最大?

2. 动态规划设计要点

对于一般插入 r 个乘号,采用枚举已不适合。注意到插入 r 个乘号是一个多阶段决策问题,应用动态规划来求解是适宜的。

1) 建立递推关系

设 $f(i,k)$ 表示在前 i 位数中插入 k 个乘号所得乘积的最大值,$a(i,j)$ 表示从第 i 个数字到第 j 个数字所组成的 $j-i+1(i \leqslant j)$ 位整数值。

为了寻求递推关系,先看一个实例:对给定的 9 个数字的数字串 847313926,如何插入 5 个乘号,使其乘积最大?

我们的目标是为了求取最优值 $f(9,5)$。

设前 8 个数字中已插入 4 个乘号,则最大乘积为 $f(8,4) \times 6$。

设前 7 个数字中已插入 4 个乘号,则最大乘积为 $f(7,4) \times 26$。

设前 6 个数字中已插入 4 个乘号,则最大乘积为 $f(6,4) \times 926$。

设前 5 个数字中已插入 4 个乘号,则最大乘积为 $f(5,4) \times 3926$。

以上 4 个数值的最大值即为 $f(9,5)$。

以此类推,为了求 $f(8,4)$:

设前 7 个数字中已插入 3 个乘号,则最大乘积为 $f(7,3) \times 2$。

设前 6 个数字中已插入 3 个乘号,则最大乘积为 $f(6,3) \times 92$。

设前 5 个数字中已插入 3 个乘号,则最大乘积为 $f(5,3) \times 392$。

设前 4 个数字中已插入 3 个乘号,则最大乘积为 $f(4,3) \times 1392$。

以上 4 个数值的最大值即为 $f(8,4)$。

一般地,为了求取 $f(i,k)$,考察数字串的前 i 个数字,在前 $j(k \leqslant j < i)$ 个数字中已插入 $k-1$ 个乘号的基础上,在第 j 个数字后插入第 k 个乘号,显然此时的最大乘积为 $f(j,k-1)$ $a(j+1,i)$。

于是可以得如下递推关系式:

$$f(i,k) = \max(f(j,k-1)a(j+1,i)) \quad (k \leqslant j < i)$$

前 j 个数字没有插入乘号时的值显然为前 j 个数字组成的整数,因而边界值为

$$f(j,0) = a(1,j) \quad (1 \leqslant j \leqslant i)$$

2) 递推计算最优值

为简单计,在设计中可省略 a 数组,用变量 d 替代。

```
for(d=0,j=1;j<=n;j++)
{  d=d*10+b[j-1];                    //输入数字串,每一位赋值给 b 数组
   f[j][0]=d;                        //计算初始值 f[j][0]
}
for(k=1;k<=r;k++)
   for(i=k+1;i<=n;i++)
     for(j=k;j<i;j++)
     {  for(d=0,u=j+1;u<=i;u++)
          d=d*10+b[u-1];            //计算 d,即为 a(j+1,i)
        if(f[i][k]<f[j][k-1]*d)      //递推求取 f[i][k]
          f[i][k]=f[j][k-1]*d;
     }
printf("最优值为%.0f",f[n][r]);
```

3）构造最优解

为了能打印相应的插入乘号的乘积式，设置标注位置的数组 $t[k]$ 与 $c(i,k)$，其中 $c(i,k)$ 为相应的 $f(i,k)$ 的第 k 个乘号的位置，而 $t[k]$ 表明第 k 个乘号 $*$ 的位置，例如，$t[2]=3$，表明第 2 个 $*$ 在第 3 个数字后面。

当给数组元素赋值 $f(i,k)=f(j,k-1)*d$ 时，进行相应赋值 $c(i,k)=j$，表明 $f(i,k)$ 的第 k 个乘号的位置是 j。在求得 $f(n,r)$ 的第 r 个乘号位置 $t[r]=c(n,r)=j$ 的基础上，其他 $t[k]$（$1\leqslant k\leqslant r-1$）可应用下式逆推产生：

$$t[k]=c(t[k+1],k)$$

根据 t 数组的值，可直接按字符形式打印出所求得的插入乘号的乘积式。

3. 插入乘号问题程序实现

```
//在一个数字串中插入 r 个 * 号,使其乘积最大,c671
#include<stdio.h>
#include<string.h>
void main()
{  char sr[16];
   int n,i,j,k,u,r,b[16],t[16],c[16][16];
   double  f[17][17],d;
   printf("请输入整数: "); scanf("%s",sr);
   n=strlen(sr);
   printf("请输入插入的乘号个数 r: "); scanf("%d",&r);
   if(n<=r)
     { printf("  输入的整数位数不够或 r 太大! ");return;}
   printf("在整数%s 中插入%d 个乘号,使乘积最大: \n",sr,r);
   for(d=0,j=0;j<=n-1;j++)
       b[j]=sr[j]-48;                    //把输入的数串逐位转换到 b 数组
   for(d=0,j=1;j<=n-r;j++)
   {  d=d*10+b[j-1];                      //把 b 数组的一个字符转换为数值
      f[j][0]=d;                          //f[j][0]赋初始值
   }
   for(k=1;k<=r;k++)
       for(i=k+1;i<=n-r+k;i++)
          for(j=k;j<i;j++)
          {  for(d=0,u=j+1;u<=i;u++)
                d=d*10+b[u-1];
             if(f[i][k]<f[j][k-1]*d)      //递推求取 f[i][k]
                {f[i][k]=f[j][k-1]*d;c[i][k]=j;}
          }
       t[r]=c[n][r];
       for(k=r-1;k>=1;k--)
         t[k]=c[t[k+1]][k];               //逆推出第 k 个 * 的位置 t[k]
       t[0]=0;t[r+1]=n;
       for(k=1;k<=r+1;k++)
       {  for(u=t[k-1]+1;u<=t[k];u++)
```

```
                    printf("%c",sr[u-1]);                    //输出最优解
                if(k<r+1) printf(" * ");
            }
            printf("=%.0f\n ",f[n][r]);                      //输出最优值
    }
```

4. 程序运行示例与分析

请输入整数：847313926
请输入插入的乘号个数 r: 5
在整数 847313926 中插入 5 个乘号,使乘积最大:
　　　　　　　　　　8 * 4 * 731 * 3 * 92 * 6=38737152
请输入整数：267315682902764
请输入插入的乘号个数 r: 6
在整数 267315682902764 中插入 6 个乘号,使乘积最大:
　　　　　　　26 * 7315 * 6 * 82 * 902 * 7 * 64=37812668974080

动态规划在三重循环中实现,算法的时间复杂度为 $O(n^3)$。

变通：如果求插入乘号后的乘积最小值,程序如何修改？

6.8　动态规划应用小结

本章应用动态规划设计求解了最长子序列的两个典型案例、有关数阵上的最优路径搜索、装载问题与 0-1 背包问题,及凸 n 边形的三角形划分与插入运算符号的最优化问题。

应用动态规划设计求解最优化问题,根据问题最优解的特性,找出最优解的递推关系(或递归关系),是求解的关键。至于应用递推还是递归求取最优值,递推时应用顺推还是应用逆推,可根据设计者自己的习惯与爱好来定。一般来说,应用递推求最优值比应用递归求解效率要高。

应用动态规划设计求解最优化问题,当最优值求出后,如何根据案例的具体情况构造最优解,没有固定的模式可套用,必须结合问题的具体情况,必要时,在递推最优解时有针对性地记录若干必需的信息。

动态规划根据不同阶段之间的状态转移,通过应用递推求得问题的最优值,注意不能把动态规划与递推两种算法相混淆,不要把递推当成动态规划,也不要把动态规划当成递推。

不妨看一下关于整币兑零的两个案例。

例 6-2　求解整币兑零不同的兑换种数。

用 m 种零币 $t(1),t(2),\cdots,t(m)$(单位为分,约定 $t(1)<t(2)<\cdots<t(m)$)来兑换整币 n,试求共有多少种不同的兑换种数。

1) 递推设计要点

设整币为 n 个单位,m 种指定零币从小至大分别为 $t(1),t(2),\cdots,t(m)$ 个单位。

记 $a(i,j)$ 为整体数是 j,最大零数是 $t(i)$ 的兑零种数。当去掉一个 $t(i)$ 后,整体数变为 $p=j-t(i)$,最大零数可为 $t(1)$ 或 $t(2)$……或 $t(i)$(因可重复),于是有递推式

$$a(i,j)=a(1,p)+a(2,p)+\cdots+a(i,p)　(其中 p=j-t(i))$$

可据整体数 j 能否被 $t(1)$ 整除确定初始条件:

$$a(1,j)=1 \quad (j\%t(1)=0)$$
$$a(1,j)=0 \quad (j\%t(1)\neq 0)$$

同时,当 $j<t(i)$ 时,$a(i,j)=0$,即不可能存在最大零数为 $t(i)$ 来兑零的种数;当 $j=t(i)$ 时,$a(i,j)=1$,即只存在利用一个 $t(i)$ 来兑零的一种方法($i=1,2,\cdots,m$)。

进行以上函数递推,分别计算得 $a(1,n),a(2,n),\cdots,a(m,n)$,求和即得所求的整币兑零种数:

$$n(t(1),t(2),\cdots,t(m))=a(1,n)+a(2,n)+\cdots+a(m,n)$$

应用函数递推简化了兑零的难度。

2) 递推算法描述

```
input(n,m,t(1:m));
for(j=1;j<=n;j++)                              //确定初始条件
    if(j%t[1]==0) a[1][j]=1;
    else a[1][j]=0;
for(s=a[1][n],i=2;i<=m;i++)                    //递推计算 a(2,n),a(3,n),…
{   for(j=1;j<=n;j++)
    {  if(j<=t[i])
       {  a[i][j]=j/t[i];                      //j<t[i]时,a(i,j)=0
          continue;                            //j=t[i]时,a(i,j)=1
       }
       p=j-t[i];b=0;
       for(k=1;k<=i;k++) b+=a[k][p];
       a[i][j]=b;
    }
    s+=a[i][n];                                //累加 a(1,n),a(2,n),…
}
print(s);                                      //输出兑零种数
```

例 6-3 求解整币兑零的最少零币个数。

用 m 种零币 $t(1),t(2),\cdots,t(m)$(单位为分,约定 $t(1)<t(2)<\cdots<t(m)$)来兑换整币 n,试求兑换的最少零币个数。

1) 动态规划设计要点

设 $g(i,j)$ 为用零币 $t(1),t(2),\cdots,t(i)$ 兑换钱数 j 的最少零币个数。

(1) 若 $j<t(i)$,不能兑 $t(i)$,最少零币个数为 $g(i-1,j)$。

(2) 若 $j>t(i)$ 且 $g(i,j-t(i))=0$,也不能兑 $t(i)$,最少零币个数为 $g(i-1,j)$。

(3) 若 $j\%t(i)=0$ 或其他情形,此时能兑 $t(i)$,最少零币个数为 $g(i,j-t(i))+1$。

显然有递推关系:

$$g(i,j)=g(i-1,j) \quad (j<t(i) \text{ or } j>t(i) \text{ 且 } g(i,j-t(i))=0)$$
$$g(i,j)=g(i,j-t(i))+1 \quad (\text{其余情形})$$

其中,$i=1,2,\cdots,m;j=1,2,\cdots,n$。

边界条件:

$$g(1,j)=0 \quad (j\%t(1)\neq 0)$$
$$g(1,j)=1 \quad (j\%t(1)=0)$$

2）求最优值描述

```
input(n,m,t(1: m));
for(j=1;j<=n;j++)
    if(j%t[1]!=0) g[1][j]=0;                              //确定初始值
    else g[1][j]=j/t[1];
for(i=2;i<=m;i++)
    for(j=1;j<=n;j++)                                     //递推最优值
    {   if(j<t[i]||j>t[i] && g[i][j-t[i]]==0)
            g[i][j]=g[i-1][j];
        else
            g[i][j]=g[i][j-t[i]]+1;
    }
  print(g[m][n]);
```

综合动态规划与递推之间的关系,可概括为以下几点。

（1）动态规划是用来求解多阶段最优化问题的有效算法,而递推一般是解决某些判定性问题、构造性问题或计数问题的方法,两者求解对象不同。

（2）动态规划求解的多阶段决策问题必须满足最优子结构特性,而递推所求解的问题无须满足最优子结构特性。

（3）动态规划在求解最优值时通常应用递推来实现,递推只是完成最优值求解的一种手段。至于应用顺推还是逆推,需根据动态规划所设置的目标函数来定。例如,在6.3节应用动态规划求解 n 行 m 列边数值矩形从左上角顶点 $(1,1)$ 到右下角顶点 (n,m) 的边数值之和最大路径时,如果设目标函数 $a(i,j)$ 为点 (i,j) 到右下角顶点 (n,m) 的最大路径,则使用逆推。如果设目标函数 $a(i,j)$ 为左上角顶点 $(1,1)$ 到点 (i,j) 的最大路径,则使用顺推。

（4）动态规划在求得问题的最优值后通常需构造出最优决策序列,即求出最优解,而递推在求出计数结果后没有最优解的构造需求。

（5）从算法的时间复杂度而言,动态规划如果设置一维数组,通过一重循环递推完成最优值求解,其时间复杂度一般为 $O(n)$;动态规划如果设置二维约束数组,通过二重循环递推完成最优值求解,其时间复杂度一般为 $O(n^2)$。也就是说,在没有特殊要求情形下,动态规划求解的时间复杂度通常由相应的求最优值的递推结构来决定。

（6）当动态规划与递推需设置三维数组时,其空间复杂度都比较高,大大限制了求解范围,这是动态规划与递推所面临的共同问题。

习　题　6

6-1　n 个矩阵连乘问题。设矩阵 A 为 p 行 q 列,矩阵 B 为 q 行 r 列,矩阵乘积 AB 共需做 pqr 次乘法。

　　试求 $n(n>2)$ 个矩阵 $M_i(i=1,2,\cdots,n)$ 的乘积 $M_1M_2\cdots M_n$ 的最少乘法次数。其中, n 与 M_i 的行、列数 r_i 和 r_{i+1} 均从键盘输入。

6-2　应用顺推实现动态规划求解点数值三角形的最优路径。在一个 n 行的点数值三角形中,寻找从顶点开始每一步可沿左斜(L)或右斜(R)向下至底的一条路径,使该路径所经过的点的数值和最小。应用顺推实现动态规划求解从项到底的最小路程。

6-3　应用顺推实现动态规划求解 n 行 m 列边数值矩阵最大的路程。已知 n 行 m 列的边数
值矩阵,每一个点可向右或向下两个去向,试求左上角顶点到右下角顶点的所经边数
值和最大的路程。

6-4　求解边数值三角形的最短路径。已知边数值三角形每两点间距离,每一个点有向左或
向右两个去向,求三角形顶点到底边的最短路径。

6-5　求解点数值矩阵最小路径。随机产生一个 n 行 m 列的整数矩阵,在其中寻找从左上角
至右下角,每步可向下(D)或向右(R)或斜向右下(O)的一条数值和最小的路径。

6-6　西瓜分堆。已知 n 个西瓜的重量分别为整数,请把这堆西瓜分成两堆,每堆的个数不
一定相等,使两堆西瓜重量之差为最小。

6-7　应用递推实现动态规划求解序列的最小子段和。应用递推实现动态规划求解:给定
n 个整数(可能为负整数)组成的序列 $a_1, a_2, \cdots, a_n$,求该序列形如 $\sum\limits_{k=i}^{j} a_k$ 的子段和的
最小值。

6-8　应用递归实现动态规划求解序列的最小子段和。应用递归实现动态规划求解:给定
n 个整数(可能为负整数)组成的序列 $a_1, a_2, \cdots, a_n$,求该序列形如 $\sum\limits_{k=i}^{j} a_k$ 的子段和的
最小值。

6-9　插入加号求最小值。在一个 n 位整数 a 中插入 r 个加号,将它分成 $r+1$ 个整数,找出
一种加号的插入方法,使得这 $r+1$ 个整数的和最小。

6-10　根据例 6-2 求解整币兑零不同的兑换种数的递推算法与例 6-3 求解整币兑零的最少
零币个数的动态规划算法,写出完整程序。

第7章 贪心算法

本章介绍贪心算法,应用贪心算法求解删数字问题、埃及分数式、数列操作、数列极差与可拆背包等案例,最后应用贪心算法构建哈夫曼树与哈夫曼编码。

7.1 贪心算法概述

1. 贪心算法的概念

贪心算法(greedy algorithm)又称贪婪算法,是一种着眼局部的简单而适应范围有限的优化策略。

当一个问题具有最优子结构性质时,我们会想到用动态规划法去求解,但有时会有更简单有效的解法。

举一个找硬币的例子:假设有 4 种硬币,面值分别为 2 角 5 分、1 角、5 分和 1 分。现在要找给某顾客 6 角 3 分钱,怎么找才能使给顾客的硬币个数最少呢?我们会不假思索地拿出 2 个 2 角 5 分的硬币,1 个 1 角的硬币和 3 个 1 分的硬币交给顾客。这种找硬币方法与其他的找法相比,所拿出的硬币个数是最少的。这里,使用了这样的找硬币算法:首先选出一个面值不超过 6 角 3 分的最大硬币,即 2 角 5 分;然后从 6 角 3 分中减去 2 角 5 分,剩下 3 角 8 分;再选出一个面值不超过 3 角 8 分的最大硬币,即又一个 2 角 5 分。如此一直做下去。这个找硬币的方法实际上就是贪心算法。

贪心算法总是做出在当前看来是最好的选择。如上面的找硬币问题本身具有最优子结构性质,它可以用动态规划来解。但我们看到,用贪心算法更简单、更直接且解题效率更高。

贪心算法没有固定的算法框架,算法设计的关键在于贪心策略的选择与确定。

贪心算法在求解最优化问题时,从初始阶段开始,每一个阶段总是做一个使局部最优的贪心选择,不断将问题转换为规模更小的子问题。也就是说贪心算法并不从整体最优考虑,它所做出的选择只是局部最优选择。这样处理,对大多数优化问题来说能得到最优解,但也并不总是这样。

从求解效率来说,贪心算法比动态规划更高,且不存在空间限制的影响。

贪心算法的基本思想是通过一系列选择步骤来构造问题的解,每一步都是对当前部分解的一个扩展,直至获得问题的完整解。

应用贪心算法所做的每一步选择都必须满足以下要求。

(1) 可行。必须满足问题的约束条件。

(2) 局部最优。在当前所有可能的选择中选择使局部最优的决策。

(3) 不可取消。一旦做出选择,在后面的步骤中无法改变。

贪心算法是通过做一系列的选择来求出某一问题的最优解,对算法的每一个决策点,做一个当时(看起来)是最佳的选择,这种启发式策略并不总能产生出最优解。

例如,上述找硬币的算法利用了硬币面值的特殊性,如果 3 种硬币的面值改为 1 分、

5 分和 1 角 1 分,而要找给顾客的是 1 角 5 分钱。还用贪心算法,将找给顾客 1 个 1 角 1 分的硬币和 4 个 1 分的硬币,然而 3 个 5 分的硬币显然是更好的找法。

从硬币找零的问题来看,贪心算法是最接近人类认知思维的一种解题策略。但是,越是显而易见的方法往往越难证明。

此外,贪心策略也可以用于求解一些构造类问题。当应用枚举求解构造类问题较为复杂时,应用贪心策略有时可快捷地构造出所需要的一些解。

2. 贪心算法的理论基础

借助矩阵胚工具,可以建立关于贪心算法的一般性理论。

子集系统(subset system) 把一个二元组 (E, I) 叫作一个子集系统,如果满足:

(1) E 是一个非空有限集。

(2) I 是 E 的一个子集族,它在包含运算下封闭,即 I 的每一个元素 a 都是 S 的一个子集,并且 a 的任何子集 a' 也是 I 的元素。

(3) 给 E 中的每一个元素 e 赋予一个正权 $w(e)$。

考虑至少有一条边的带权无向连通图 G,令它的边集为 E,它的所有生成森林的集合为 I,则 (E, I) 就是一个子集系统。

极大独立集(maximal independent set) 把 I 中的元素都称为独立集。对于 I 中的元素 a,如果不存在 I 中的另一个元素 a' 使得 a 是 a' 的真子集,则称 a 是极大独立子集。该极大独立子集的基数为它包含的元素的个数。

例如,图 G 的所有生成树就是所有的极大独立子集。所有极大独立子集具有相同的基数 $|V| - 1$,这里 $|V|$ 为图 G 的顶点数。

给定矩阵胚 $M = (S, I)$,对于 I 中的独立子集 $A \in I$,若 S 有一个元素 $x \notin A$,使得将 x 加入 A 后仍保持独立性,即 $A \cup \{x\} \in I$,则称 x 为 A 的可扩展元素。

当矩阵胚 M 中的独立子集 A 没有可扩展元素时,称 A 为极大独立子集。或者说,当 A 不被 M 中别的独立子集包含时,A 就是极大独立子集。

子集系统优化问题 对于子集系统,定义优化问题:在子集系统 (E, I) 中选取一个元素 $S \in I$,使得 $w(S)$ 最大,这里 $w(S)$ 为 S 中所有元素的权和。

应用贪心算法,先把 E 中元素权值按降序排序为 $e_1, e_2, \cdots$,令集合 S 为空集,尝试每次把 $e_1, e_2, \cdots$ 添加到 S 中。如果添加之后 S 仍是独立集,则添加成功;如果 S 不是独立集,则由定义知,以后无论怎样添加元素,得到的集合都不可能成为独立集。当 S 是一个独立集时,S 即为算法的输出。

以上贪心算法并不能确保得到最优解,例如,可能因添加了 e_1 后而导致 e_2、e_3 等无法添加,而 $e_2 + e_3 > e_1$ 是可能成立的,显然得不偿失。在算法中只可能撤销当前的添加,而无法撤销以前的添加操作,所以应用贪心法有可能失败。

为了清楚应用贪心法何时是正确的,有必要用到一个特殊子集系统——矩阵胚。

矩阵胚(matroid) 又称为拟阵,是一个满足以下交换性质的特殊子集系统:

对于任何两个独立集 S_1、S_2,如果 $|S_1| < |S_2|$,那么 $S_2 - S_1$ 中一定存在一个元素 e 使得 $\{e\} \cup S_1$ 仍是独立集。

判断一个子集系统是不是矩阵胚常应用以下性质。

定理 7-1 一个子集系统是矩阵胚当且仅当所有极大独立子集具有相同的基数。

　　证明：设 A 和 B 是 M 的极大独立子集，且 $|A|<|B|$。由拟阵的交换性质得，存在某一元素 $x \in B-A$ 使得 $A \cup \{x\} \in I$，这与 A 是极大独立子集相矛盾。同理，由 $|A|>|B|$ 也将导致矛盾，故有 $|A|=|B|$。

　　例如，若 S 是一个矩阵中的行向量集合，I 是 S 的线性独立子集族，则 (S,I) 是矩阵胚。

　　定理 7-2　子集系统优化问题的贪心算法正确当且仅当该子集系统是一个矩阵胚。

　　矩阵胚理论是一种能够确定贪心算法何时能够产生最优解的理论，虽然这套理论还很不完善，但在求解最优化问题时发挥着重要作用。

7.2　删数字问题

1. 案例提出

　　在给定的 n 个数字的数字串中，删除其中 $k(k<n)$ 个数字后，剩下的数字按原次序组成一个新的正整数。请确定删除方案，使得剩下的数字组成的新正整数最大。

　　例如，在整数 762191754639820463 中删除 6 个数字后，所得最大整数为多大？

2. 贪心设计要点

　　操作对象是一个可以超过有效数字位数的 n 位高精度数，存储在数组 a 中。

　　在整数的位数固定的前提下，让高位的数字尽量大，整数的值就大。这就是所要选取的贪心策略。

　　每次删除一个数字，选择一个使剩下的数最大的数字作为删除对象。之所以选择这样"贪心"的操作，是因为删除 k 个数字的全局最优解包含了删除一个数字的子问题的最优解。

　　当 $k=1$ 时，在 n 位整数中删除哪一个数字能达到最大？从左到右每相邻的两个数字比较：若出现增，即左边数字小于右边数字，则删除左边的小数字；若不出现增，即所有数字全部降序或相等，则删除最右边的小数字。

　　例如，在 18 位整数 762191754639820463 中，删除 1 个数字，使剩下的 17 位数最大，如何删？

　　要使删除 1 个数字后的 17 位数最大，首位数字必须最大。首先，首位数字 7 与第 2 位数字 6 比较。因 7>6，为减，首位数字 7 不能删。

　　往后推，6 与 2 比较，因 6>2，为减，6 不能删。

　　再往后推，2 与 1 比较，因 2>1，为减，2 不能删。

　　继续往后推，1 与 9 比较，因 1<9，出现增，则删除左边的小数字 1。

　　当 $k>1$（当然小于 n）时，按上述操作，每一次操作从串首开始，每相邻的两个数字比较，出现增时，删除左边的小数字。每次操作删除一个数字后，后面的数字向前移位。

　　因此，只要从左至右每两相邻数字比较，出现增，即删除首数字。直到不出现增时，此时如果还不到删除指定的 k 位，输出剩下串的左边 $n-k$ 个数字即可（相当于删除了余下的最右边若干小数字）。

　　下面具体分解在数 16485679 中删除 4 个数字的贪心操作步骤：

$$1 \quad 6 \quad 4 \quad 8 \quad 5 \quad 6 \quad 7 \quad 9$$

　　(1) 出现 1<6，删除 1：　×　6　4　8　5　6　7　9

　　　　所有数字移位：　　　6　4　8　5　6　7　9

（2）出现 4＜8，删除 4：6 × 8 5 6 7 9

后 5 个数字移位： 6 8 5 6 7 9

（3）出现 6＜8，删除 6：× 8 5 6 7 9

所有数字移位： 8 5 6 7 9

（4）出现 5＜6，删除 5：8 × 6 7 9

后 3 个数字移位： 8 6 7 9

所得 8679 是 8 位数 16485679 中删除 4 个数字后所得的最大 4 位数。

算法中的主要操作是比较与移位，算法的时间复杂度为 $O(n^2)$。

3. 贪心算法程序设计

```
//贪心删数字达最大,c721
#include<stdio.h>
void main()
{   int i,j,k,m,n,x,a[200];
    char b[200];
    printf("  请输入整数: ");
    scanf("%s",b);                     //以字符串方式输入整数
    for(n=0,i=0;b[i]!='\0';i++)
        { n++;a[i]=b[i]-48;}
    printf("删除数字个数:");scanf("%d",&k);
    if(n<=k)
        { printf("整数中数字不够删!\n ");return;}
        printf("以上%d位整数中删除%d个数字分别为: ",n,k);
        i=0;m=0;x=0;
        while(k>x && m==0)
            {  i=i+1;
            if(a[i-1]<a[i])            //两位比较出现增,删除首数字
            {  printf("%d,",a[i-1]);
                for(j=i-1;j<=n-x-2;j++)
                    a[j]=a[j+1];
                x=x+1;                 //x统计删除数字的个数
                i=0;                   //从头开始查增区间
            }
            if(i==n-x-1)   m=1;        //已无增区间,m=1脱离循环
        }
        if(x<k)
          printf("及右边的%d个数字。\n",k-x);
        printf("\n  删除后所得最大数: ");
        for(i=1;i<=n-k;i++)            //打印剩下的左边 n-k 个数字
          printf("%d",a[i-1]);
}
```

4. 算法的改进

（1）以上贪心删数字算法每删除一个数字 $a[i-1]$，赋值 $i=0$，即必须从头开始查找增区间。其实此时只需从 $a[i-2]$ 开始查找增区间即可，因为先前的操作能够保证 $a[i-2]$ 及之前的数字不是增区间。

（2）以上贪心删数字算法每删除一个数字 $a[i-1]$，必须逐一把其后的数字往前移动一位，如果 n 及 k 相当大，移动过程花费较大。其实每删除数字后，并不一定需要移动数字的位置，只对所删除数位赋标记值 -1，代表该位置的数字已经删除即可。同时，查找增区间时

跳过该数位。

改进后的算法程序设计如下所示:

```
//贪心删数字改进算法,c722
#include<stdio.h>
void main()
{   int i,k,m,n,t,x,a[10000];
    char b[10000];
    printf("请输入整数: ");
    scanf("%s",b);                          //以字符串方式输入高精度整数
    for(n=0,i=0;b[i]!='\0';i++)
      {n++;a[i]=b[i]-48;}
    printf("删除数字个数:");scanf("%d",&k);
    if(n<=k)
    { printf("整数中数字不够删!\n ");return;}
printf("以上%d位整数中删除%d个数字分别为: ",n,k);
t=0;m=0;x=0;
i=t+1;
while(x<k && i<=n)                          //删除的数字后已无增区间,脱离循环
{   if(t>=0 && a[t]<a[i])                   //出现增,删除增的首数字
    {   printf("%d,",a[t]);
        a[t]=-1;                            //删除的数字标记-1
        while(t>=0 && a[t]==-1)
          t--;                              //从删除数字的前一位非-1数字开始查找增区间
        x=x+1;                              //x统计删除数字的个数
    }
    else t=i++;
}
printf("\n  删除后所得最大数: ");
for(i=0,x=0;x<n-k;i++)                      //打印左边的n-k个非-1数字
  if(a[i]!=-1)
    { printf("%d",a[i]);x++;}
}
```

5. 运行程序示例与变通

请输入整数:762191754639820463
删除数字个数:6
以上18位整数中删除6个数字分别为:1,2,6,7,1,4,
删除后所得最大数:975639820463

变通:修改程序,求删除 k 个数字后所得的数达到最小。

7.3　埃及分数式

金字塔的故乡埃及也是数学的发源地之一。古埃及数系中,记数常采用分子为1的分数,称为"埃及分数"。

人们研究较多且颇感兴趣的问题是: 把一个给定的分数转换为若干不相同的埃及分数之和,约定埃及分数的分母不能与给定分数的分母相同。当然,转换的方法可能会有很多种。常把分解式中埃及分数的个数最少,或在个数相同时埃及分数中最大分母为最小的分解式称为最优分解式。

把给定分数分解为埃及分数之和,或对已有的埃及分数式进行优化,往往是一个烦琐、艰辛的过程。

例如,对 3/11,可分解为 3/11＝1/5＋1/15＋1/165。

试寻求分数 3/11 新的埃及分数式。

7.3.1 选择最小分母构建

1. 贪心算法设计

对于给定的分数,如何快速寻求其埃及分数式,即把该分数分解为若干埃及分数之和?应用贪心选择,每次选择分母最小的最大埃及分数是一个可行的构建思路。

例如,要寻求分数 7/8 的埃及分数式做以下贪心选择:

$$\frac{7}{8} > \frac{1}{2}, \quad \frac{7}{8} - \frac{1}{2} = \frac{3}{8} > \frac{1}{3}, \quad \frac{7}{8} - \frac{1}{2} - \frac{1}{3} = \frac{1}{24}$$

即首选小于 7/8 的最大埃及分数 1/2,然后选小于 3/8 的最大埃及分数 1/3,最后所得 1/24 也为埃及分数。因而得 7/8 的埃及分数式

$$\frac{7}{8} = \frac{1}{2} + \frac{1}{3} + \frac{1}{24}$$

一般地,对于给定的真分数 $a/b (a \neq 1)$,有以下数学模型:

设 $d = \text{int}\left(\dfrac{b}{a}\right)$(这里 $\text{int}(x)$ 表示取正数 x 的整数),注意到 $d < \dfrac{b}{a} < d+1$,有

$$\frac{a}{b} = \frac{1}{d+1} + \frac{a(d+1)-b}{b(d+1)}$$

以上公式是贪心选择最大埃及分数的依据,即取埃及分数的分母为 $c = d+1$,真分数 $(ac-b)/(bc)$ 去除公因数后,同以上 a/b 考虑。

贪心算法设计步骤如下。

(1) 对给定的真分数 $a/b (a \neq 1)$,求得 $c = \text{int}(b/a)+1$。

(2) 设置 f 数组存储式中各埃及分数的分母。若 $c < 10\,000\,000\,000$(约定埃及分数分母上限,分母太大不予考虑),则 $f[k]=c$;否则,退出循环。

(3) 对 a、b 实施迭代:$a=ac-b, b=bc$,为探索下一个埃及分数的分母做准备。

(4) 通过试商去除 a、b 的公因数。

(5) 若 $a \neq 1$,继续循环;否则 $a=1$,则 $f[k]=b$;然后退出循环,输出结果。

以上操作设计在永真循环中,设置了两个循环出口。

(1) 当出现分母 c 太大以至超过约定上限时,视为不成功,退出循环,输出"尚未找到合适的埃及分数式!"后结束。

(2) 出现 $a=1$ 时,即所剩分数 a/b 已为埃及分数,退出循环,输出 k 个埃及分数组成的埃及分数式后结束。

2. 贪心求解埃及分数式程序实现

```
//埃及分数式的贪心求解,c731
#include<stdio.h>
void main()
```

```
{   int a,b,c,k,j,t,u,f[20];
    printf("  请输入分数的分子、分母: ");scanf("%d,%d",&a,&b);
    printf("  %d/%d=",a,b);
    if(a==1‖b%a==0)
    {  printf("%d/%d=%d/%d \n",a,b,1,b/a);
       return;
    }
    k=0;t=0;j=b;                        //记录给定分数的分母
    while(1)
    {  c=b/a+1;
       if(c>1000000000‖c<0)            //所得分母超过所定上限,则中断
           {t=1;break;}
       if(c==j)c++;                     //保证埃及分数的分母不与给定分数的分母相同
       k++;f[k]=c;                      //得第 k 个埃及分数的分母
       a=a*c-b;
       b=b*c;                           //a、b 迭代,为选择下一个分母做准备
       for(u=2;u<=a;u++)
           while(a%u==0 && b%u==0)
               {a=a/u;b=b/u;}
       if(a==1 && b!=j)                 //化简后的分数为埃及分数,则赋值后退出
           {k++;f[k]=b;break;}
    }
    if(t==0)                            //输出 k 个埃及分数组成的埃及分数式
    {  printf("1/%d",f[1]);
       for(j=2;j<=k;j++)
           printf("+1/%d",f[j]);
       printf("\n");
    }
    else
       printf("  尚未找到合适的埃及分数式!\n");
}
```

3. 程序运行示例

```
请输入分数的分子、分母: 3,11
3/11=1/4+1/44
```

显然,所得到的埃及分数式优于已给定的 $3/11=1/5+1/15+1/165$。

7.3.2　贪心选择范围的扩展

1. 选择范围扩展

以上贪心选择时,每一步都选比本分数小的最大埃及分数。这样尽管快速,但因为太严格,可能会失去一些构建时机,从而不能保证所找到的埃及分数式是最优的,或者可能根本找不到埃及分数式。

试把埃及分数贪心选择的环境适当放宽,选择范围适当扩大,即埃及分数的分母由以上贪心选择最小分母 $c=\mathrm{int}(b/a)+1$ 扩展至 $c=\mathrm{int}(b/a)+d$,这里 d 为放宽尺度 $1,2,\cdots,5$。必要时可把该尺度作扩大或缩小调整。

2. 选择范围扩展的程序设计

```
//选择范围扩展的贪心求解,c732
#include<stdio.h>
void main()
{   int a1,b1,a,b,c,d,k,j,t,u,f[20];
    printf("请输入分数的分子、分母: ");
    scanf("%d,%d",&a1,&b1);
    if(a1==1 || b1%a1==0)
    {   printf("%d/%d=%d/%d \n",a1,b1,1,b1/a1);
        return;
    }
    for(d=1;d<=5;d++)
    {   a=a1;b=b1;k=0;t=0;
        while(1)
        {   c=b/a+d;
            if(c>1000000000 || c<0)
                {t=1;break;}
            if(c==b1)c++;                //保证埃及分数的分母不与给定分数的分母相同
            k++;f[k]=c;
              a=a*c-b; b=b*c;
            for(u=2;u<=a;u++)
                while(a%u==0 && b%u==0)
                   {a=a/u;b=b/u;}
            if(a==1 && b!=b1)            //化简后的分数为埃及分数,则赋值后退出
                {k++;f[k]=b;break;}
        }
        if(t==1) continue;
        {   printf("%d/%d=1/%d",a1,b1,f[1]);
            for(j=2;j<=k;j++)
              printf("+1/%d",f[j]);
            printf("\n");}
    }
}
```

3. 程序运行示例

```
请输入分数的分子、分母: 3,11
3/11=1/4+1/44
3/11=1/5+1/15+1/165
3/11=1/6+1/12+1/44
3/11=1/8+1/12+1/20+1/74+1/1140+1/309320
```

在所得的 4 个埃及分数式中,第 3 个是新探索得到的比第 2 个更优的埃及分数式。可见,适当修改贪心选择环境可望得到较为满意的结果。

从这一案例的求解可知,贪心策略不仅可应用于求解最优化问题,在解决一些构造类问题时,选择适当的贪心策略可缩减构建的步骤与时间。

7.4 可拆背包问题

第 6 章应用动态规划求解了 0-1 背包的最优化问题,在 0-1 背包问题中要求物品不可拆,即对某一种物品,或装包,或不装包,两个决策选择一个。本节讨论可拆背包问题,即每一个物品都是可拆的,即对某一种物品,或整体装包,或装一部分,或不装包。

1. 案例提出

已知 n 种物品和一个可容纳 c 重量的背包,物品 i 的重量为 w_i,产生的效益为 p_i。装包时物品可拆,即可只装每种物品的一部分。显然,物品 i 的一部分 x_i 放入背包可产生的效益为 $x_i p_i$,这里 $0 \leqslant x_i \leqslant 1, p_i > 0$。

设计如何装包,使装包所得整体效益最大。

2. 贪心算法设计

应用贪心算法求解。每一种物品装包,由 $0 \leqslant x_i \leqslant 1$,可以整个装入,也可以只装一部分,也可以不装。

约束条件:$\displaystyle\sum_{1 \leqslant i \leqslant n} w_i x_i \leqslant c$

目标函数:$\displaystyle\max \sum_{1 \leqslant i \leqslant n} p_i x_i \quad (0 \leqslant x_i \leqslant 1)$

要使整体效益即目标函数最大,每次选择单位重量效益最高的物品装包,这就是贪心策略。各物品按单位重量的效益进行降序排列,从单位重量效益最高的物品开始,一件件物品装包,直至某一件物品装不下时,装这种物品的一部分把包装满。

解可拆背包问题贪心算法的时间复杂度为 $O(n)$。

3. 可拆背包程序实现

```c
//可拆背包问题,c741
#include<stdio.h>
#define N 100
void main()
{  float p[N],w[N],x[N],c,cw,s,h;
   int i,j,n;
   printf("\n input n: "); scanf("%d",&n);    //输入已知条件
   printf("input c: "); scanf("%f",&c);
   for(i=1;i<=n;i++)
   {  printf("input w%d,p%d: ",i,i);
      scanf("%f,%f",&w[i],&p[i]);
   }
   for(i=1;i<=n-1;i++)                          //对 n 件物品按单位重量的效益从大到小排序
       for(j=i+1;j<=n;j++)
           if(p[i]/w[i]<p[j]/w[j])
           {  h=p[i];p[i]=p[j]; p[j]=h;
              h=w[i];w[i]=w[j]; w[j]=h;
           }
   cw=c;s=0;                                    //cw 为背包还可装的重量
   for(i=1;i<=n;i++)
   {  if(w[i]>cw) break;
      x[i]=1.0;                                 //若 w[i]<=cw,整体装入
      cw=cw-w[i];
      s=s+p[i];
   }
   x[i]=(float)(cw/w[i]);                       //若 w[i]>cw,装入一部分 x[i]
   s=s+p[i]*x[i];
```

```
        printf("装包: ");                           //输出装包结果
        for(i=1;i<=n;i++)
          if(x[i]<1)  break;
          else
            printf("\n 装入重量为%5.1f 效益为%5.1f 的物品。",w[i],p[i]);
          if(x[i]>0 && x[i]<1)
            printf("\n 装入重量为%5.1f 效益为%5.1f 的物品百分之%5.1f。",w[i],p[i],
        x[i] * 100);
        printf("\n 所得最大效益为: %7.1f ",s);
}
```

4. 程序运行示例

```
input n:5  input c: 90.0        装包:
input w1,p1: 32.5,56.2          装入重量为 41.3 效益为 78.4 的物品。
input w2,p2: 25.3,40.5          装入重量为 37.4 效益为 70.8 的物品。
input w3,p3: 37.4,70.8          装入重量为 32.5 效益为 56.2 的物品百分之 34.8。
input w4,p4: 41.3,78.4          所得最大效益为: 168.7
input w5,p5: 28.2,40.2
```

7.5 数列操作与极差

涉及数列压缩操作的最值问题是最优化设计的课题之一。本节简单介绍数列操作及其优化,以及数列极差的贪心设计求解。

7.5.1 数列操作

1. 案例提出

给定一个由 n 个正整数组成的数列,对数列进行一次操作: 去除其中两项 a、b,然后添加一项 $ab+1$。每操作一次数列减少一项,经 $n-1$ 次操作后该数列只剩一个数。

试求在 $n-1$ 次操作后最后得数的最大值。

2. 贪心算法设计

设数列有 3 项: x,y,z $(x \leqslant y \leqslant z)$,由

$$(xy+1)z+1 \geqslant (xz+1)y+1 \geqslant (yz+1)x+1$$

可知选取数列中最小的两项操作,可使积最大。

采用贪心算法,当数列中有 3 项以上时,为使最后所得数最大,每次选择去掉最小的两项操作。

设置 a 数组存储数列各项,同时对 n 项进行升序排列。

为了得到最大值,设置控制 $n-1$ 次操作的 $k(1 \sim n-1)$ 循环。每次操作对最小的前两项 $a[k]$、$a[k+1]$ 实施:

```
x=a[k];y=a[k+1];a[k+1]=x * y+1;
```

操作后,应用逐项比较对 $a[k+1]$,$\cdots$,$a[n]$ 进行升序排列,为下一次操作做准备。

最后所得 $a[n]$ 即为所求的数列操作的最大值。

因应用逐项比较进行排列,其时间复杂度为 $O(n^2)$,因而数列操作的贪心设计的时间复

杂度为 $O(n^3)$。

3. 程序实现

```
//数列操作得数的最大值,c751
#include<stdio.h>
void main()
{  int k,i,j,n; long h,x,y,a[200];
   printf("请输入数列项数n: ");
   scanf("%d",&n);
   for(k=1;k<=n;k++)                        //逐项输入数列中的各个整数
   {  printf("请输入各项: ");
      scanf("%ld",&a[k]);
   }
   for(i=1;i<=n-1;i++)
      for(j=i+1;j<=n;j++)
         if(a[i]>a[j])                      //数列n项进行升序排列
           {h=a[i];a[i]=a[j];a[j]=h;}
   printf("操作数列%d项分别为: ",n);
   for(j=1;j<=n;j++)                        //原始数据升序排序
      printf("%5ld",a[j]);
   for(k=1;k<=n-1;k++)                      //共操作n-1次
   {  x=a[k];y=a[k+1];a[k+1]=x*y+1;         //实施一次操作
      for(i=k+1;i<=n-1;i++)                 //操作后升序排列
      for(j=i+1;j<=n;j++)
         if(a[i]>a[j])
              {h=a[i];a[i]=a[j];a[j]=h;}
   }
   printf("\n  该数列操作所得最大值为: %ld \n",a[n]);
}
```

4. 程序运行示例

```
请输入数列项数n: 6
输入各项: 8 9 3 6 5 4
操作数列6项分别为: 3 4 5 6 8 9
该数列操作所得最大值为: 29493
```

7.5.2 数列操作优化

1. 优化要点

1) 降低算法的时间复杂度

以上算法中的逐个比较排序运算量为 $O(n^2)$,数列操作的时间复杂度为 $O(n^3)$。拟改进逐个比较排序,把实施排序的两重循环

```
for(i=k+1;i<=n-1;i++)
for(j=i+1;j<=n;j++)
```

改进为

```
for(i=k+1;i<=k+2;i++)
for(j=i+1;j<=n;j++)
```

以降低算法的时间复杂度。

2）改进操作过程的显示

以上程序只显示最后所得的最大值，操作过程没有显现，看起来不够清楚。

改进过程显示，每一次操作后显示去除的两项与增加的 1 项，对增加的 1 项的来源进行标注。

2. 优化程序实现

```c
//数列优化操作得数的最大值,c752
#include<stdio.h>
void main()
{   int k,i,j,n; long h,x,y,z,a[200];
    printf("请输入数列项数 n: ");
    scanf("%d",&n);
    for(k=1;k<=n;k++)                        //逐个输入数列中的各个整数
    {   printf("请输入数列的第%d项: ",k);
        scanf("%ld",&a[k]);
    }
    for(i=1;i<=2;i++)
    for(j=i+1;j<=n;j++)
        if(a[i]>a[j])                        //求出 n 项的最小两项
            {h=a[i];a[i]=a[j];a[j]=h;}
    printf("原始数据为: ");
    for(j=1;j<=n;j++)                        //原始数据最小两项排前
        printf("%5ld",a[j]);
    for(k=1;k<=n-1;k++)                      //共操作 n-1 次
    {   x=a[k];y=a[k+1];a[k+1]=x*y+1;        //实施一次操作
        z=a[k+1];
        printf("\n 第%d 次操作后为: ",k);     //输出操作结果
        for(i=k+1;i<=k+2;i++)
        for(j=i+1;j<=n;j++)                  //操作后最小两项排前
            if(a[i]>a[j])
                {h=a[i];a[i]=a[j];a[j]=h;}
        for(j=k+1;j<=n;j++)
        {   printf("%5ld",a[j]);
            if(a[j]==z)                      //注明操作数
                printf("(%ld * %ld+1)",x,y);
        }
    }
    printf("\n 该数列操作所得最大值为: %ld \n",a[n]);
}
```

3. 程序运行示例与分析

```
请输入数列项数 n: 6    原始数据为:    3  4  9  8  6  5
请输入数列的第 1 项: 8  第 1 次操作后为: 5  6  13(3 * 4+1)   9  8
请输入数列的第 2 项: 9  第 2 次操作后为: 8  9  31(5 * 6+1)   13
请输入数列的第 3 项: 3  第 3 次操作后为: 13 31 73(8 * 9+1)
请输入数列的第 4 项: 6  第 4 次操作后为: 73 404(13 * 31+1)
请输入数列的第 5 项: 5  第 5 次操作后为: 29493(73 * 404+1)
请输入数列的第 6 项: 4  该数列操作所得最大值为: 29493
```

第 4 章介绍的快速排序的时间复杂度为 $O(n\log n)$（与底数无关，所以没写底数，后同），低于逐个比较排序的时间复杂度$O(n^2)$。因而把上述算法中的逐个比较排序改进为快

速排序,可把数列操作的时间复杂度降低至 $O(n^2 \log n)$。

按上述贪心算法,每次操作只对最小的两项进行操作,因而无须对整个数列排序。这样,把原排序的时间复杂度 $O(n^2)$ 降低为 $O(n)$,于是整个数列操作的时间复杂度降低至 $O(n^2)$。

7.5.3 数列极差

1. 案例提出

给定一个由 n 个正整数组成的数列,进行一次操作:去除其中两项 a、b,然后添加一项 $ab+1$。经 $n-1$ 次操作后该数列剩一个数。

在所有按这种操作方式最后得到的数中,最大值记作 max,最小值记作 min,试求该数列操作的极差 max−min。

2. 贪心算法设计

采用贪心算法,当数列中有 3 项以上时,为使最后一个数最大,每次操作选择去掉最小的两项;为使最后一个数最小,每次操作选择去掉最大的两项。

为了得到 max,设置控制 $n-1$ 次操作的 $k(1 \sim n-1)$ 循环。对操作的数列项求出最小两项 $w[k]$ 和 $w[k+1]$,实施操作:

$$x = w[k]; y = w[k+1]; w[k+1] = x * y + 1;$$

其中,x、y 为随后的标注提供数据。操作后,求出 $w[k+1]$,$w[k+2]$,…,$w[n]$ 的最小两项,为下一次操作做准备。

为了得到 min,设置控制 $n-1$ 次操作的 $k(1 \sim n-1)$ 循环。对操作的数列项实施降序排列后,对最大两项 $w[k]$ 和 $w[k+1]$ 实施操作:

$$x = w[k]; y = w[k+1]; w[k+1] = x * y + 1;$$

其中,x、y 为随后的标注提供数据。操作后,x、y 为去掉的项,显然 $w[k+1]$、$w[k+2]$ 为数列现有项的最大两项(无须排序操作),为下一次操作做准备。

为使操作过程清晰,每一次操作后输出操作结果。

3. 程序实现

```
//贪心实现数列极差,c753
#include<stdio.h>
void main()
{   int k,i,j,n;
    long h,x,y,z,max,min,a[200],w[200];
    printf(" 请输入数列项数 n: "); scanf("%d",&n);
    for(k=1;k<=n;k++)                              //逐个输入数列中的各个整数
    {   printf("请输入各项: "); scanf("%ld",&a[k]);
    }
    for(i=1;i<=n-1;i++)
      for(j=i+1;j<=n;j++)
        if(a[i]>a[j])                              //对 n 项从小到大排序
          { h=a[i];a[i]=a[j];a[j]=h;}
    printf("\n  最大值操作: \n");
    printf("原始数据排序为: ");
    for(j=1;j<=n;j++)                              //原始数据升序排序
        printf("%5ld",a[j]);
```

```
    for(j=1;j<=n;j++) w[j]=a[j];
    for(k=1;k<=n-1;k++)                                        //共操作 n-1 次
    { x=w[k];y=w[k+1];w[k+1]=x*y+1;                            //实施一次操作
      z=w[k+1];
      printf("\n 第%d 次操作后为: ",k);                         //输出操作结果
      for(i=k+1;i<=k+2;i++)                                    //操作后求最小两项
          for(j=i+1;j<=n;j++)
            if(w[i]>w[j])
              { h=w[i];w[i]=w[j];w[j]=h; }
          for(j=k+1;j<=n;j++)
          { printf("%5ld",w[j]);
            if(w[j]==z)                                        //注明操作数
              printf("(%ld * %ld+1)",x,y);
          }
    }
    max=w[n];
    printf("\n 最小值操作: \n");
    printf("原始数据排序为: ");
    for(j=n;j>=1;j--)                                          //原始数据降序排列
        printf("%5ld",a[j]);
    for(j=1;j<=n;j++) w[n+1-j]=a[j];
    for(k=1;k<=n-1;k++)                                        //共操作 n-1 次
    { x=w[k];y=w[k+1];w[k+1]=x*y+1;                            //实施一次操作
      z=w[k+1];
      printf("\n 第%d 次操作后为: ",k);
      printf("%5ld(%ld * %ld+1)",z,x,y);                      //输出最大项 z 并实施标注
      for(j=k+2;j<=n;j++)
          printf("%5ld",w[j]);                                //输出数列的其他项
    }
    min=w[n];
    printf("\n    该数列极差为: %ld \n",max-min);
}
```

4. 程序运行示例与分析

```
请输入数列项数 n: 6
输入各项: 8 9 4 6 5 3            最小值操作:
最大值操作:                      原始数据排序为: 9 8 6 5 4 3
原始数据排序为: 3 4 5 6 8 9      第 1 次操作后为: 73(9 * 8+1)  6  5  4  3
第 1 次操作后为:  5  6  13(3 * 4+1)  8  9    第 2 次操作后为: 439(73 * 6+1)  5  4  3
第 2 次操作后为:  8  9  31(5 * 6+1) 13       第 3 次操作后为: 2196(439 * 5+1)  4  3
第 3 次操作后为: 13  31  73(8 * 9+1)         第 4 次操作后为: 8785(2196 * 4+1)  3
第 4 次操作后为: 73  404(13 * 31+1)          第 5 次操作后为: 26356(8785 * 3+1)
第 5 次操作后为: 29493(73 * 404+1)           该数列极差为: 3137
```

说明: 求最大值操作时,数列每操作一次后需通过比较求出数列项的最小两项,为后一次操作做准备,这是必要的。

求最小值操作时,数列每操作一次后无须通过比较求出数列项的最大两项,即可省略求出数列项最大两项的比较。因为每次操作时选择的是最大两项,增加的项无疑为数列的最大项,而其余项降序未变。

在求 max 的 $n-1$ 次操作中,应用精简的“逐项比较”求出最小两项的时间复杂度为 $O(n)$,整个算法的时间复杂度为 $O(n^2)$。

7.6　哈夫曼树及其应用

哈夫曼(Huffman)树又称为最优二叉树,是一类带权路径长度最小的二叉树。哈夫曼编码就是利用哈夫曼树得到的二进制前缀编码,在数据通信与数据压缩领域中广泛使用。

7.6.1　哈夫曼树

1. 哈夫曼树定义

设二叉树共有 n 个端点,从二叉树第 k 个端点到树的根结点的路径长度 l_k 为该端结点(或叶子)的祖先数,即该叶子的层数减 1。同时,每一个结点都带一个权(实数),第 k 个端点所带权为 w_k。定义各个端结点的路径长 l_k 与该点的权 w_k 的乘积之和为该二叉树的带权路径长 wpl,即

$$\mathrm{wpl} = \sum_{k=1}^{n} l_k \times w_k$$

对 n 个权值 $w_1, w_2, \cdots, w_n$,构造出所有由 n 个分别带这些权值的叶结点组成的二叉树,其中带权路径长 wpl 最小的二叉树称为哈夫曼树。

例如,给出 5 个权值 $\{5,4,7,2,8\}$,可生成多棵二叉树,图 7-1 所示为其中的 3 棵,它们的带权路径长 wpl 分别为

(a) wpl$=7\times3+2\times3+4\times2+5\times2+8\times2=61$。

(b) wpl$=5\times3+2\times3+8\times2+4\times2+7\times2=59$。

(c) wpl$=2\times3+4\times3+5\times2+7\times2+8\times2=58$。

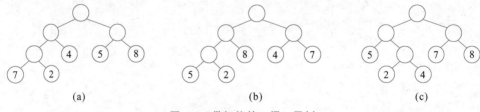

图 7-1　带权值的 3 棵二叉树

比较所有的二叉树,其中图 7-1(c)的 wpl 最小,即为对应权 $\{5,4,7,2,8\}$ 的哈夫曼树。

2. 哈夫曼算法

如何构造哈夫曼树呢? 哈夫曼最早给出了一个贪心策略的算法,称为哈夫曼算法。

哈夫曼算法的操作步骤如下。

(1) 根据给定的 n 个权值 $\{w_1, w_2, \cdots, w_n\}$ 构成 n 棵二叉树的森林 $F = (T_1, T_2, \cdots, T_n)$。其中每棵二叉树中只有一个带权为 w_k 的根结点,其左右子树为空。

(2) 在 F 中选取两棵结点的权值最小的树作为左右子树构造一棵新的二叉树,且置新的二叉树的根结点的权值为其左右子树上结点权值之和。

(3) 在 F 中删除这两棵树,同时把新得到的二叉树加入 F 中。

(4) 重复步骤(2)、(3),直到 F 只含一棵树为止。这棵树即为哈夫曼树。

对应 4 个权 $\{2,4,5,7\}$ 的哈夫曼树生成过程如图 7-2 所示。

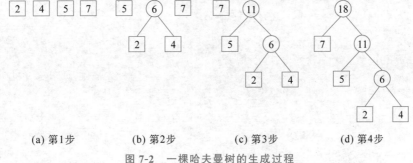

(a) 第1步   (b) 第2步   (c) 第3步   (d) 第4步

图 7-2　一棵哈夫曼树的生成过程

以上图示通过 3 次操作得到哈夫曼树。一般地,如果有 n 个权值,得到哈夫曼树须经共 $n-1$ 次操作。

实现哈夫曼算法如下。

(1) 对给定的 n 个权值进行升序排列。

(2) 设置 $n-1$ 次操作的 $k(1\sim n-1)$ 循环,在第 k 次操作中,由两个最小权值叶结点生成一个新结点,并标注左右子结点:

```
x=w[2*k-1]; y=w[2*k]; w[n+k]=x+y;
lc[n+k]=x; rc[n+k]=y;
```

(3) 新结点参与排序,为下一次操作做准备。

考虑到每一次排序可能改变 w 数组元素顺序,设置 u 数组,每次得到新结点,将其数据传送给 u 数组,最后输出时不是按已改变次序的 w 数组,而是按 u 数组输出。

(4) 为具体画出哈夫曼树提供方便,输出展示每一个结点的左右子结点的表。

3. 构造哈夫曼树程序设计

```
//哈夫曼树程序设计,c761
#include<stdio.h>
void main()
{   int k,i,j,n,h,s,x,y,z,w[100],u[100],lc[100],rc[100];
    s=0;
    printf("请输入权值的个数 n: ");
    scanf("%d",&n);
    for(k=1;k<=n;k++)                            //逐个输入各个权值
    {   printf("依次输入 4 个权值: ");
        scanf("%d",&w[k]);
        u[k]=w[k];
    }
    for(k=1;k<=n;k++) lc[k]=rc[k]=0;
    for(i=1;i<=n-1;i++)
        for(j=i+1;j<=n;j++)
            if(w[i]>w[j])                        //对 n 个权值从小到大排序
                {h=w[i];w[i]=w[j];w[j]=h;}
    printf("\n  原始权值排序:");
    for(j=1;j<=n;j++)                            //显示原始数据排序结果
            printf("%d",w[j]);
    for(k=1;k<=n-1;k++)                          //实施 n-1 次操作
```

```
{   x=w[2*k-1]; y=w[2*k];
    w[n+k]=x+y; s=s+w[n+k]; z=w[n+k];
    u[n+k]=w[n+k];
    lc[n+k]=x;rc[n+k]=y;                        //标注左右子结点
    printf("\n 第%d 次操作后为: ",k);
    for(i=2*k+1;i<=2*k+2;i++)                    //操作后找出最小的两项
    for(j=i+1;j<=n+k;j++)
        if(w[i]>w[j])
          {h=w[i];w[i]=w[j];w[j]=h; }
    for(j=2*k+1;j<=n+k;j++)                      //输出第 k 次操作结果
        {   printf("%d",w[j]);
          if(w[j]==z)                            //注明数据来源
              printf("(%d+%d)",x,y);
        }
}
printf("\n 最小带权路径长为: %d ",s);
printf("\n   k=");
for(k=1;k<=2*n-1;k++) printf("%3d",k);
printf("\n rc=");
for(k=1;k<=2*n-1;k++) printf("%3d",rc[k]);      //展示左右子结点
printf("\n   w=");
for(k=1;k<=2*n-1;k++) printf("%3d",u[k]);
printf("\n lc=");
for(k=1;k<=2*n-1;k++) printf("%3d",lc[k]);
printf("\n");
}
```

4. 程序运行示例

```
请输入权值的个数 n: 4              最小带权路径长为: 35
依次输入 4 个权值: 2,7,5,4        k= 1  2  3  4  5  6  7
原始权值排序: 2   4   5   7      rc=0  0  0  0  4  6  11
第 1 次操作后为: 5  6(2+4)  7      w=2  7  5  4  6  11  18
第 2 次操作后为: 7  11(5+6)       lc=0  0  0  0  2  5  7
第 3 次操作后为: 18(7+11)
```

根据以上数据,不难画出相应的哈夫曼树,如图 7-2(d)所示。

哈夫曼算法的时间复杂度为 $O(n^2)$。

7.6.2　哈夫曼编码

1. 哈夫曼编码概述

哈夫曼提出构造最优前缀码的贪心算法,由此产生的编码称为哈夫曼编码。

哈夫曼编码用字符在文件中出现的频率数据来建立一个用 0-1 串表示各字符的最优表示方式。给出现频率高的字符较短的编码,出现频率较低的字符以较长的编码,可以大大缩短总码长。

哈夫曼编码是广泛用于数据文件压缩十分有效的编码方法,其压缩率通常为 20%~90%。

对每一个字符规定一个 0-1 串作为其代码,并要求任一字符的代码都不是其他字符代码的前缀。这种编码又称为前缀码。

编码的前缀性质可以使译码方法非常简单。

例如,图 7-3 所示的二叉树,约定双亲到左孩子的边上标注数字 0,双亲到右孩子的边上标注数字 1,从根结点到每个叶子结点都有一条路径,把该路径上的标注数字排列即可得到各叶子结点对应的二进制编码。

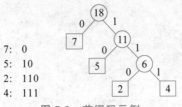

7:　0
5:　10
2:　110
4:　111

图 7-3　前缀码示例

由图 7-3 可见,每一个叶结点的前缀都在"藤"上的圆圈结点上,例如⑥结点的 1 是叶结点 2、4 的前缀,⑪结点的 1 是叶结点 5 和 2、4 的前缀。而任何叶结点不在其他叶结点的路径上,即任何叶结点的编码不是其他叶结点编码的前缀。

2. 案例提出

一个包含 100 000 个字符的文件,各字符出现的频率不同,如表 7-1 所示。

表 7-1　定长码与变长码

字　　符	出现的频率	定　长　码	变　长　码
a	23	0000	01
b	9	0001	1110
c	5	0010	11110
d	20	0011	00
e	3	0100	111111
f	12	0101	101
g	7	0110	1100
h	11	0111	100
i	2	1000	111110
j	8	1001	1101

定长码需要 400 000 位(每个字符 4 位),而按表 7-1 中变长编码方案,文件的总码长为
$(23×2+9×4+5×5+20×2+3×6+12×3+7×4+11×3+2×6+8×4)×1000=306\ 000$。

用变长码比用定长码方案总码长减少了 23%。

那么,各个字符的变长码是如何根据字符的频率得到的呢?

3. 贪心算法操作

构建哈夫曼树的哈夫曼算法是一个贪心策略的算法:每次贪心选择权值(即频率)最低的两个结点作为左右子树构建一棵新的二叉树的算法。

程序 c761 充分体现了哈夫曼贪心算法。

1) 哈夫曼树的结构特点

运行修改后的程序 c761 得：

```
请输入权值的个数 n: 10
依次输入各个权值: 23, 9, 5, 20, 3, 12, 7, 11, 2, 8
原始权值排序: 2  3  5  7  8  9  11  12  20  23
   k=   1   2   3   4   5   6   7   8   9  10  11  12  13  14  15  16  17  18  19
  rc=   0   0   0   0   0   0   0   0   0   0   3   5   8  10  12  19  23  34  57
   w=  23   9   5  20   3  12   7  11   2   8   5  10  15  19  23  34  43  57 100
  lc=   0   0   0   0   0   0   0   0   0   0   2   5   7   9  11  15  20  23  43
```

2) 构建哈夫曼树

根据以上结构特点,逐步构建对应这 10 个频率的哈夫曼树。

(1) 最小的两个频率 2 与 3 之和生成结点 5。注意 2<3,2 在左,3 在右。

(2) 最小的频率 5 与结点 5 之和生成结点 10。注意频率 5 在左,结点 5 在右。

(3) 最小的两个频率 7 与 8 之和生成结点 15。注意 7<8,7 在左,8 在右。

(4) 最小的频率 9 与结点 10 之和生成结点 19。注意频率 9 在左,结点 10 在右。

以此类推,按程序运行结果提示完成哈夫曼树构建。

(5) 在哈夫曼树的路径上标注数据。

约定双亲到左孩子的路径上标注数字 0,到右孩子的路径上标注数字 1。

注意,从根结点到每个叶子结点都有一条路径,所有叶子结点没有左右孩子,这是任何叶结点的编码不是其他叶结点编码前缀的具体体现。

这样,完成这 10 个频率(用方框标注)的哈夫曼树如图 7-4 所示。

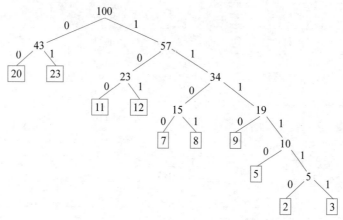

图 7-4　对应 10 个字符频率构建的哈夫曼树

3) 根据哈夫曼树写出哈夫曼编码

把该路径上的标注数字排列即可得到各叶子结点对应的二进制编码：

据根结点 100 到 20 的两段路径为 0、0,即得频率 20 的编码 00;

据根结点 100 到 23 的两段路径为 0、1,即得频率 23 的编码 01;

……

最后据根结点 100 到 2 的 6 段路径,即得频率 2 的编码 111110。

所有 10 个字符的哈夫曼编码如表 7-2 所示。

表 7-2 10 个字符的哈夫曼编码表

字　符	字符频率	码的位数	变　长　码
i	2	6	111110
e	3	6	111111
c	5	5	11110
g	7	4	1100
j	8	4	1101
b	9	4	1110
h	11	3	100
f	12	3	101
d	20	2	00
a	23	2	01

容易验证,这 10 个字符的编码都不是其他字符编码的前缀。

作为练习,请构建频率分别为 5、7、8、14、3、11 的 6 个字符的哈夫曼树,并写出相应字符的哈夫曼编码。

7.7　贪心算法应用小结

动态规划与贪心算法都是求解最优化问题的常用算法,需明确这两种算法在应用上的不同点。

1. 着眼点不同

动态规划算法在求解最优化问题时着眼全局,通过建立每一阶段状态转移之间的递推关系,并经过递推来求取最优值。

贪心算法在求解最优化问题时着眼局部,从初始阶段开始,每一个阶段总是做一次使局部最优的贪心选择,不断把将问题转换为规模更小的子问题,最后求得最优化问题的解。

2. 求解的结果可能不同

动态规划算法是求解最优化问题的有效算法,其结果总是最优的。

贪心算法在求解最优化问题时,每一决策只着眼于当前局部最优的贪心选择。这样处理,对大多数优化问题能得到最优解,但有时并不能求得最优解。

例 7-1　应用贪心算法处理 0-1 背包问题。

已知 6 种物品和一个可载重量为 60 的背包,物品 $i(i=1,2,\cdots,6)$ 的重量分别为 15,17,20,12,9,14,产生的效益分别为 32,37,46,26,21,30。在装包时每一件物品可以装入,也可以不装,但不可拆开装。确定如何装包,使所得装包总效益最大。

分以下 3 种情形做贪心选择。

1) 按物品的效益从高到低选择

效益从高到低排序为 46,37,32,30,26,21,对应的物品重量为 20,17,15,14,12,9。

因背包的载重量为 60,即选择物品重量为 20,17,15 装包,装包总效益为
$$46+37+32=115$$

2) 按物品的单位重量效益从高到低选择

按单位重量效益从高到低排序,其对应物品效益为 21,46,37,26,30,32,对应的物品重量为 9,20,17,12,14,15。

因背包的载重量为 60,即选择物品重量为 9,20,17,12 的物品装包,装包总效益为
$$21+46+37+26=130$$

3) 按物品的重量从小到大做贪心选择

物品重量从小到大排序为 9,12,14,15,17,20,其对应物品效益为 21,26,30,32,37,46。

因背包的载重量为 60,即选择物品重量为 9,12,14,15 的物品装包,装包总效益为
$$21+26+30+32=109$$

应用第 6 章介绍的动态规划求解这一多阶段决策问题,得到结果:选择第 2,3,5,6 号物品,其重量和与效益和分别为
$$17+20+9+14=60$$
$$37+46+21+30=134$$

这一 0-1 背包问题的最优值(即装包效益的最大值)为 134,所用 3 种贪心选择都未能得到最优值。

3. 求解效率上的差异

动态规划存在一个空间的问题,随着问题数量的增大,数组维数增加,其效率与求解范围受到限制。

从求解效率来说,贪心算法比动态规划要高,且一般不存在空间限制的影响。

4. 求解范围上的差异

应用贪心算法有时可简化一些构造性问题,而动态规划没有这方面的应用。

例如,对一些 NP 完全问题或规模很大的优化问题,可通过贪心算法简化设计得到结果。例如第 9 章介绍的应用贪心策略的启发式设计,可快速求得较大规模棋盘的马步遍历与马步型哈密顿圈,而动态规划不可能实现这一点。

习　题　7

7-1 删除数字求最小值。给定一个高精度正整数 a,去掉其中 s 个数字后按原左右次序将组成一个新的正整数。对给定的 a、s 寻找一种方案,使得剩下的数字组成的新数最小。

7-2 枚举求解埃及分数式。本章应用贪心算法构造了埃及分数式 3/11=1/5+1/15+1/165,试用枚举法求解分数 3/11 的所有 3 项埃及分数式,约定各项分母不超过 200。

7-3 币种统计。单位给每个职工发工资(约定精确到元),为了保证不至临时兑换零钱,且使每个职工取款的张数最少,请在取工资前统计所有职工所需的各种票面(约定为 100,50,20,10,5,2,1 元共 7 种)的张数,并验证币种统计是否正确。

7-4 只显示两端的取数游戏。A 与 B 玩取数游戏:随机产生的 $2n$ 个整数排成一排,但只显示排在两端的数。两人轮流从显示的两端数中取一个数,取走一个数后即显示该端

的下一个数,以便另一人再取,直到取完。

胜负评判:所取数之和大者为胜。

A 的取数策略:"取两端数中的较大数"这一贪心策略。

B 的取数策略:当两端数相差较大时,取大数;当两端数相差为 1 时,随意选取。

试模拟 A 与 B 取数游戏进程,$2n$ 个整数随机产生。

7-5 全显取数游戏"先取不败"的实现。

A 与 B 玩取数游戏:随机产生的 $2n$ 个整数排成一排,但只显示排在两端的数。两人轮流从显示的两端数中取一个数,取走一个数后即显示该端的下一个数,以便另一人再取,直到取完。

胜负评判:所取数之和大者为胜。

A 说:我还是采用贪心策略,每次选取两端数中较大者为好。虽不能确保胜利,但胜的几率大得多。

B 说:我可以确保不败,但有两个条件:一是我先取;二是明码,即所有整数全部显示。

试模拟 A、B 的取数游戏。

第8章　分支限界法

分支限界法(branch and bound method)是一种按层次遍历次序(广度优先)搜索解空间树求解最优化的搜索算法。

本章简要介绍分支限界法,并应用分支限界设计求解迷宫的最短通道、数值可带小数的装载问题与0-1背包问题等典型案例,最后应用分支限界法探求有趣的8数码游戏。

8.1　分支限界法概述

分支限界法与回溯法类似,是在问题的解空间树上搜索问题解的算法。

这两个算法在求解目标上不同:回溯法的求解目标是找出解空间树上满足约束条件的所有解,而分支限界的求解目标是找出满足条件的一个解,或是在满足约束条件下找出某一函数值达到极大或极小的解,即某种意义下的最优解。

由于求解目标不同,导致这两个算法的搜索次序不同:回溯法按前序遍历(深度优先)次序搜索解空间树,而分支限界按层次遍历次序(广度优先)或以最优条件优先方式搜索解空间树。广度优先搜索与深度优先搜索示意如图8-1所示。

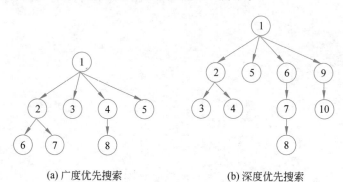

(a) 广度优先搜索　　　　　　　　(b) 深度优先搜索

图8-1　广度优先搜索与深度优先搜索示意图

1. 分支限界策略组成

分支限界法由"分支"策略与"限界"策略两部分组成。

(1)"分支"策略体现在对问题解空间按广度优先的策略进行搜索。

"分支"是采用广度优先的策略,依次搜索活结点的所有分支,也就是所有相邻结点。在生成的结点中,抛弃那些不满足约束条件或不可能导出可行解的结点,将其余结点加入活结点表,然后从表中选择一个结点作为下一个活结点,继续搜索。

(2)"限界"策略是为了加快搜索速度而采用启发信息剪枝的策略。

为了加速搜索进程,在每一个活结点处,计算一个函数值(限界),并根据函数值从当前活结点中选择一个最有利的结点作为扩展结点,使搜索朝着解空间树上有最优解的分支推进,以便尽快找出一个最优解。

2. 扩展结点两种方式

1）队列式搜索

先进先出（First In First Out，FIFO）搜索依赖"队"做基本数据结构。开始把根结点作为唯一活结点，根结点入队。从活结点队中取出根结点后，作为当前扩展结点。对当前扩展结点，先从左至右地产生它的所有儿子，用约束条件检查，把所有满足约束条件的儿子加入活结点队列中。再从活结点表中取出队首结点（最先进来的结点）作为当前扩展结点，直至找到一个解或活结点队列为空。

尽管是先进先出，应用中通常根据具体实际分批进行扩展。

例如，针对二叉树 n 层搜索，实现广度优先队列式先进先出搜索的基本模式：

```
<赋初值,第 1 层处理>;
kb=0;ke=1;
for(m=2;m<=n;m++)              //分 m 层扩展处理
  { for(k=kb;k<=ke;k++)        //前一层各结点分别扩展
    { d++; <第 k 结点 0 支处理>;
      if(<条件判断>) { d++;<第 k 结点 1 支处理 >;}
      else <剪枝>
    }
    kb=ke+1;ke=d;              //为下一层循环扩展赋参数
  }
```

尽管在根据条件各层分支可进行部分剪枝，但总体指数型的复杂度不会改变，即入队结点数 d 是 2^n 数量级，搜索的时间与空间复杂度都是 $O(2^n)$。

如果每层（情形）存在 3 种或 3 种以上的选择，则分支相应增添，复杂度也相应地更高。

2）优先队列式搜索

优先队列（priority queue）式搜索，对每一个结点计算一个优先级（具体用评估函数表示），并根据这些优先级，从当前活结点表中优先选择一个优先级最高的活结点作为扩展结点，加速搜索进程，以便尽快找到最优解。

实现优先队列式搜索的基本模式：

```
<赋初值,第 1 层处理>;
kb=0;ke=1;
for(m=2;m<=n;m++)                      //分 m 层扩展处理
  {  for(k=kb;k<=ke;k++)               //前一层各结点分别扩展
    { <计算评估函数值 f<k>>;
        if(<f<k>比较并选择>) { d++;<第 k 结点处理 >;}
        else <剪枝>
    }
    kb=ke+1;ke=d;                      //为下一层循环扩展赋参数
  }
```

优先队列式搜索可大大缩减活结点数，但搜索效果如何，取决于根据所求解问题的具体实际确定的评估函数。

8.2 搜索迷宫最短通道

所谓迷宫就是一个 0-1 数阵，数阵中每一个元素（相当于迷宫中的房子）里标注有整数 1 或 0，约定其中 0 表示该格可通行，1 表示该格为障碍，不可通行。

迷宫通道为从迷宫中指定起点按该迷宫规定的行走规则到指定终点的连贯路径。

迷宫通道的长为指定起点到指定终点的连贯路径所经过的 0 的个数(约定含起点与终点的 0)。通常,迷宫通道可能存在多条,其中有些通道较长,有些通道较短,长度最短的通道称为最短通道。

本节应用分支限界算法探索矩阵迷宫与三角迷宫的最短通道。

8.2.1　矩阵迷宫

为方便理解广度优先搜索的基本思路,不妨先看一个简单迷宫通道的搜索示例。

图 8-2 是一个 6×9 矩阵迷宫,通道的起始位置是 a 格,终止位置未定。迷宫中空白方格可通行,阴影方格表示迷宫中被封锁不能通过的方格。

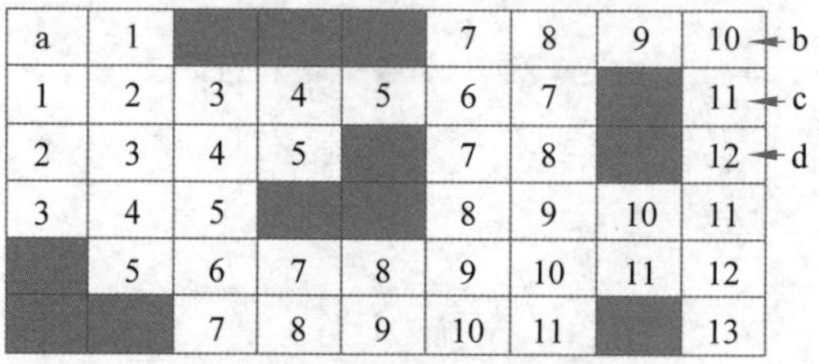

图 8-2　最短迷宫通道搜索过程示意图

试搜索从起始 a 格出发遍布各可通行格的最短路径之长。

(1) 按层次遍历次序搜索标注。

从起始格 a 开始,在 a 格的四周搜索,凡可通行格,则都标注数 1;

接着在所有的 1 格的四周搜索,凡未标注的可通行格,则都标注数 2;

接着在所有的 2 格的四周搜索,凡未标注的可通行格,则都标注数 3;

……

直到标注方阵中所有可通方格为止,如图 8-2 所示。

这一搜索过程就是从根结点 a 开始逐步按层次遍历次序(广度优先)的扩展。

例如,图中有 5 个标注 7 的格,尽管它们散布在表的各处,下一步所有这 5 个 7 格都需按要求向外扩展,寻求并标注 8 格,充分体现了"按层次遍历次序(广度优先)"的搜索特点。

(2) 确定终点与最短通道之长。

所有通道都必须有起始点与终止点,起始点已定,需明确终止点。

如果 b 格为终止格,则从 a 到 b 的最短通道长为所标注的数 10(不含起始格 a,下同)。

如果 c 格为终止格,则从 a 到 c 的最短通道长为所标注的数 11。

如果 d 格为终止格,则从 a 到 d 的最短通道长为所标注的数 12。

从起始格 a 到图中已标注数的各格的最短通道长为该格标注数。例如,矩阵右下角格标注数为 13,即从 a 格到右下角格的最短通道长为 13。

(3) 确定一条最短通道。

从指定终止格逆向递减搜索最短通道。

例如,若终止格为 d,其标注数为 12;

在该格 d 的相邻周围任找一标注数为 11 的格(一定存在,有时还有多个);

在所找数 11 格相邻周围任找一标注数为 10 的格;

......

以此类推,逆向递降搜索,直至找到标注数为 1 的格。

注意到 1 格与起始格 a 相邻,即形成一条从 a 格开始至 d 格的最短通道(通道具体标识图从略)。

注意到最短通道上的有些格可能存在多个相邻递减格,可见从起始格开始至终止格的最短通道可能存在多条。

下面着手应用分支限界算法设计探索矩阵迷宫的案例。

1. 案例提出

对于图 8-3 所示的 12×12 的矩阵迷宫(为输入方便,该 0-1 矩阵可复制到一个文本文件,例如 dt81.txt),指定起点(7,12)与终点(12,1),搜索从起点(7,12)到终点(12,1)的最短通道的长,并在矩阵迷宫中标明一条最短通道。

```
0 1 0 0 0 0 1 0 0 0 1 1
0 1 0 0 1 0 0 0 1 0 1 1
0 0 1 0 0 1 1 1 0 0 0 1
1 0 0 1 0 1 0 0 0 1 0 0
0 0 0 1 0 1 0 0 0 0 0 0
0 1 1 0 1 1 0 0 0 0 0 0
0 0 1 0 1 1 0 0 0 0 0 0
1 0 1 0 0 0 1 0 0 0 1 1
0 0 0 1 0 0 1 0 0 0 0 1
0 1 0 0 0 1 0 0 1 1 1 0
0 0 1 1 1 1 0 1 0 0 0 0
0 0 0 0 0 1 0 0 0 1 0 0
```

图 8-3 一个 12×12 的矩阵迷宫

2. 分支限界算法设计

为一般计,确定迷宫矩阵为 n 行 m 列,指定通道的起点(n1,m1)与终点(n2,m2)。

1) 数据结构

设置二维数组 $a[n][m]$:存储迷宫矩阵各格的数据,这是基础。

设置一维数组 $p[d]$:存储队列中第 d 结点的位置(设定为 4 位整数,其中前 2 位为行号,后 2 位为列号),这是在扩展子结点时搜索的依据。

对于某些行列数达到上百或上千的大型迷宫,数组 $p[d]$ 可以定义为 long 型:所有结点的位置为一个 6 位整数,其中前 3 位为行号,后 3 位为列号;或所有结点的位置为一个 8 位整数,其中前 4 位为行号,后 4 位为列号。

2) 分支限界扩展结点

根结点为通道的起点(n1,m1),即作为根结点赋初值:

```
p[1]=n1*100+m1;t=d=s=1;kb=ke=1;
```

其中,d 为扩展结点队列的序号,从 1 开始递增。

s 为通道步数,s 从 1 开始在循环中递增,依次扩展循环中的已有结点 k(kb~ke):每一结点(队列中第 k 结点)依次按上、下、左、右搜索(4 个方向顺序可随意,但不能省略其中任意一个),若搜索满足相应条件,则扩展一个结点。

例如向上扩展,条件为"i>1 && a[i−1][j]==0"。

其中,边界条件"i＞1"为行号,需大于 1,第 1 行不能向上扩展。

可通行条件"a[i−1][j]＝＝0"即为其上格为 0,按规定可通行。

每扩展一个结点,队列中的结点数 d 增 1,同时记录该结点的位置:

```
d++;a[i-1][j]=s;p[d]=(i-1)*100+j;
```

变量 d 统计通道步数为 s 的结点个数,且用数组 $p[d]$ 记录 d 结点的位置。

每扩展一个结点必须检验是否为终点(行号为 n2,同时列号为 m2):

(1) 若非终点,则继续进行下一个扩展结点搜索。

(2) 若为终点,则标注 $t=0$ 后退出扩展结点循环。

第 s 轮的 kb～ke 结点依次搜索并扩展完成后,需决定下一轮($s++$)的循环扩展,循环变量更新:

$$kb=ke+1;ke=d;$$

一直扩展到指定目标格(n2,m2),完成搜索。

3) 逆推搜索并输出最短通道

搜索完成,输出最短通道的长度 s,这里的长度 s 包含起点与终点。

然后从终点逆推递减确定一条最短通道。

逆推搜索中 s 递减,对于找到最短通道上的格时,a 数组元素赋标识值"−1"(以区别于已有的 0 与 1)。

以后在输出最短通道时,凡 a 数组值为−1 的格输出最短通道标识符◇。

同时,为清晰计,把所有障碍格标为●。

这样,在输出时,迷宫的最短通道就一目了然。

4) 其他格的标注

非通道上且非障碍格,显示的数即为由起点到该格的最短步数。

输出中若存在保持标注为 0 的格,即为已搜索到终止时尚未搜索的可通行格。

当然,如果指定的起点或终点为不可通行的 1 格,则指出"不可通行"后退出。

如果不存在通道,肯定出现 $s＞m*n$,则以此条件输出"起点至终点无通道!"后退出。

3. 分支限界程序设计

```
// 分支限界搜索矩阵迷宫最短通道,c821
#include<stdio.h>
void main()
{   FILE * fp;char fname[30];
    int d,e,m,m1,m2,n,n1,n2,k,kb,ke,i,j,s,t;
    int p[10000],a[100][100];
    printf("  请输入数据文件名: ");gets(fname);        // 输入数据文件名
    if((fp=fopen(fname,"r"))==NULL)
      {  printf( "The file was not opened!" ); return;}
    printf("  请输入迷宫矩阵的行,列: "); scanf("%d,%d",&n,&m);
    printf("  请输入通道起点行,列: "); scanf("%d,%d",&n1,&m1);
    printf("  请输入通道终点行,列: "); scanf("%d,%d",&n2,&m2);
    for(i=1;i<=n;i++)
```

```
    { for(j=1;j<=m;j++)
      { fscanf(fp,"%d",&a[i][j]);                //从文件读数据到二维数组 a
      printf("%3d",a[i][j]);
      }
      printf("\n");
    }
if(a[n1][m1]>0 || a[n2][m2]>0)
  {  printf("  起点或终点不可通行。");return;}
p[1]=n1*100+m1;
t=d=s=1;kb=ke=1;                                 //循环起始终止量赋初值
while(1)
{  s++;                                          //统计实现目标的步数
   for(k=kb;k<=ke;k++)
   {  i=p[k]/100;j=p[k]%100;                      //当前单元 i 为行号,j 为列号
      if(i>1 && a[i-1][j]==0)                     //向上搜索
      {  d++;a[i-1][j]=s;p[d]=(i-1)*100+j;
            if(i-1==n2 && j==m2)
            {t=0;break;}                          //已达到目标,退出
      }
      if(i<n && a[i+1][j]==0)                     //向下搜索
      {  d++; a[i+1][j]=s;p[d]=(i+1)*100+j;
            if(i+1==n2 && j==m2)
               {t=0;break;}                       //已达到目标,退出
      }
      if(j>1 && a[i][j-1]==0)                     //向左搜索
      {  d++;a[i][j-1]=s;p[d]=i*100+j-1;
            if(i==n2 && j-1==m2)
               {t=0;break;}                       //已达到目标,退出
         }
      if(j<m && a[i][j+1]==0)                     //向右搜索
      {  d++;a[i][j+1]=s;p[d]=i*100+j+1;
            if(i==n2 && j+1==m2)
               {t=0;break;}                       //已达到目标,退出
      }
   }
   if(t==0) break;
   kb=ke+1;ke=d;                                  //下一步搜索的循环参数
   if(s>m*n) {t=2; break;}
}
if(t>0) { printf("  起点至终点无通道! \n");return; }
printf("  最短通道长度为: %d\n",s);               //输出最短通道长度
printf("  一条最短通道为: \n");                    //输出一条最小的通道
a[n1][m1]=a[n2][m2]=-1;i=n2;j=m2;
while(s>2)                                        //逆推递减探求最短通道并标记
  {s=s-1;
   if(i>1 && a[i-1][j]==s)                         //向上逆推
     {a[i-1][j]=-1;i=i-1;continue;}
   else if(i<n && a[i+1][j]==s)                    //向下逆推
     {a[i+1][j]=-1;i=i+1;continue;}
   else if(j>1 && a[i][j-1]==s)                    //向左逆推
     {a[i][j-1]=-1;j=j-1;continue;}
   else if(j<m && a[i][j+1]==s)                    //向右逆推
     {a[i][j+1]=-1;j=j+1;}
```

```
    }
    for(i=1;i<=n;i++)
    {   for(j=1;j<=m;j++)
        if(a[i][j]==-1) printf(" ◇");          //输出最短通道上格的标记
        else if(a[i][j]==1) printf(" ●");
        else printf("%3d",a[i][j]);            //输出非最短通道上格的值
        printf("\n");
        }
      }
```

4. 程序运行示例与说明

请输入数据文件名: dt81.txt
请输入迷宫矩阵的行,列: 12,12
请输入通道起点行,列: 7,12
请输入通道终点行,列: 12,1
最短通道长度为: 37
一条最短通道为:

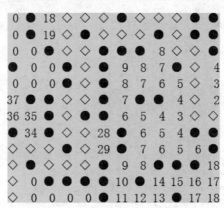

图 8-4   矩阵迷宫的最短通道示意图

输入的数据文件 dt81.txt(存放在 VC 系统指定文件夹)的具体数据如图 8-3 所示。

输出的最短通道长为 37 步,包含起点与终点在内。

输出最短通道由◇组成,如图 8-4 所示。

输出的其他格的整数为从起点至该格的最短步数。例如,输出结果中第 11 行第 12 列的数据为 17,就是标明从起点(5,12)到该格(11,12)的最短步数为 17 步。

输出的标注 0 的格为已扩展到终点时却还未及扩展的可通行格。

5. 算法分析与拓展

算法对每个结点最多扩充一次,也就是说对矩阵的 $n \times m$ 个格的操作是线性的,即算法的复杂度为 $O(n^2)$。

拓展:以上探讨的矩阵迷宫是二维的,尚未见到三维的立体迷宫案例。应用分支限界法设计求解三维立体迷宫的最短通道是可行的,设置三维数组存储立体迷宫各方格数据,每一步有"前""后""左""右""上""下"共 6 个方向可走,有兴趣的读者可以自行探索。

8.2.2 三角迷宫

在一个由 n 行,第 i 行有 i 列($i=1\sim n$)方格组成的三角迷宫中,每一个方格(相当于迷宫中的房子)里标注有整数 1 或 0,约定 0 表示该格可通行,1 表示该格为障碍,不可通行。

从三角迷宫的顶点(1,1)走到指定终点($n2,m2$)的连贯路径称为三角迷宫通道,路径中每一步能往左、往右、往左下、往右下、往左上、往右上这 6 个方向走到相邻的 0 格,不能跳跃走,也不能走出三角迷宫的边界。

1. 案例提出

试在图 8-5 所示的三角迷宫(为方便输入,可复制到一个文本文件,例如 dt82.txt)中找出从迷宫的顶端开始到指定终点(11,4)的一条最短通道。

图 8-5 三角迷宫矩阵示意图

2. 分支限界算法设计要点

1) 数据结构

设置二维数组 $a[n][m]$ 存储迷宫矩阵各格的数据,这是基础。

设置一维数组 $p[d]$ 存储队列中第 d 结点的位置(约定为 4 位整数,其中前 2 位为行号,后 2 位为列号;必要时可扩大),这是在扩展子结点时搜索的依据。

2) 依次搜索并扩展结点

根结点为通道的起点(1,1),即作为根结点赋初值:

```
p[1]=101;t=d=s=1;kb=ke=1;
```

其中,d 为扩展结点队列的序号,从 1 开始递增。

变量 s 为通道步数,s 从 1 开始在循环中递增,依次扩展循环中各结点 k(kb～ke):每一结点(队列中第 k 结点)依次按左下、左上、右下、右上、左、右这 6 个方向搜索(注意这 6 个方向顺序可随意,但不能省略其中任意一个),若搜索满足相应条件,则扩展一个结点。

例如向左下扩展,条件为"i<n && a[i+1][j]==0"。

其中,边界条件"i<n"为行号,小于 n,第 n 行显然不能向左下扩展;

可通行条件"$a[i+1][j]==0$",若其左下格为 0,按规定可通行。

每扩展一个结点,队列中的结点数 d 增 1,同时进行赋值与记录:

```
d++;a[i+1][j]=s;p[d]=(i+ 1) * 100+j;
```

这里,记录结点数 d 位置数组 $p[d]$ 为 4 位整数,其中高两位 $i+1$ 为行号,低两位 j 为列号。

向左下扩展的这一结点是否为终点(行号为 n2,同时列号为 m2),通过比较确定。若为终点,则标注 $t=0$ 后退出。

第 s 轮的 kb～ke 结点依次搜索并扩展完成后,需决定下一轮($s++$)的循环扩展,循环变量更新:

```
kb=ke+1;ke=d;
```

一直扩展到出现指定目标格为止,完成搜索。

3)输出最短通道

搜索完成,输出最短通道的长度 s,直接从终点逆推递减得一条最短通道(同上)。

为显现所寻求的最短通道,通道上的格输出符号◇,同时障碍格输出●。

非通道上且非障碍格,显示由起点到该格的最短步数。

3. 分支限界程序设计

```c
//分支限界搜索三角迷宫最短通道,c822
#include<stdio.h>
void main()
{  FILE * fp;char fname[30];
int d,e,m,m1,m2,n,n1,n2,k,kb,ke,i,j,s,t;
int p[10000],a[100][100];
printf("  请输入数据文件名:");
gets(fname);                                        //输入数据文件名
if((fp=fopen(fname,"r"))==NULL)
{ printf( "The file was not opened!" ); return;}
printf("  请输入三角迷宫的行:"); scanf("%d",&n);
printf("  请输入通道终点行,列:"); scanf("%d,%d",&n2,&m2);
for(i=1;i<=n;i++)
{  for(j=1;j<=2*n+3-2*i;j++) printf(" ");
   for(j=1;j<=i;j++)
       { fscanf(fp,"%d",&a[i][j]);                  //从文件读数据到二维数组 a
         printf("%4d",a[i][j]);
       }
   printf("\n");
}
if(a[1][1]>0 || a[n2][m2]>0)
   { printf("  起点或终点不可通行。");return;}
p[1]=101;t=d=s=1;kb=ke=1;                            //循环起始终止量赋初值
while(1)
{  s++;                                              //统计实现目标的步数
   for (k=kb;k<=ke;k++)
       {  i=p[k]/100;j=p[k]%100;                     //当前单元 i 行 j 列(j≤i)
          if(i<n && a[i+1][j]==0)                    //向左下搜索
          { d++;a[i+1][j]=s;p[d]=(i+1)*100+j;
               if(i+1==n2 && j==m2) {t=0;break;}     //已达到目标退出
          }
          if(i>1 && j>1 && a[i-1][j-1]==0)           //向左上搜索
            { d++;a[i-1][j-1]=s;p[d]=(i-1)*100+j-1;
                 if(i-1==n2 && j-1==m2) {t=0;break;}
            }
          if(i<n && a[i+1][j+1]==0)                  //向右下搜索
            { d++; a[i+1][j+1]=s;p[d]=(i+1)*100+j+1;
              if(i+1==n2 && j+1==m2){t=0;break;}
            }
```

```
        if(i>1 && j<i && a[i-1][j]==0)                //向右上搜索
          { d++; a[i-1][j]=s;p[d]=(i-1)*100+j;
            if(i-1==n2 && j==m2){t=0;break;}
            }
        if(j>1 && a[i][j-1]==0)                       //向左搜索
          { d++;a[i][j-1]=s;p[d]=i*100+j-1;
            if(i==n2 && j-1==m2){t=0;break;}
            }
        if(j<i && a[i][j+1]==0)                       //向右搜索
          { d++;a[i][j+1]=s;p[d]=i*100+j+1;
              if(i==n2 && j+1==m2){t=0;break;}
            }
    }
      if(t==0) break;
      kb=ke+1;ke=d;                                   //下一步搜索的循环参数
      if(s>n*n) break;
}
if(s>n*n)
  { printf("  起点至终点无通道!\n");return; }
printf("  最短通道长度为:%d\n",s);                     //输出最短通道长度
printf("  一条最短通道为:\n");                         //输出一条最短的通道
a[1][1]=a[n2][m2]=-1;i=n2;j=m2;
while(s>2)                                            //逆推最短通道并标记
  {s--;
  if (i>1 && j>1 && a[i-1][j-1]==s)                   //向左上逆推
    {a[i-1][j-1]=-1;i=i-1;j=j-1;continue;}
  else if(i<n && a[i+1][j]==s)                        //向左下逆推
    {a[i+1][j]=-1;i=i+1; continue;}
  else if(i>1 && j<i && a[i-1][j]==s)                 //向右上逆推
    {a[i-1][j]=-1;i=i-1;continue;}
  else if(i<n && j<i && a[i+1][j+1]==s)               //向右下逆推
    {a[i+1][j+1]=-1;i=i+1;j=j+1;continue;}
  else if(j>1 && a[i][j-1]==s)                        //向左逆推
    {a[i][j-1]=-1;j=j-1;continue;}
  else if(j<i && a[i][j+1]==s)                        //向右逆推
      {a[i][j+1]=-1;j=j+1;}
    }
  for(i=1;i<=n;i++)
  {  for(j=1;j<=2*n+3-2*i;j++) printf(" ");
     for(j=1;j<=i;j++)
        if(a[i][j]==-1) printf("◇ ");                 //输出最短通道上格的标记
        else if(a[i][j]==1) printf("● ");
        else printf("%3d ",a[i][j]);                  //输出非最短通道上格的值
    printf("\n");
  }
}
```

4. 程序运行示例与分析

请输入数据文件名: dt82.txt
请输入三角迷宫的行: 12
请输入通道终点行,列: 11,4
最短通道长度为: 22
一条最短通道为:

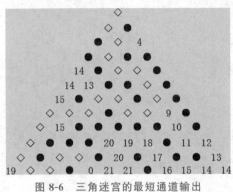

图 8-6　三角迷宫的最短通道输出

输入的数据文件 dt82.txt(存放在 VC 系统指定文件夹)的具体数据如图 8-5 所示。

输出的最短通道长为 22 步(含起点与终点)。

输出最短通道由◇标注,如图 8-6 所示。

输出矩阵中的 1 为障碍格,输出标注●。

标注整数格为从起点至该格的最短步数。例如,输出结果中第 12 行第 6 列的数据为 21,就是标明从起点(1,1)到(12,6)格的最短步数为 21 步。

由图 8-6 可见,起点(1,1)到(11,4)从左边路径(如图所示)的最短步数为 22 步,而起点(1,1)到(11,4)从右边路径(经过点"12,6")的最短步数应为 23 步。程序所得最短路径长为 22 是合理的。

同时看到,为什么(12,5)点标注仍为 0? 因为 $s=21$ 的结点扩展完毕后继续向 $s=22$ 扩展,此时先扩展到(11,4)点为终点,即行结束,还来不及向(12,5)点扩展,所以该点仍保持原有的 0 未变。

当然,如果指定的起点(1,1)或终点($n2,m2$)为不可通行的 1 格,则指出"不可通行"后退出。如果不存在通道,肯定出现 $s>n*n$,则以此条件输出"起点至终点无通道!"后退出。

程序对每个可行方格结点最多扩充一次,也就是说对三角数阵的可行格的操作是线性的,易确定算法的时间复杂度为(n^2)。

三角迷宫的三角矩阵的 0-1 数据也可以随机产生,可能会造成通道不存在或通道比较短。

8.3　增强型装载问题

前面第 6 章应用动态规划设计求解装载问题,要求各件货物的重量 $w(i)$ 与两船的载重量 c_1、c_2 均为正整数。当货物的重量或两船的载重量带有小数(在实际操作中较为常见)时,动态规划设计受阻。

所谓增强型装载问题,就是货物重量与两船载重量均可带有小数的装载问题。

1. 案例提出

有 n 件货物安排装在两艘载重量分别为 c_1、c_2 的轮船上,其中第 i 件货物的重量为 w_i,且货物总重量 $\sum_{i=1}^{n} w_i \leqslant c_1 \leqslant c_2$(这里,$w_i$、$c_1$、$c_2$ 可带小数,不考虑货物的体积)。

试求解一个合理的装载方案,把所有 n 件货物装上这两艘船。

装载问题不一定总有解(例如，$c_1=c_2=50.2$，$w=\{15,40,40\}$)，没有解时应指出。

2. 转换策略

装载问题可转换为一艘船的装载：设所有货物的重量之和为 s，两船的载重量分别为 c_1、c_2，若载重量为 c_1 的船所载的实际重量 s_1 满足条件

$$s-c_2 \leqslant s_1 \leqslant c_1 => s-s_1 \leqslant c_2$$

可知两船可顺利完成装载。

因此，问题转换为寻求载重量为 c_1 的船的实际载重量 s_1 能否在区间 $[s-c_2, c_1]$。也就是说，如果搜索到若干件货物的重量之和满足 $s-c_2 \leqslant s_1 \leqslant c_1$，即为装载问题的一个解。

应用"广度优先"搜索的分支限界法探索装载问题，转换为船 1 的装载重量 s_1 满足条件 $s-s_1 \leqslant c_2$。

3. 分支限界设计要点

采用广度优先实施搜索，设置 $ws[d]$ 存储活结点队列第 d 结点后的重量之和，$r[d]$ 记录第 d 结点的父结点。

(1) 面对 $w[1]$，$m=1$ 即第一层(初始条件)。

0 分支为不取 $w[1]$，即 $ws[0]=0$；(队列的起点，即第 0 个结点)

1 分支必须先判断：

if($w[1]<=c1$)，则取，即 $ws[1]=w[1]$；(队列第 1 个结点)

if($w[1]>c1$)，不可能取，即剪枝。

(2) 面对 $w[m]$ 为第 $m(2\sim n)$ 层，对上一层扩展的第 k(kb~ke)个结点 $ws[k]$ 进行扩展。

0 分支扩展：$d++$；$ws[d]=ws[k]$；$r[d]=k$；(此扩展不能省略，队列第 d 个结点)

1 分支扩展需判断：

若 $w[m]+ws[k]>c1$，则剪枝，不能扩展。

若 $w[m]+ws[k]<=c1$，则扩展：

　　$d++$；$ws[d]=w[m]+ws[k]$；$r[d]=k$；(队列第 d 个结点)

(3) 在 1 分支扩展情形下判断是否成功。

若满足条件：$s-c_2 \leqslant ws[d] \leqslant c_1$，则 $s_1=ws[d]$ 完成搜索，退出。

若不满足条件，则继续搜索，直到 $w[n]$，即第 n 层为止。

(4) 第 m 层可能有 $2m$ 个结点，时间与空间复杂度均为指数级。

为了减少时间与空间复杂度，对每一"1 分支"扩展后查验所得重量 $ws[d]$ 是否处于目标区间内，即若满足条件"$ws[d]>=s-c2$ && $ws[d]<=c1$"，所得重量符合装船要求，可省略余下各层及本层余下各个结点的扩展操作，直接退出输出结果。

这一优化无论是对缩减时间复杂度，还是对缩减空间复杂度，实际效果明显。尤其当区间间距 $[s-c_2, c_1]$ 比较大时，效果显著。

4. 分支限界法程序设计

```
//数据可带小数装载问题分支限界设计,c831
#include<stdio.h>
void main()
```

```
{ int d,m,n,i,t,k,kb,ke,r[30000];
  float c1,c2,c0,s,s1,ws[30000];
  float w[]={0,26.2,19,24,13.3,10,20.4,15.2,12,6.3,5,22,7.1,17,27.4,20};
  n=15;                                          //各货物的重量数据存储在 w 数组
  printf(" 请输入两船的载重量 c1,c2: ");
  scanf("%f,%f",&c1,&c2);
  t=0;s=w[1];
  printf("   %d 件货物重量分别为: \n",n);
  printf("   %.1f",w[1]);
  for(i=2;i<=n;i++)
  { printf(", %.1f",w[i]); s+=w[i];}
  printf("\n 货物总重量为:%.1f\n",s);
  if(s>c1+c2)
    {printf(" 此装载问题无解! \n"); return;}  //确保 n 件货物重量之和 s 不大于 c1+c2
  c0=s-c2; ws[0]=0;
  if(w[1]<=c1)
    { ws[1]=w[1];d=1;r[1]=0; }                   //赋初值: 第 1 层处理
  if(ws[d]>=c0 && ws[d]<=c1)                      //重量在区间内时退出
    { printf(" 船 1 装以下货物:%.1f, ",w[1]);
      printf(" 船 2 装其余货物, 共重%.1f。\n ",s-w[1]);
      return;
    }
  kb=0;ke=1;
  for(m=2;m<=n;m++)                               //分层扩展处理
  { for(k=kb;k<=ke;k++)                           //前一层各结点分别扩展
    { d++; ws[d]=ws[k];r[d]=k;                    //第 k 个结点 0 分支处理
      if(w[m]+ws[k]<=c1)                          //第 k 个结点 1 分支剪枝处理
        { d++; ws[d]=w[m]+ws[k];r[d]=k; }         //记录父结点 r[d]=k;
      if(ws[d]>=c0 && ws[d]<=c1)                  //重量在区间内时退出
        { s1=ws[d];t=1;break; }
    }
    if(t==1) break;
    kb=ke+1;ke=d;                                 //本层扩展结点留为下一层循环处理
  }
if(t==1)
  { printf(" 船 1 装以下货物:%.1f, ",w[m]);
    while(d>0)
    { d=r[k];                                     //根据父结点记录反推输出
      if(ws[k]>ws[d])
      printf("%.1f, ",ws[k]-ws[d]);
      k=d;
    }
    printf("共重%.1f。\n ",s1);
    printf(" 船 2 装其余货物, 共重%.1f。\n ",s-s1);
  }
  else printf(" 此装载问题无解!\n");               //输出无解信息
}
```

5. 程序运行示例与分析

请输入两船的载重量 c1,c2: 120,125
    15 件货物重量分别为：
26.2, 19.0, 24.0, 13.3, 10.0, 20.4, 15.2, 12.0, 6.3, 5.0, 22.0, 7.1,
17.0, 27.4, 20.0
    货物总重量为：244.9
    船 1 装以下货物：17.0, 22.0, 5.0, 6.3, 12.0, 20.4, 13.3, 24.0, 共重 120.0。
    船 2 装其余货物，共重 124.9。

以上分支限界设计应特别注意：

面对每一件物品，0 分支扩展不能省。同时注意 0 分支扩展后可免除查验是否超重，也无须检查是否为解。

面对每一件物品，1 分支要注意查验重量不超重时才能扩展，超重时"剪枝"；且在 1 分支扩展后需检查装载重量是否在目标区间内，如果已达目标区间，即为一个装载解，输出后退出。

若搜索完 $w[n]$，即第 n 层仍未达目标区间，无装载解，输出"此装载问题无解！"。

对于 n 件物品装包，分支限界对每一物品都面临 2 个选择，尽管有转换策略与部分剪枝处理，按广度优先搜索的分支限界的时间复杂度与空间复杂度均为 $O(2^n)$，因而不适宜 n 的数量比较大时设计求解。

8.4　增强型 0-1 背包问题

常见的 0-1 背包问题是应用动态规划设计求解的典型案例，于第 6 章已进行过设计探索，但限于背包载重量与各物品重量、各物品产生的效益均为正整数情形。

所谓增强型 0-1 背包问题，即允许背包载重与各物品重量及产生的效益均可带小数。

1. 案例提出

已知 n 种物品和一个可载重 c 的背包，物品 i 的重量为 w_i，产生的效益为 p_i。这里参量 c、w_i 与 p_i 均可带小数，在装包时每一件物品可以装入，也可以不装，但不可把物品拆开装。

这里有

目标函数：$\max \sum_{i=1}^{n} x_i p_i$

约束条件：$\sum_{i=1}^{n} x_i w_i \leqslant c$

$$x_i \in \{0,1\}; \quad c, w_i, p_i \in \mathbf{R}^+; \quad i = 1, 2, \cdots, n$$

设计如何装包，使得背包的装包总效益最大。

2. 分支限界法设计要点

对每一物品，面临装与不装两个选择，即面临选择 0 分支与 1 分支。

采用广度优先搜索，设置 $ws[d]$ 存储活结点队列第 d 结点的装包总重量，$ps[d]$ 存储活结点队列第 d 结点的装包总效益，$r[d]$ 记录第 d 结点的父结点。

(1) 面对物品 $w[1]$，$m=1$ 即第一层（初始条件）。

0 分支为不取 $w[1]$：$d=0$；ws$[0]=$ps$[0]=0$；(队列第 0 个结点，扩展基础)

1 分支为取 $w[1]$，必须先判断：

若 $w[1]<=c$，则扩展：$d=1$；ws$[1]=w[1]$；ps$[1]=p[1]$；(队列第 1 个结点)

若 $w[1]>c$，则剪枝，不扩展。

同时给出扩展结点循环的起始与终止量 kb$=0$；ke$=d$。

(2) 面对 $w[m]$，为第 $m(2\sim n)$ 层。

在 k 循环中对上一层扩展的第 k(kb$\sim$ke) 个结点 ws$[k]$ 逐一进行扩展。

0 分支扩展：$d++$；ws$[d]=$ws$[k]$；ps$[d]=$ps$[k]$；$r[d]=k$；(此扩展不能省略)

1 分支需先判断，后扩展：

若 $w[m]+$ws$[k]>c$，则剪枝，不予扩展。

若 $w[m]+$ws$[k]<=c$，则扩展：

$d++$；ws$[d]=w[m]+$ws$[k]$；ps$[d]=p[m]+$ws$[k]$；$r[d]=k$；(队列第 d 个结点)

如此循环搜索，直到 $w[n]$，即第 n 层为止。

(3) 在 1 分支扩展情形下求取最大效益。

在每一个 1 分支扩展后，ps$[d]$ 与最大变量 max 比较。

若 ps$[d]>$max，则$\{$max$=$ps$[d]$；w1$=$ws$[d]$；d1$=d$；m1$=m$；$\}$，其中 w1、d1、m1 为记录最大效益时的装包重量、结点序号与层序号。

若 ps$[d]<=$max，则保持 max 不变。

(4) 以表格形式输出。

在实施扩展时，应用 $r[d]=k$ 记录 d 结点的父结点，同时应用 $t[d]=m$ 记录 d 结点所在的层数，即该扩展是对哪号物品的操作。

输出从 d1 开始，应用 r 数组往前逆推，直至 $d=0$ 为止。

为实现只对所取物品输出，应用条件"ps$[d]>$ps$[k]$"可跳过 0 分支。

3. 分支限界法程序设计

```c
// 数据可带小数 0-1 背包问题分支限界设计,c841
#include <stdio.h>
void main()
{   int d,m,n,i,k,kb,ke,m1,d1,x,r[10000],t[10000];
    float c,w1,max,ps[10000],ws[10000];
    float w[]={0,15.1,16.5,19.8,12.2,9.5,13.7,17.6 };
    float p[]={0,32.3,36.5,45.7,16.4,21.3,29.5,41.3};
    n=7;                                         //各物品的重量与效益存储在数组
    printf("  请输入背包的载重量 c: ");
    scanf("%f",&c);
    printf("  %d 件物品的重量与效益分别为: \n",n);
    printf("  %.1f,%.1f ",w[1],p[1]);
    for(i=2;i<=n;i++)
    printf(";%.1f, %.1f ",w[i],p[i]);
    printf("\n");
    max=0;
    ps[0]=ws[0]=0;d=r[0]=t[0]=0;
    if(w[1]<=c)
```

```
    { ws[1]=w[1];ps[1]=p[1];d=t[1]=1;r[1]=0;}        //赋初值：第 1 层处理
    kb=0;ke=1;
    for(m=2;m<=n;m++)                                //分层扩展处理
    {   for(k=kb;k<=ke;k++)                          //前一层各结点分别扩展
        {   d++; ws[d]=ws[k];ps[d]=ps[k];r[d]=k;     //第 k 个结点 0 分支处理
            if(w[m]+ws[k]<=c)                        //第 k 个结点 1 分支处理判别
            { d++; ws[d]=w[m]+ws[k];ps[d]=p[m]+ps[k];
              r[d]=k; t[d]=m;
              if(ps[d]>max)                          //比较效益最大值
                  { max=ps[d];w1=ws[d];d1=d;m1=m; }
            }
        }
        kb=ke+1;ke=d;                                //为下一层循环赋参数
    }
    printf("  背包所装物品: \n");
    printf("   编号    重量    效益 \n");
    printf("   %d   %.1f    %.1f \n",m1,w[m1],p[m1]);    //以表格形式输出
    d=r[d1];
    while(d>0)                                       //根据父结点记录反推输出
        {   k=r[d];
            if(ps[d]>ps[k])
            { x=t[d];
              printf("   %d %.1f %.1f\n",x,w[x],p[x]);
            }
            d=k;
        }
    printf("  背包装重%.1f,最大效益为%.1f\n",w1,max);
}
```

4. 程序运行示例与分析

```
请输入背包的载重量 c: 59.8
7 件物品的重量与效益分别为:
 15.1,32.3 ;16.5, 36.5 ;19.8, 45.7 ;12.2, 16.4 ;
 9.5, 21.3 ;13.7, 29.5 ;17.6, 41.3
 背包所装物品:
 编号   重量   效益
   6   13.7  29.5
   5    9.5  21.3
   3   19.8  45.7
   2   16.5  36.5
背包装重 59.5,最大效益为 133.0
```

　　对于 n 件物品装包,分支限界对每一物品都面临 2 个选择,尽管有部分剪枝处理,按广度优先搜索的分支限界的时间复杂度与空间复杂度均为 $O(2^n)$,不适宜 n 较大时设计求解。

　　在一般 0-1 背包案例基础上,增加一个约束条件即为二维约束 0-1 背包问题。

　　已知 n 种物品和一个载重 c,容积 q 的背包,物品 i 的重量为 w_i,容积为 v_i,产生的效益为 p_i。在装包时物品 i 可以装入,也可以不装入,但不可拆开装,物品 i 可产生的效益为 $x_i p_i$,这里,$x_i \in \{0,1\}, c, w_i, v_i, p_i \in \mathbf{R}^+$。

　　设计如何装包,在载重量不超过 c 且所占容积不超过 q 的限制下使装包效益最大。

　　这里增添了一个容积条件,因而在 1 分支时判断条件变更:

```
w[m]+ws[k]<=c && v[m]+vs[k]<=q
```

算法设计参照以上,这里不予详述。

8.5　新奇的八数码游戏

新奇的八数码游戏是一个有趣也有难度的二维移动游戏,有些资料称为八数码难题。

在 3×3 方阵中安放有 8 张编有数码 1~8 的滑牌,同时方阵中还有一个是空格(用数字 0 表示),各数码能滑向与它相邻的空格。

游戏指定八数码的初始状态与目标状态,要求用最少的滑动次数完成从初始状态滑到目标状态,并给出游戏滑动中空位(即 0)滑动的轨迹。

1. 案例提出

游戏的初始状态与目标状态如图 8-7 所示,从初始状态最少需多少次滑动才能达到目标状态?

2. 游戏是否存在解的判别

对指定的初始状态是否存在滑动序列达到指定的目标状态,即所指定的问题是否有解?

为此,对每一个状态定义状态量

(a) 初始状态　　(b) 目标状态

图 8-7　八数码游戏的初始状态与目标状态

$$s = \sum_{i=1}^{n} N(k)$$

为了说明 $N(k)$,试把二维状态按从左到右、从上往下的排列次序转换为一维状态,即转换为一个 9 位整数。例如,以上初始状态可转换为整数 268713540。

数字 $k(1 \leqslant k \leqslant 8)$ 的标志量 $N(k)$ 为数字 k 在该 9 位整数中其左边比 k 大的数字的个数。例如,数字 3 的前面比 3 大的数字有 3 个(数字 6,8,7),即 $N(3)=3$。

状态量 s 为 8 个数字的 $N(k)$ 之和。若状态量 s 为奇数,则该状态为奇状态;若状态量 s 为偶数,则该状态为偶状态。

若初始状态与目标状态同为奇状态或同为偶状态,问题有解。否则,若初始状态与目标状态为一奇一偶,问题无解。

我们证明这一结论。

首先注意到,在矩阵的一行内某一数码和空格左右互换不改变状态的奇偶性,因为各个数码的 $N(k)$ 没有改变。

在矩阵的一列内一个数码和空格上下互换也不改变状态的奇偶性。

不妨假设空格在下面,上下互换要改变 3 个数的次序及它们的 $N(k)$ 值。假设这 3 个数字的排列依次是 abc,变换后次序变为 bca,在这 3 个数字串中数字 a 由串头变为了串尾,$N(k)$ 值也相应发生了变化,具体分以下 3 种情形。

(1) 如果 a 小于 b、c,变换后 $N(a)$ 增 2,其他未改变,显然不改变状态量的奇偶性。

(2) 如果 a 大于 b、c,变换后 $N(b)$、$N(c)$ 均减少 1,其他未改变,也不改变状态的奇偶性。

(3) 如果 a 介于 b、c 之间:

· 若 b<a<c 变换后 $N(b)$ 减少 1,$N(a)$ 增加 1,$N(c)$ 未改变,不改变状态的奇偶性;

· 若 c<a<b 变换后 $N(c)$ 减少 1,$N(a)$ 增加 1,$N(b)$ 未改变,不改变状态的奇偶性。

也就是说,各数码按规则的任何滑动,都不改变状态的奇偶性。

若两状态的奇偶性不同,无论怎么滑动,无论滑动多少次,都不能由其中一个状态变为另一个状态。

下面举例说明根据初始状态与目标状态的奇偶性来判别问题是否有解。

例如,以上所列的初始状态的状态量 sa 为:

2 6 8

7 1 3 ->268713540 ->

5 4 0

$$sa = N(2) + N(6) + N(8) + N(7) + N(1) + N(3) + N(5) + N(4)$$
$$= \;0\; + \;0\; + \;0\; + \;1\; + \;4\; + \;3\; + \;3\; + \;4$$
$$= 15$$

以上所列目标状态的状态量 sb 为:

0 2 3

1 8 4->023184765 ->

7 6 5

$$sb = N(2) + N(3) + N(1) + N(8) + N(4) + N(7) + N(6) + N(5)$$
$$= \;0\; + \;0\; + \;2\; + \;0\; + \;1\; + \;1\; + \;2\; + \;3$$
$$= 9$$

可见初始状态与目标状态同为奇状态,问题有解。

如果把目标状态变更为:

1 2 3

8 0 4->123804756 ->

7 5 6

$$sb = N(1) + N(2) + N(3) + N(8) + N(4) + N(7) + N(5) + N(6)$$
$$= \;0\; + \;0\; + \;0\; + \;0\; + \;1\; + \;1\; + \;2\; + \;2$$
$$= 6$$

原初始状态与变更后的目标状态为一奇一偶,问题无解,即无论如何滑动,从初始状态均无法达到目标状态。

8.5.1 移动常规设计

问题涉及二维的 3×3 方阵的八数码,由于指定的初始状态与目标状态之间的关系不甚明确,第一步如何滑动? 接着第二步又如何滑动? 怎样才能以最少的滑动次数达到目标状态?

如何确定以最少的滑动次数由初始状态达到目标状态的难度是比较大的。

试用分支限界法设计求解。

1. 分支限界常规设计要点

问题求最少的滑动次数,试应用广度优先搜索求解。

1)滑动的状态变化与剪枝

从初始状态开始,在所有滑动方向滑动一次得到若干 1 次子状态,这些子状态分别与目标状态比较,是否达到目标。

若没有达到目标,则从每一个 1 次子状态在所有滑动方向分别滑动一次,得到若干 2 次子状态,这些子状态分别与目标状态比较,是否达到目标。

以此类推,滑动 s 次得到所有的 s 次子状态,这些子状态分别与目标状态比较,直至达到目标结束。

这样,从滑动一步开始,每滑动一步得到若干子状态并都与目标状态比较。最先得到目标状态的无疑是所求的最少的滑动次数。

对于某一状态来说,空位 0 的位置有以下 3 种情形。

(1) 如果空位 0 位于 4 角,则存在 2 个滑动方向,即可产生 2 个子状态。

(2) 如果空位 0 位于 4 边,则存在 3 个滑动方向,即可产生 3 个子状态。

（3）如果空位 0 位于矩阵中间，则存在 4 个滑动方向，则可产生 4 个子状态。

如果次数 s 比较大，则 s 次子状态的数量非常大，导致占用的内存非常大。因此，有必要实施剪枝，以减少子状态的数量。

剪枝的依据是不走回头路，即不能回到母状态。例如，空格从上往下滑动到中央，不走回头路就是此时空格不能立即从下往上滑动。

通过剪枝，对于过程中某一状态来说，空位 0 的位置有以下 3 种情形。

（1）如果空位 0 位于 4 角，则只存在 1 个滑动方向，即只产生 1 个子状态。

（2）如果空位 0 位于 4 边，则只存在 2 个滑动方向，即只产生 2 个子状态。

（3）如果空位 0 位于矩阵中间，则只存在 3 个滑动方向，则只产生 3 个子状态。

2）数据结构

为便于搜索、比较与记忆搜索路径，设置以下数组。

（1）三维数组 $a[k][i][j]$，存储搜索过程的状态队列中第 k 个状态的第 i 行第 j 列的数字。

（2）二维数组 $b[i][j]$ 存储目标状态中第 i 行第 j 列的数字。

（3）一维数组 $p[k]$ 存储第 k 个状态中空格即 0 的位置，其值 $i*2+j$ 表示 0 在矩阵的第 i 行第 j 列（$0 \leqslant i \leqslant 2, 0 \leqslant j \leqslant 2$）。

（4）一维数组 $q[k]$ 存储第 k 个状态的父状态，例如 $q[45]=7$，即第 45 个状态是由第 7 个状态生成的。

（5）一维数组 $r[k]$ 存储第 k 个状态的路标。

同时，由数组 or[9] 提供初始状态的九数码（含空格 0），数组 ta[9] 提供目标状态的九数码。

3）剪枝实现

字符 ↑、↓、→、← 的 ASCII 码分别是 24、25、26、27，为打印方便，用数组 $r[m]$ 表示状态 $a[m][i][j]$ 的空格 0 的移动：$r[m]=1$ 表示向上"↑"；$r[m]=2$ 表示向下"↓"；$r[m]=3$ 表示向右"→"；$r[m]=4$ 表示向左"←"。

为避免走回头路（例如父状态 0 为下移，此时又上移，回到原状态），对 0 的移动设置剪枝条件。

例如对 0 上移设置剪枝条件：io>=1 && $r[k]-2$。

其中"io>=1"表明要上移，0 的行号需大于或等于 1，如果 $i=0$，即在矩阵的最前面一行无法上移。

而"$r[k]-2$"为避免走回头路的截枝：其父状态若为下移（$r[k]=2$），此时 $r[k]-2=0$，即此时的上移无法实现；其父状态若为下移（$r[k] \neq 2$），此时 $r[k]-2 \neq 0$，即此时不影响上移实现。

4）状态比较

对搜索过程中得到的每一个状态 $a[k][i][j]$ 都必须与目标状态 $b[i][j]$ 进行比较，为此设计比较函数 $g()$：若与目标状态完全相同，返回 1，退出搜索循环，输出 0 移动路径后结束；否则，继续搜索。

搜索过程可能比较长，即生成的状态个数 m 可能相当大，以至超出内存所能容纳的数额 N（程序约定为 5000，可根据实际增减）。为此，当 $m>=N$ 时强制退出搜索。

5）输出 0 的移动路径

在记录的 m 个路标中，实际起作用的只有 s（为最少移动次数）个。

首先，由 q 数组提供的数据在 r 数组中找出最优路径并压缩至 $r[m]$，$r[m-1]$，…，$r[m-s+1]$。最后由 $r[m-s+1]$ 至 $r[m]$ 输出最优路径的路标。

2．分支限界常规程序设计

```
//八数码游戏分支限界常规设计,c851
#include<stdio.h>
#define N 5000
int m,t,a[N][3][3],b[3][3];
void main()
{   int i,j,i0,j0,k,kb,ke,s,as,bs,y,p[N],q[N],r[N];
    int g();
    int or[9]={2,6,8,7,1,3,5,4,0};              //初始状态数据
    int ta[9]={0,2,3,1,8,4,7,6,5};              //目标状态数据
    as=bs=0;                                    //检验初始与目标的奇偶性
    for(i=0;i<=7;i++)
    for(j=i+1;j<=8;j++)
        {   if(or[i]>or[j] && or[j]>0) as++;
                if(ta[i]>ta[j] && ta[j]>0) bs++;
            }
    if((as+bs)%2>0) return;                     //初始与目标状态为不同奇偶,无解!
    for(i=0;i<=2;i++)
    for (j=0;j<=2;j++)
        a[0][i][j]=or[i*3+j];
    printf("   给出的初始状态: \n");
    for(i=0;i<=2;i++)
    {   for(j=0;j<=2;j++)
        {   printf("   %d",a[0][i][j]);
            if(a[0][i][j]==0) p[0]=i*3+j;           //记录初状态数字 0 所在位置
        }
        printf("\n");
    }
    printf("   需达到的目标状态: \n");
    for(i=0;i<=2;i++)
    {   for(j=0;j<=2;j++)
        {   b[i][j]=ta[i*3+j];printf("   %d",b[i][j]);}
        printf("\n");
    }
    kb=ke=s=m=0;r[0]=0;                         //路标量赋初值
    while(1)
    {   s++;                                    //统计实现目标的步数
        for(k=kb;k<=ke;k++)
        {   i0=p[k]/3;j0=p[k]%3;
            if(i0>=1 && r[k]-2)                 //0 可向上移
            {   m++;                            //统计实现目标过程中的状态数
                for(i=0;i<=2;i++)
                for(j=0;j<=2;j++)
```

```
          a[m][i][j]=a[k][i][j];
       a[m][i0][j0]=a[k][i0-1][j0];a[m][i0-1][j0]=0;
       p[m]=(i0-1)*3+j0; q[m]=k; r[m]=1;              //剪枝量赋值确保下次不往下
       if(g() || m>=N) break;                          //已达到目标,输出结束
     }
     if(i0<=1 && r[k]-1)                               //0可向下移
     {  m++;
        for(i=0;i<=2;i++)
        for(j=0;j<=2;j++)
           a[m][i][j]=a[k][i][j];
        a[m][i0][j0]=a[k][i0+1][j0];a[m][i0+1][j0]=0;
        p[m]=(i0+1)*3+j0; q[m]=k; r[m]=2;             //剪枝量赋值确保下次不往上
        if(g() || m>=N) break;                         //已达到目标,输出结束
     }
   if(j0<=1 && r[k]-4)                                 //0向右移
      {  m++;
         for(i=0;i<=2;i++)
         for(j=0;j<=2;j++)
            a[m][i][j]=a[k][i][j];
         a[m][i0][j0]=a[k][i0][j0+1];a[m][i0][j0+1]=0;
         p[m]=i0*3+j0+1; q[m]=k; r[m]=3;              //剪枝量赋值确保下次不往左
         if(g() || m>=N) break;                        //已达到目标,输出结束
      }
   if(j0>=1 && r[k]-3)                                 //0可向左移
      {  m++;
         for(i=0;i<=2;i++)
         for(j=0;j<=2;j++)
         a[m][i][j]=a[k][i][j];
         a[m][i0][j0]=a[k][i0][j0-1];a[m][i0][j0-1]=0;
         p[m]=i0*3+j0-1; q[m]=k; r[m]=4;              //剪枝量赋值确保下次不往右
         if(g() || m>=N) break;                        //已达到目标,输出结束
      }
   }
   kb=ke+1;ke=m;                                       //为下一轮扩展结点循环提供参数
   if(t==1) break;
   if(m>=N) return;
   }
   printf("  从初始状态经最少%d次移动达到目标状态。\n",s);
   printf("  空格%d次移动依次为:\n",s);
   y=q[m];
   for(k=1;k<=s-1;k++)
     { r[m-k]=r[y];y=q[y]; }
   for(k=1;k<=s;k++)
     printf("  %c",r[m-s+k]+23);                       //输出空格移动路径字符标志
   printf("\n");
}
int g()
{  int c,d;
   for(t=1,c=0;c<=2;c++)                               //中间第m状态与目标状态比较
   for (d=0;d<=2;d++)
      if(a[m][c][d]!=b[c][d]) {t=0;c=2;break;}
   return t;
}
```

3. 程序运行结果与说明

```
给出的初始状态:
2 6 8
7 1 3
5 4 0
需达到的目标状态:
0 2 3
1 8 4
7 6 5
从初始状态经最少 12 次移动达到目标状态。
空格 12 次移动依次为:
← ← ↑ → ↑ → ↓ ↓ ← ↑ ↑ ←
```

输出问题的解,即空格 0 的 12 次移动过程。这里的 12 为所求的最小次数,因为算法是"广度优先"搜索,小于 12 次的所有情形均未达到目标状态。

如果把初始与目标互换,得移动次数相同,移动路径通常为以上路径的逆反路径。

作为实验,建议修改程序,把初始与目标互换,比较一下程序的运行结果。

8.5.2　数组优化设计

分支限界的突出问题是占用空间太多,精简数组是一项有意义的优化尝试。

1. 数组精简及其变化描述

试把二维状态按从左到右、从上往下的排列次序精简为一维状态,包括空格 0,即一个 9 位整数。例如,以上的初始状态转换为整数 268713540。

设置一维数组 long $a[40000]$,目标为 long b。

其中,$a[0]$ 为初始状态数,$a[m]$ 为中间第 m 结点的状态数。此时是否达到目标状态,只需进行 $a[m]$ 与 b 比较即可。

设 $a[m]$ 的父结点为 $a[k]$,分析 $a[k] -> a[m]$,其中 $a[k]$ 的 0 位于 (i,j) 位。

这里的关键在于由 $a[k]$ 分 4 种滑动方向计算 $a[m]$,这是关键,也是难点。

令 $v = 10^{(i*3+j)}$,$u = 10^{(8-(i*3+j))}$。

1) 空格 0 上移

矩阵位于 (i,j) 位的 0 上移到 $(i-1,j)$,相当于 $a[k]$ 位于 $(i-1,j)$ 位的数字 h 下移到 (i,j),即数字 h 在数 $a[k]$ 中后移 3 位。

因而 $h = (a[k]/u/1000)\%10$;操作:

$h = u * 1000$;$h = (a[k]/h)\%10$;

h 在数 $a[k]$ 中后移 3 位,即 $a[k]$ 减少 $h*(999*u)$:

$a[m] = a[k] - h*(999*u)$;

例如,由 268734510 的 0 上移得到 268730514,需减少 $4*(999*1)$。注意,此时 h 是与 0 交换的数字 4,u 是 1。

2) 空格 0 下移

$a[k]$ 位于 (i,j) 位的 0 下移到 $(i+1,j)$,相当于 $a[k]$ 位于 $(i+1,j)$ 位的数字 h 上移到 (i,j),即数字 h 在数 $a[k]$ 中前移 3 位。

因而 $h=(a[k]/u*1000)\%10$；操作：

$c=u/1000;h=(a[k]/c)\%10;$

h 在数 $a[k]$ 中前移 3 位，即 $a[k]$ 增加 $h*(999*u/1000)$：

$a[m]=a[k]+h*(999*c);$

例如，280163754 的 0 下移得到 283160754，需增加 $3*(999*10^6/1000)$。注意，此时 h 是与 0 交换的数字 3，u 是 10^6。

3) 空格 0 右移

$a[k]$ 位于 (i,j) 位的 0 右移到 $(i,j+1)$，相当于 $a[k]$ 位于 $(i,j+1)$ 位的数字 h 左移一位到 (i,j)，即数字 h 在数 $a[k]$ 中前移 1 位。

因而 $h=(a[k]/u*10)\%10$；操作：

$c=u/10;h=(a[k]/c)\%10;$

数字 h 在数 $a[k]$ 中前移 1 位，即 $a[k]$ 增加 $h*(9*u/10)$：

$a[m]=a[k]+h*(9*c);$

例如，268734501 的 0 右移得到 268734510，需增加 $1*(9*10/10)$。注意，此时 h 是与 0 交换的数字 1，u 是 10。

4) 空格 0 左移

$a[k]$ 位于 (i,j) 位的 0 左移到 $(i,j-1)$，相当于 $a[k]$ 位于 $(i,j-1)$ 位的数字 h 右移一位到 (i,j)，即数字 h 在数 $a[k]$ 中后移 1 位。

因而 $h=(a[k]/u/10)\%10$；操作：

$h=u*10;h=(a[k]/h)\%10;$

h 在数 $a[k]$ 中后移 1 位，即 $a[k]$ 减少 $h*(9*u)$：

$a[m]=a[k]-h*(9*u);$

例如，268730514 的 0 左移得到 268703514，需减少 $3*(9*10^3)$。注意，此时 h 是与 0 交换的数字 3，u 是 10^3。

当得到一个中间状态 $a[m]$ 时，通过 $q[m]=k$；记录 $a[m]$ 的父状态的下标 k。同时通过 $p[m]=(i-1)*3+j$；记录该状态 0 的位置。

在输出结果时，可以利用 r 数组输出 s 步 0 的移动标志。

2. 精简数组程序设计

```
//八数码游戏分支限界数组优化设计,c852
#include<stdio.h>
#define N 50000
void main()
{   int i,j,g,s,as,bs,p[N],r[N];
    long b,c,h,k,kb,ke,m,u,v,y,a[N],q[N];
    int or[9]={2,6,8,0,3,4,7,5,1};          //初始状态数据
    int ta[9]={0,2,3,1,8,4,7,6,5};          //目标状态数据
    as=bs=0;                                //检验初始与目标的奇偶性
    for(i=0;i<=7;i++)
```

```
for(j=i+1;j<=8;j++)
  { if(or[i]>or[j] && or[j]>0) as++;
    if(ta[i]>ta[j] && ta[j]>0) bs++;
  }
  if((as+bs)%2>0) return;                    //初始与目标状态为不同奇偶,无解!
  a[0]=b=0;
  for(i=0;i<=2;i++)
  for(j=0;j<=2;j++)
      a[0]=a[0]*10+or[i*3+j];                //计算初始状态的长数 a[0]
  printf("   给出的初始状态: \n");
  for(i=0;i<=2;i++)
    { for(j=0;j<=2;j++)
      { printf("  %d",or[i*3+j]);
        if(or[i*3+j]==0) p[0]=i*3+j;         //记录初状态数字 0 所在位置
      }
      printf("\n");
    }
  printf("   需达到的目标状态: \n");
  for(i=0;i<=2;i++)
  { for(j=0;j<=2;j++)
    { printf("  %d",ta[i*3+j]);
      b=b*10+ta[i*3+j];                      //计算目标状态的长数 b
    }
      printf("\n");
  }
  kb=ke=m=s=r[0]=0;                          //循环起始终止量赋初值
  while(1)
  { s++;                                     //统计实现目标的步数
    for(k=kb;k<=ke;k++)
    { i=p[k]/3;j=p[k]%3;
      for(v=1,g=1;g<=i*3+j;g++)
        v=v*10;                              //v=10^(i*3+j)
      u=100000000/v;
      if(i>=1 && r[k]-2)                     //0 向上移
      { m++; h=u*1000;h=(a[k]/h)%10;         //a[k]位于(i-1,j)位的数字
        a[m]=a[k]-h*(999*u); q[m]=k;         //数值减少 h(999*u)
        p[m]=(i-1)*3+j; r[m]=1;              //剪枝量赋值确保下次不往下
        if(a[m]==b || m>=N) break;           //已达到目标,输出结束
      }
      if(i<=1 && r[k]-1)                      //0 可向下移
        { m++; c=u/1000;h=(a[k]/c)%10;
          a[m]=a[k]+h*(999*c); q[m]=k;
          p[m]=(i+1)*3+j; r[m]=2;             //剪枝量赋值确保下次不往上
          if(a[m]==b || m>=N) break;          //已达到目标,输出结束
        }
      if(j<=1 && r[k]-4)                      //0 向右移
       { m++;c=u/10;h=(a[k]/c)%10;
         a[m]=a[k]+h*(9*c); q[m]=k;
         p[m]=i*3+j+1; r[m]=3;                //剪枝量赋值确保下次不往左
         if(a[m]==b || m>=N) break;           //已达到目标,输出结束
       }
    if(j>=1 && r[k]-3)                        //0 可向左移
      { m++;h=u*10;h=(a[k]/h)%10;
```

```
    a[m]=a[k]-h*(9*u); q[m]=k;
    p[m]=i*3+j-1; r[m]=4;                    //剪枝量赋值确保下次不往右
    if(a[m]==b || m>=N) break;               //已达到目标,输出结束
    }
  }
  if(a[m]==b) break;
  if(m>=N) return;
  kb=ke+1; ke=m;
}
printf("  从初始状态经最少%d次移动达到目标状态: \n",s);
y=q[m];
for(k=1;k<=s-1;k++)
  {  r[m-k]=r[y];a[m-k]=a[y];y=q[y]; }
for(k=1;k<=s;k++)
printf(" %c",r[m-s+k]+23);                   //输出空格移动路径字符标志
printf("\n");
}
```

3. 程序运行结果与说明

```
给出的初始状态:
2  6  8
0  3  4
7  5  1
需达到的目标状态:
0  2  3
1  8  4
7  6  5
从初始状态经最少 17 次移动达到目标状态:
↓ → → ↑ ← ↓ ← ↑ → ↑ → ↓ ↓ ← ↑ ↑ ←
```

可以在程序中输出 s 时输出 m 的值,可知为 m＝40288,即程序产生并检验了 40288 个中间状态。可见算法尽管做了改进,其占用空间还是非常大的。

八数码问题具有可逆性,也就是说,如果可以从一个状态 A 移动生成状态 B,那么同样可以从状态 B 移动生成状态 A,这种问题既可以从初始状态出发,搜索目标状态,也可以从目标状态出发,搜索初始状态。

很自然的思路就是双向搜索,以缩减所占用的空间。

作为实验,建议修改程序,把初始与目标互换,比较一下程序的运行结果。

作为练习,设计双向搜索求解八数码问题。

8.6 分支限界法应用小结

分支限界法是由"分支"策略与"限界"策略两部分组成。"分支"策略体现对问题空间是按广度优先的策略进行搜索;"限界"策略是为了加速搜索速度而采用启发信息剪枝的策略。

1. 分支限界法与回溯法比较

分支限界法与回溯法类似,都是在问题的解空间树上搜索问题的解的算法。这两个算法的主要区别如下。

1）求解目标不同

回溯法通常求出满足要求的所有解。而分支限界法的求解目标通常是找出满足要求的一个解，或是在满足约束条件的解中找出使某一目标函数值达到最值的最优解。

例如，装载案例中的回溯设计给出了多个解，而分支限界法只给出一个解。

2）搜索方式不同

回溯法按深度优先进行搜索，而分支限界法按广度优先进行搜索。

例如，装载案例中的回溯设计就是按深度优先进行搜索，而分支限界法设计则是按广度优先进行搜索。

3）占用内存不同

分支限界法按广度优先搜索，占内存多。而回溯法按深度优先搜索，占内存少。

2. 数据的输入方式

最后顺便谈谈数据的 3 种输入方式。

对于个别数据的输入，通常采用从键盘输入，直接而简单。

若数据量较多，例如"装载问题"的各个货物重量；"0-1 背包问题"各物品的重量与效益；"八数码游戏"的初始与目标状态等，若采用键盘输入则比较费时而烦琐，可采用定义数组赋初值的方式存储在数组元素中。

若数据为二维矩阵形式，如"迷宫"数据，则采用文件输入的方式较为简便。

习 题 8

8-1 搜索矩阵迷宫中的最少拐弯通道。

在由文件(dt81.txt)给出的矩阵迷宫中，从指定起点(n1,m1)至指定终点(n2,m2)可能存在很多的通道，有些通道拐弯(通道中由水平到垂直为拐弯，或由垂直到水平也为拐弯)数较少，而有些通道拐弯数较多。

试搜索矩阵迷宫所有通道的最少拐弯数。

8-2 搜索三角迷宫中的最少拐弯通道。

在由文件(dt82.txt)给出的三角迷宫(图 8-5)中，从指定起点(1,1)至指定终点(n2,m2)，路径中每一步能往左、往右、往左下、往右下走到相邻的 0 格，可能存在很多的通道，有些通道拐弯(通道中由水平到左下、右下为拐弯，或由左下、右下到水平为拐弯，或由左下到右下、由右下到左下也为拐弯)数较少，而有些通道拐弯数较多。

试搜索三角迷宫所有通道的最少拐弯数。

8-3 应用动态规划设计求解矩阵迷宫(dt81.txt)最短通道。

8-4 八数码游戏双向搜索。

八数码问题具有可逆性，也就是说，如果可以从一个状态 A 移动生成状态 B，那么同样可以从状态 B 移动生成状态 A，这种问题既可以从初始状态出发，搜索目标状态，也可以从目标状态出发，搜索初始状态。很自然的思路就是双向搜索，以缩减搜索所占用的空间。

试应用分支限界设计双向搜索求解八数码问题。

第9章 模　　拟

模拟(simulation)是程序设计难以把握的课题之一。

在自然界与日常生活中,许多现象带有不确定性,有些问题甚至很难建立确切的数学模型,因而对这些实际问题很难实施与应用常用递推、递归或回溯等算法处理。此时可试用模拟进行探索求解。

9.1　模　拟　概　述

9.1.1　模拟分类

根据模拟对象的不同特点,计算机模拟可分为随机模拟与决定性模拟两类。

1. 随机模拟

随机模拟的对象是随机事件,其变化过程相当复杂。

随机模拟就是应用计算机语言提供的随机函数值来模拟随机发生的事件,或模拟自然界的一些随机现象。对计算机语言提供的随机函数,设定某一范围内的随机值,并将这些随机值作为参数实施模拟。

在 C 语言中,rand()函数可以用来产生随机数,但不是真正意义上的随机数,是一个伪随机数。rand()函数是根据一个称为种子的数为基准,以某个递推公式推算出来的一系列数,当这系列数很大的时候,就符合正态分布,从而相当于产生了随机数。当计算机正常开机后,这个种子的值是确定了的,为了改变这个种子的值使随机更加贴近自然,C 语言提供了 srand(t)函数,其中参数 t 可根据操作的时间差来定。调用 srand(t)函数相当于随机数发生器初始化,使得随机函数 rand()产生一个 0~32 767 的随机整数。

在随机模拟设计时,为了产生某一区间[a,b]中的随机整数,可以应用 C 语言的整数求余运算实现:

```
rand()%(b-a+1)+a;
```

模拟自然界的随机现象与特定条件下的操作过程,可解决一些人工操作力所不及的疑难问题。

蒙特卡罗方法是一种以概率和统计理论方法为基础的随机模拟方法,可使用随机数(或更常见的伪随机数)来求解很多计算问题的近似解。

例如,用蒙特卡罗法计算定积分

$$s = \int_a^b f(x)\,\mathrm{d}x$$

其中,$a<b$,$0<f(x)<d$,$x\in[a,b]$,$d\geqslant\max[f(x)]$,如图 9-1 所示。

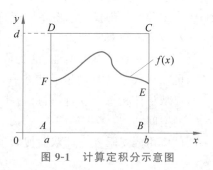

图 9-1　计算定积分示意图

产生 n(n 足够大)个随机分布在长方形 $ABCD$ 上的随机点(x,y),其中 x 是随机分布在$[a,b]$上的随机数,y 是随机分布在$[0,d]$上的随机数。设其中落在曲边梯形 $ABEF$ 上的随机点数为 m,则曲边梯形 $ABEF$ 的面积(即定积分 s 的值)为

$$s = \frac{m}{n}(b-a)d$$

例 9-1 应用蒙特卡罗算法计算定积分

$$s = \int_0^3 \frac{x\sqrt{1+x^3}}{x^2+2}\mathrm{d}x$$

1) 应用蒙特卡罗法设计要点

注意到 C 语言中随机函数 rand()表现为整数,做如下变换:

rand()%10000/10000.0 为$(0,1)$中的随机数。

a+(b-a)*(rand()%10000/10000.0)为(a,b)中的随机数。

d*(rand()%10000/10000.0)为$(0,d)$中的随机数。

2) 应用蒙特卡罗法计算定积分算法描述

```
//蒙特卡罗法计算定积分,c911
#include<stdio.h>
#include<math.h>
#include<time.h>
#include<stdlib.h>
void main()
{  long m,n,k,t;
   double a,b,c,d,s,x,y;
   printf("请输入 n: "); scanf("%ld",&n);                //输入试验次数
   printf("请输入 a,b: "); scanf("%lf,%lf",&a,&b);       //输入积分的上下限
   t=time(0)%1000;srand(t);                             //随机数发生器初始化
   m=0; d=0;
   for(x=a;x<=b;x=x+0.01)
   {  c=x*sqrt(1+x*x*x)/(x*x+2);
      if(c>d) d=c;                                      //计算函数纵坐标最大值 d
   }
   for(k=1;k<=n;k++)
   {  x=a+(b-a)*(rand()%10000/10000.0);
      y=d*(rand()%10000/10000.0);
      if(y<=x*sqrt(1+x*x*x)/(x*x+2))                    //体现积分函数式
         m=m+1;                                         //随机点在曲边梯形内 m 增 1
   }
   s=m*(b-a)*d/n;                                       //计算曲边梯形的面积
   printf("所求定积分 s=%7.4f \n",s);
}
```

3) 程序运行与说明

```
请输入 n: 10000000
请输入 a,b: 1,3
    所求定积分 s=1.9892
```

用蒙特卡罗法模拟计算,应用的程序设计语言的随机函数属于随机性模拟,计算的结果

不是决定性的。如果对相同的参数测试多次,每一次所得结果会有随机偏差。

为了使随机更加贴近自然,在应用随机模拟时,要注意应用 srand(t)函数对所提供的随机数发生器进行初始化。

2. 决定性模拟

决定性模拟是对决定性过程进行的模拟,其模拟的事件按其固有的规律发生发展,最终得出一个明确的结果。

例 9-2　特定洗牌。

给你 $2n$ 张牌,编号为 $1,2,3,\cdots n,n+1,\cdots,2n$,这也是最初牌的顺序。一次洗牌是把该序列变为 $n+1,1,n+2,2,n+3,3,n+4,4,\cdots,2n,n$。可以证明,对于任意自然数 n,都可以在经过 m 次洗牌后重新得到初始顺序。

编程对于小于 10 000 的自然数 n 的洗牌,求出重新得到初始顺序的洗牌次数 m 的值,并显示洗牌过程。

1) 模拟设计要点

设洗牌前位置 k 的编号为 $p[k]$,洗牌后位置 k 的编号变为 $b[k]$。

我们寻求与确定洗牌前后牌的顺序改变规律。

前 n 个位置的编号赋值变化:位置 1 的编号赋给位置 2,位置 2 的编号赋给位置 4……位置 n 的编号赋给位置 $2n$,即 $b[2k]=p[k]$($k=1,2,\cdots,n$)。

后 n 个位置的编号赋值变化:位置 $n+1$ 的编号赋给位置 1,位置 $n+2$ 的编号赋给位置 3……位置 $2n$ 的编号赋给位置 $2n-1$,即 $b[2k-1]=p[n+k]$($k=1,2,\cdots,n$)。

在循环中每洗一次牌后输出洗牌后的编号,并检测是否复原。若未复原($y=1$),继续;若已复原(保持 $y=0$),则退出循环。

每次洗牌用 m 统计洗牌次数,复原后输出 m,即洗牌复原的次数。

2) 程序设计

```
//模拟洗牌复原过程,c912
#include<stdio.h>
void main()
{   int k,n,m,y,p[20000],b[20000];
    printf("请输入 n: ");   scanf("%d",&n);
    printf("初始: ");
    for(k=1;k<=2*n;k++)                      //最初牌的顺序
        { p[k]=k; printf("%4d",p[k]); }
    m=1;
    while(1)
    {   y=0;
        for(k=1;k<=n;k++)                    //实施一次洗牌
            { b[2*k]=p[k]; b[2*k-1]=p[n+k]; }
        for(k=1;k<=2*n;k++)
            p[k]=b[k];
        printf("\n%4d: ",m);                 //打印第 m 次洗牌后的结果
        for(k=1;k<=2*n;k++)
```

```
        printf("%4d",p[k]);
      for(k=1;k<=2*n;k++)                          //检测是否回到初始的顺序
        if(p[k]!=k) {y=1;break;}
      if(y==0)
      {  printf("\n 经%d 次洗牌回到初始状态。\n",m);
         break;
      }
      m++;
   }
}
```

3）程序运行示例

```
请输入 n: 10
初始:   1   2   3   4   5   6   7   8   9  10  11  12  13  14  15  16  17  18  19  20
   1:  11   1  12   2  13   3  14   4  15   5  16   6  17   7  18   8  19   9  20  10
   2:  16  11   6   1  17  12   7   2  18  13   8   3  19  14   9   4  20  15  10   5
   3:   8  16   3  11  19   6  14   1   9  17   4  12  20   7  15   2  10   5  18  13
   4:   4   8  12  16  20   3   7  11  15  19   2   6  10  14  18   1   5   9  13  17
   5:   2   4   6   8  10  12  14  16  18  20   1   3   5   7   9  11  13  15  17  19
   6:   1   2   3   4   5   6   7   8   9  10  11  12  13  14  15  16  17  18  19  20
经 6 次洗牌回到初始状态。
```

如果输入 $n=2014$，得经 312 次洗牌回到初始状态。

9.1.2　竖式运算模拟

竖式乘除运算模拟是模拟整数的四则运算法则的决定性模拟，主要是模拟整数逐位乘或除的竖式计算过程，以求解一些高精度计算与判定问题。

在实施乘除竖式计算模拟之前，必须根据参与运算整数的实际情况设置模拟量，以模拟乘除竖式计算进程中数值的变化，并判定运算是否结束。

1. 竖式除模拟

竖式除模拟，设竖式除过程中被除数为 a，除数为 p，试商所得的商为 $b=a/p$，所得余数为 $c=a\%p$。

实施模拟，可根据问题的具体情况设置模拟循环，并确定终止循环的条件。

例如，以试商的余数是否为 0 作为运算是否完成的终止条件：当 $c\neq0$ 时，继续试商下去，直至余数 $c=0$ 时，实现整除，终止模拟。

竖式除模拟框架描述：

```
输入原始数据
确定初始量
while(循环条件)
{  a=c*t+m;              //构造被除数 a，其中 t、m 为构造量
   b=a/p;                //实施除运算，计算商 b
   printf(b);
   c=a%p;                //试商得余数 c
}
```

其中，原始数据、初始量、循环条件与构造量等必须根据所处理案例的具体情况确定。

例 9-3　由 n 个 1 组成的整数能被 2017 整除，求 n 至少为多大。

解：求解 n 至少为多大，应该从何入手？

试模拟整数竖式除法求解。

1）竖式除法图示

被除数是 n 个 1，除数是 2017，竖式运算如图 9-2 所示。

可以证明，n 是存在的，且不大于 2017，因而该竖式运算总会停止。当除运算的余数为 0 时，数一数此时被除数中有多少个 1 即可。

图 9-2　竖式除运算示意

2）竖式除法设计要点

设整数竖式除法每次试商的被除数为 a，除数为 2017，每次试商的余数为 c。

模拟循环外赋初值：$c=1111$，$n=4$。

设置竖式除法模拟循环，以余数 $c \neq 0$ 作为循环条件，在循环体中：

（1）被除数为 $a=c*10+1$。

（2）试商余数为 $c=a\%2017$。

（3）变量 n 用于统计 1 的个数。

若余数 $c=0$，结束循环，输出所得 n 的结果；否则，继续试商。

3）竖式除法模拟描述

```
c=1111;n=4;                    //给变量 c 与 n 赋初值
while(c!=0)                    //循环模拟整数除法竖式计算
{  a=c*10+1;
   c=a%2017;
   n=n+1;                      //每试商一位 n 增 1
}
print(n);
```

2. 竖式乘模拟

1）变量设置

竖式乘模拟通常从低位开始，乘积结果须从高位到低位输出，因此有必要设置数组。通常设 w 数组表示乘运算的一个乘数，也表示该数乘以 p（另一个乘数）的积：$w[1]$ 表示个位数，$w[2]$ 为十位数……

实施竖式乘模拟必须考虑进位，设进位数为 m（通常赋初值 $m=0$）。

2）竖式乘模拟设计要点

乘数的第 k 位数 $w[k]$ 乘以另一个乘数 p 加上进位数 m 的结果为 $a=w[k]p+m$。

然后把所得到的乘积 a 的个位数存储为积的第 k 位数，$w[k]=a\%10$。

而乘积 a 的十位及以上的值作为下一轮运算的进位数，$m=a/10$。

乘数 p 与进位数 m 的初值、乘运算的结束条件由所求问题的具体情况确定，通常使乘运算达到某一特定值或达到某一规定位数后结束。

3）竖式乘模拟框架描述

```
输入原始数据
确定初始量
while(循环条件)
{  k=k+1;
```

```
    a=w[k]*p+m;              //计算乘积 a,m 为进位数
    w[k]=a%10;               //乘积 a 的个位存储到 w[k]
    m=a/10;                  //乘积 a 的十位以上作为下一轮的进位数
}
输出 w[d]~w[1]                //从高位到低位输出乘积
```

竖式乘模拟的原始数据、初始量、循环条件与进位数须根据所模拟的具体案例的实际情况确定。

9.2　精彩乘积式

搜寻乘数构建其积具有某项特色的乘积式,是应用竖式运算模拟实施高精度计算新颖而有趣的课题。

这类案例通常给出一个整数,需要寻求另一个最小整数,使这两个整数的乘积符合某些特色要求。

本节所探讨的特色要求包括:

(1) 乘积全由数码 1 重复构成。

(2) 乘积全由从键盘指定的某一整数重复构成。

(3) 乘积由两个数码 0 与 1 构成。

(4) 乘积由从键盘指定的两个一位整数构成。

(5) 乘积为二部数(ACM 背景)。

9.2.1　积由指定一个整数重复构成

两位程序设计爱好者 A、B 在进行乘数探求游戏。

A:请你任给定一个正整数 p(约定整数 p 为个位数字不是 5 的奇数),可寻求最小正整数 q,使得 p 与 q 之积全是数码 1 重复构成。

B:也请你任给定一个正整数 p,可寻求最小正整数 q,使得 p 与 q 之积为全是由从键盘输入的整数 z 重复构成。

他们的游戏你能实现吗?

1. 积由单数码 1 重复构成

1) 案例提出

给定正整数 p(约定整数 p 为个位数字不是 5 的奇数),寻求最小正整数 q,使得 p 与 q 之积由单数码 1 重复构成。

例如,给定 $p=53$,求得最小正整数 $q=20964360587$,使得 $p*q=1111111111111$。

2) 确定该案例有解

根据抽屉原理可以证明:存在正整数 $n \leqslant p$,使得 n 个 1 重复组成的整数 m 能被给定整数 p 整除。

事实上,由 $n=1 \sim p$ 个 1 重复组成的整数除以 p,其余数 r 不外乎 $0,1,\cdots,p-1$。

如果存在某 $n(1 \sim p)$,n 个 1 重复组成的数除以 p,余数 $r=0$,命题显然成立。

如果由 $n=1 \sim p$ 个 1 重复组成的整数除以 p,余数中不存在 0,那么这 p 个余数 r 不外

乎为 $1,2,\cdots,p-1$。根据抽屉原理,p 个余数中必存在至少 2 个余数是相同的。

不妨设 $1\leqslant n_1<n_2\leqslant p$,由 n_1 个 1 组成的整数 m_1 与由 n_2 个 1 组成的整数 m_2,这两个由 1 重复组成的整数除以 p 的余数相同。显然其差 $m=m_2-m_1$ 能被 p 整除,注意到

$$m=m_2-m_1=\overbrace{11\cdots1}^{n_2-n_1}\overbrace{00\cdots0}^{n_1}=\overbrace{11\cdots1}^{n_2-n_1}\times\overbrace{100\cdots0}^{n_1} \tag{9-1}$$

整数 m 是 2 个整数之积,后者只有 2 与 5 因数,不能被 p 整除,只有前者被 p 整除。注意到 $1\leqslant n_2-n_1<p$,即存在 n_2-n_1 个 1 重复组成的整数能被 p 整除。

因而证得:存在正整数 $n\leqslant p$,使得 n 个 1 重复组成的整数 m 能被 p 整除,即本案例有解。

3) 应用竖式除模拟设计

待求乘积式 $p*q=11\cdots1(n$ 个 1),整数 p 已知,最小整数 q 待求。

把乘积式 $p*q=11\cdots1(n$ 个 1)转换为竖式除法:被除数 a 由数码 1 重复构成,除数为给定的正整数 p,每次试商所得的商为待求整数 q,余数为 c。

(1) 首先通过循环,计算出整数 p 的位数 h,同时计算出 $c=11\cdots1(h+1$ 个 1,使得 $c>p)$,此时统计数码 1 的个数为 $n=h+1$。

(2) 设置试商循环。

试商的被除数 $a=c*10+1$;

试商的余数 $c=a\%p$;

试商的商 $b=a/p$;

统计数码 1 的个数 $n++$;

循环终止条件:余数 $c=0$;

如果 $c\neq0$,继续下一轮试商,直到 $c=0$ 为止(案例有解,一定存在 $c=0$)。

每试商一位,应用变量 n 统计积中 1 的个数,同时输出商 b,即为待求整数 q 的一位。

4) 积为单数码 1 程序设计

```
//积为单数码 1 乘积式探求,c921
#include<stdio.h>
void main()
{  int a,b,c,f,h,p,n;
   printf(" 请输入整数 p:"); scanf("%d",&p);
   if(p%2==0 || p%10==5)
   { printf("  使乘积 p*q 为若干个 1 的乘数 q 不存在。");
     return;
   }
  f=p;h=0;c=1;
  while(f>0)                          //计算 p 的位数 h 及余数 c 的初值
     {f=f/10;h++;c=c*10+1;}
  if(c%p==0)
     { printf(" %d*%d=%d。\n",p,c/p,c);return;}
  printf(" %d×",p);
  n=h+1;                             //确定位数 n 的初值
  while(c!=0)
  { a=c*10+1; c=a%p;
    b=a/p; n++;                       //实施除竖式计算模拟
```

```
        printf("%d",b);
    }
  printf("=");                              //分两种情形输出乘积的位数
  if(n>15)
    printf("1(%d)\n",n);
  else
    { for(f=1;f<=n;f++)
      printf("1");
      printf("\n");
    }
}
```

5）程序运行示例与说明

```
请输入整数 p:53
  53×20964360587=111111111111
请输入整数 p:23
  23×483091787439613552657=1(22)
```

以上两个示例可见,根据单码数 1 的个数分两种输出。

(1) 不超过 15 位时,直接按 1 的个数逐位输出。

(2) 当超过 15 位时以简约形式输出,如上输出 1(22),即相连 22 个 1。

同时看到,乘积的大小(即数码 1 的个数)与整数 p 的大小没有直接关联。

作为实验,运行程序时输入 $p=2023$,看看构成的乘积式中积为多少个 1?

2. 积由指定正整数重复构成

把以上积为数码 1 重复构成拓展到任意正整数重复构成。

1) 案例提出

从键盘输入正整数 z(约定 $z<10\ 000$),同时给出一个整数 p,探求另一个最小整数 q,使得 p 与 q 之积为全由整数 z 重复构成。

如果对整数 p 不存在整数 z 重复构成的积(例如 p 为偶数,z 为奇数时),请予指出。

2) 应用竖式除模拟设计要点

设置循环,求出整数 z 的位数 k 及 $x=10^k$。

同时求出整数 z 的各位数字存储到 d 数组:

　　$d[1]$ 是 z 的个位数字,…,$d[k]$ 是 z 的最高位数字。

分两步实施模拟除运算。

(1) 设置试商循环探求 n 个 z 被 p 整除。

余数赋初值 $c=z\%p$;统计 z 的个数的变量赋初值 $n=1$。

被除数 $a=c*x+z$,试商余数 $c=a\%p$(这里 $x=10^k$)。

若余数 $c=0$,结束;此时 n 即为积中连续整数 z 的个数。

否则,继续下一轮试商,直到 $c=0$ 为止。

每试商一次,统计积中 z 的个数 $n++$。

由抽屉原理,n 个 z 若能被 p 整除,则 $n\leqslant p$。

如果 $n>p$,说明乘积 $p*q$ 为若干 z 的乘数 q 不存在。

（2）设置试商循环逐位输出整数 q。

求出 n 个 z 能被 p 整除之后，再次模拟除运算实施逐位试商。

试商循环（$j=k$；$j>=1$；$j--$）：

被除数 $a=c*10+d[j]$；余数 $c=a\%p$；商为 $b=a/p$；

这里，b 即为所寻求 q 的一位，对每一个 z 的逐位试商，每试商一位，输出所寻求的整数 q 的一位。

之所以设置逐位试商循环，是避免在输出多位商时可能省略其高位 0 造成错误。

3）积的构成元素为键盘指定的整数程序设计

```c
//积的构成元素为键盘指定的整数,c922
#include<stdio.h>
void main()
{   int b,c,f,j,k,p,n,x,y,z,d[5]; long a;
    printf(" 请确定构成积的整数 z: "); scanf("%d",&z);
    y=z;x=1;k=0;
    printf(" 请输入整数 p: "); scanf("%d",&p);
    n=1; c=z%p;                         //确定初始值
    if(c==0)
      { printf(" %d*%d=%d。\n",p,z/p,z);return; }
    y=z;x=1;k=0;
    while(y>0)
      { k++;d[k]=y%10;                  //求出构成数 z 的位数 k 及各位数字 d[k]
        y=y/10;x=x*10;
      }
    while(c!=0 && n<=p)
      { n++; a=c*x+z;c=a%p; }           //实施除竖式计算模拟,确定 n 个 z 被 p 整除
    if(n>p)
      { printf(" 乘积 p*q 为若干个%d 的乘数 q 可能不存在。",z); return; }
    y=z;
    while(y<p) y=y*x+z;                 //确定若干个 z 大于 p
    printf(" %d×%d",p,y/p);
    c=y%p;                             //确定初始值
    while(c!=0)
      { for(j=k;j>=1;j--)               //模拟竖式除法从 z 的高位开始
        { a=c*10+d[j]; c=a%p; b=a/p;    //实施逐位除竖式计算模拟
          printf("%d",b);               //输出整数 q 的一位数
        }
      }
    printf("=");
    if(n*k>15)                          //分两种情形输出乘积式
      printf("%d(%d)\n",z,n);
    else
      { for(f=1;f<=n;f++)
          printf("%d",z);
      }
}
```

4）程序运行示例与分析

```
请确定构成积的整数 z：17
请输入整数 p：13
13×13209=171717
请确定构成积的整数 z：29
请输入整数 p：17
17×172311348781937=29(8)
```

以上示例，前者之积由 3 个 17 重复构成，后者之积为 8 个 29 重复构成。

顺便指出，若输入整数 $z=1$，即可得到前面探讨的积为单数码 1 的结果。

这些乘数探求案例尽管涉及高精度计算，算法的时间复杂度均只为 $O(n)$，其中 n 为积的构成位数。

9.2.2　积由指定两个整数构成

本节将探讨以下两款难度稍大的乘积式构建案例。

（1）0-1 串积。

对任给正整数 p，寻求一个最小的整数 q，使 p 与 q 的乘积全为 0 与 1 组成的数。

例如，对于给出 $p=23$，找到最小的整数 $q=4787$，有乘积式 23×4787=110 101。

（2）指定 2 码串积。

对任给正整数 p，寻求一个最小的整数 q，使 p 与 q 的乘积全为从键盘输入的两个一位整数 m,n 组成的数（之所以限定 m,n 为两个一位整数，是为了避免多位相互混淆）。

例如，从键盘指定两个整数 4 与 7，给出 $p=2023$，找到最小正整数 $q=368\ 138\ 628$，有乘积式 2023×368 138 628=744 744 444 444。

1. 构建 0-1 串积乘积式

由数字 0 与 1 组成的整数至少为多大，才能被 2023 整除？

1）案例提出

给定正整数 p，探求最小整数 q，输出 p,q 之积为数字 0 与 1 组成（简称 0-1 串积）。

本案例的 0-1 串积涉及两个数码，相对前面只涉及数 1 的问题要复杂一些。

2）确定存在 0-1 串积解

对于输入的任一正整数 p，分解出 p 的 2 因子与 5 因子后，p 余下的整数为个位数字不为 5 的奇数 $p1$。

根据前面已述，总可以搜索出整数 $q1$，使得 $p1*q1$ 全由 1 组成；另外对于分解出来的 2 因子与 5 因子，有整数使其乘积为 100…0。

因而对任意正整数 p，总存在 0-1 串积。

3）构建最小 0-1 串积乘积式设计要点

（1）数据结构。

设置 3 个一维数组：

数组 a 存储所求 0-1 串积 k 转换为二进制数的各位数字，$a[1]$ 为个位数字；

数组 c 存储各位 1 除以整数 p 的余数，$c[i]$ 为从个位数第 i 位 1 除以 p 的余数；

数组 d 存储 a 从高位开始除以 p 的商的各位数字。

（2）余数计算、求和与判别。

① 注意到 0-1 串积为十进制数，应用求余运算“％”可分别求得个位 1，十位 1，……，分

别除以已给整数 p 的余数,存放在 c 数组中:

$c[1]$ 为 1,$c[2]$ 为 10 除以 p 的余数,$c[3]$ 为 100 除以 p 的余数,……

② 要从小到大搜索 0-1 串,不重复也不遗漏,从中找出最小的能被 p 整除 0-1 串积。

为此,设置整数 k 从 1 开始递增,把 k 转换为二进制,就得到所需要的这些 0-1 串。

不过,在除以 p 的试商时,每个串不再看作二进制数,而是十进制数。

③ 判别整数 p 是否整除十进制 0-1 串。

在某一整数 k 转换为二进制数过程中,每转换一位 $a[i]$(数字 0 或 1),求出该位除以 p 的余数 $a[i]*c[i]$(如果 $a[i]=0$,余数为 0;$a[i]=1$,余数为 $c[i]$)。

同时通过 s 累加求和得 k 转换后的整个 0-1 串数除以 p 的余数 s。

若 $s\%b=0$,即找到所求最小的 0-1 串积。

(3) 模拟整数除法求另一乘数。

所得 0-1 串积 a 数组从高位开始除以 p 的商存储在 d 数组,实施整数除法运算:

```
x=e*10+a[j];           //x 为被除数,e 为上轮余数
d[j]=x/p;              //d 为 a 从高位开始除以 p 的商
e=x%p;                 //e 为试商余数
```

去掉 d 数组的高位 0 后,输出 d 即为所寻求的数。

(4) 最后从高位开始打印 a 数组,即为 0-1 串积。

4) 探求最小 0-1 串积程序设计

```
//探求最小 01 串积,c923
#include<stdio.h>
void main()
{ int e,i,j,t,p,x,a[2000],c[2000],d[2000];
long k,s;
printf(" 请给出整数 p: "); scanf("%d",&p);
c[1]=1; k=1;
for(i=2;i<200;i++)
    c[i]=10*c[i-1]%p;              //c[i]为右边第 i 位 1 除以 p 的余数
while(1)
    { k++;j=k;i=0;s=0;
while(j>0)
    { i++;a[i]=j%2;
     s+=a[i]*c[i];j=j/2; s=s%p;//除 2 取余法转换为二进制
    }
if(s%p==0)
    { for(e=0,j=i;j>=1;j--)
    { x=e*10+a[j];
     d[j]=x/p; e=x%p;              //a 从高位开始除以 p 的商为 d
    }
j=i;
while(d[j]==0) j--;               //去掉 d 数组的高位 0
printf(" %d×",p);
for(t=j;t>=1;t--)
  printf("%d",d[t]);
printf("=");
for(t=i;t>=1;t--)
```

```
        printf("%d",a[t]);
      printf("\n");
      break;
    }
  }
}
```

5）程序运行示例与说明

```
请给出整数 p：93
93×107527=10000011
请给出整数 p：2023
2023×4943153787=10000000111101
```

易知二进制数 $(10000000111101)_2 = 8253$，即程序中 k 循环递增至 8253 即完成，远比枚举乘数 q 至 4943153787 要省得太多。

如果得到的结果全由 1 组成，可看成 0-1 串积的一个特例。

2. 构建指定 2 码串积乘积式

指定 2 数码串积是对 0-1 串积的拓展。

1）案例提出

从键盘指定两个一位数码 m、n（约定 $0 \leqslant m < n \leqslant 9$），同时输入的整数 p，探求最小整数 q，使 p、q 之积为数码 m 与 n 组成（简称二码串积）。

如果对 p 不存在指定的 m、n 串积，请予指出。

2）指定 2 数码串积设计要点

还是应用求余数判别求解指定 2 码串积问题。拟对前面求 0-1 串积的程序加以改造，以适应指定的 2 码串积。

数据结构与竖式运算模拟结构设置同前。

（1）对不存在 2 码串积的处理。

若 2 码 m、n 均为奇数，而 p 为偶数，显然无解。

若 2 码 m、n 的个位数字均不为 0 或 5，而 p 的个位数字为 5，显然也无解。

注意到存在解的必要条件：p 的个位数字"$p\%10$"与所寻求 q 的个位数字（不外乎 0～9）之积的个位数字必须是 m、n 之一。

设置 $i(0\sim9)$ 循环，检测：

若 $p\%10$ 与 $i(0\sim9)$ 之积的个位数字为 m 或 n，可能有解；

若 $p\%10$ 与 $i(0\sim9)$ 之积的个位数字不等于 m 也不等于 n，无解。

在以上检测基础上，设置第 2 道检测：

若当探求循环次数 k 达到 10000000（必要时可调整）还未寻找到相应的解，则显示"所求 2 码串积可能不存在"后退出。

（2）对 0-1 串积的改造。

对应 0-1 串积的两个数码 0,1 相应改为 m、n，为此设置替代变量：

$$f = a[i] * (n-m) + m$$

当 $a[i]=0$ 时，对应 $f=m$。

当 $a[i]=1$ 时,对应 $f=n$。

① 在求 $a[i]$ 循环中,每得到一个 $a[i]$ 后,用 $f*c[i]$ 替代 $a[i]*c[i]$。

② 在求 d 数组循环中,用 $x=e*10+a[j]*(n-m)+m$ 替代 $x=e*10+a[j]$。

③ 在输出串积的循环中,用 $a[t]*(n-m)+m$ 替代 $a[t]$。

通过以上替代,把求解 0-1 串积的程序改造为求解 2 码 m、n 串积的程序。

3) 最小 2 码串积程序设计

```
//探求最小2码串积,c924
#include<stdio.h>
void main()
  { int b,e,f,i,j,m,n,t,p,x,a[1000],c[1000],d[1000];
    long k,s;
    printf("请指定2码m,n(0<m<n<10): ");
    scanf("%d,%d",&m,&n);
    if(m>n) { b=m;m=n;n=b; }                      //应用变量b实施交换,使m<n
    printf("请输入整数p: "); scanf("%d",&p);
    for(t=0,i=0;i<=9;i++)
      if((i*(p%10))%10==m || (i*(p%10))%10==n) t=1;
    if(t==0)
      { printf("所求%d,%d串积不存在!\n",m,n); return; }
    c[1]=1; k=1;
    for(i=2;i<1000;i++)
      c[i]=10*c[i-1]%p;                           //c[i]为右边第i位1除以p的余数
    while(1)
    { k++;j=k;i=0;s=0;
      if(k>10000000)
        { printf("所求%d,%d串积可能不存在!\n",m,n); return; }
      while(j>0)
        {  i++;a[i]=j%2;f=a[i]*(n-m)+m;
           s+=f*c[i];j=j/2; s=s%p;                //除2取余法转换为二进制
        }
      if(s%p==0)
        { for(e=0,j=i;j>=1;j--)
            { x=e*10+a[j]*(n-m)+m;
              d[j]=x/p; e=x%p;                     //a从高位开始除以p的商为d
            }
          j=i;
          while(d[j]==0) j--;                       //去掉d数组的高位0
          printf("%d×",p);
          for(t=j;t>=1;t--)
            printf("%d",d[t]);
          printf("=");
          for(t=i;t>=1;t--)
            printf("%d",a[t]*(n-m)+m);
          printf("\n");break;
        }
    }
  }
```

4）程序运行示例与说明

```
请指定 2 码 m,n(0<m<n<10)：3,9
请输入整数 b：23
23×43191=993393
    请指定 2 码 m,n(1<m<n<10)：4,7
    请输入整数 b：2023
2023×368138628=744744444444
```

如果得到的结果全为数码 m 组成，或全为数码 n 组成，可看成 2 码串积的一个特例。

运行以上程序时如果指定 2 码为 0,1，所得结果即为 0-1 串积。可见，求解指定 2 码串积是对 0-1 串积的拓展。

由 0-1 串积程序改造为指定 2 码 m、n 串积程序可知，对已有程序的变通改造是拓展或引申案例的有效手段之一。

变通：可应用除 3 取余引申出 0、1、2 串积与指定 3 码串积问题，有兴趣的读者可自行探索。

9.2.3　二部数积（ACM 背景）

作为精彩乘积式的压轴题，本节探讨一个有难度的新颖乘积式案例。

定义形如 $a\cdots ab\cdots b$ 的数叫作二部数（bipartite number），比如 1222,333999999,50,8888,1 等都是。

1. 案例提出

给出一个正整数 x，寻求最小正整数 $k(k>1)$，使得 x 与 k 的积为二部数（简称二部数积）。

输入正整数 x，输出最小二部数乘积的乘积式。

这是第 30 届 ACM（国际大学生程序设计竞赛）的一道程序设计竞赛试题。

2. 寻求二部数乘积枚举设计要点

对二部数 $a\cdots ab\cdots b$，称数码 a 组成的为高部，数码 b 组成的为低部。作为二部数的特例，低部可为空，即单码数（例如 8888）作为特例包含在二部数中，是出于减少对"最小二部数积"受阻的考虑。

若 x 本身为二部数，约定所求的二部数乘积要大于 x 本身。

1）当 x 不大于 50 时简单处理

注意到所有两位数为二部数，若 $2x \geq 10$，则 $2x$ 即为所求的二部数积。

若 $2x < 10$，则增加倍数 t，使 $tx \geq 10$ 即可。

2）模拟竖式除运算定义余数函数

设 la 位高部 a 与 lb 位低位 b 的二部数除以整数 x 的余数为 r，余数初始值 $r=0$，从高位开始模拟竖式除运算逐位试商，经二重循环

```
for(j=1;j<=la;j++) r=(10*r+a)%x;
for(j=1;j<=lb;j++) r=(10*r+b)%x;
```

即可算出余数 r，并赋值给余数函数 $\text{br}(x,a,\text{la},b,\text{lb})$。

3）从小到大枚举二部数

在算出整数 x 的位数为 h 与其最高位数字为 t 的基础上，搜索的初始值定为 $a=2*t$，

位数 le＝h。如果 2 * t 为两位数,则 a＝1,le＝h＋1。

设二部数为 $a\cdots ab\cdots b$($1\leqslant a\leqslant 9,0\leqslant b\leqslant 9$),其高部数字 a 有 la 位,低部数字 b 有 lb 位,显然有

　　　　la＋lb＝le　　($1\leqslant$la$\leqslant$le,当 la＝le 时,a＝b,即二部的数字相同)

为了确保从小到大枚举二部数,要注意枚举循环的先后次序。

一般地,为了确保从小到大枚举二部数,要注意枚举循环的先后次序。

(1) 二部数的总位数 le＝la＋lb 须从小到大,le 起点是 x 的位数 h。

(2) 在总位数 le 一定时,高部数字 a 须从小到大,范围为 1～9。

(3) 当 le 与 a 确定后,高部位数 la 从小到大或从大到小都不能确保二部数从小到大变化,需配合 b 分以下 3 步完成。

① la 增长(1～le－2)段,lb＝le－la,b 递增(0～a－1)取值。

② la 与 lb 取定值段,la＝le－1,lb＝1,b 递增(0～9)取值。

③ la 减小(le－2～1)段,lb＝le－la,b 递增(a＋1～9)取值。

以上 3 步中每一步都是递增的,且 3 个步骤衔接中没有重复与遗漏,从而可确保 la 位的二部数从小到大递增,没有重复与遗漏。

精简关于 a、la 与 b 的循环,转换为关于 b 与 la 的条件判断,根据条件判断结果进行 a、b 的增值与 la 的增减操作。

其中,a、b 的增值是保持递增枚举的需要,而 la 的增减同样是保持递增枚举的需要。

4) 检测与输出

检测:若 br(x,a,la,b,lb)＝0,则输出所得二部数。

注意到最高位数 a＞t,即使 le 与 x 的位数 h 相同,所得二部数积大于 x。

应用模拟除运算计算乘 x 的另一个乘数并逐位输出,然后再输出二部数积。

当所得二部数积位数比较多时(例如 x＝210,其最小二部数积位数多达 34 位),改进为"a(la),b(lb)"的简约形式输出更为清晰。

3. 探求二部数积枚举与模拟设计

```
//探求二部数积枚举与模拟设计,c925
#include<stdio.h>
long br(long x,int a,int la,int b,int lb);
void main()
{ long t,x; int a,b,c,d,h,i,j,le,la,lb;
  printf("  请输入整数 x:"); scanf("%ld",&x);
  if(x<=50)
  { t=2;while(t*x<10) t++;
    printf(" %ld 的最小二部数积为: n=%ld \n",x,t*x);
    return;
  }
  t=x;h=1;
  while(t>9) {t=t/10;h++;}                //整数 x 位数为 h,最高位数字为 t
  t=2*t;le=h;
  if(t>9) { le=le+1;t=1;}
  while(1)
  { a=t;la=1;b=0;
    while(la<le-1 || a<9 || b<9)
```

```
    {   if(b==9)                              //此时 b 不能增 1,有以下两种选择
        if(la==1){a++; b=0;}                  //a 增 1 后,b 从 0 开始
        else {la--; b=a+1;}                   //a 段长增 1 后,b 从 a+1 开始
        else if(b!=a-1) b++;
        else if(la!=le-1){la++;b=0;}          //a 段长增 1 后,b 从 0 开始
        else if(b<=8) b++;
        lb=le-la;
    if(br(x,a,la,b,lb)==0)
      {  printf(" %ld×",x);
        for(c=a,i=2;i<=le;i++)                //输出另一乘数(二部数除以 x 的商)
         {  if(i<=la)d=c*10+a;
            else d=c*10+b;
            if(d<x && i<h) c=d%x;             //消除高位 0
            else {printf("%d",d/x);c=d%x;}
         }
      printf("=");
  if(le>15)                                   //位数较多时简约输出二部数积
    {  printf(" %d(%d)",a,la);
       if(lb>0) printf(",%d(%d)",b,lb);
    }
  else                                        //位数不多时详细输出二部数积
    { for(j=1;j<=la;j++) printf("%d",a);
      for(j=1;j<=lb;j++) printf("%d",b);
    }
  printf("\n"); return;
    }
}
le++;t=1;
  }
 }
long br(long x,int a,int la,int b,int lb)     //定义余数统计函数
{  long r=0;int j;
   for(j=1;j<=la;j++) r=(10*r+a)%x;
   for(j=1;j<=lb;j++) r=(10*r+b)%x;
   return(r);
}
```

4. 程序运行示例与说明

```
请输入整数 x:2023
2023×1103971=2233333333
请输入整数 x: 2010
2010×5527915975677169707020453289111=1(33),0(1)
```

原 ACM 竞赛题不要求输出另一乘数,为了成为完整乘积式,这里进行了适当扩展。

作为 ACM 竞赛题,难度还是比较大的,说明应用枚举算法也可以解决较为复杂的案例。

如果求得的最小二部数积是一个单码数,即为二部数的一个特例。

上述示例第 1 例因位数不超过 15 位,即照实输出最小二部数积。而示例的第 2 例结果多达 34 位(连续 33 个 1 后一个 0),即以简约形式输出。该例实际上是 33 个 1 被 201 整除。

5. 输出多个乘积式变通

以上程序输出一个解即"最小二部数积"后,用"return;"退出。

如果需探求并输出多个二部数乘积解,只需加设一个解的计数器即可。

例如,设置变量 k 统计解的个数如下所示。

(1) 循环前清零,即 $k=0$。

(2) 把语句

```
printf("%ld 的最小二部数乘积为:n=",x);
```

修改为:

```
printf("%ld 的第%d 小二部数乘积为:n=",x,++k);
```

(3) 在"return;"之前加上解的个数控制:

```
if(k==5) return;(输出 5 个解)。
```

9.3　尾数前移问题

尾数前移是一个有趣的高精度计算问题,是应用竖式乘除模拟的典型案例。本节在论述一位尾数前移的基础上拓展到多位尾数前移的设计求解。

9.3.1　限 1 位尾数前移

1. 案例提出

整数 n 的尾数是 9,把尾数 9 移到其前面(成为最高位)后所得的数为原整数 n 的 3 倍,原整数 n 至少为多大?

这是曾在《数学通报》上发表的一个具体的尾数前移问题。

我们要求解一般的尾数前移问题:整数 n 的尾数 q(限为一位)移到 n 的前面所得的数为 n 的 p 倍,记为 $n(q,p)$,这里约定 $1 < p \leq q \leq 9$。

对于指定的尾数 q 与倍数 p,求解 $n(q,p)$。

下面试用竖式乘、除模拟两种方法设计求解。

2. 竖式除模拟设计

1) 设计要点

设 n 为 $efg \cdots wq$(每一个字母表示一位数字),尾数 q 移到前面变为 $qefg \cdots w$,它是 n 的 p 倍,意味着 $qefg \cdots w$ 可以被 p 整除,商即为 $efg \cdots wq$。

注意到尾数 q 前移后数的首位为 q,而第二高位 e 即为所求 n 的首位,第三高位 f 即为 n 的第二高位……这一规律将是构造被除数的依据。

应用竖式除模拟:首先第一位数 q 除以 p(注意约定 $q \geq p$),余数为 c,商为 b。输出数字 b 作为所求 n 的首位数。

进入模拟循环,当余数 $c=0$ 且商 $b=q$ 时结束,因而循环条件为 $c!=0 \parallel b!=q$。

在循环中计算被除数 $a=c*10+b$,注意 b 是上一轮试商的商。

试商得 $b=a/p$,输出作为所求 n 的一位。

求得余数 $c = a\%p$。

然后 b 与 c 构建下一轮试商的被除数，以此类推。

2）模拟整数除竖式计算程序实现

```c
//模拟除竖式计算求解尾数前移问题,c931
#include<stdio.h>
void main()
{   int a,b,c,p,q;
    printf("请输入整数 n 的指定尾数 q:");scanf("%d",&q);    //输入处理数据 q、p
    printf("请输入前移后为 n 的倍数 p:");scanf("%d",&p);
    b=q/p;c=q%p;                                        //确定初始条件
    printf("n(%d,%d)=%d",q,p,b);                         //输出 n 的首位 b
    while(c!=0 || b!=q)                                 //试商循环处理
    {   a=c*10+b;
        b=a/p;c=a%p;                                    //模拟整数除竖式计算
        printf("%d",b);
    }
    printf("\n");
}
```

3）程序运行示例

```
请输入整数 n 的指定尾数 q: 9
请输入前移后为 n 的倍数 p: 3
n(9,3)=3103448275862068965517241379
```

3. 竖式乘模拟设计

1）设计要点

设置存储数 n 的 w 数组。从尾数 $w[1]=q$ 开始，乘数 p 与 n 的每一位数字 $w[i]$ 相乘后加进位数 m，得 $a = w[k]p + m$；积 a 的十位以上的数作为下一轮的进位数，$m = a/10$；而 a 的个位数此时需赋值给乘积的下一位，$w[i+1] = a\%10$。

当计算的被除数 a 为尾数 q 时结束。

因而尾数前移问题竖式乘模拟参量如下。

（1）原始数据：输入尾数字 q 和倍数 p。

（2）初始量：$w[1]=q, m=0, k=1, a=pq$。

（3）循环条件：$a \neq q$。

（4）进位数：$m = a\%10$。

2）程序设计

```c
//模拟乘竖式计算求解尾数前移问题,c932
#include<stdio.h>
void main()
{   int a,m,j,k,p,q,w[100];
    printf("请输入尾数字 q,倍数 p:");
    scanf("%d,%d",&q,&p);
    for(j=1;j<100;j++) w[j]=0;                          //数组清零
    w[1]=q;m=0;k=1;a=p*q;                               //输入初始量
    while(a!=q)
```

```
{   a=w[k]*p+m;
    k++; w[k]=a%10;m=a/10;                    //模拟整数乘竖式计算,m为进位数
    }
    printf("n(%d,%d)=",q,p);
    for(j=k-1;j>=1;j--)                       //从高位到低位打印每一位
      printf("%d",w[j]);
    printf("\n 共%d位。\n",k-1);
}
```

3) 程序运行示例

请输入尾数字 q,倍数 p: 7,6
n(7,6)=1186440677966101694915254237288135593220338983050847457627
共 58 位。

9.3.2 多位尾数前移

以上尾数前移设计限尾数为 1 位,本节把前移的尾数拓广为多位。

整数 n 的尾数 q(可为多位)移到 n 的前面所得的数为 n 的 p 倍,记为 $n(q,p)$。这里约定正整数 p 不大于尾数 q 的首位。

对于指定的尾数 q 与倍数 p,求解 $n(q,p)$。

1. 模拟设计要点

设置 e 数组,$e[j]$ 存储尾数 q 从高位开始的第 j 位;设置 d 数组,$d[j]$ 存储所求 n 从高位开始的第 j 位。

尾数前移后为 n 的 p 倍,即前移后的整数能被 p 整除,以此实施竖式除模拟求 n 的各位数。

(1) 应用逐位求余求得尾数 q 的位数 k 及各位数字。

(2) 对 q 的 k 位实施竖式除模拟,求得 n 的前 k 位。

(3) 设计竖式除模拟循环,求出 n 的第 $i+k$ 位($i=1,2,\cdots$)。

循环条件为 $c!=0 \parallel b!=q$,这里 c 为试商的余数,b 为 $d[i+1],d[i+2],\cdots,d[i+k]$ 这 k 个数字组成的整数。

当试商余数 c 为 0,且最后的 k 位数字组成的 b 等于尾数 q 时,终止探索,输出 d 数组的共 $i+k$ 位,即所求的 n。

2. 程序实现

```
//模拟除竖式计算求解尾数前移问题,c933
#include<stdio.h>
void main()
{   int a,b,c,i,j,k,p,q,x,d[100],e[100];
    printf(" 请输入整数 n 的指定尾数 q:");
    scanf("%d",&q);                           //输入处理数据 q、p
    printf(" 请输入前移后为 n 的倍数 p:");
    scanf("%d",&p);
    printf(" n(%d,%d)=",q,p);
    k=0;x=q;
```

```
    while(x>0)
       { k++;d[k]=x%10;x=x/10; }
    for(j=1;j<=k;j++) e[j]=d[k+1-j];
       for(c=0,j=1;j<=k;j++)
          { a=c*10+e[j];d[j]=a/p;c=a%p; }
    i=0;b=0;
    while(c!=0 || b!=q)                               //试商循环处理
    { i++; a=c*10+d[i];
      d[i+k]=a/p;c=a%p;                               //模拟整数除竖式计算
      b=0;
       for(j=1;j<=k;j++) b=b*10+d[i+j];
    }
    for(j=1;j<=i+k;j++)
       printf("%d",d[j]);
    printf("\n 共有%d 位。\n",i+k);
}
```

3. 程序运行示例

```
请输入整数 n 的指定尾数 q: 31
请输入前移后为 n 的倍数 p: 2
n(31,2)=15 577 889 447 236 180 904 522 613 065 326 633 165 829 145 728 643
         2 160 804 020 100 502 512 562 814 070 351 758 793 969 849 246 231
共有 99 位。
```

"尾数前移"案例的竖式乘除模拟求解,从限为 1 位尾数到多位尾数,算法的时间复杂度均为 $O(n)$。

以上所求的数为高精度数,应用模拟乘除竖式计算得到了较好的解决。

9.4　阶乘幂与排列组合数的计算

高精度计算阶乘 $n!$、乘方 n^m、排列数 $p(n,m)$ 与组合数 $c(n,m)$ 的值。

1. 竖式乘除设计要点

本节的案例属于综合高精度计算,主要操作是竖式乘除计算。

1) 竖式乘模拟

```
x=a[j]*b+f;f=x/10;a[j]=x%10;
```

其中,f 是进位数。乘数 b 随所选计算种类而不同:

(1) 当选^计算幂 m^n 时,b 固定为 $b=m$。

(2) 当选!计算阶乘时,$b=i(i=1,2,\cdots,n)$。

(3) 当选 p 计算排列数 $p(n,m)$ 时,$b=i(i=n-m+1,\cdots,n)$。

只在选 c 计算组合数 $c(n,m)$ 时才会有除模拟。

2) 竖式除模拟

```
x=f*10+a[j];a[j]=x/i;f=x%i;
```

其中,f 为余数,x 是被除数,除数 i 是变化的,商为 x/i。

2. 高精度程序设计

```
//高精度准确计算阶乘、乘方、排列和组合, c941
#define MAX 6000
#include<stdio.h>
void main()
{   int d,i,j,x,b,f,n,t,m,a[MAX];
    char z;
    printf(" !: 计算阶乘 n! \n");
    printf(" ^: 计算乘方 m^n \n");
    printf(" p: 计算排列数 p(n,m) \n");
    printf(" c: 计算组合数 c(n,m) \n");
    printf("-------------------------\n");
    printf(" 请选择(!,^,p,c):");scanf("%c",&z);          //选择运算类型
    if(z!='!'&& z!='p'&& z!='^'&& z!='c')
    {   printf(" 选择错误!");return;}
        if(z=='!') printf("计算 n!:\n");
        if(z=='^') printf("计算 m^n:\n");
        if(z=='p') printf("计算 p(n,m):\n");
        if(z=='c') printf("计算 c(n,m):\n");
        for(i=0;i<MAX;i++) a[i]=0;a[0]=1;
        printf(" 请输入整数 n:"); scanf("%d",&n);
        if(z!='!')
          {printf(" 请输入整数 m:"); scanf("%d",&m);}
        if(n==0) n=1;
        t=1;
        if(z=='!') printf("%d!=",n);
        if(z=='^') printf("%d^%d=",m,n);
        if(z=='p') printf("p(%d,%d)=",n,m);
        if(z=='c') printf("c(%d,%d)=",n,m);
        if(z=='p' || z=='c') t=n-m+1;
        for(d=0,i=t;i<=n;i++)                            //实施竖式乘模拟
        {   if(z=='^')b=m;else b=i;
            for(f=0,j=0;j<=d || f>0;j++)
              {x=a[j]*b+f;f=x/10;a[j]=x%10;}
            d=j-1;
        }
        if(z=='c')                                       //当求组合数时实施竖式除模拟
        {   for(i=m;i>=2;i--)
            {   for(f=0,j=d;j>=0;j--)
                {x=f*10+a[j];a[j]=x/i;f=x%i;}
                while(a[d]==0)d--;
            }
        }
        for(f=1,j=d;j>=0;j--)
        {   printf("%d",a[j]);
            if(f++%60==0) printf("\n");
        }
        printf("\n 所得结果共%d 位。\n",d+1);
}
```

3. 程序运行示例与说明

```
请选择(!,^,p,c): ^
请输入整数 n: 30
请输入整数 m: 23
23^30=710943487911513630243895542864209679849
所得结果共 41 位。
请选择(!,^,p,c): c
请输入整数 n: 90
请输入整数 m: 50
c(90,50)=59870908646972742699313758
所得结果共 26 位。
```

以上乘模拟设计数组预定计算到 6000 位,必要时可进行增减。乘模拟的时间复杂度为 $O(nz)$,其中 z 为乘积的位数。

应用运算模拟可进行整数的准确计算,也可以进行一些无理数指定精度的近似计算。

9.5 高精度计算圆周率

关于圆周率 π 的计算,历史非常久远,史料相当丰富。

首先,阿基米德于公元前就得到圆周率 π≈3.14。

然后,我国古代数学家刘徽进一步计算得 π≈3.1416。再后,我国古代数学家祖冲之最先把圆周率计算到 3.1415926,领先世界一千多年。

从古到今,众多数学家热衷于圆周率的高精计算,圆周率位数记录不断更新:

德国数学家鲁特尔夫把 π 计算到小数点后 35 位;

荷兰人格林贝尔格应用割圆术求得 π 到小数点后 39 位;

日本数学家建部贤弘把 π 计算到 41 位;

英格兰人夏普应用公式求得 π 到小数点后 71 位,等等。

本节综合应用竖式乘除模拟实现圆周率 π 的高精度计算。

1. 案例提出

(1)计算圆周率 π 精确到小数点后指定的 x 位。

(2)在这 x 位小数中,统计哪一数字出现最多?哪一数字出现最少?

(3)在这 x 位小数的相连数字组成的整数中,是否出现指定的整数 y(约定不超过 9 位)?若出现则指出其出现的次数与位置。

2. 建立数学模型

实现高精度计算圆周率,建立合适的数学模型至关重要。

1)选择计算公式

计算圆周率的公式非常多,选取收敛速度快且容易操作的计算公式是设计的首要一环。

拟选用以下计算公式:

$$\frac{\pi}{2} = 1 + \frac{1}{3} + \frac{1 \times 2}{3 \times 5} + \frac{1 \times 2 \times 5}{3 \times 5 \times 7} + \cdots + \frac{1 \times 2 \times \cdots \times n}{3 \times 5 \times \cdots \times (2n+1)}$$

$$= 1 + \frac{1}{3}\left(1 + \frac{2}{5}\left(1 + \cdots + \frac{n-1}{2n-1}\left(1 + \frac{n}{2n+1}\right)\cdots\right)\right) \tag{9-2}$$

2) 确定计算项数

依据输入的计算位数 x 确定式(9-2)中所需的项数 n 是必要的。若 n 太小,不能保证计算所需的精度;若 n 太大,会导致过多的无效计算。

记第 n 项 $a_n = \dfrac{1 \times 2 \times \cdots \times n}{3 \times 5 \times \cdots \times (2n+1)}$ 之后的所有余项之和为 R_n,有

$$R_n = a_n \cdot \frac{n+1}{2n+3} + a_n \cdot \frac{n+1}{2n+3} \cdot \frac{n+2}{2n+5} + a_n \cdot \frac{n+1}{2n+3} \cdot \frac{n+2}{2n+5} \cdot \frac{n+3}{2n+7} + \cdots <$$

$$a_n \cdot \frac{1}{2} + a_n \cdot \frac{1}{2^2} + a_n \cdot \frac{1}{2^3} + \cdots < a_n \tag{9-3}$$

只要选取 n,满足 $a_n < \dfrac{1}{10^{x+1}}$ 即可,即只要满足

$$\lg 3 + \lg \frac{5}{2} + \cdots + \lg \frac{2n+1}{n} > x + 1 \tag{9-4}$$

于是可设置对数累加实现计算到 x 位所需的项数 n。为确保准确,算法可设置计算位数超过 x 位(例如 $x+5$ 位),计算完成后只打印输出 x 位。

3. 综合应用竖式乘除模拟设计要点

设置 a 数组,下标根据计算位数预设为 5000,必要时可增加。计算的整数值存放在 $a[0]$,小数点后第 i 位存放在 $a[i]$ 中($i = 1, 2, \cdots$)。

依据式(9-2),应用竖式乘除模拟计算。

1) 竖式除模拟

数组除以 $2n+1$,乘以 n,加上 1;再除以 $2n-1$,乘以 $n-1$,加上 1;$\cdots$。这些数组操作设置在 j($j = n, n-1, \cdots, 1$)循环中实施。

按公式实施竖式除模拟操作:

(1) 被除数为 c,除数 d 分别取 $2n+1, 2n-1, \cdots, 3$。

(2) 商仍存放在各数组元素($a[i] = c/d$)。

(3) 余数($c \% d$)乘 10 加在后一数组元素 $a[i+1]$ 上,作为后一位的被除数。

2) 竖式乘模拟

按公式实施竖式乘法模拟操作:

(1) 乘数 j 分别取 $n, n-1, \cdots, 1$。

(2) 乘积要注意进位,设进位数为 b,则对计算的积 $a[i] = a[i] * j + b$,取其十位以上数作为进位数 $b = a[i]/10$,取其个位数仍存放在原数组元素 $a[i] = a[i] \% 10$。

3) 输出结果并实施指定检测

循环实施竖式乘、除模拟完成后,按数组元素从高位到低位顺序输出。

因计算位数较多,为方便查对,除了第一行为 40 位外,其余各行控制打印 50 位,每 10 位空一格。

4. 比较各数字出现次数

设置 $r[11]$ 数组,在输出各位小数 $a[i]$ 时,通过"$r[a[i]]{+}{+};$"统计数字 $a[i]$ 的个数:

(1) $a[i] = 0$ 时,$r[0]$ 为数字"0"的个数。

(2) $a[i] = 1$ 时,$r[1]$ 为数字"1"的个数。

……

同时,设置 $k(0\sim9)$ 循环,比较各数字 $r[k]$,得最多 max 与最少 min。

5. 搜索指定整数

(1) 计算指定整数 y 的位数 f,同时把 y 的 f 个数字从高位开始赋值给 g 数组:
$$g[1](高位数字),g[2],\cdots,g[f](个位数字)$$

(2) 在存储圆周率 π 的 x 位小数的 a 数组中,从第一位 $i=1$ 开始相连的 f 个数字为
$$a[i],a[i+1],\cdots,a[i+f]$$

这 f 个数字依次与输入的整数 y 的 f 个数字逐个比较。

若存在某一数字不相等,记为 $h=1$ 后退出,i 增 1 后重新从第 i 开始相连的 f 个数字依次与 y 的 f 个数字逐个比较,以此类推,直到最后 $i=x-f+1$ 为止。

若在从第 i 位开始的相连 f 个数字与整数 y 的 f 个数字比较分别相等,保持 $h=0$ 未变,说明在 π 的 x 位小数中从第 i 位开始搜索出整数 y,于是输出起始位置 i,并用变量 m 统计其个数。

(3) 比较结束,若 $m=0$,说明所有 x 位小数中不存在整数 y,则输出"未出现"。

6. 圆周率 π 的高精度计算程序设计

```c
//高精度计算圆周率及搜索指定整数 y,c951
#include<math.h>
#include<stdio.h>
void main()
{  double s; long e,y;
   int b,c,d,f,h,i,j,k,m,n,p,q,x,max,min,a[5000],r[11],g[10];
   printf(" 请输入精确位数 x: "); scanf("%d",&x);
   printf(" 请输入搜索整数 y(不起过 9 位): ");
   scanf("%ld",&y);
   for(k=0;k<=9;k++) r[k]=0;
   for(s=0,n=1;n<=6000;n++)                  //累加确定计算的项数 n
     {  s=s+log10((2*n+1)/n);
        if (s>x+5) break;
     }
   for(i=0;i<=x+5;i++) a[i]=0;
   for(c=1,j=n;j>=1;j--)                      //按公式分步计算
     {  d=2*j+1;
        for(i=0;i<=x+4;i++)                   //各位实施除 2j+1
        {  a[i]=c/d; c=(c%d)*10+a[i+1];}
           a[x+5]=c/d;
           for (b=0,i=x+5;i>=0;i--)           //各位实施乘 j
              {  a[i]=a[i]*j+b;
                 b=a[i]/10;a[i]=a[i]%10;
              }
           a[0]=a[0]+1;c=a[0];                //整数位加 1
     }
   for(b=0,i=x+5;i>=0;i--)                    //按公式各位乘 2
     {  a[i]=a[i]*2+b;
        b=a[i]/10;a[i]=a[i]%10;
     }
   printf("    pi=%d.",a[0]);                 //逐位输出计算结果
   for(k=10,i=1;i<=x;i++)
```

```
      { printf("%d",a[i]); k++; r[a[i]]++;            //输出各位小数并给 r 数组赋值
        if(k%10==0) printf(" ");
        if(k%50==0) printf("\n");
      }
    max=0;min=x;
    for(k=0;k<=9;k++)                                 //比较数字出现的最多次和最少次
      { if(r[k]>max) {max=r[k];p=k;}
        if(r[k]<min) {min=r[k];q=k;}
      }
    printf("\n 在这%d位小数中,数字%d出现%d次为最多,",x,p,max);
    printf(" 数字%d出现%d次为最少。\n",q,min);
    printf(" 在这%d位小数中出现%ld 的位置: \n",x,y);
    e=y;f=1;
    while(e>9) { e=e/10;f++; }                        //求出搜索整数 y 的位数 f
    d=e=y;h=f;f=0;
    while(e>0)
      {e=e/10;f++;g[h-f+1]=d%10;d=d/10;}             //g[1]为 y 的高位,g[f]为 y 的个位数
    for(m=0,i=1;i<=x-f+1;i++)                         //从 i=1 开始,连续比较 f 位
      { for(h=0,k=1;k<=f;k++)
          if(g[k]!=a[i+k-1]) { h=1;break; }          //如果相连的 f 位有不相等时,即退出
        if(h==0)                                      //此时相连的 f 位都相等时,即输出
          printf(" 第%d处出现在第%d位。\n",++m,i);
      }
    if(m==0) printf("未出现。\n");
}
```

7. 程序运行示例与说明

```
请输入精确位数 x: 1000
请输入搜索整数 y(不超过 9 位): 99999
    pi=3.1415926535 8979323846 2643383279 5028841971
6939937510 5820974944 5923078164 0628620899 8628034825
……
9375195778 1857780532 1712268066 1300192787 6611195909
2164201989
在这 1000 位小数中,数字 1 出现 116 次为最多,数字 0 出现 93 次为最少。
在这 1000 位小数中出现 99999 的位置:
第 1 处出现在第 762 位。
第 2 处出现在第 763 位。
```

由上述显示数据,出现 99999 的两个位置相连,说明从 762 位开始出现 999999。

1761 年,兰伯特(Lambert)证明了 π 是无理数。1882 年,林德曼(Lindemann)证明了 π 是超越数。因而可大胆猜想:

圆周率 π 的后继小数中连续出现 99999999,或更多的连续 9 都是有可能的,因为 π 的后继小数是无穷的。

围绕 π 的计算及 π 的小数数字排列中出现超乎想象的种种"奇异",众多数学精英做出过艰苦卓绝的努力,硕果累累,令人赞叹!

计算机的出现加速了圆周率 π 的研究进程,同时 π 的研究过程中产生的许多新方法及其诸多"副产品",极大地丰富了当今的数学宝库。

9.6　模拟发桥牌

玩桥牌是人们喜爱的文娱活动,通过程序设计模拟发桥牌是随机模拟的有趣案例。

1. 案例提出

桥牌共 52 张,无大小王。按顺序把 52 张牌随机分发给 E、S、W、N 各方,每方 13 张。发完后,分花色从大到小整理各方的牌。

2. 随机模拟设计

1) 模拟花色与点数

随机模拟发牌必须注意随机性。所发的一张牌是草花还是红心,是随机的;是 5 点还是 J 点,也是随机的。

同时要注意不可重复性。如果在一局发牌中出现两个黑桃 K 就是笑话了。同时局与局之间也必须做到随机,如果某两局牌雷同,也不符合发牌要求。

为此,对应 4 种花色,设置随机整数 x,对应取值为 1～4。

对应每种花色的 13 点,设置随机整数 y,为了各花色排序方便,把 y 的取值设为 2～14,其中 14 最大代表 A。

为避免重复,把 x 与 y 组合为三位数:$z = x * 100 + y$,并存放在 m 数组中。发第 $i+1$ 张牌,随机产生一个 x 与 y,得一个三位数 z,数 z 与已有的 i 个数组元素 $m[0], m[1], \cdots, m[i-1]$ 逐一进行比较:

(1) 若不相同,则产生与 x、y 对应的牌(相当于发一张牌),然后赋值给 $m[i]$,作为下一张发牌时比较之用。

(2) 若数 z 与已有的 i 个数组元素中的一个相同,则重新产生随机整数 x 与 y 得 z,与 m 数组值再进行比较。

2) 随机生成模拟描述

在已产生 i 张牌并存储在 m 数组中的情况下,产生第 $i+1$ 张牌的模拟算法如下:

```
for(j=1;j<=10000;j++)
{  x=rand()%4+1; y=rand()%13+2;          //x 表示花色,y 表示点数
   z=x*100+y; t=0;
   for(k=0;k<=i-1;k++)
     if(z==m[k]) {t=1;break;}            //与前面产生的牌比较,确保牌不重复
   if(t==0)
     {m[i]=z;break;}                     //产生的新牌赋值给 m[i]
}
```

3) 打印输出

输出直接应用 C 语言中 ASCII 码 3～6 的字符显示各花色。在桥牌的分类整理程序段,把每家所有牌分花色应用排序实现点从大到小(即 A,K,Q,J,10,9,…,2)的顺序排列。打印点数时注意把 $y=14、13、12、11$ 分别转换为 A、K、Q、J。

为实现真正的随机,根据时间的不同,设置 $t = \text{time}(0) \% 1000$;$\text{srand}(t)$ 初始化随机数发生器,从而达到真正随机的目的。

3. 发桥牌 C 程序实现

```c
//发桥牌,4个人每人13张牌,并分类整理,c961
#include<stdio.h>
#include<stdlib.h>
#include<time.h>
void main()
{   int   x,y,z,t,i,j,k,e[14],s[14],w[14],n[14],m[53];
    char d[]="2345678910JQKA";
    t=time(0)%1000;srand(t);                        //随机数发生器初始化
    for(i=1;i<=52;i++)                              //随机产生 52 张不同的扑克牌
    {   for(j=1;j<=10000;j++)
        {   x=rand()%4+1; y=rand()%13+2;
            z=x*100+y; t=0;
            for(k=0;k<=i-1;k++)
                if(z==m[k]) {t=1;break;}
            if(t==0)
                {m[i]=z;break;}                      //确保牌不重复
        }
    }
        for(k=1;k<=13;k++)                          //依次把 52 张扑克牌分发到四家
        {   e[k]=m[4*k-3]; s[k]=m[4*k-2];
            w[k]=m[4*k-1]; n[k]=m[4*k];
        }
        for(i=1;i<=12;i++)                          //四方分别从大到小进行排序
        for(j=i+1;j<=13;j++)
        {   if(e[i]<e[j]){t=e[i];e[i]=e[j];e[j]=t;}
            if(s[i]<s[j]){t=s[i];s[i]=s[j];s[j]=t;}
            if(w[i]<w[j]){t=w[i];w[i]=w[j];w[j]=t;}
            if(n[i]<n[j]){t=n[i];n[i]=n[j];n[j]=t;}
        }
        printf("\n");
        for(i=4;i>=1;i--)                           //分类整理打印北方牌
        {   for(j=1;j<=28;j++) printf(" ");
            printf("%c: ",i+2);
            for(j=1;j<=13;j++)
            {   if(n[j]/100==i)
                if(n[j]%100==10) printf("10 ");
                else printf(" %c ",d[n[j]%100]);
            }
            printf("\n");
        }
    printf("\n");
    for(j=1;j<=35;j++) printf(" "); printf("N \n\n");
    for(i=4;i>=1;i--)                               //分类整理打印西方牌
    {   printf(" %c: ",i+2);
        for(t=0,j=1;j<=13;j++)
        {   if(w[j]/100==i)
            {   t++;
                if(w[j]%100==10) printf("10 ");
                else printf(" %c ",d[w[j]%100]);
            }
        }
        if(i!=3)
            for(j=1;j<=50-3*t;j++) printf(" ");
```

```
      else
      {  for(j=1;j<=25-3*t;j++) printf(" ");
         printf("W        E");
         for(j=1;j<=10;j++) printf(" ");
      }
      printf("%c: ",i+2);
      for(j=1;j<=13;j++)              //分类整理打印东方牌
      {  if(e[j]/100==i)
         if(e[j]%100==10) printf("10 ");
         else printf(" %c ",d[e[j]%100]);
      }
      printf("\n");
   }
   for(j=1;j<=35;j++) printf(" "); printf("S \n\n");
   for(i=4;i>=1;i--)                 //分类整理打印南方牌
   {  for(j=1;j<=28;j++) printf(" ");
      printf("%c: ",i+2);
      for(j=1;j<=13;j++)
      {  if(s[j]/100==i)
         if(s[j]%100==10) printf("10 ");
         else printf(" %c ",d[s[j]%100]);
      }
      printf("\n");
   }
}
```

4. 程序运行示例

程序运行,随机得到以下一副桥牌,如图 9-3 所示。

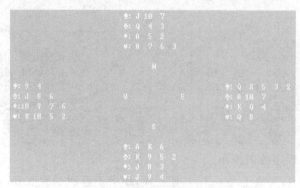

图 9-3 随机产生的一副桥牌

9.7 泊松分酒问题

泊松分酒问题是一个著名的智力测试题,也是一个有难度的过程模拟经典案例。

1. 案例提出

法国数学家泊松(Poisson)曾提出以下分酒趣题:某人有一瓶 12 品脱(容量单位)的酒,同时有容积为 5 品脱与 8 品脱的空杯各一个。借助这两个空杯,如何将这瓶 12 品脱的酒平分?

我们要解决一般的平分酒案例:借助容量分别为 bv 与 cv(单位为整数)的两个空杯,用最少的分倒次数把总容量为偶数 a 的酒(并未要求满瓶)平分。这里正整数 bv、cv 与偶数 a 均从键盘输入。

2. 模拟设计

求解一般的"泊松分酒"问题,采用直接模拟平分过程的分倒操作。

为了把键盘输入的偶数 a 通过分倒操作平分为两个 $i:i=a/2$(i 为全局变量),在分倒过程中做如下设置:

(1) 瓶 A 中的酒量为 $a(0\leq a\leq 2i)$。

(2) 杯 B(容积为 bv)中的酒量为 $b(0\leq b\leq bv)$。

(3) 杯 C(容积为 cv)中的酒量为 $c(0\leq c\leq cv)$。

我们模拟下面两种顺序的分倒操作。

1) 按 A→B→C 顺序分倒操作

(1) 当 B 杯空($b=0$)时,从 A 瓶倒满 B 杯。

(2) 从 B 杯分一次或多次倒满 C 杯。

若 $b>cv-c$,倒满 C 杯,执行操作(3)。

若 $b\leq cv-c$,倒空 B 杯,执行操作(1)。

(3) 当 C 杯满($c=cv$)时,从 C 杯倒回 A 瓶。

分倒操作中,用变量 n 统计分倒次数,每分倒一次,n 增 1。

若 $b=0$ 且 $a<$ bv 时,步骤(1)无法实现(即 A 瓶的酒倒不满 B 杯)而中断,记 $n=-1$ 为中断标志。

分倒操作中,若有 $a=i$ 或 $b=i$ 或 $c=i$ 时,显然已达到平分目的,分倒循环结束,用试验函数 probe(a,bv,cv)返回分倒次数 n 的值。否则,继续循环操作。

模拟操作描述:

```
while(!(a==i||b==i||c==i))
{  if(!b)  {a-=bv;b=bv;}                         //从 A 瓶倒满 B 杯
   else if(c==cv) {a+=cv;c=0;}                    //从 C 杯倒回 A 瓶
      else if(b>cv-c) {b-=(cv-c);c=cv;}           //从 B 杯倒满 C 杯
         else {c+=b;b=0;}                         //从 B 杯倒入 C 杯,倒空 B 杯
   printf("%6d%6d%6d\n",a,b,c);
}
```

2) 按 A→C→B 顺序分倒操作

这一循环操作与 1)实质上是 C 与 B 杯互换,相当于返回函数值 probe(a,cv,bv)。

试验函数 probe()的引入是巧妙的,可综合模拟以上两种分倒操作,避免了关于 cv 与 bv 大小关系的讨论。

同时设计实施函数 practice(a,bv,cv),与试验函数相比较,把 n 增 1 操作改变为输出中间过程量 a、b、c,以标明具体操作进程。

在主函数 main()中,分别输入 a、bv、cv 的值后,为寻求较少的分倒次数,调用试验函数并比较 m1=probe(a,bv,cv)与 m2=probe(a,cv,bv)。

若 m1<0 且 m2<0,表明无法平分(均为中断标志)。

若 m2<0,只能按上述 1)操作;若 0<m1<m2,按上述 1)操作分倒次数较少(即 m1)。此时调用实施函数 practice(a,bv,cv)。

若 m1＜0，只能按上述 2)操作；若 0＜m2＜m1，按上述 2)操作分倒次数较少（即 m2）。此时调用实施函数 practice(a,cv,bv)。

实施函数打印整个模拟分倒操作进程中的 a、b、c 的值。最后打印出最少的分倒次数。

3. 泊松分酒的程序实现

```c
//泊松分酒模拟操作, c971
#include<stdio.h>
void practice(int,int,int);                              //调用函数声明
int i,n,probe(int,int,int);
void main()
{  int a,bv,cv,m1,m2;
   printf("\n 请输入酒总量(偶数): "); scanf("%d",&a);
   printf("两空杯容量 bv,cv 分别为: ");
   scanf("%d,%d",&bv,&cv);
   i=a/2;
   if(bv+cv<i)
     { printf("空杯容量太小,无法平分! \n"); return; }
   m1=probe(a,bv,cv);
   m2=probe(a,cv,bv);
   if(m1<0 && m2<0)
     { printf("无法平分! \n");return; }
   if(m1>0 && (m2<0||m1<=m2))
       { n=m1;practice(a,bv,cv); }
   else
       { n=m2;practice(a,cv,bv); }
}
void practice(int a,int bv,int cv)                        //模拟实施函数
{  int b=0,c=0;
   printf("平分酒的分法: \n");
   printf("酒瓶%d 空杯%d 空杯%d\n",a,bv,cv);
   printf("%6d%6d%6d\n",a,b,c);
   while(!(a==i||b==i||c==i))
   {  if(!b) {a-=bv;b=bv;}
      else if(c==cv) {a+=cv;c=0;}
      else if(b>cv-c) {b-=(cv-c);c=cv;}
      else {c+=b;b=0;}
      printf("%6d%6d%6d\n",a,b,c);
   }
   printf("平分酒共分倒%d 次。\n",n);
}
int probe(int a,int bv,int cv)                            //试验函数
{  int n=0,b=0,c=0;
   while(!(a==i||b==i||c==i))
   {  if(!b)
      if(a<bv) {n=-1;break;}
      else { a-=bv;b=bv;}
      else if(c==cv) {a+=cv;c=0;}
      else if(b>cv-c) {b-=(cv-c);c=cv;}
      else {c+=b;b=0;}
      n++;
   }
   return(n);
}
```

4. 程序运行示例与讨论

```
请输入酒总量(偶数)：12
两空杯容量 bv,cv 分别为：5,8
平分酒的分法：
        酒瓶 12   空杯 8   空杯 5
          12       0       0
           4       8       0
           4       3       5
           9       3       0
           9       0       3
           1       8       3
           1       6       5
平分酒共分倒 6 次。
```

以上程序中,对 m1 和 m2 的全路径判断虽然可以获得分倒次数较少的方法,但这是建立在程序有解的前提之下,而程序有没有解并不能通过对 m1 和 m2 的全路径判断以完全确定。例如,当输入 $a=10$,bv$=4$,cv$=6$ 时,显然没有解,这时程序进入死循环。那么输入的数据在满足什么条件下才有解呢？

令 $d=\gcd(bv,cv)$ 表示 bv 与 cv 的最大公约数,且满足基本条件：bv$+$cv$\geqslant a/2$ 时,可以证明,当 $\bmod(a/2,d)=0$ 时,所输入的数据一定有解。特别当 bv 与 cv 互质时,a 为任何偶数都有解。

其实,案例的求解除了采用以上的模拟方法外,还可以采用求解模线性方程的方法,具体求解步骤请参考有关数论的算法。

9.8　模拟应用小结

本章应用竖式乘除模拟非常简捷地解决了高精度整除问题的乘数探求,尾数前移问题,阶乘、幂、排列与组合数的高精计算,同时求解了圆周率 π 的指定位数的计算。

这些案例所求解的既有整数也有实数。其中有些案例,既可以应用竖式乘模拟求解,也可以应用竖式除模拟求解,有些案例需综合应用竖式乘、除模拟来求解。如果应用前面介绍的递推、递归、回溯或动态规划等算法来求解这些案例,则不容易奏效。

在应用竖式除模拟时,要注意联系案例的具体实际设置被除数、除数与商等模拟量。需要特别指出的是,试商过程中被除数的确立比较灵活。

(1) 在积为单数码 1 组成的程序 c921 中,被除数为"$a=c*10+1;$"(因为积的每一位数字均为单数码 1)。

(2) 在积为指定正整数重复组成的程序 c922 中,被除数变为"$a=c*x+z;$",其中 x$=$10^k,整数 k 为指定正整数 z 的位数。

(3) 在积为指定正整数重复组成的程序 c922 的后部计算乘积式的另一乘数时,被除数变为"$a=c*10+d[j];$",其中 d[j] 为指定正整数 z 的各个数字。

(4) 在尾数前移的程序 c931 中,被除数变为"$a=c*10+b;$",其中整数 b 为上一轮试商所得的商,这是递推算法决定的。

在应用竖式乘模拟时,要注意联系案例的具体情况设置数组。因为乘是从低位开始的,而输出却从高位开始,不设置数组难以顺利实现这一转换。

　　随机模拟是通过 C 语言提供的随机函数来实现的。随机模拟自然界的随机现象,除了要注意随机函数发生器的初始化,以避免雷同之外,也要注意联系问题的具体情况,控制随机数的范围。

　　例如,在模拟发桥牌时,x 代表 4 花色,y 代表每色的 13 点,应用

```
x=rand()%4+1; y=rand()%13+2;
```

来实现是适合的。rand()%4 的值为 0,1,2,3,则 rand()%4+1 的值为 1,2,3,4,共 4 个,代表 4 花色。rand()%13 的值为 0,1,…,12,则 y = rand()%13+2 的值为 2,3,…,14,共 13 个,分别代表 13 个点数(其中 14 代表 A 点)。

　　另外,由 C 语言产生随机整数可能有重复,如果实际案例不允许有重复(例如桥牌),则必须设置数组,每产生一个随机整数,与已产生并存储在数组的整数逐一进行比较,如果出现相同,则重新产生;直到未出现相同时,再进行确认赋值。

　　应用程序设计模拟一些操作或过程时,注意模拟量随过程的实际变化而变化,同时注意应用模拟量来控制过程的转换或结束。这些都不能离开所求解案例的具体情况。

习 题 9

9-1 连写数探求。从 1 开始按正整数的顺序不间断连续写下去所构成的整数称为连写数。要使连写数 123456789101112…m(连写到整数 m)能被指定的整数 p(<1000)整除,m 至少为多大?

9-2 自然对数底 e 的高精度计算。自然对数的底数 e 是一个无限不循环小数,是"自然律"的一种量的表达,在科学技术中用得非常多。学习了高数后我们知道,以 e 为底数的对数是最简的,用它是最"自然"的,所以叫"自然对数"。

　　试设计程序计算自然对数的底 e,精确到小数点后指定的 x 位。

9-3 进站时间模拟。根据统计资料,车站进站口进一个人的时间至少为 2s,至多为 8s。试求 n 个人进站所需的时间。

9-4 模拟扑克升级游戏发牌。

　　模拟扑克升级游戏发牌,把含有大小王的共 54 张牌随机分发给 4 家,每家 12 张,底牌保留 6 张。

第 10 章　算法的综合应用

本章介绍高斯八皇后问题、翻转硬币游戏和马步遍历与哈密顿圈 3 个有一定难度的综合性较强的案例,这些案例的求解,往往可以通过多种算法设计完成。

本章案例可供"算法设计与分析"等课程的课程设计选用。

10.1　高斯八皇后问题

高斯八皇后问题是数学大师高斯(Gauss)借助国际象棋这一平台高度抽象出来的一个形象有趣的组合数学问题,实际上是一个有着复杂要求的排列设计。

本节从高斯八皇后问题的枚举设计入手,综合应用回溯与递归拓广至 n 皇后问题,进而探讨 r 个皇后全控广义 $n \times n$ 棋盘。

10.1.1　高斯八皇后问题概述

1. 案例提出

在国际象棋中,皇后可以吃掉同行、同列或同一与棋盘边框成 45°角斜线上的任何棋子,其攻击力是最强的。

高斯于 1850 年借助国际象棋抽象出著名的八皇后问题:在国际象棋 8×8 方格棋盘上如何放置 8 个皇后,使得这 8 个皇后不相互攻击,即没有任意两个皇后处在同一横行、同一纵列或同一与棋盘边框成 45°角的斜线上。

高斯当时认为八皇后问题有 76 个解。至 1854 年,在柏林的一个象棋杂志上其他的作者共发表了 40 个不同解。高斯八皇后问题到底有多少个不同的解?

2. 八皇后问题解的表示

图 10-1 就是高斯八皇后问题的一个解。我们看到,图中的 8 个皇后互不同行,不同列,也没有同处一斜线上,即任意两个皇后都不相互攻击。

这个解如何简单地表示?

试用一个 8 位整数表示高斯八皇后问题的一个解:8 位数中的第 k 个数字为 j,表示棋盘上的第 k 行第 j 列方格放置一个皇后。因而图 10-1 所示的解可表示为整数 27581463。

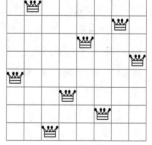

图 10-1　高斯八皇后问题的一个解

这一解是如何求得的?高斯八皇后问题共有多少个不同的解?

3. 枚举设计求解八皇后问题

1)设置枚举循环

设置枚举 a 循环,循环变量 a 的取值范围确定为区间[12 345 678, 87 654 321]。注意到数字 1~8 的任意一个排列的数字和为 9 的倍数,即数字 1~8 的任意一个排列组成的 8 位数均为 9 的倍数,因而循环的枚举范围定为 [12 345 678,87 654 321],其循环步长可优化为 9。

2) 任两个皇后不允许处在同一横排、同一纵列

要求 8 位数中数字 1~8 各出现一次,不能重复。

设置 f 数组,设置循环分离 a 的 8 个数字,用 $f[x]$ 统计 a 中数字 $x(x=1,2,\cdots,8)$ 的个数。若 $f[1]$~$f[8]$ 中有某一个不等于 1,即数字 1~8 在 a 中有数字没有出现或重复出现,则返回。

3) 任两个皇后不允许处在同一斜线上

设置 g 数组,在循环中给 g 数组赋值。若 $g[k]=x$ 表明 8 位数 a 的第 k 个数字为 x。要求第 j 行与第 k 行的皇后不处在与棋盘边框成 45°角的斜线上,即解的 8 位数的第 j 个数字与第 k 个数字差的绝对值 $|g[j]-g[k]|$ 不等于 $j-k$(设置 $j>k$)。若出现

$$|g[j]-g[k]|=j-k$$

表明 j 与 k 表征的皇后处在与棋盘边框成 45°角的斜线上,则返回。

4) 输出解

在枚举循环中通过以上 2)、3) 两道筛选的 8 位数 a 即为一个解,打印输出(每行打印 6 个解),同时用变量 s 统计解的个数。

4. 枚举求解八皇后问题程序设计

```
//枚举求解高斯八皇后问题,c1011
#include<stdio.h>
#include<math.h>
void main()
{   int a,i,j,k,s,t,x,y,f[9],g[9];
    s=0;
    printf(" 高斯八皇后问题的解为: \n");
    for(a=12345678;a<=87654321;a=a+9)           //步长为 9 枚举 8 位数
    {   y=a;
        for(i=1;i<=8;i++) f[i]=0;
          for(k=1;k<=8;k++)
          {   x=y%10;f[x]++;
              g[k]=x;y=y/10;                     //分离 a 各个数字并用 f、g 数组统计
          }
        for(t=0,i=1;i<=8;i++)
          if(f[i]!=1) {t=1;break;}               //数字 1~8 出现不是各 1 次,返回
        if(t==1) continue;
        for(k=1;k<=7;k++)
        for(j=k+1;j<=8;j++)
          if(abs(g[j]-g[k])==j-k)                //同处在 45°角的斜线上,返回
            {t=1;k=7;break;}
        if(t==1) continue;
        s++;                                     //输出八皇后问题的解
        printf("%d ",a);
        if(s%6==0) printf("\n");
    }
    printf("\n 高斯八皇后问题共有以上%d 个解。\n",s);
}
```

5. 程序运行示例与说明

```
15863724    16837425    17468253    17582463    24683175    25713864
25741863    26174835    26831475    27368514    27581463    28613574
......
73825164    74258136    74286135    75316824    82417536    82531746
83162574    84136275
高斯八皇后问题共有以上 92 个解。
```

注意到图 10-1 所示的解处于上述运行结果中的第 2 行。

以上枚举设计把循环步长定为 9,这一优化处理提高了枚举效率。

枚举法求解程序设计比较简单,只是速度相对较慢。但上述求解八皇后问题的枚举程序运行时间还是可以接受的。

10.1.2　n 皇后问题

高斯八皇后问题的直接推广就是 n 皇后问题:

要求在广义的 $n \times n$ 方格棋盘上放置 n 个皇后,使它们互不攻击,共有多少种不同的放置方式? 试分别求出 n 皇后问题的各个解。

下面试应用枚举、回溯与递归 3 种算法分别设计求解 n 皇后问题。

1. 枚举设计求 n 皇后问题

1) 枚举设计要点

在上述求解八皇后问题的枚举设计基础上适当修改。

(1) 通过循环求出 n 皇后问题枚举循环的起始数 b 与终止数 e。例如,当 $n=5$ 时,$b=12345$,$e=54321$;当 $n=9$ 时,$b=123456789$,$e=987654321$。

(2) 设置循环分离所枚举的 n 位数 a 的 n 个数字并用 f、g 数组统计,$f[x]$ 表示数字 x 的个数,$g[k]$ 表示整数 a 的第 k 位数字。

(3) 实施两重检测:

① 若 $f[x] \neq 1(x=1,2,\cdots,n)$,表明 a 中有数字 x 不唯一(没有出现或重复出现),则返回。

② 在 $j,k(j>k)$ 循环中,若 $|g[j]-g[k]|=j-k$,表明数字 $g[j]$ 与 $g[k]$ 所代表的皇后同处在 45°角的斜线上,则返回。

(4) 凡通过以上两道检测的整数 a 即为 n 皇后问题的一个解,用 s 统计个数并输出。

2) 枚举程序设计

```c
//枚举求 n 皇后问题,c1012
#include<stdio.h>
#include<math.h>
void main()
{   int a,b,e,i,j,k,n,s,t,x,y,f[10],g[10];
    s=0;
    printf("请输入整数 n(n<10):");
    scanf("%d",&n);
    for(b=0,e=0,i=1;i<=n;i++)                    //确定 n 位起始数 b 与终止数 e
        {b=b*10+i;e=e*10+n+1-i;}
    for(a=b;a<=e;a++)                            //从 b 至 e 枚举 n 位数
```

```
{  y=a;
   for(i=1;i<=n;i++) f[i]=0;
     for(k=1;k<=n;k++)
     {  x=y%10;f[x]++;
        g[k]=x;y=y/10;                    //分离 a 的 n 个数字并用 f、g 数组统计
     }
   for(t=0,i=1;i<=n;i++)
     if(f[i]!=1) {t=1;break;}             //数字 1~n 出现不为 1 次,返回
   if(t==1) continue;
   for(k=1;k<=n-1;k++)                    //同处在 45°角的斜线上,返回
   for(j=k+1;j<=n;j++)
       if(abs(g[j]-g[k])==j-k)
           {t=1;k=n;break;}
   if(t==1) continue;
   s++;                                  //输出 n 皇后问题的解
   printf("%d ",a);
   if(s%6==0) printf("\n");
}
if(s>0)
  printf("\n %d 皇后问题共有以上%d 个解。\n",n,s);
else printf("\n %d 皇后问题无解。\n",n);
}
```

3）程序运行示例与说明

```
请输入整数 n(n<10)：7
1357246  1473625  1526374  1642753  2417536  2461357
2514736  2531746  2574136  2637415  2753164  3162574
……
6251473  6314752  6357142  6374152  6427531  6471352
7246135  7362514  7415263  7531642
7 皇后问题共有以上 40 个解。
```

输入 $n=8$,以上程序同样可求出 92 个解,因没有设置优化步长控制,其运行速度要比求解八皇后问题的程序慢。

2．回溯设计求解 n 皇后问题

1）回溯设计要点

设置数组 a,数组元素 $a[i]$ 表示第 i 行的皇后位于第 $a[i]$ 列。

求 n 皇后问题的一个解,即寻求 a 数组的一组取值,该组取值中的 n 个元素的值互不相同(即没有任两个皇后在同一行或同一列),且第 i 个元素与第 k 个元素相差不为 $|i-k|$(即任两个皇后不在同一 45°角的斜线上)。

问题的解空间是由整数 $1\sim n$ 组成的 n 项数组,其约束条件是没有相同整数且每两个整数之差不等于其所在位置之差。

在循环中,$a[i]$ 从 $1\sim n$ 范围内取一个值。

为了检验 $a[i]$ 是否满足上述要求,设置标志变量 g,g 赋初值 1。$a[i]$ 逐个与其前面已取的元素 $a[k]$ 比较:

```
x=abs(a[i]-a[k]);
if(x==0||x==i-k) g=0;
```

若出现 $g=0$,则表明 $a[i]$ 不满足要求(相同或同处一对角线上),$a[i]$ 增 1 后再试,以此类推。

若 $i=n$ 且 $g=1$,则满足要求,用 s 统计解的个数后,打印输出这个解。

若 $i<n$ 且 $g=1$,表明还不到 n 个数,则 i 增 1 后,$a[i]$ 从 1 开始赋值继续探索。

若 $a[n]=n$,则回溯至前一个数组元素 $a[n-1]$ 增 1 赋值(此时,$a[n]$ 又从 1 开始)再试。

若 $a[n-1]=n$,则回溯至前一个数组元素 $a[n-2]$ 增 1 赋值再试。

一般地,若 $a[i]=n(i>1)$,则回溯至前一个数组元素 $a[i-1]$ 增 1 赋值再试。

直到 $a[1]=n$ 时,已无法回溯,意味着已完成回溯试探,退出循环结束。

2) n 皇后问题回溯程序设计

```c
//回溯求解 n 皇后问题,c1013
#include<stdio.h>
#include<math.h>
void main()
{  int i,g,k,j,n,x,a[20]; long s;
   printf(" 请输入整数 n:"); scanf("%d",&n);
   printf(" %d 皇后问题的解:\n",n);
   i=1;s=0;a[1]=1;
   while(1)
   {  g=1;
      for(k=i-1;k>=1;k--)
      {  x=abs(a[i]-a[k]);
         if(x==0||x==i-k) g=0;           //相同或同处一对角线上时返回
      }
      if(i==n && g==1)                    //满足条件时输出解
      {  for(j=1;j<=n;j++)
           printf("%d",a[j]);
         printf("");
         s++;
         if(s%5==0) printf("\n");
      }
      if(i<n && g==1)
         {i++;a[i]=1;continue;}
      while(a[i]==n && i>1) i--;          //往前回溯
      if(a[i]==n && i==1) break;
      else a[i]=a[i]+1;
   }
   printf("\n 共%ld个解。\n",s);
}
```

3) 程序运行示例与说明

```
请输入整数 n: 5
5 皇后问题的解:
13524  14253  24135  25314  31425
35241  41352  42531  52413  53142
共 10 个解。
```

运行程序,若输入 $n=8$,即输出高斯八皇后问题的所有 92 个解。

注意:若 $n>10$,输出解的数值间需用空格隔开。

3. 递归设计求解 n 皇后问题

1）递归设计要点

递归函数 put(k) 的设计针对 n 皇后问题解的 n 个数中的第 k 个数 $a[k]$ 展开。

设 $a[k]$ 取值为 $i(1,2,\cdots,n)$，$a[k]$ 逐一与已取值的 $a[j](j=1,2,\cdots,k-1)$ 比较。

若满足 $a[k]=a[j]$ or $|a[k]-a[j]|=k-j$，即两个皇后同行或同列或同对角线，显然不符合题意要求，记 $u=1$，即所取 $a[k]$ 不妥，表示该行该列已放不下皇后，于是 $a[k]$ 继续下一个 i 取值。

否则，符合题意要求，保持 $u=0$，即所取 $a[k]$ 妥当。此时检测所完成的行数：

若 $k=n$，完成了 n 行，按格式输出一个数字解，并用 s 统计解的个数；

若 $k\neq n$，即未完成 n 行，继续调用 put($k+1$)，探讨下一行取值。

若 $a[k]$ 取值到 n 仍不妥，则回溯到调用 put(k) 的 put($k-1$) 环境下，继续 $a[k-1]$ 的下一个取值。

最后若 $a[1]$ 取值到 n 仍不妥，则返回调用 put(1) 的主程序，输出解的个数 s 或"无解"，程序结束。

2）递归程序设计

```
//n 皇后问题递归求解,c1014
#include<stdio.h>
int n,a[30]; long s=0;
void main()
{  int put(int k);
   printf(" 求解 n 皇后问题,请确定 n: ");scanf("%d",&n);
   put(1);                              //从第 1 行开始放皇后
   if(s>0)
      printf("\n %d 皇后问题共有以上%ld 个解。\n",n,s);
   else
      printf(" %d 皇后问题无解。\n",n);
}
//n 皇后问题递归函数
#include<math.h>
int put(int k)
{  int i,j,u;
   if(k<=n)
   {  for(i=1;i<=n;i++)                 //探索第 k 行,从第 1 格开始放皇后
      {  a[k]=i;
         for(u=0,j=1;j<=k-1;j++)
            if(a[k]==a[j]‖ abs(a[k]-a[j])==k-j)
         u=1;                           //若第 k 行第 i 格放不下,则置 u=1
         if(u==0)                       //若第 k 行第 i 格可放,则检测是否满 n 行
         {  if(k==n)                    //若已放满 n 行时,则打印一个解
            {  s++; printf(" ");
               for(j=1;j<=n;j++)
                  printf("%d",a[j]);
               if(s%5==0) printf("\n");
            }
            else put(k+1);             //若没放满 n 行,则放下一行
```

```
            }
        }
    }
    return s;
}
```

3) 程序运行示例

```
求解 n 皇后问题,请确定 n: 6
246135  362514  415263  531642
6皇后问题共有以上4个解。
```

4. 求 *n* 皇后问题的 3 个设计比较

首先从时间复杂度上比较。枚举设计的运算数量级为 10^n,求解效率较低。当 $n=9$ 时,实际测试的求解速度已相当长。而回溯与递归设计的时间复杂度比枚举设计低一些,在同样的 *n* 值时求解速度比枚举快。

在适用范围上,枚举设计最多只能到 $n=9$,而回溯与递归设计可以超过 9。当 $n>9$ 时,解的数量急剧增长(例如,14 皇后问题有 365 596 个解;15 皇后问题有 2 279 184 个解),回溯与递归设计求解自然也变得慢,且在输出各个解时要注意数字之间的分隔。

10.1.3　皇后全控棋盘问题

1. 案例提出

在 $8×8$ 的国际象棋棋盘上,如何放置 5 个皇后,可以控制棋盘的每一个格子而皇后之间不能相互攻击呢?

图 10-2 是五皇后全控 $8×8$ 棋盘的一个解。

我们看到,图中的 5 个皇后互不攻击,且能控制棋盘所有 64 格中的每一个格,是符合题意要求的解。

那么,五皇后全控 $8×8$ 棋盘共有多少个解?

一般地,如何求解 *r* 个皇后全控 $n×n$ 广义棋盘?

2. 控制棋盘解的表示

首先,如何简单地表示图 10-2 所示的五皇后全控棋盘解?

试用一个 8 位数字串表示五皇后全控 $8×8$ 棋盘的一个解:8 位数字串的第 *k* 个数字为 $j>0$,表示棋盘上第 *k* 行的第 *j* 格放置一个皇后。如果 $j=0$,表示该行没放皇后。显然,图 10-2 所示的解可表示为 00358016。

r 个皇后全控 $n×n$ 棋盘的解则用 *n* 个数组成,其中 $n-r$ 个数为 0。

3. *r* 个皇后全控 $n×n$ 棋盘

1) 递归设计要点

首先进行递归函数 $p(k)$ 设计。

递归函数 $p(k)$ 针对 *r* 个皇后全控 $n×n$ 棋盘的解的 *n* 个数中的第 *k* 个数 $a[k]$ 展开。

设 $a[k]$ 取值为 $i(0,1,\cdots,n)$,$a[k]$ 逐一与已取

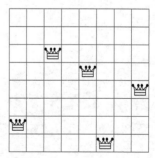

图 10-2　五皇后全控 $8×8$ 棋盘的一个解

值的 $a[j]$ $(j=1,2,\cdots,k-1)$ 比较。

若 $a[j]$ 为正，且 $a[k]=a[j]$，或 $a[k]$ 与 $a[j]$ 都为正，$|a[k]-a[j]|=k-j$，显然不符合题意要求（不同行，不同列，也不同对角线），记 $u=1$，即为 $a[k]$ 取值不妥，表示该行该列已放不下皇后，于是 $a[k]$ 继续下一个 i 取值。否则符合题意要求，保持 $u=0$，即为所取 $a[k]$ 妥当。

此时检测所完成的行数。

若 $k=n$，完成了 n 个数的赋值。此时还需做两件事：

(1) 设计一个循环统计 0 的个数是否为 $n-r$。

(2) 设计函数 $g()$ 检测此时 r 个皇后是否全控 $n\times n$ 棋盘（若全控，$g()$ 返回 0）。

若 $k=n$ 且 0 的个数 $h=n-r$ 且 $g()=0$，按格式输出一个数字解，并用 s 统计解的个数。

若 $k=n$ 不成立，未完成 n 行，继续调用 $p(k+1)$，探索下一行。

然后进行全控检测函数 $g()$ 设计。

设置二维 b 数组描述棋盘的每一格，检测前所有元素赋 0，凡能控制的格赋 1。

对被检测的 n 个数（其中有 $n-r$ 个 0），设置 f 循环分别检测 r 个正整数，若第 f 个数 $a[f]>0$，即第 f 行有一个皇后，该皇后能控制哪些格呢？

设置 j $(1\sim n)$ 循环：

(1) 该皇后能控制第 f 行，即 $b[f][j]=1$，$(j=1,2,\cdots,n)$。

(2) 该皇后能控制第 $a[f]$ 列，即 $b[j][a[f]]=1$，$(j=1,2,\cdots,n)$。

(3) 该皇后能控制两斜线上的所有格，令行号为 c，即若 $|c-f|=|j-a[f]|$，则 $b[c][j]=1$。把行号 c 表示为 j、f、$a[f]$ 的函数：

$$c=f\pm|j-a[f]| \quad (1\leqslant f\pm|j-a[f]|\leqslant n)$$

对 n 个数中所有 r 个正整数全控制完后，检查若 $b[1][1]$ 至 $b[n][n]$ 全为 1，表示全控，返回的 t 值为 0。若 $b[1][1]$ 至 $b[n][n]$ 中存在 0，表示不能全控，返回的 t 值为 1。

主程序中调用 $p(1)$，最后返回 s 值，即 r 个皇后全控 $n\times n$ 棋盘解的个数。

2) 程序实现

```
//r 个皇后全控 n×n 棋盘,c1015
#include<stdio.h>
int r,n,a[30]; long s=0;
void main()
{   int p(int k);
    printf(" r 个皇后全控 n×n 棋盘,请输入 r,n: "); scanf("%d,%d",&r,&n);
    p(1);                                    //从第 1 个数开始
    printf("\n %d 个皇后全控%d×%d 棋盘,共以上%ld 个解。\n",r,n,n,s);
}
//皇后全控递归函数
#include<stdio.h>
#include<math.h>
int p(int k)
{   int h,i,j,u;
    int g();
    if(k<=n)
    {   for(i=0;i<=n;i++)
        {   a[k]=i;                          //探索第 k 个数赋值 i
```

```
        for(u=0,j=1;j<=k-1;j++)
          if(a[j]!=0 && a[k]==a[j] || a[k] * a[j]>0 && abs(a[k]-a[j])==k-j)
            u=1;                              //若出现非零元素相同或同斜行则 u=1
        if(u==0)                              //若第 k 个数可置 i,则检测是否到 n 个数
        {  if(k==n)                           //若已到 n 个数则检测 0 的个数
          {  for(h=0,j=1;j<=n;j++)
              if(a[j]==0) h++;
            if(h==n-r)                        //若相同元素 0 的个数为 n-r 个,输出一个解
            {  if(g()==0)                     //调用检测棋盘是否全控函数 g()
              {  s++; printf("  ");
                for(j=1;j<=n;j++)
                  printf("%d",a[j]);
                if(s%5==0) printf("\n");
              }
            }
          }
          else p(k+1);                        //若没到 n 个数,则探索下一个数
        }
      }
    }
  return s;
}
//检测棋盘是否全控函数
int g()
{  int c,f,j,t,b[20][20];
  t=0;
  for(c=1;c<=n;c++)
  for(j=1;j<=n;j++)
    b[c][j]=0;
  for(f=1;f<=n;f++)
  {  if(a[f]!=0)
    {  for(j=1;j<=n;j++)
      {  b[f][j]=1;                           //控制同行
        b[j][a[f]]=1;                         //控制同列
        if(f+abs(a[f]-j)<=n)                  //控制两个 45°线
          b[f+abs(a[f]-j)][j]=1;
        if(f-abs(a[f]-j)>=1)
          b[f-abs(a[f]-j)][j]=1;
      }
    }
  }
  for(c=1;c<=n;c++)
  for(j=1;j<=n;j++)
    if(b[c][j]==0) {t=1;c=n;break;}           //棋盘中有一格不能控制,t=1
  return t;
}
```

3) 程序运行示例

```
r 个皇后全控 n×n 棋盘,请输入 r,n: 5,8
00035241   00042531   00046857   00047586   00052413
00053142   00057468   00064758   00260751   00357460
……
86001047   86001407   86010730   86020730   86107003
```

86170002 86200730 86475000
5 个皇后全控 8×8 棋盘,共以上 728 个解。

4) 几点说明

运行程序输入 $n=8,r=4$,没有解输出,可见对 8×8 格棋盘不可能设置 4 个皇后全控,至少要 5 个皇后才能全控。

综合 r 个皇后全控 $n×n$ 棋盘($3\leqslant r\leqslant n\leqslant 10$)的解数如表 10-1 所示。

表 10-1 r 皇后全控 $n×n$ 棋盘($3\leqslant r\leqslant n\leqslant 10$)的解数

皇后数 r	4×4	5×5	6×6	7×7	8×8	9×9	10×10
3	16	16	0	0			
4	**2**	32	120	8	0	0	0
5		**10**	224	1262	728	92	8
6			**4**	552	6912	7744	844
7				**40**	2456	38 732	83 544
8					**92**	10 680	241 980
9						**352**	49 592
10							**724**

从表各列上端的非 0 项可知,全控 8×8、9×9 或 10×10 棋盘至少要 5 个皇后,全控 6×6 或 7×7 棋盘至少要 4 个皇后。

同时,由表 8×8 列的下端可知,用八皇后控制 8×8 棋盘(显然是全控),实际上即高斯八皇后问题,共有 92 个解。

从表中其他各列的下端(粗体数字)知六皇后问题有 4 个解,七皇后问题有 40 个解,而十皇后问题有 724 个解,等等。当输入 $r=n$ 时,即输出 n 皇后问题的解。这就是说,以上求解的 r 个皇后控制 $n×n$ 棋盘问题引申与推广了 n 皇后问题。

还要指出,若 $n\geqslant 10$,为避免解中的二位数与一位数的混淆,输出解时须在两个 a 数组元素之间加空格。

10.2 翻转硬币游戏

考虑一个翻转硬币游戏。

有 $m(m<10\ 000)$ 行硬币,每行有 9 个硬币,排成一个 $m×9$ 的矩阵,有的硬币正面朝上,有的硬币反面朝上。

每次可以把矩阵中一整行或者一整列的所有硬币翻过来,请问怎么翻转,使得正面朝上的硬币数最多?

翻转硬币游戏是一个有相当深度的矩阵优化案例。作为游戏,对同一个初始硬币矩阵,通过一系列的整行与整列的硬币翻转后,能得到正面朝上的硬币数多者为胜。

10.2.1　翻转 $m \times 9$ 矩阵

针对矩阵的列固定为 9,试应用枚举设计求解这类特定硬币矩阵的翻转案例。

1. 枚举设计要点

1) 翻转操作分析

翻币操作只能一整行或一整列,注意到对某一列翻转任何奇数次的效果等同于对该列翻转 1 次,翻转任何偶数次的效果等同于对该列不翻转(即 0 次),行翻转操作类似。因此,我们只考虑对矩阵的任意行或列翻转 1 次或不做翻转。

考察对矩阵的 9 列进行翻币操作,每列有两个选择:翻与不翻。9 列共有 $2^9 = 512$ 种情形。

分析翻币后所得正面朝上的硬币最多的局面(简称为最优局面):

此时对列的翻币操作为所有 512 种列操作的情形之一,而此时 m 行的每一行的正面数均大于 4,即正面数大于反面数(否则,翻转该行,正面数会增加,与正面数最多矛盾)。

2) 硬币矩阵与翻转标志

设置二维数组 $a[i][j]$ 存储硬币矩阵 0、1 元素,1 表示正面,0 表示反面。

行翻转和列翻转只从理论上用数组元素标记,并没有真正实行各个币的翻转操作。最后所得最优硬币矩阵根据最优标记输出。标记数组为:

(1) 设置数组 $tr[i]$ 为第 i 行翻转标志,$tc[j]$ 为第 j 列翻转标志,数字 1 表示翻转,0 表示不翻转。

(2) 设置数组 $sr[i]$ 为最优状态的第 i 行翻转标志,$sc[j]$ 为最优状态的第 j 列翻转标志。

对某枚硬币 $a[i][j]$ $(1 \leqslant i \leqslant m, 1 \leqslant j \leqslant 9)$:

① 若 $tr[i] = 0$ 且 $tc[j] = 0$,表明该币未做任何翻转,$a[i][j]$ 维持不变。

② 若 $tr[i] = 1$ 且 $tc[j] = 0$,表明该币做行翻转,$a[i][j]$ 变为 $1 - a[i][j]$。

③ 若 $tr[i] = 0$ 且 $tc[j] = 1$,表明该币做列翻转,$a[i][j]$ 变为 $1 - a[i][j]$。

④ 若 $tr[i] = 1$ 且 $tc[j] = 1$,表明该币做行与列翻转,$a[i][j]$ 维持不变。

3) 设置枚举循环

首先枚举 9 列,应用数组 $tc[k]$ $(k = 1, 2, \cdots, 9)$ 设置 9 重循环实现枚举 9 列操作,$tc[k] = 1$ 为翻转第 k 列,$tc[k] = 0$ 为第 k 列不翻转。通过 9 重枚举循环实施 $2^9 = 512$ 种列操作。

对每一种列操作,设置循环枚举 m 行翻币,应用变量 r 统计该行正面数。若 $2r < 9$,即该行正面小于反面,则整行翻转。

4) 比较求取最大

分别统计 512 种列操作情形的各行正面数最多的矩阵正面数之和 s,512 个 s 分别与 max 比较,以求得矩阵正面数的最大值 max,并用 $sr[t]$ 与 $sc[t]$ 数组更新最优记录翻转标志。

5) 原始矩阵的输入

为简化原始硬币矩阵的构造与输入,每次游戏时随机产生 0-1 矩阵(先进行随机数发生器初始化）。当然，也可以通过文件形式输入原始矩阵。

2. 翻转 m 行 9 列矩阵枚举程序设计

```c
//翻转 m 行 9 列矩阵硬币枚举设计,c1021
#include<stdio.h>
#include<stdlib.h>
#include<time.h>
void main()
{  FILE * fp;char fname[30];                    //硬币矩阵从文件输入
   long s,max;
   int c,d,i,j,h,t,m,k,r;
   int a[10000][10];                            //硬币矩阵
   int tr[10000],tc[10];                        //行列翻转标志数组
   int sr[10000],sc[10];                        //行列最优标志保存数组
   max=0;s=0;
   printf(" 请输入矩阵行 m: "); scanf("%d",&m);
   t=time(0)%1000; srand(t);                    //随机数发生器初始化
   for(i=1;i<=m;i++)
       for(j=1;j<=9;j++)
         s+=a[i][j]=rand()%2;
   for(i=1;i<=m;i++)                            //输出矩阵的原始数据
   {  for(j=1;j<=9;j++)
        printf("%3d",a[i][j]);
      printf("\n");
   }
   printf(" 初始状态共有%4d 个正面。\n",s);
   for(tc[1]=0;tc[1]<=1;tc[1]++)
   for(tc[2]=0;tc[2]<=1;tc[2]++)
   for(tc[3]=0;tc[3]<=1;tc[3]++)
   for(tc[4]=0;tc[4]<=1;tc[4]++)
   for(tc[5]=0;tc[5]<=1;tc[5]++)
   for(tc[6]=0;tc[6]<=1;tc[6]++)
   for(tc[7]=0;tc[7]<=1;tc[7]++)
   for(tc[8]=0;tc[8]<=1;tc[8]++)
   for(tc[9]=0;tc[9]<=1;tc[9]++)
   {  s=0;
      for(k=1;k<=m;k++)                         //在固定列翻转的情况下决定各行是否翻转
      {  r=0;
         for(h=1;h<=9;h++)
         {  if(tc[h]) r+=1-a[k][h];             //第 h 列翻转
            else r+=a[k][h];                    //第 h 列不翻转
         }
         if(2 * r<9) {tr[k]=1; s+=9-r; }        //第 k 行翻转
         else {tr[k]=0; s+=r; }                 //第 k 行不翻转
      }
      if(s>=max)                                //比较求最大值 max
      {  max=s;
         for(t=1;t<=m;t++) sr[t]=tr[t];         //更新最优记录翻转的标志
         for(t=1;t<=9;t++) sc[t]=tc[t];
      }
   }
   printf(" 翻转下列列: ");                      //输出最优翻转记录
   for(j=1;j<=9;j++) if(sc[j]) printf("%d ",j);
```

```
        printf("\n 翻转下列行: ");
        for(i=1;i<=m;i++) if(sr[i]) printf("%d ",i);
        printf("\n 最优硬币矩阵为: \n");                      //输出硬币矩阵
        for(i=1;i<=m;i++)
        {   for(j=1;j<=9;j++)
            if(sr[i]!=sc[j]) printf("%3d",1-a[i][j]);        //行或列只翻 1 次时
            else printf("%3d",a[i][j]);                      //行与列都未翻或都翻时
            printf("\n");
        }
        printf(" 翻转后硬币正面最多为: %ld\n",max);
    }
```

3. 程序运行示例与分析

```
    请输入矩阵行 m: 12                        翻转下列行: 2 4 8 9 11
        0 0 0 0 1 0 1 0 0                      最优硬币矩阵为:
        1 1 1 1 0 0 1 1 1                          1 1 1 0 0 1 1 1 1
        0 1 1 1 0 0 1 0 0                          1 1 0 1 0 0 1 1
        0 0 1 0 1 1 0 0 0                          1 0 0 1 1 1 1 1 1
        1 1 1 1 0 0 1 0 0                          0 0 1 1 1 1 1 0 0
        0 0 0 1 1 0 1 0 1                          0 0 0 1 1 1 1 1 1
        0 0 1 0 0 0 1 0 1                          1 1 1 1 0 1 1 1 0
        0 1 1 1 1 0 0 0                            1 1 0 0 1 0 1 1 1 0
        1 1 1 0 1 0 0 1 1                          0 1 1 0 1 1 1 0 0
        1 1 0 0 0 1 0 1 1                          1 1 1 1 0 1 1 0 0
        1 1 1 0 0 1 0 1 1                          1 1 1 0 0 1 1 0 0
        1 1 0 1 0 1 1 0 0                          1 1 1 0 1 0 1 0 0
    初始状态共有    57 个正面。                      0 0 1 1 1 0 1 1 1
    翻转下列: 1 2 3 5 6 8 9                    翻转后硬币正面最多为: 76
```

分析以上的枚举设计,因为固定 9 列,列操作次数不超过 $2 \times 9 \times 512$ 次。

对每一列操作情形下枚举 m 行,显然枚举时间是关于 m 的线性复杂度。

实际测试当 $m < 10\,000$ 时,算法运行快捷。

10.2.2　翻转 $m \times n$ 矩阵

将翻转 $m \times 9$ 矩阵的问题拓广:一般,对 m 行 n 列的矩阵,可进行整行或整列翻转,问如何实施翻转,使得矩阵正面朝上的硬币最多。

采用二进制枚举设计求解。

1. 二进制枚举设计要点

如何枚举 n 种列操作,这是整个枚举设计的关键。

对于 9 列操作,设翻转列用 1 表示,不翻则用 0 表示。则所有 512 个列操作对应 512 个互不相同的 9 位 0-1 串,例如,串 010000011 表示第 1、2、8 列进行列翻转,其余列不动。对于 n 列,则有 $f = 2^n$ 个列操作,每一操作对应 n 位 0-1 串。

因而可应用"除 2 取余"法分别把 $0 \sim f-1$ 这 f 个整数转换为 n 位二进制数,不足 n 位则高位补 0。n 位二进制数中的每一个二进制数码赋值给代表列操作的数组元素 tc[k]。

同时,为简化原始矩阵的输入,可应用文件输入的方式,把已有文本文件中的 0-1 数据

矩阵读入二维 *a* 数组。

其他操作同前。

2. 翻转 *m* 行 *n* 列矩阵程序设计

```c
//翻转 m 行 n 列硬币二进制枚举设计,c1022
#include<stdio.h>
void main()
{   FILE * fp;char fname[30];                    //硬币矩阵从文件输入
    long s,max;
    int c,d,f,i,j,h,t,m,n,k,r;
    int a[100][100];                             //硬币矩阵
    int tr[100],tc[100];                         //行列翻转标志数组
    int sr[100],sc[100];                         //最优状态标志数组
    max=0;s=0;
    printf("请输入数据文件名: ");
    gets(fname);                                 //输入数据文件
    if((fp=fopen(fname,"r"))==NULL)
       { printf( "The file was not opened!" ); return;}
    printf("请输入矩阵行、列数: "); scanf("%d,%d",&m,&n);
    for(i=1;i<=m;i++)
      for(j=1;j<=n;j++)
      { fscanf(fp,"%d",&a[i][j]);                //从文件读数据到二维数组 a
        s+=a[i][j];
      }
    for(i=1;i<=m;i++)                            //输出矩阵的原始数据
    {  for(j=1;j<=n;j++)
         printf("%3d",a[i][j]);
       printf("\n");
    }
    printf("初始状态共有%4d 个正面。\n",s);
    for(f=1,k=1;k<=n;k++) f=f*2;
      for(c=0;c<=f-1;c++)
      {  for(k=1;k<=n;k++) tc[k]=0;
         d=c;k=0;
         while(d>0)
         { k++;tc[k]=d%2;d=d/2;}                 //除 2 取余法,c 转换为二进制
           s=0;
           for(k=1;k<=m;k++)                     //在固定列翻转的情况下决定各行是否翻转
           {  r=0;
              for(h=1;h<=n;h++)
              { if(tc[h]) r+=1-a[k][h];          //第 h 列翻转
                else r+=a[k][h];                 //第 h 列不翻转
              }
              if(2*r<n) {tr[k]=1; s+=n-r;}       //第 k 行翻转
              else {tr[k]=0; s+=r;}              //第 k 行不翻转
           }
           if(s>max)                             //比较求最大值 max
           {  max=s;
              for(t=1;t<=m;t++) sr[t]=tr[t];     //更新最优记录翻转的标志
              for(t=1;t<=n;t++) sc[t]=tc[t];
           }
        }
        printf("翻转下列列: ");                   //输出最优翻转记录
```

```
        for(j=1;j<=n;j++) if(sc[j]) printf("%d ",j);
        printf("\n 翻转下列行: ");
        for(i=1;i<=m;i++) if(sr[i]) printf("%d ",i);
        printf("\n 最优硬币矩阵为: \n");                    //输出硬币矩阵
        for(i=1;i<=m;i++)
        {  for(j=1;j<=n;j++)
            if(sr[i]!=sc[j]) printf("%3d",1-a[i][j]);      //行或列只翻 1 次时
            else printf("%3d",a[i][j]);                    //行与列都未翻或都翻时
           printf("\n");
        }
        printf(" 翻转后硬币正面最多为: %ld\n",max);
}
```

3. 程序运行示例与说明

```
请输入数据文件名: 91.txt          翻转下列列: 1  6  9  10  11
请输入矩阵行、列数: 12,12         翻转下列行: 2  4  8  10  12
1 1 1 1 1 0 0 1 1 1 1 0 1        最优硬币矩阵为:
1 1 0 1 1 1 0 1 1 1 1 0          0 1 1 1 0 1 1 1 0 0 1 1
1 0 1 1 1 1 0 1 1 0 1 0 1        1 0 1 0 0 1 1 0 1 1 1 1
1 0 0 0 1 0 1 1 0 1 1 0 1        0 0 1 1 1 0 1 1 1 0 1 1
1 1 1 1 0 1 0 1 0 1 0 0          1 1 0 0 0 1 0 1 1 0 1 0
0 1 1 1 1 0 0 1 0 0 0 0          0 1 1 1 1 1 0 1 0 1 0 1
0 1 1 1 0 1 1 0 1 0 0 0          1 1 1 1 1 0 1 0 1 0 0 1
1 1 0 0 0 1 1 1 1 1 1 0          1 1 1 1 0 1 1 1 1 1 0 0
1 0 1 1 0 1 1 0 0 0 0 0          1 1 1 0 1 1 0 1 1 1 1 1
1 1 0 0 0 1 1 0 1 0 1 1          0 0 1 1 1 1 0 1 0 0 0 0
0 0 1 1 1 1 1 1 0 1 0 1          1 0 1 1 1 0 1 1 0 1 1 1
1 0 1 1 0 1 0 0 0 1 1 1          1 0 1 1 1 0 1 1 1 0 1 1
初始状态共有  92 个正面。          1 1 0 0 1 1 1 1 0 1 1 0
                                翻转后硬币正面最多为: 102
```

4. 程序设计优化

在说明优化之前有必要介绍"互补操作"的概念。

1) 互补操作过程

如果把某一操作过程的列翻转与行翻转中的 0、1 全部取反,即 0 变为 1,而 1 变为 0,所得到的过程与原过程互补。

所有互补过程有以下一个有趣的性质: 对任一硬币矩阵,两个互补过程翻转所得到的矩阵相同。

事实上,考察矩阵中的任一元素 $a[i][j]$:

(1) 若"第 i 行与第 j 列都翻"与"第 i 行与第 j 列都不翻"互补,此时 $a[i][j]$ 保持不变,效果相同。

(2) 若"第 i 行翻同时第 j 列不翻"与"第 i 行不翻同时第 j 列翻"互补,若"第 i 行不翻同时第 j 列翻"与"第 i 行翻同时第 j 列不翻"互补,此时 $a[i][j]$ 改变。

因而可知,两个互补过程翻转所得到的矩阵相同,且任何两个互补过程的行列翻转次数之和为矩阵的行与列之和,即 $m+n$。

例如,上述示例中翻转列"2,7,8"的标识 000011000010,翻转行"1,4,5,8,9"的标识 000110011001;其互补操作为翻转列"1,3,4,5,6,9,10,11,12"的标识 111100111101,翻转

行"2,3,6,7,10,11,12"的标识 111001100110。这对互补过程的翻转结果相同,这两个互补过程的行列翻转次数之和为 24。

2) 优化机理

根据互补过程翻转效果相同的性质,达到最优局面的翻转操作过程至少有一对(某些矩阵可能有多对)互补过程,其中一个操作的列翻转是由小于 2^{n-1} 的数通过二进制转换产生的 0-1 串,而其互补过程的列操作则是由大于 2^{n-1} 的数通过二进制转换产生的 0-1 串。只要有一个小于 2^{n-1} 的列操作,就可以把枚举列从 2^n 改进为 2^{n-1},即可以把枚举循环

```
for(f=1,k=1;k<=n;k++) f=f*2;
```

改进为

```
for(f=1,k=1;k<=n-1;k++) f=f*2;
```

这样,可减少一半的列操作,使得算法效率提高一倍。

根据这一优化机理,在翻转 $m\times9$ 硬币矩阵的枚举循环设计中,可把循环设置

```
for(tc[1]=0;tc[1]<=1;tc[1]++)
```

改为

```
tc[1]=0;
```

或

```
tc[1]=1;
```

可省略一个循环,使枚举效率提高一倍。

3) 时间复杂度分析

以上二进制枚举算法的运算数量级为 $mn\times2^n$,对于列较少的案例是完全可以胜任的。算法对于列的增长,其时间增长是指数的。即矩阵每增长 1 列,则时间增长 1 倍。即使通过上述减少一半列操作的优化,也改变不了指数时间的复杂度。因此,对行列数量规模都比较大的矩阵,必须寻求其他算法设计求解。

10.2.3　大规模矩阵求解

对于一般 $m\times n$ 硬币矩阵,当 m、n 数量较大时,无论是枚举,还是应用回溯或递归设计,都无能为力,因为其时间复杂度为指数级。例如,$m=n=100$,要翻转 100 阶硬币方阵,数量级达 2^{100},要完成这么大规模的运算是不可想象的。

为此,对于大规模矩阵,试应用贪心算法设计求解。

1. 贪心算法设计要点

贪心选择策略:轮番对矩阵的行、列进行扫描,凡行或列的正面数少于反面数即翻转。

首先扫描各行,若该行正面数小于反面数,则实施行翻转,直到矩阵的每一行的正面数不小于该行的反面数。

然后扫描各列,若该列正面数小于反面数,则实施列翻转,直到矩阵的每一列的正面数不小于该列的反面数。

列翻转后又可能影响各行正反面的变化,行翻转后又可能影响各列正反面的变化,因此

再实施第 2 轮以至多轮的行列扫描与翻转。

在循环中实行多轮行列扫描,每翻转一次使硬币矩阵的正面数增加,直到某一轮行列扫描中没有任何需翻转的行列为止。

每一次行列翻转操作,标明翻转第几行(列)增加正面多少枚。以上贪心操作经多轮次行列翻转,直到所有行、列的正面数不少于其反面数为止,得矩阵的正面数 s。

同样应用数组 $tr[i]$、$tc[j]$ 标记行列翻转,硬币矩阵元素 $a[i][j]$ 用于统计与输出,操作过程中 $a[i][j]$ 的值不改变。

2. 贪心设计程序实现

```
//贪心设计随机产生,c1023
#include<stdio.h>
#include<stdlib.h>
#include<time.h>
void main()
{  long s0,s,z;
   int r,i,j,m,n,k,t;
   int a[200][200];                                      //硬币矩阵
   int tr[200],tc[200];                                  //行列翻转标志数组
   s0=0;
   printf(" 请输入矩阵行 m,列 n: "); scanf("%d,%d",&m,&n);
   t=time(0)%1000; srand(t);                             //随机数发生器初始化
   for(i=1;i<=m;i++)
       for(j=1;j<=n;j++)
         s0+=a[i][j]=rand()%2;
   for(i=1;i<=m;i++) tr[i]=0;
   for(j=1;j<=n;j++) tc[j]=0;
   printf(" 开始时硬币矩阵为(1 正面,0 反面): \n");
   for(i=1;i<=m;i++)                                     //输出初始矩阵
   {  for(j=1;j<=n;j++)
         printf("%3d",a[i][j]);
      printf("\n");
   }
   printf(" 初始状态共有%ld 个正面。\n",s0);
   t=1;s=s0;k=0;
   while(t)                                              //应用 t 控制扫描是否继续
   {  t=0;                                               //按先行后列顺序扫描
      for(i=1;i<=m;i++)                                  //扫描各行是否翻转
      {  for(r=0,j=1;j<=n;j++)
            if(tr[i]+tc[j]==1) r+=1-a[i][j];
            else r+=a[i][j];
         if(2*r<n)
         {  tr[i]=1-tr[i]; s+=n-2*r;t=1;                 //第 i 行翻转
            k++;printf(" 翻第%d 行增%d 枚;",i,n-2*r);
         }
      }
      for(j=1;j<=n;j++)                                  //扫描各列是否翻转
      {  for(r=0,i=1;i<=m;i++)
            if(tr[i]+tc[j]==1) r+=1-a[i][j];
```

```
            else r+=a[i][j];
         if(2 * r<m)
         {  tc[j]=1-tc[j]; s+=m-2 * r;t=1;                    //第 j 列翻转
            k++; printf(" 翻第%d列增%d枚;",j,m-2 * r);
         }
      }
   }
   printf("\n 经%d次翻转,得最后正面数为: %ld\n",k,s);
   printf(" 翻转完成后得到硬币矩阵为: \n");
      for(z=0,i=1;i<=m;i++)
      {  for(j=1;j<=n;j++)
           if(tr[i]+tc[j]==1)
           {  printf("%3d",1-a[i][j]);                        //行与列共翻奇数次时
              z+=1-a[i][j];
           }
           else {printf("%3d",a[i][j]); z+=a[i][j];}
         printf("\n");
      }
   if(s==z) printf(" 验证正面数为%ld 个无误!\n",s);
}
```

3. 程序运行示例与分析

请输入矩阵行 m,列 n: 12,12
开始时硬币矩阵为(1 正面,0 反面):

```
1 1 1 1 0 0 0 0 1 0 0 1
1 1 0 0 0 0 1 1 0 1 1 1
1 0 0 0 0 0 1 1 0 1 0 1
1 1 0 0 0 1 0 1 1 0 1 0
1 0 0 1 0 1 1 0 0 1 1 0
0 0 1 0 0 0 0 0 1 0 0 0
0 1 1 0 1 0 0 1 0 1 1 0
1 0 1 0 1 1 1 0 0 1 1 0
1 1 0 1 0 0 1 1 1 0 0 1
0 1 0 0 1 0 0 0 1 0 1 1
0 0 1 0 1 1 1 0 0 1 1 1
0 1 1 1 0 0 1 1 0 1 0 1
```

初始状态共有 69 个正面。
翻第 3 行增 2 枚;翻第 6 行增 8 枚;翻第 7
行增 2 枚;
翻第 10 行增 4 枚;翻第 5 列增 4 枚;翻第 9
列增 2 枚;

翻第 3 行增 2 枚;翻第 3 列增 2 枚;翻第 1
行增 2 枚;
翻第 2 列增 2 枚;翻第 12 行增 2 枚;翻第 4
列增 2 枚;
经 12 次翻转,得最后正面数为: 103
翻转完成后得到硬币矩阵为:

```
0 1 1 1 0 1 1 1 1 1 1 0
1 0 1 1 1 0 1 1 1 1 1 1
1 1 1 1 1 0 1 1 1 1 0 1
1 0 1 1 1 1 0 1 0 0 1 0
1 1 0 0 1 1 1 1 0 1 1 0
1 1 1 0 1 1 1 1 0 1 1 1
1 0 1 0 0 1 1 1 1 1 0 1
1 1 1 0 1 1 1 0 1 1 0 1
1 0 1 0 1 0 1 1 1 0 0 1
1 0 1 0 1 0 1 0 0 0 0 1
1 1 0 0 1 1 1 1 1 1 0 1
0 1 0 1 0 1 1 0 1 1 1 1
1 1 1 1 0 1 0 1 1 1 0 1
```

验证正面数为 103 个无误!

该贪心算法的时间复杂度为 $O(n^2)$。

对以上运行示例的硬币 0-1 矩阵,贪心操作经 12 次翻转增加正面数 34 枚,最后得 103 个正面硬币。

对这一原始矩阵,可经 9.2.2 节的程序验证,所得 103 是最优值。说明以上贪心算法不仅时间短,也有可能得到最优值(正面数的最大值)。

再看 9.2.2 节程序运行示例的原始矩阵的每一行与每一列的正面数都不小于反面数,也就是说用以上贪心策略根本没有优化操作,即不可能增加正面数,而 9.2.2 节程序的二进制枚举设计增加了正面数 10 个。

这说明,体现最优值的最优状态的硬币矩阵,它的每一行每一列的正面数都不小于反面数。反过来,若某一硬币矩阵的每一行每一列的正面数都不小于反面数,不一定就是最优状态,即此时的正面数不一定为最大。

以上两例说明,用贪心设计操作有没有效果,操作的效果好还是不好,与原始矩阵的数据密切相关。

以上给出的贪心设计适用于求解翻转大规模的硬币矩阵问题。在一般情况下,这些贪心设计并不能确保得到整体最优解,即不一定能得到正面数的最大值,只能说所得到的解比较接近最大值。例如,通过随机产生的一个初始状态有 4936 个正面的 100×100 硬币矩阵(数据从略)的具体测试,贪心操作可快速得到 5628 个正面。这里只能说所得 5628 可能比较接近最优值,但不能确定或证明 5628 就是最优值,当然也不能确定或证明 5628 一定不是最优值。因为针对如此规模的初始矩阵,正面数的最大值还无法求得。

当 m、n 数量规模比较大时,贪心算法设计的效率高,在解的质量要求不太高的情况下,常用质量换效率。在其他算法无法求解 m、n 数量规模较大的硬币矩阵时,应用贪心算法简单、直观、有效,能快捷地得到一个比较接近最优值的解,可见贪心设计不失为一种非常实用的优化方法。

顺便指出,随着贪心策略的改变,还可以非常方便地设计出其他各种不同的贪心操作程序,在此不一一介绍。

10.3 马步遍历与哈密顿圈

马步遍历又称为骑士巡游问题,是一个有趣也有难度的图论趣题。与此相关的马步型哈密顿圈则是马步遍历的一个亮点。

10.3.1 马步遍历

1. 案例提出

在给定的矩阵棋盘中,马从棋盘的某个起点格出发,按国际象棋中马的行走规则(即横向相差 1 格,纵向相差 2 格;或横向相差 2 格,纵向相差 1 格)经过棋盘中的每一个方格恰好一次。该问题称为马步遍历问题,经过棋盘的每一个方格恰好一次的线路称为马步遍历路径。

1	18	7	14	3
6	13	2	19	10
17	8	11	4	15
12	5	16	9	20

例如,图 10-3 所示即为 4 行 5 列棋盘中,马从起点 (1,1) 出发的一条马步遍历路径。

图 10-3 4 行 5 列棋盘中的一条马步遍历路径

求解在 $n×m$ 广义棋盘中,马从棋盘的某个指定起点出发的马步遍历路径。

2. 回溯求解指定入口的马步遍历

应用回溯探索在 $n×m$ 棋盘中指定入口即起点 (u,v) 的所有马步遍历路径。

1) 回溯设计

设置数组 $x[i]$、$y[i]$ 记录遍历中第 i 步的行列位置,设置二维数组 $d[u][v]$ 记录棋盘中位置 (u,v) 即第 u 行第 v 列所在格的整数值,该整数值即遍历路径上的步数。

例如,对于图 10-3 所示遍历,第 8 步走在 $(3,2)$,则 $x[8]=3$,$y[3]=2$,$d[3][2]=8$。

若 $d[i][j]=0$，表示 (i,j) 位置为空，可供走位。

按照马的行走规则，对于有些马位，马最多可走 8 个方向。图 10-4 给出了当马处在 (x,y) 时可选的 8 个方向。

	−2,−1		−2,+1	
−1,−2				−1,+2
		(x,y)		
+1,−2				+1,+2
	+2,−1		+2,+1	

图 10-4　位于 (x,y) 的马可走的 8 个位置

设置控制马步规则的数组 $a[k]$、$b[k]$，若马当前位置为 (x,y)，马步可跳的 8 个位置可表示为 $(x+a[k],y+b[k])$，其中：

$$a[k]=\{\ 2,\ 1,\ -1,\ -2,\ -2,\ -1,\ 1,\ 2\ \}$$
$$b[k]=\{\ 1,\ 2,\ 2,\ 1,\ -1,\ -2,\ -2,\ -1\ \}\qquad(k=1,2,\cdots,8)$$

在回溯过程中，须知第 i 步到第 $i+1$ 步原已选取到了哪一个方向，设置 $t[i]$ 记录第 i 步到第 $i+1$ 步原已选取的方向数，回溯时只要从 $t[i]+1\sim8$ 选取方向即可。

设遍历起点为 (u,v)，即位置 (u,v) 点为 1。显然 $x[1]=u,y[1]=v,d[u][v]=1$。

回溯从 $i=1$ 开始进入条件循环，条件循环的条件为 $i>0$，即当 $i>0$ 时还未回溯完成，继续试探走马。

设置 $k(t[i]+1\sim8)$ 循环依次选取方向，当 $t[i]=0$ 时，即从 $1\sim8$ 选取方向，并求出此方向的走马位置：$u=x[i]+a[k]$，$v=y[i]+b[k]$。

判断：若 $1\leqslant u\leqslant n$，$1\leqslant v\leqslant m$，$d(u,v)=0$，即所选位置在棋盘中且该位为空，可走马步，$d[u][v]=i+1$；同时记录下此时的方向，$t[i]=k$。$q=1$ 标志此步走马成功，退出选方向循环。

走马成功后，检测若 $i=mn-1$，标志已完成遍历，以二维形式输出此遍历解。

若需继续求解，方向 $t[i]$ 与最后两步马位清零后，经 $i=i-1$ 回溯继续，可求出所有遍历解。

走马成功后，检测若 $i<mn-1$，还未完成遍历，经 $i=i+1$ 继续下一步探索。

若保持 $q=0$，即 i 时的 8 个方向均不能走马，在此卡住，不能再向前了，于是方向 $t[i]$ 与此马位清零后，经 $i=i-1$ 回溯到前一步，继续探索。

当回溯到 $i=0$ 时，所有结点搜索完成，结束。输出共有遍历解的个数。

2）回溯探求马步遍历程序实现

```
//回溯探求马步遍历,c1041
#include<stdio.h>
void main()
{   int i,j,k,m,n,q,u,v,z;
    int d[20][20]={0},x[400]={0},y[400]={0},t[400]={0};
    int a[9]={0,2,1,-1,-2,-2,-1,1,2};              //按可能的 8 个位置给 a、b 赋初值
    int b[9]={0,1,2,2,1,-1,-2,-2,-1};
    printf(" 棋盘为 n 行 m 列,请输入 n,m: ");
    scanf("%d,%d",&n,&m);
    printf(" 起点为 u 行 v 列,请输入 u,v: ");
    scanf("%d,%d",&u,&v);
    i=1; z=0;
    x[i]=u;y[i]=v;
    d[u][v]=1;                                     //起始位置赋初值
    while(i>0)
    {   q=0;                                       //尚未找到第 i+1 步方向
        for(k=t[i]+1;k<=8;k++)
```

```
              {  u=x[i]+a[k];v=y[i]+b[k];                        //探索第 k 个可能位置
                 if(u>0 && u<=n && v>0 && v<=m && d[u][v]==0)
                 {  x[i+1]=u;y[i+1]=v;d[u][v]=i+1;               //所选位走第 i+1 步
                    t[i]=k;                                       //记录第 i+1 步方向
                    q=1;break;
                 }
              }
              if(q==1 && i==m*n-1)
              {  z++;
                 {  printf(" 此马步遍历的第%d 个解为: \n",z);
                    for(j=1;j<=n;j++)                            //以二维形式输出遍历解
                    {  for(k=1;k<=m;k++)
                       printf("%4d",d[j][k]);
                       printf("\n");
                    }
                 }
                 t[i]=d[x[i]][y[i]]=d[x[i+1]][y[i+1]]=0; i--;   //实施回溯
              }
              else if(q==1) i++;                                //继续探索
                else {t[i]=d[x[i]][y[i]]=0; i--; }             //实施回溯
          }
          printf(" 共有%d 个解。\n",z);
       }
```

3) 程序运行示例

```
棋盘为 n 行 m 列,请输入 n,m: 3,4
起点为 u 行 v 列,请输入 u,v: 1,1
此马步遍历的第 1 个解为:
 1   4   7  10
12   9   2   5
 3   6  11   8
此马步遍历的第 2 个解为:
 1   4   7  10
 8  11   2   5
 3   6   9  12
共有 2 个解。
```

3. 递归求解指定入口和出口的马步遍历

应用递归探索在 $n \times m$ 棋盘中,指定入口即起点 (x, y) 及出口即终点 (x_1, y_1) 的所有马步遍历路径。

1) 递归设计

递归过程中,栈保留了递归过程中的各个状态的参数,因而可省略以上回溯设计中的 t、x、y 数组。

控制马步规则的 a、b 数组同前,对当前位置 (x, y),马步可跳的位置有 8 个,可表示为 $(x+a[k], y+b[k])$,其中

$$a[k] = \{2, 1, -1, -2, -2, -1, 1, 2\}$$
$$b[k] = \{1, 2, 2, 1, -1, -2, -2, -1\} \quad (k = 1, 2, \cdots, 8)$$

二维数组 $d[i][j]$ 表示棋盘第 i 行第 j 列的格 (i, j) $(1 \leqslant i \leqslant n, 1 \leqslant j \leqslant m)$ 的信息,若 $d[i][j] = 0$,表示 (i, j) 位置为空,可供走位。

建立递归函数 $t(g,x,y)$,对候选位置 (u,v),若满足可走条件

$$1 \leqslant u \leqslant n, \quad 1 \leqslant v \leqslant m, \quad 且 d(u,v)=0$$

则走第 g 步: $d[u][v]=g$。

在控制 k 循环中,若对所有 $k=1,2,\cdots,8$,候选位置 (u,v) 均不满足以上可走条件(或位置出界,或位置非空),则通过实施回溯,继续前一步的检测。

若第 g 步全部 8 个位置已走完,或者第 g 步满足可走条件且 $g=mn$ 时,即已实现遍历,则回溯到 $g-1$ 步。对于 $g-1$ 步, $k=k+1$ 后继续检测,直到 $k>8$ 时回溯到前一步。若第 g 步已经成功且 $g<mn$,则 $g+1$ 后递归进入下一步的探索。整个程序依此进行递归检测与回溯,直到回溯到第 1 步结束。

在探索第 g 步的下一个位置时,应该取消当前成功所走马步: $d[u][v]=0$,为后面的探索留出空位。探索中每实现一次遍历,则以二维表形式输出一个遍历解,并且取消最后的成功马步后,即 $d[u][v]=0$,回溯到前一步。

若回溯完成仍没有实现马步遍历,即解的个数仍为 $z=0$,则输出未找到遍历解信息,否则输出解的总数。

若回溯完成仍没有实现遍历,即仍为 $q=0$,输出未找到遍历解信息。

2) 递归回溯剖析

以下以 3 行 4 列,起点为 $(1,1)$ 为例说明递归回溯过程:

$g=2$, $k=1$, $d[3][2]=2$

$g=3$, $k=3$, $d[2][4]=3$ ($k=1,2$ 时无法走位)

$g=4$, $k=6$, $d[1][2]=4$ ($k=1\sim5$ 时无法走位)

$g=5$, $k=1$, $d[3][3]=5$

$g=6$, $k=4$, $d[1][4]=6$ ($k=1\sim3$ 时无法走位)

$g=7$, $k=7$, $d[2][2]=7$ ($k=1\sim6$ 时无法走位)

$g=8$, $k=2$, $d[3][4]=8$ ($k=1$ 时无法走位)

$g=9$, $k=5$, $d[1][3]=9$ ($k=1\sim4$ 时无法走位)

$g=10$, $k=7$, $d[2][1]=10$ ($k=1\sim6$ 时无法走位)

以上进展顺利,只有 11 与 12 两个数未放,程序调用 $tr(11,u,v)$ 时,对于 $k=1\sim8$,条件均不满足走位,即 $g=11$ 无格可放。因而回到 $g=10$,取消 $d(2,1)=10$,使 $d(2,1)=0$。

接着 $g=10,k$ 从原有的 7 增 1,即 $k=8$,也无法走位,即无法放置 10。

回溯,取消 $d[1][3]=9$,使 $d[1][3]=0$。

接着 $g=9,k$ 从原有的 5 增 1,即 $k=6,\cdots\cdots$。

直到 12 个整数全部旋转完成,输出遍历解。

3) 递归探求马步遍历程序设计

```
//递归探求马步遍历,c1042
#include<stdio.h>
int k,n,m,x1,y1,z,d[20][20]={0};
void main()
{   int g,x,y;
    void tr(int g,int x,int y);
```

```
        printf(" 棋盘为 n 行 m 列,请输入 n,m: ");scanf("%d,%d",&n,&m);
        printf(" 指定入口位置(x,y),请输入 x,y: ");scanf("%d,%d",&x,&y);
        printf(" 指定出口位置(x1,y1),请输入 x1,y1: ");scanf("%d,%d",&x1,&y1);
        g=2;z=0;
        d[x][y]=1;                              //起始位置赋初值
        tr(g,x,y);                              //调用 tr(g,x,y)
        if(z>0)
          printf(" 共有以上%d 个指定马步路径。\n",z);
        else printf(" 未找到指定路径! \n");
}
//指定马步路径递归函数
void tr(int g,int x,int y)
{   int i,j,u,v,k=0;
    static int a[9]={0,2,1,-1,-2,-2,-1,1,2};    //按可能的 8 个位置给 a、b 赋初值
    static int b[9]={0,1,2,2,1,-1,-2,-2,-1};
    while(k<8)
    {   k=k+1;u=x+a[k];v=y+b[k];                //探索第 k 个可能位置
        if(u>0 && u<=n && v>0 && v<=m && d[u][v]==0)
        {   d[u][v]=g;                          //所选位走第 g 步
            if(g==m*n)
              {if(u==x1 && v==y1)
              {   z++;
                  printf(" 第%d 个指定马步路径为:\n",z);
                  for(i=1;i<=n;i++)             //以二维形式输出一个解
                  {   for(j=1;j<=m;j++)
                        printf("%4d",d[i][j]);
                      printf("\n");
                  }
              }
              d[u][v]=0; break;
            }
            else tr(g+1,u,v);                   //递归进行下一步探索
            d[u][v]=0;                          //实施回溯
        }
    }
}
```

4）程序运行示例

棋盘为 n 行 m 列,请输入 n,m: 5,5   第 14 个指定马步路径为:
指定入口位置(x,y),请输入 x,y: 3,1   23   2 13   8 21
指定出口位置(x1,y1),请输入 x1,y1: 5,1   14   7 22   3 12
第 1 个指定马步路径为: 1 24   9 20 17
19 16   5 10 21   6 15 18 11   4
 6 11 20 17   4   25 10   5 16 19
 1 18 15 22   9   共有以上 14 个指定马步路径。
12   7 24   3 14
25   2 13   8 23
……

4. 贪心探求马步遍历

1）贪心策略的运用

当棋盘参数 m、n 比较大时，无论是应用回溯还是递归探求马步遍历，都是相当艰难而费时的。

早在 1823 年，J. C. Warnsdorff 就提出了一个有名的算法。在每个结点对其子结点进行选取时，优先选择"出口"最少的。"出口"的意思是在这些子结点中它们的可行子结点的个数，也就是"孙子"结点越少的越优先跳。为什么要这样选取，这是一种局部调整最优的做法。如果优先选择出口多的子结点，那出口少的子结点就会越来越多，很可能出现"死"结点（即没有出口又没有跳过的结点），这样对下面的搜索非常不利。反过来，如果每次都优先选择出口少的结点跳，那么出口少的结点就会越来越少，这样跳马成功的机会就更大一些。

这种求解就是贪心策略下的启发性调整应用，它对整个求解过程的局部做最优调整。实践证明，马步遍历在运用了这一贪心策略之后求解速率有非常明显的提高，以至对某些较大的棋盘不用回溯就可以得到一个马步遍历解。

2）贪心算法设计

考察第 i 步跳，可有 $k=8$ 个方向选择，其中可行的跳位（即位置在棋盘上且该位为空）称为子位。每一个子位又有若干可行的跳位（即位置在棋盘上且该位为空）称为孙位。应用 $t[k]$ 统计取第 k 方向时的孙位数。

比较 $k=8$ 个方向中 $t[k]$ 为正整数（$t[k]=0$ 时不是可行位）的最小值 min，选取最小值 min 时的方向（即 $k=k_1$）作为第 i 步跳的方向。

当然，若 $i=mn-1$，这是最后一步，既不要进行孙位统计，也无须比较，只需选择最后一个赋值即可。赋值后输出所得的一个遍历解。

以上贪心应用没有设计任何回溯，即可得指定棋盘的一个遍历解。当然，无法保证每一个棋盘都能找到解。当没有找到时，输出"未找到遍历"（注意：并非此时无遍历路径！）而结束。

3）贪心探求马步遍历程序实现

```
//贪心探求马步遍历,c1043
#include<stdio.h>
void main()
{   int i,j,k1,k,m,n,u,v,min;
    int d[20][20]={0},x[400]={0},y[400]={0},t[9]={0};
    int a[9]={0,2,1,-1,-2,-2,-1,1,2};              //按可能的 8 个位置给 a、b 赋初值
    int b[9]={0,1,2,2,1,-1,-2,-2,-1};
    printf(" 棋盘为 n 行 m 列,请输入 n,m: ");
    scanf("%d,%d", &n, &m);
    u=1;v=1;i=1;x[i]=u;y[i]=v;
    d[u][v]=1;                                     //起始位置赋初值
    while(i<m * n)
    {   for(k1=0,k=1;k<=8;k++)
        {   u=x[i]+a[k];v=y[i]+b[k];               //探索第 k 个可能位置
```

```
            if(u>0 && u<=n && v>0 && v<=m && d[u][v]==0)
            { x[i+1]=u;y[i+1]=v;                               //第 k 个子位
                if(i==m*n-1) break;                            //此时无须检测孙位
                { t[k]=0;
                    for(j=1;j<=8;j++)
                    { u=x[i+1]+a[j];v=y[i+1]+b[j];
                        if(u>0 && u<=n && v>0 && v<=m && d[u][v]==0 && !(u==x[i] && v==
                        y[i]))
                            t[k]++;                            //统计第 k 个子位可走的孙位
                        个数
                    }
                    if(t[k]==0) k1++;
                }
            }
            else {t[k]=0;k1++;continue;}                       //此时无须检测孙位
        }
        if(k1==8) return;                //第 i 步到第 i+1 步的 8 个方向均走不了,未找到遍历返回
        if(i<m*n-1)
        { min=8;
            for(k=1;k<=8;k++)
                if(t[k]>0 && t[k]<min)
                    {min=t[k];k1=k;}
            u=x[i]+a[k1]; v=y[i]+b[k1];                        //贪心选择最少的孙位
            x[i+1]=u; y[i+1]=v;
        }
        d[u][v]=i+1;                                           //走第 i+1 步
        if(i==m*n-1)
        { printf(" %d行%d列的一个马步遍历:\n",n,m);
            for(j=1;j<=n;j++)                                  //以二维形式输出遍历解
            { for(k=1;k<=m;k++)
                printf("%4d",d[j][k]);
                printf("\n");
            }
            return;
        }
        else i++;                                             //未走完,继续探索
    }
}
```

4) 程序运行示例与说明

```
棋盘为 n 行 m 列,请输入 n,m: 10,10
10 行 10 列的一个马步遍历:
  1  64   3  52  67  88  17  20  49  86
  4  53  66  89  18  51  92  87  16  21
 65   2  63  68  97  90  19  50  85  48
 54   5 100  75  80  93  98  91  22  15
 71  62  69  96  99  76  79  36  47  84
  6  55  72  77  74  81  94  83  14  23
 61  70  31  56  95  78  35  46  37  42
 30   7  60  73  34  45  82  41  24  13
 59  32   9  28  57  40  11  26  43  38
  8  29  58  33  10  27  44  39  12  25
```

　　因贪心探求马步遍历无任何回溯，探求速度非常快。算法的时间复杂度为 $O(mn)$，即遍历元素的线性时间复杂度。

　　也正因贪心探求马步遍历无任何回溯，其探索效果并不稳定，即对有些 m、n 参数不能寻求到相应的马步遍历，尽管卡住时可能离终点已近在咫尺。

10.3.2　马步型哈密顿圈

1. 案例提出

　　在马步遍历中，若终点能与起点相衔接，即遍历路径的终点与起点也形成一个"日"形关系，该遍历路径为一个马步型封闭圈，称为马步型哈密顿圈，简称哈密顿圈。

　　如下面即为 6 行 5 列哈密顿圈，其中起点 1 与终点 30 构成"日"形关系。

```
 1   4  11  20  29
10  21  30   3  12
 5   2   9  28  19
22  17  24  13   8
25   6  15  18  27
16  23  26   7  14
```

试求解 $n \times m$ 棋盘中的马步型哈密顿圈。

2. 递归设计探求哈密顿圈

1）递归设计要点

　　既然是一个圈，则无所谓起点与终点。为简便计，不妨设起点为 $(1,1)$，与之相衔接的终点应为 $(2,3)$ 或 $(3,2)$，以便与起点 $(1,1)$ 构成"日"形马步。

　　在以上递归求解马步遍历的基础上，固定起点为 $(1,1)$，然后加上终点为 $(2,3)$ 或 $(3,2)$ 判别即可。

2）递归探求程序设计

```c
//马步型哈密顿圈探索, c1044
#include<stdio.h>
int k,n,m,z,d[20][20]={0};
void main()
{  int g,x,y;
   void t(int g,int x,int y);
   printf(" 棋盘为 n 行 m 列, 请输入 n,m: ");
   scanf("%d,%d",&n,&m);
   x=1; y=1; g=2; z=0;
   d[x][y]=1;                         //起始位置赋初值
   t(g,x,y);                          //调用 t(g,x,y)
   if(z==0)
     printf(" 未找到马步型哈密顿圈! \n");
   else printf(" 共有以上%d 个马步型哈密顿圈。 \n",z);
}
```

```
//马步型哈密顿圈递归函数
void t(int g,int x,int y)
{   int i,j,u,v,k=0;
    static int a[9]={0,2,1,-1,-2,-2,-1,1,2};        //按可能的 8 个位置给 a、b 赋初值
    static int b[9]={0,1,2,2,1,-1,-2,-2,-1};
    while(k<8)
    {   k=k+1;u=x+a[k];v=y+b[k];                     //探索第 k 个可能位置
        if(u>0 && u<=n && v>0 && v<=m && d[u][v]==0)     //所选位为空,可走
        {   d[u][v]=g;                               //则走第 g 步
            if(g==m*n)
            {   if((u==2 && v==3)||(u==3 && v==2))
                {   z++;
                    printf("第%d个马步型哈密顿圈为: \n",z);
                    for(i=1;i<=n;i++)                //以二维形式输出马步型哈密顿圈
                    {   for(j=1;j<=m;j++)
                            printf("%4d",d[i][j]);
                        printf("\n");
                    }
                }
                d[u][v]=0;break;
            }
            else t(g+1,u,v);                         //递归进行下一步探索
            d[u][v]=0;                               //实施回溯
        }
    }
}
```

3) 程序运行示例

```
棋盘为 n 行 m 列,请输入 n,m: 6,6
第 1 个马步型哈密顿圈为:
 1  14  21  30  35  12
22  29  36  13  20  31
15   2  23  32  11  34
28   5   8  17  24  19
 7  16   3  26  33  10
 4  27   6   9  18  25
……
第 19724 个马步型哈密顿圈为:
 1  18  11   8  31  20
10   7   2  19  12  29
17  36   9  30  21  32
 6   3  24  15  28  13
35  16   5  26  33  22
 4  25  34  23  14  27
共有以上 19724 个马步型哈密顿圈。
```

3. 递归结合贪心策略探求哈密顿圈

以上递归求解哈密顿圈,当 m、n 的数值比较大时,递归深度太大,求解速度太慢。

如果应用贪心策略,设起点为(1,1),终点为(2,3),因没有回溯,可以缩短探索的时间,但探索的成功率很低。因为,只要中途某一步卡住了,哪怕与终点只相差一两步,都不能成功。

试把贪心策略与递归结合起来使用,可望实现既高效又能够保证每一个有解的棋盘都能找到相应的哈密顿圈的算法。

1) 递归结合贪心策略设计要点

当从第 $g-1$ 步走向第 g 步时,总是按照数组 a 和 b 预先设定的固定顺序进行探索,这样很容易产生大量的出口少的结点。如果在此能够结合贪心思想,不仅能够加快获得解的速度,而且能够解决有解的棋盘找不到解的问题。

(1) 对于马步 g,在选择走步方向之初,即在所递归调用的子函数 t 的开始处,用数组 s 统计出口,数组 f 记录子位的方向下标。按照方向数组 a 和 b 的顺序循环,$s[j]$ 表示走第 g 步的 8 个子位中第 j 个子位的出口,同时 $f[j]$ 表示走第 g 步的 8 个子位中第 j 个子位所选取的方向,初始时 $f[j]$ 的方向顺序与数组 a 和 b 一致。

(2) 当走第 g 步的 8 个子位的出口统计完成后,以数组 f 的元素为下标,按照出口大小对 s 的元素进行升序排序,排序中只需交换数组 f 的相应元素。排序后的结果:$s[f[1]] \leqslant s[f[2]] \leqslant \cdots \leqslant s[f[8]]$。同时设置 $k(1\sim8)$ 循环,直到 $s[f[k]]>0$ 止,此时 $f[k]$ 为走第 g 步的首选方向。由于 $f[k]$ 为出口最少的可行子位,则 $f[k]\sim f[8]$ 一定是可行子位,因此无须进行检测。

(3) 走第 g 步时,从首选方向开始,按照出口从少到多的顺序,即按照 $f[k]$,$f[k+1]$,$\cdots$,$f[8]$ 的顺序进行走步探索。

标记量 k_1 的作用及出口的排序过程与前面基于贪心的回溯或递归方法求解马步遍历问题的程序完全相同,在此不再赘述。递归回溯过程与前面采用递归方法求解的程序基本相同,不同的是从首方向 $f[k]$ 开始无须对 $f[k]\sim f[8]$ 进行可行性检查,因为它们均为可行马步方向。

2) 递归结合贪心策略程序设计

```c
//递归结合贪心策略探索哈密顿圈,c1045
#include<stdio.h>
int n,m,z,d[20][20]={0},s[9];
int a[9]={0,2,1,-1,-2,-2,-1,1,2};        //按可能的 8 个位置给 a、b 赋初值
int b[9]={0,1,2,2,1,-1,-2,-2,-1};
void main()
{   int g,x,y;
    void t(int g,int x,int y);
    printf(" 棋盘为 n 行 m 列,请输入 n,m: ");scanf("%d,%d",&n,&m);
    x=1;y=1;g=2;z=0;
    d[x][y]=1;                           //起始位置赋初值
    t(g,x,y);                            //调用 t(g,x,y)
    if(z==0) printf(" 未找到马步型哈密顿圈! \n");
    else printf(" 共有%d个马步型哈密顿圈。\n",z);
}
//马步型哈密顿圈递归函数
void t(int g,int x,int y)
{   int i,j,l,u,v,u1,v1,k,k1=0,f[9];
    for(j=1;j<=8;j++)
    {   f[j]=j;
        u=x+a[j];v=y+b[j];               //探索第 j 个可能位置
        if(u>0 && u<=n && v>0 && v<=m && d[u][v]==0)
```

```
  {  if(g==m*n) {k=j;break;}     //此时无须检测孙位,用k标记最后一步的方向
     else if(!(u==2 && v==3))
     {  s[j]=0;
        for(l=1;l<=8;l++)
        {  u1=u+a[l];v1=v+b[l];
           if(u1>0 && u1<=n && v1>0 && v1<=m && d[u1][v1]==0 && !(u1==x && v1==y))
             s[j]++;                  //统计第j个子位可走的孙位个数
        }
        if(s[j]==0) k1++;
     }
     else {s[j]=0;k1++;continue;}
  }
  else {s[j]=0;k1++;continue;}  //此时无须检测孙位
}
if(k1==8) return;                 //第g步走不了,实施回溯
if(g<m*n)
{  for(j=1;j<=7;j++)             //对8个子位可走的孙位个数进行升序排序
   for(l=j+1;l<=8;l++)
     if(s[f[j]]>s[f[l]]){ k1=f[j];f[j]=f[l];f[l]=k1; }
   for(k=1;s[f[k]]<=0;k++);       //操作后,k记录第g步的首选方向
}
while(k<=8)
{  u=x+a[f[k]];v=y+b[f[k]];
   d[u][v]=g;                     //选取第k个可能位置走第g步
   if(g==m*n)
   { z++; printf(" 第%d个马步型哈密顿圈为: \n",z);
     for(i=1;i<=n;i++)            //以二维形式输出马步型哈密顿圈
     { for(j=1;j<=m;j++)
         printf("%4d",d[i][j]);
       printf("\n");
     }
     d[u][v]=0;break;             //实施回溯,寻求新的解
   }
   else t(g+1,u,v);               //递归进行下一步探索
   d[u][v]=0;                     //取消当前马步进行回溯,为后面的马步探索留出空位
   k=k+1;
  }
}
```

3) 程序运行示例与说明

```
棋盘为n行m列,请输入n,m: 10,12
第1个马步型哈密顿圈为:
   1   24    3   52   55   22   19   58   89   62   17   60
   4   51  120   23   20   57   54   95   18   59   88   63
  25    2   37   56   53   96   21  108   87   90   61   16
  38    5   50  119   76  109   86   97   94  113   64   91
  49   26   47   36   85   78  107  110   99   92   15  112
   6   39   84   77  118   75   98   93  114  111  100   65
  27   48   35   46   79   82  117  106  101   66  115   14
  34    7   40   83   30   45   74   81  116  105   70   67
  41   28    9   32   43   80   11  102   69   72   13  104
   8   33   42   29   10   31   44   73   12  103   68   71
```

参数 m、n 达到或超过 10 时,构造的哈密顿圈的规模还是比较大的,若按单纯的回溯或递归设计求解,时间可能会相当长。以上在递归设计基础上结合贪心策略的应用,或者说把递归算法与贪心算法有机地结合起来,可有效提高这些较大规模哈密顿圈的搜索效率。

10.3.3　组合型哈密顿圈

当 n 与 m 比较大时,探求 $n \times m$ 棋盘中哈密顿圈变得非常困难。以上应用递归结合贪心策略设计,可在一定程度上提高搜索效率。换另一种思路,可探索以某些较小的特殊马步遍历为材料,通过一定的结构组合成较大的哈密顿圈。

根据组合哈密顿圈的构造特点,可采用以下组合模式。

1. 双拼组合

1) 双拼设计要点

设一个起点为 $(1,1)$ 的 n 行 m 列马步遍历路径的终点为 $(2,2)$ 或 $(3,1)$,则可按图 10-5 的形式横向双拼组合为一个 n 行 $2m$ 列的组合哈密顿圈。

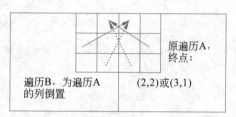

图 10-5　横向双拼组合模式

注意遍历 B 为原遍历 A 的"列倒置"形式,A 的终点 $(2,2)$ 或 $(3,1)$ 可以与 B 的起点构成"日"形关系,而 B 的终点又可以与 A 的起点构成"日"形关系,因而形成一个 n 行 $2m$ 列的封闭的哈密顿圈。

既然是一个圈,无所谓起点与终点。为方便起见,习惯把棋盘的左上角置 1。

注意到组合后的左上角实为 A 元素 $d[1][m]$,因而可设 $c = d[1][m] - 1$,组合圈的每一项均减去 c,这样左上角置 1。同时,原遍历 A 的所有元素需加上 mn,而 B 中出现的非正项需加上 $2mn$。

设原遍历应用递归求解,在递归求解遍历程序的基础上,把起点(即入口)改为 $(1,1)$,终点(即出口)改为 $(2,2)$ 或 $(3,1)$。找到一个解,即返回主程序,输出把棋盘的左上角置 1 的 n 行 $2m$ 列的双拼组合哈密顿圈。

2) 双拼组合程序设计

```
//双拼组合型哈密顿圈,c1046
#include<stdio.h>
int k,m,n,z,d[20][20]={0};
void main()
{  int c,i,j,g,q,x,y;
   int t(int g,int x,int y);
   printf(" 组合元素为 n 行 m 列,请确定 n,m: ");
   scanf("%d,%d",&n,&m);
   g=2;z=0;x=1;y=1;d[x][y]=1;              //起始位置赋初值
   q=t(g,x,y);                             //调用 t(g,x,y)
   if(z>0)
   {  printf(" 一个%d行%d列组合型哈密顿圈: \n",n,2*m);
      c=d[1][m]-1;
      for(i=1;i<=n;i++)
      {  for(j=m;j>=1;j--)                 //输出将遍历 A 列倒置的遍历 B
            if(d[i][j]-c>0)
```

```
            printf("%4d",d[i][j]-c);
        else printf("%4d",d[i][j]-c+2*m*n);
      for(j=1;j<=m;j++)                            //输出原遍历 A
        printf("%4d",d[i][j]+m*n-c);
      printf("\n");
    }
  }
  else printf(" 未找到指定路径! \n");
}
//指定马步路径递归函数
int t(int g,int x,int y)
{  int u,v,k=0,q=0;
   int a[9]={0,2,1,-1,-2,-2,-1,1,2};              //按可能的 8 个位置给 a、b 赋初值
   int b[9]={0,1,2,2,1,-1,-2,-2,-1};
   while(q==0 && k<8)
   {  k=k+1;u=x+a[k];v=y+b[k];                     //探索第 k 个可能位置
      if(u>0 && u<=n && v>0 && v<=m && d[u][v]==0) //所选位为空,可走
      {  d[u][v]=g;                                //则走第 g 步
         if(g==m*n)
         {  if(u==2 && v==2 || u==3 && v==1)       //原遍历终点为(2,2)或(3,1)
              {z++;q=1;return q; }
            g=g-1;
         }
         else q=t(g+1,u,v);
         if(q==0) d[u][v]=0;                       //实施回溯
         if(g==2 && k==8)
           q=1;                                    //回溯完,返回
      }
   }
   return q;
}
```

3) 程序运行示例与说明

```
组合元素为 n 行 m 列,请确定 n,m: 5,5
一个 5 行 10 列组合型哈密顿圈:
 1  10   5  16  45  20  41  30  35  26
 4  15   2  11   6  31  36  27  40  29
 9  50  17  46  19  44  21  42  25  34
14   3  48   7  37  32  23  28  39
49   8  13  18  47  22  43  38  33  24
```

查看以上双拼组合的 5 行 10 列组合型哈密顿圈,其结合部从 19 到 20 实现由 B 到 A 的跨越,从 44 到 45 实现由 A 到 B 的返回(标注为粗体)。终点 50 与左上角 1 形成"日"形,构成哈密顿圈。

如果原遍历起点为(1,1),终点为(2,2)或(1,3),可纵向双拼组合哈密顿圈,具体展示从略。

2. 环绕组合

1) 环绕组合要点

如果 n 行 m 列原遍历 A 起点为(1,1),终点为(2,2),可按图 10-6 所示的构造模式组合为环绕哈密顿圈。

由图 10-6 可知,遍历 A 的终点与遍历 B(A 的行倒置)的起点构成"日"形,而遍历 B 的终点与遍历 C(A 的行列倒置)的起点构成"日"形,而遍历 C 的终点与遍历 D(A 的列倒置)起点构成"日"形,最后遍历 D 的终点与遍历 A 的起点构成"日"形,因而形成一个 $2n$ 行 $2m$ 列封闭的环绕哈密顿圈。

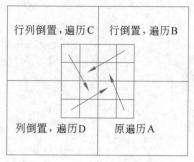

图 10-6　环绕组合模式

同样为方便起见,把棋盘的左上角置 1 标准化。

注意到组合后的左上角实为 A 元素 $d[n][m]$,因而可设 $c=d[n][m]-1$,组合圈的每一项均减去 c,这样左上角置 1。同时,原遍历 D 的所有元素需加上 mn,遍历 A 的所有元素需加上 $2mn$,遍历 B 的所有元素需加上 $3mn$,而遍历 C 中出现的非正项需加上 $4mn$。

原遍历应用回溯求解,在回溯求解遍历程序的基础上,把起点定为 $(1,1)$,终点定为 $(2,2)$,找到一个解后,即按上述方法把棋盘的左上角置 1 标准化,输出 $2n$ 行 $2m$ 列组合环绕哈密顿圈。

2) 程序设计

```c
//环绕组合哈密顿圈,c1047
#include<stdio.h>
void main()
{   int c,i,j,k,m,n,q,u,v;
    int d[20][20]={0},x[400]={0},y[400]={0},t[400]={0};
    int a[9]={0,2,1,-1,-2,-2,-1,1,2};        //按可能的 8 个位置给 a、b 赋初值
    int b[9]={0,1,2,2,1,-1,-2,-2,-1};
    printf("棋盘为 n 行 m 列,请输入 n,m: ");
    scanf("%d,%d",&n,&m);
    i=1;u=1;v=1;
    x[i]=u;y[i]=v;
    d[u][v]=1;                               //起始位置赋初值
    while(i>0)
    {   q=0;                                 //尚未找到第 i+1 步方向
        for(k=t[i]+1;k<=8;k++)
        {   u=x[i]+a[k];v=y[i]+b[k];         //探索第 k 个可能位置
            if(u>0 && u<=n && v>0 && v<=m && d[u][v]==0)   //所选位为空,可走
            {   x[i+1]=u;y[i+1]=v;d[u][v]=i+1;   //则走第 i+1 步
                t[i]=k;                      //记录第 i+1 步方向
                q=1;break;
            }
        }
        if(q==1 && i==m*n-1)
        {   if(u==2 && v==2)
            {   printf("环绕组合%d行%d列哈密顿圈为: \n",2*n,2*m);
                c=d[n][m]-1;
                for(i=n;i>=1;i--)
                {   for(j=m;j>=1;j--)        //输出行列倒置遍历 C
                        if(d[i][j]-c>0)
```

```
            printf("%4d",d[i][j]-c);
          else printf("%4d",d[i][j]-c+4*m*n);
        for(j=1;j<=m;j++)                       //输出行倒置遍历 B
          printf("%4d",d[i][j]+3*m*n-c);
        printf("\n");
      }
      for(i=1;i<=n;i++)
      {  for(j=m;j>=1;j--)                       //输出列倒置遍历 D
          printf("%4d",d[i][j]+m*n-c);
        for(j=1;j<=m;j++)                        //输出原遍历 A
          printf("%4d",d[i][j]+2*m*n-c);
        printf("\n");
      }
      i=0;
    }
    t[i]=d[x[i]][y[i]]=d[x[i+1]][y[i+1]]=0;
    i--;                                         //实施回溯,继续寻求新的解
  }
  else if(q==1) i++;                             //继续探索
    else {t[i]=d[x[i]][y[i]]=0; i--;}            //实施回溯
  }
  if(q==0) printf(" 未找到环绕组合哈密顿圈!\n");
}
```

3) 程序运行示例

```
棋盘为 n 行 m 列,请输入 n,m:5,5
环绕组合 10 行 10 列哈密顿圈为:
  1  10  19  14  99  74  89  94  85  76
 18   5 100   9  20  95  84  75  80  93
 11   2  13  98  15  90  73  88  77  86
  6  17   4  21   8  83  96  79  92  81
  3  12   7  16  97  72  91  82  87  78
 28  37  32  41  22  47  66  57  62  53
 31  42  29  46  33  58  71  54  67  56
 36  27  38  23  40  65  48  63  52  61
 43  30  25  34  45  70  59  50  55  68
 26  35  44  39  24  49  64  69  60  51
```

其中,21→22,46→47,71→72,96→97(均标注为粗体)为遍历间的环绕跨越步。

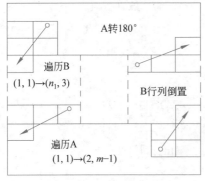

图 10-7　二元支撑组合模式

顺便指出,应用起点为(1,1),终点为(1,3)或(3,1)的 $n=m$ 的遍历,可组合为另一种形式的环绕组合哈密顿圈。

3. 二元支撑组合

二元支撑组合模式,即需用两个不同的马步遍历 A、B 通过支撑组合成含空洞的哈密顿圈(图 10-7)。

1) 构建二元支撑组合模式

设二元支撑组合模式的组合元素遍历 A 为 n 行 m 列,始点为(1,1),终点为(2,$m-1$);组合元素遍历 B 为 n_1 行 m_1 列,始点为(1,1),终点为(n_1,3)。

这样按图 10-7 即可实现 A 与 B 支撑组合形成哈密顿圈。

注意到 $m \leqslant 2 \times m_1$ 时组合无空洞，显然 $m > 2m_1$。

2）探索组合遍历递归算法设计

应用递归探索在 $n \times m$ 棋盘中始点为 (x, y)，终点为 (x_1, y_1) 的马步遍历。

递归过程中，栈保留了递归过程中的各个状态的参数，因而可省略以上回溯设计中的 t、x、y 数组。控制马步规则的 a、b 数组与二维数组 $d[i][j]$ 同前。

建立搜索指定马步遍历递归函数，在控制 k 循环中，若对所有 $k = 1, 2, \cdots, 8$，候选位置 (u, v) 均不满足以上可走条件（或位置出界，或位置非空），则通过实施回溯，继续前一步的检测。

若第 g 步全部 8 个位置已走完，则回溯到 $g-1$ 步。对于 $g-1$ 步，$k = k+1$ 后继续检测，直到 $k > 8$ 时回溯到前一步。若第 g 步已经成功且 $g < mn$，则 $g+1$ 后递归进入下一步探索。整个程序依此进行递归检测与回溯，直到回溯到第 1 步结束。

当走到第 g 步时，若 $g = mn$ 且 $u = x_1, v = y_1$ 时，即已搜索到指定遍历，标志量 $q = 1$，返回主程序。若 $g = mn$ 但不满足 $u = x_1$ 且 $v = y_1$ 时，则 $g = g-1$，继续搜索。

主程序两次调用递归函数搜索遍历 A、B，若两次返回 $q = 1$，则按规范输出组合的哈密顿圈。两次调用若存在一次 $q = 0$，标志搜索不成功，输出"没有合适的遍历"而结束。

3）左上角置 1 规范化输出

注意到组合后的左上角元素实为遍历 B 的元素 $d[n][m]$，因而设 $e = d[n][m] - 1$，组合圈的每一项均减去 e，这样使棋盘左上角置 1。同时，为衔接所需，遍历 A 的所有元素需加上 mn，遍历 B 的所有元素需加上 $mn + m_1 n_1$，遍历 A 的行列倒置遍历所有元素需加上 $2mn + m_1 n_1$，而上面 B 的行列倒置遍历中出现的非正项需加上 $2mn + 2m_1 n_1$。

4）构建在横竖两方向的扩展

按二元支撑组合模式，遍历 A 终点 $(2, m-1)$ 既可与下一个横向的 A 始点 $(1, 1)$ 相衔接，也可以与纵向的 B 始点 $(1, 1)$ 相衔接；遍历 B 终点 $(n_1, 3)$ 既可与下一个纵向的 B 始点 $(1, 1)$ 相衔接，也可以与横向的 A 始点 $(1, 1)$ 相衔接，即可以很方便地进行横竖两个方向的扩展。

设上下排横有 wh 个遍历 A，左右列竖有 wv 个遍历 B，则所得含空洞的哈密顿圈共走 $2wh * mn + 2wv * m_1 n_1$ 步，其棋盘为 $2n + wv * n_1$ 行 $wh * m$ 列，中央所含空洞为 $wv * n_1$ 行 $wh * m - 2m_1$ 列。

若一般地设计横排 wh 个遍历 A、竖列 wv 个旋转遍历 A（这里 wh 与 wv 为从键盘输入的任意大于 1 的正整数），输出作相应修改，此时要求 $wh * m > 2n \geqslant 6$。

5）二元支撑组合含矩形空洞的哈密顿圈描述

```
//二元支撑组合递归探求含矩形空洞的哈密顿圈，c1048
int k,n,m,x1,y1,q,d[20][20]={0};
#include<stdio.h>
void main()
{  int f,i,j,e,n1,m1,g,x,y,wh,wv,c[20][20];
   int tr(int g,int x,int y);
   printf(" 遍历 A 为 n1 行 m1 列,请输入 n1,m1: ");scanf("%d,%d",&n1,&m1);
   n=n1;m=m1;
```

```
    x=1;y=1;x1=n;y1=3;g=2;d[x][y]=1;                    //遍历 A 起始位置赋初值
    q=tr(g,x,y);                                         //调用 tr(g,x,y)搜索遍历 A
    if(q==0) { printf(" 没有合适的组合遍历 A 元素!");return;}
    for(i=1;i<=n;i++)                                    //A 的数组数据传送给 c 数组
    for(j=1;j<=m;j++)
        { c[i][j]=d[i][j];d[i][j]=0;}
    printf(" 遍历 B 为 n 行 m 列(m>2m1),请输入 n,m: ");
    scanf("%d,%d",&n,&m);
    x=1;y=1;x1=2;y1=m-1;g=2;d[x][y]=1;                   //遍历 B 起始位置赋初值
    q=tr(g,x,y);                                         //调用 tr(g,x,y)搜索遍历 B
    if(q==0) { printf(" 没有合适的组合遍历 B 元素!");return;}
    printf(" 上下排横有 wh 个遍历 B,请确定 wh: "); scanf("%d",&wh);
    printf(" 左右列竖有 wv 个遍历 A,请确定 wv: "); scanf("%d",&wv);
    printf(" 棋盘为%d 行%d 列,",2*n+wv*n1,wh*m);
    printf("中间空洞为%d 行%d 列的哈密顿圈: \n",wv*n1,wh*m-2*m1);
    e=d[n][m]-1;
    for(i=n;i>=1;i--)
    {  for(j=m;j>=1;j--)                                 //输出左上角 B 的行列倒置遍历
        if(d[i][j]-e>0) printf("%3d ",d[i][j]-e);
        else printf("%3d ",d[i][j]-e+2*wh*m*n+2*wv*m1*n1);
      for(f=wh-1;f>=1;f--)                               //输出上排其余 wh-1 个 B 的行列倒置遍历
        for(j=m;j>=1;j--)
          printf("%3d ",d[i][j]-e+(wh+f)*m*n+2*wh*m1*n1);
        printf("\n");
    }
    for(f=1;f<=wv;f++)
      for(i=1;i<=n1;i++)
      {  for(j=1;j<=m1;j++)                              //输出右边 wv 个遍历 A
          printf("%3d ",c[i][j]-e+m*n+(f-1)*m1*n1);
        for(j=1;j<=wh*m-2*m1;j++)                        //输出空洞
          printf("  ");
        for(j=m1;j>=1;j--)                               //输出左边 wv 个 A 的行列倒置遍历
          printf("%3d ",c[n1+1-i][j]-e+(wh+1)*m*n+(2*wv-f)*m1*n1);
        printf("\n");
      }
    for(i=1;i<=n;i++)
    {  for(f=1;f<=wh;f++)
        for(j=1;j<=m;j++)                                //输出下排 wh 个遍历 B
          printf("%3d ",d[i][j]-e+f*m*n+wv*m1*n1);
        printf("\n");
    }
    printf(" 该含空洞的哈密顿圈共有%d 个马步!\n",2*wh*m*n+2*wv*m1*n1);
}
//搜索指定马步遍历递归函数
int tr(int g,int x,int y)
{  int u,v,k=0,q=0;
    int a[9]={0,2,1,-1,-2,-2,-1,1,2};                    //按可能的 8 个位置给 a、b 赋初值
    int b[9]={0,1,2,2,1,-1,-2,-2,-1};
    while(q==0 && k<8)
    {  k=k+1;u=x+a[k];v=y+b[k];                          //探索第 k 个可能位置
      if(u>0 && u<=n && v>0 && v<=m && d[u][v]==0)
      { d[u][v]=g;                                       //则走第 g 步
          if(g==m*n)
```

```
    {   if(u==x1 && v==y1){q=1;return q;}
        g=g-1;
    }
    else q=tr(g+1,u,v);                //调用递归函数走下一步
    if(q==0) d[u][v]=0;                //实施回溯
    if(g==2 && k==8) q=1;             //回溯完,返回
    }
  }
  return q;
}
```

6）程序运行示例与说明

```
遍历 B 为 n1 行 m1 列,请输入 n1,m1: 4,3
遍历 A 为 n 行 m 列(m>2m1),请输入 n,m: 3,10
上下排横有 wh 个遍历 B,请确定 wh: 1
左右列竖有 wv 个遍历 A,请确定 wv: 1
棋盘为 10 行 10 列,中间空洞为 4 行 4 列的哈密顿圈:
   1  82   3  12  71  10   7  76  69  78
   4  13  84  81   6  73  70  79   8  75
  83   2   5  72  11  80   9  74  77  68
  14  21  16              67  60  65
  17  24  19              64  57  62
  20  15  22              61  66  59
  23  18  25              58  63  56
  26  35  32  51  38  53  30  47  44  41
  33  50  37  28  31  48  39  42  55  46
  36  27  34  49  52  29  54  45  40  43
该含空洞的哈密顿圈共有 84 个马步!
```

由输出结果看出,马步从棋盘左上角开始,围绕中央空洞潇洒走一"回","回"字通道宽为 3(3 格是最小宽度),经 84 步后最后又回到出发点。

其中,13→14,25→26,55→56,67→68(均标注为粗体)为组合遍历间的连接跨越步。

4. 简要概括

应用常规回溯或递归搜索棋盘参数较大的哈密顿圈时,因回溯层次太多或递归深度太深而显得无能为力,采用以上组合方式是一个较好的解决途径。

以上提供的 3 个构建组合型哈密顿圈的典型模型中,双拼组合与环绕组合是一元的,即只需一个特殊遍历即可;支撑组合是二元的,需要两个特殊遍历。

顺便指出,应用环绕组合可在一个方向无限延伸,而应用支撑组合可在两个方向无限延伸。无限延伸的实现,即可使构建的哈密顿圈的规模无限扩大。

前两个组合构造的是不含空洞的哈密顿圈,而支撑组合构建的哈密顿圈可含中央空洞。

如果要构建给定行与列的哈密顿圈,或构建给定中央空洞的行与列,构造哈密顿圈时必须根据具体情况选择组合模型与运行参数。

10.4　综合应用小结

本章设计求解了难度较大、综合性较强的 3 个案例。

高斯八皇后问题是一个影响久远的经典名题,在应用枚举求解八皇后问题的基础上,应用枚举、回溯与递归 3 种不同的算法设计求解了 n 皇后问题,进而应用递归设计求解了 r 个皇后全控 $n \times n$ 棋盘问题,最后作为练习,应用回溯或递归进一步求解了 r 个皇后全控 $n \times m$ 棋盘问题。

事实上,n 皇后问题是对八皇后问题的直接拓广。当 $r=n$ 时,r 个皇后控制 $n \times n$ 棋盘问题即为 n 皇后问题。而 r 个皇后控制 $n \times m$ 棋盘问题直接拓广了 $n \times n$ 棋盘问题的范围。

翻转硬币矩阵游戏是一个很有深度的矩阵操作优化案例。该案例从 m 行 9 列简单矩阵的枚举设计入手,拓广至 m 行 n 列矩阵应用二进制枚举设计求解。当然也可以应用回溯或递归设计,复杂度是指数的,涉及数量稍大的 m、n 都无法处理。此时,贪心算法可从局部优化入手,用较短的时间得到一些比较接近最优的解,显然是可取的。

马步遍历与哈密顿圈所涉及的内容更加丰富,设计求解的难度也更大些。

回溯与递归是设计求解马步遍历问题的首选算法。当棋盘较大,回溯与递归求解变得困难时,应用贪心策略设计可实现“无回溯”探求,大大缩小较大数量的马步遍历的求解时间。因为是“无回溯”,可能对某些参数不一定能得到所要求的马步遍历。

哈密顿圈是马步遍历的一个有趣亮点,探求哈密顿圈,只要在马步遍历的基础上加入起点与终点的“日”形配合即可。同样当棋盘较大时,求解哈密顿圈变得困难,本章开创性地给出的递归结合贪心策略的设计,在探求较大规模的哈密顿圈上是有效的。

构建大规模哈密顿圈的另一途径是组合,本章具体介绍了双拼、环绕与二元支撑 3 种组合型哈密顿圈的构建。实施“左上角归 1”输出这些组合型哈密顿圈是有趣的,也颇具技巧性。

由本章 3 个综合案例的设计求解可见,对一些难度较大、综合性较强的复杂案例,有时需综合应用多种算法设计进行求解。每一种算法有自身的优势与特点,当然也有某些局限。正因为如此,算法的综合应用才可以取长补短,相辅相成。

习　题　10

10-1　r 个皇后全控广义 $n \times m$ 棋盘。在 $n \times m$ 的棋盘上,如何放置 r 个皇后,可以控制棋盘的每一个格子而皇后互相之间不能攻击呢?(即任意两个皇后不允许处在同一横排和同一纵列,也不允许处在同一条与棋盘边框成 45°角的斜线上。)

10-2　翻转 $m \times n$ 硬币最多正面、最少翻转次数枚举设计。对于任何一个原始硬币矩阵,翻转所得正面最大值(即最优值)当然是唯一的。但体现最大值的最优局面可能有多个,得到最优局面的翻转过程也相应有多种,其中必存在一种翻转行列次数最少的操作。

对已知的 $m \times n$ 的硬币矩阵,可以把一整行或一整列的所有硬币翻过来,问如何用行列翻转的最少次数使得正面朝上的硬币最多。

10-3 应用递归实现设置障碍的马步遍历。在一个 n 行 m 列棋盘中,任指定一处障碍。请设计程序,寻求一条起点为 $(1,1)$ 且越过障碍的马步遍历路径。

10-4 应用回溯设计探求构建 n 行 m 列马步哈密顿圈。

10-5 连排环绕组合构建哈密顿圈。根据图 10-8,构成连排环绕组合哈密顿圈。图中每一横排为 3 个遍历(实际上每一横排可为任意多个遍历)。

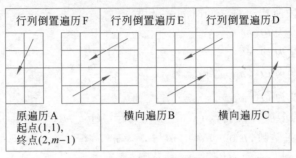

图 10-8　连排环绕组合模式

附录 A   部分习题求解提示

习题 1

1-1 求出以下程序段所代表算法的时间复杂度。

(1) 时间复杂度为 $O(n^2)$。

(2) 时间复杂度为 $O(n^2)$。

(3) 时间复杂度为 $O((n+1)!)$。

(4) 时间复杂度为 $O(n\sqrt{n})$。

1-2 若 $p(n)$ 是 n 的多项式，证明：$O(\log p(n))=O(\log n)$。

证明：设 m 为正整数，$p(n)=a_1\times n^m+a_2\times n^{m-1}+\cdots+a_m\times n$，

取常数 $c>ma_1+(m-1)a_2+\cdots+a_m$，则

$$\log p(n)=ma_1\times \log n+(m-1)a_2\times \log n+\cdots$$
$$=(ma_1+(m-1)a_2+\cdots)\times \log n$$
$$<c\log n$$

因而有 $O(\log p(n))=O(\log n)$。

1-3 喝汽水。

解：费用最低的算法描述：

```
//喝汽水
main()
{ long m,t,x,y;
   printf("  请输入 m: "); scanf("%ld",&m);
   x=m/20;              //分 x 个大组,每组买 13 瓶汽水,借 7 瓶
   t=m-20 * x;          //剩下大组外的 t 人
   y=t/3;               //剩下 t 人分 y 个小组,每组买 2 瓶汽水,借 1 瓶
   t=m-20 * x-3 * y;    //剩下大小组外的 t 人,每人花 1 元喝 1 瓶
   printf("  喝%ld 瓶汽水,需%.2f 元。\n",m,(13 * x+2 * y) * 1.40+t);
}
```

1-4 分数分解。

解：设 $d=\text{int}\left(\dfrac{b}{a}\right)$（这里 $\text{int}(x)$ 表示取正数 x 的整数），注意到 $d<\dfrac{b}{a}<d+1$，有

$$\frac{a}{b}=\frac{1}{d+1}+\frac{a(d+1)-b}{b(d+1)}$$

算法描述：令 $c=d+1$，则

```
input(a,b)
while(1)
  { c=int(b/a)+1;
    if(c>900000000) return;
    else
        {  print(1/c+);
```

```
        a=a*c-b;
        b=b*c;                                  //a、b迭代,为选择下一个分母做准备
        if(a==1)
          { print(1/b);return;}
        }
    }
```

1-6 构建对称方阵。

解：以两对角线把方阵分成 4 个区,分区域赋值描述：

```
for(i=1;i<=n;i++)
  for(j=1;j<=n;j++)
    { if(i==j || i+j==n+1) a[i][j]=0;         //方阵对角线元素赋值
      if(i+j<n+1 && i<j) a[i][j]=i;           //方阵上部元素赋值
      if(i+j<n+1 && i>j) a[i][j]=j;           //方阵左部元素赋值
      if(i+j>n+1 && i>j) a[i][j]=n+1-i;       //方阵下部元素赋值
      if(i+j>n+1 && i<j) a[i][j]=n+1-j;       //方阵右部元素赋值
    }
```

习题 2

2-2 韩信点兵。

探索起点可定为 65,步长可优化为 66。

```
x=65;
while(1)
  { x=x+66;
    if(x%5==1 && x%7==4)
    { printf("至少有兵:%ld 个。",x);
      break;
    }
  }
```

2-3 探求最小连续 n 个合数。

检验相邻两素数之差,若某相邻的两素数 f、m 之差大于 n,即 $m-f>n$,则区间 $[f+1,f+n]$ 中的 n 个数为最小的连续 n 个合数。

枚举设计描述：

```
f=m=3;
while(1)
  { m+=2;
    for(t=0,j=3;j<=sqrt(m);j+=2)
      if(m%j==0)                              //试商
        { t=1;break;}
    if(t==0 && m-f>n) break;
    if(t==0) f=m;
    }
printf("  最小%ld个连续合数为[%ld,%ld].\n",n,f+1,f+n);
```

2-5 特定数字组成的平方数。

求出最小 7 位数的平方根 b,最大 7 位数的平方根 c。

用 a 枚举 $[b,c]$ 中的所有整数,计算 $d=a*a$,这样确保所求平方数在 d 中。

设置 f 数组统计 d 中各个数字的个数。如果 $f[3]=2$,即平方数 d 中有 2 个 3。

检测若 $f[k]>1(k=0\sim9)$,说明 d 中存在重复数字,返回。

在不存在重复数字的情形下,检测若 $f[0]+f[1]+f[4]=0$,说明 7 位平方数 d 中没有数字"0""1""4",d 满足题意要求,打印输出。

2-6 序列的最大子段和。

设序列子段的首项为 $i(1\sim n)$,尾项为 $j(i\sim n)$,该子段和为 s。设置 i、j 二重循环枚举,可确保所有子段既不重复也不遗漏。

每一子段和 s 与最大变量值 max 比较,可得最大子段和,同时应用变量 i1,j1 分别记录最大子段的首尾标号。

最后输出最大子段和 max,同时输出最大子段的位置[i1,j1]。

2-8 枚举二重循环探求勾股数。

```
n=0;
for(x=a;x<=b-2;x++)
for(y=x+1;y<=b-1;y++)
  { d=x*x+y*y; z=sqrt(d+0.1);           //z为x,y的平方和开平方
    if(z>b) break;
    if(z*z==d)                          //满足勾股数条件时输出
      { n++; printf(" %ld^2+%ld^2=%ld^2 \n",x,y,z); }
  }
```

习题 3

3-1 递推求解 b 数列。

递推过程描述:

```
b[1]=1;b[2]=2;s=3;
for(k=3;k<=n;k++)
  { b[k]=3*b[k-1]-b[k-2];
    s+=b[k];
  }
```

3-2 双关系递推数列。

递推过程描述:

```
m[1]=1;s=1;p2=1;p3=1;                    //赋初值
printf(" 请输入 n: "); scanf("%d",&n);
for(i=2;i<=n;i++)
  if(2*m[p2]<3*m[p3])
    { m[i]=2*m[p2]+1; s+=m[i];
    p2++;
    }
  else
  { m[i]=3*m[p3]+1; s+=m[i];
    if(2*m[p2]==3*m[p3]) p2++;           //为避免重复项,P2须增1
    p3++;
  }
```

3-3 多幂序列。

递推过程描述：

```
a=2;b=3;c=5;                                    //为递推变量 a、b、c 赋初值
for(k=2;k<=n;k++)
  { if(a<b && a<c) { f[k]=a;a=a*2; }            //用 a 给 f[k]赋值
    else if(b<a && b<c) { f[k]=b;b=b*3; }       //用 b 给 f[k]赋值
    else { f[k]=c;c=c*5; }                      //用 c 给 f[k]赋值
  }
```

3-4 双幂积序列的和。

归纳递推关系：

$$s(k)=2*s(k)+3^k$$

其中 3^k 可以通过变量迭代实现,简化为一重循环实现复合幂序列求和。

```
t=1;s[0]=1; sum=1;
for(k=1;k<=n;k++)
  { t=t*3;                                      //迭代得 t=3^k
    s[k]=2*s[k-1]+t;                            //实施递推
    sum=sum+s[k];
  }
```

3-5 粒子裂变。

解：设在 t 秒时 α 粒子数为 $f(t)$,β 粒子数为 $g(t)$,依题可知：

$$g(t)=3f(t-1)+2g(t-1) \tag{A-1}$$
$$f(t)=g(t-1) \tag{A-2}$$
$$g(0)=0,f(0)=1$$

由式(A-2)得 $f(t-1)=g(t-2)$。 $\tag{A-3}$

将式(A-3)代入式(A-1)得

$$g(t)=2g(t-1)+3g(t-2) \ (t\geqslant 2) \tag{A-4}$$
$$g(0)=0,g(1)=3 \tag{A-5}$$

3-7 猴子吃桃。

解：第 1 天的桃子数是第 2 天桃子数加 1 后的 2 倍,第 2 天的桃子数是第 3 天桃子数加 1 后的 2 倍,…,一般地,第 k 天的桃子数是第 $k+1$ 天桃子数加 1 后的 2 倍。设第 k 天的桃子数是 $t(k)$,则有递推关系

$$t(k)=2*(t(k+1)+1) \ (k=1,2,\cdots,9)$$

初始条件：$t(10)=1$。

逆推求出 $t(1)$,即为所求的第一天所摘桃子数。

3-8 拓广猴子吃桃问题。

解：递推关系为

$$t(k)=2*(t(k+1)+m) \quad (k=1,2,\cdots,n-1)$$

初始条件为 $t(n)=d$。

逆推求出 $t(1)$,即为所求的第一天所摘桃子数。

习题 4

4-1 阶乘的递归调用。

解：定义 $n!$ 的递归函数 $f(n)$：

```
long f(int n)
{ long g;
  if(n==1) g=1;
  else g=n*f(n-1);
  return(g);
}
```

4-2 递归求解 f 数列。

解：定义 f 数列的递归函数 $f(n)$：

```
long f(int n)
{ long g;
  if(==1 || n==2) g=1;
  else g=f(n-1)+f(n-2);
  return(g);
}
```

4-3 递归求解 b 数列。

解：定义 b 数列的递归函数 $b(n)$：

```
long b(int n)
{ long g;
  if(n==1) g=1;
  else if(n==2) g=2;
  else g=3*b(n-1)-2*b(n-2);
  return(g);
}
```

4-4 递归求解双递推摆动数列。

解：定义数列的递归函数 $a(n)$：

```
int a(int n)
{ int g;
  if(n==1) g=1;
  else if(n%2==0) g=a(n/2)+1;
  else g=a((n-1)/2)+a((n+1)/2);
  return(g);
}
```

4-5 应用递归设计输出杨辉三角。

解：定义杨辉三角的递归函数 $c(a,n)$：

```
void c(int a[],int n)
{ int i;
    if(n==0) a[1]=1;
    else if(n==1){ a[1]=1;a[2]=1;}
        else
```

```
    { c(a,n-1); a[n+1]=1;
      for(i=n;i>=2;i--)
        a[i]=a[i]+a[i-1];
      a[1]=1;
    }
  }
```

4-8　应用递归设计实现 n 个相同元素与另 m 个相同元素的所有排列。

解：设置递归函数 $p(k), 1 \leqslant k \leqslant m+n$，元素 $a[k]$ 取值为 0 或 1。

当 $k = m+n$ 时，用变量 h 统计 0 的个数。若 $h = m$ 则打印输出一排列，并用 s 统计排列个数。然后回溯返回，继续。

```
int p(int k)
{ int h,i,j;
  if(k<=m+n)
    { for(i=0;i<=1;i++)
      { a[k]=i;                    //探索第 k 个数赋值 i
        if(k==m+n)                 //若已到 m+n 个数则检测 0 的个数 h
            { for(h=0,j=1;j<=n+m;j++)
              if(a[j]==0) h++;
              if(h==m)             //若 0 的个数为 m 个,输出一排列
                { s++; printf(" ");
                for(j=1;j<=n+m;j++)
                  printf("%d",a[j]);
                  if(s%10==0) printf("\n");
                }
              }
          else p(k+1);            //若没到 n+m 个数,则调用 p(k+1)探索下一个数
      }
    }
  return s;
}
```

习题 5

5-2　两组均分。

解：对于已有的存储在 b 数组的 $2n$ 个数，求出总和 s 与其和的一半 s_1（若这 $2n$ 个数的和 s 为奇数，显然无法分组）。把这 $2n$ 个数分成两个组，每组 n 个数。为方便调整，设置数组 a 存储 b 数组的下标值，即 $a[i]:1 \sim 2n$。

考察 $b[1]$ 所在的组，只要另从 $b[2] \sim b[2n]$ 中选取 $n-1$ 个数，即定下 $a[1]=1$，其余的 $a[i] (i=2, \cdots, n)$ 在 $2 \sim 2n$ 中取不重复的数。因组合与顺序无关，不妨设

$$2 \leqslant a[2] < a[3] < \cdots < a[n] \leqslant 2n$$

从 $a[2]$ 取 2 开始，以后 $a[i]$ 从 $a[i-1]+1$ 开始递增 1 取值，直至 $n+i$ 为止。这样可避免重复。

当 $a[n]$ 已取值，计算 $s = b[1] + b[a[2]] + \cdots + b[a[n]]$，对和 s 进行判别：

若 $s = s_1$，满足要求，实现平分。

若 $s \neq s_1$，则 $a[n]$ 继续增 1 再试。如果 $a[n]$ 已增至 $2n$，则回溯前一个 $a[n-1]$ 增 1 再试。如果 $a[n-1]$ 已增至 $2n-1$，继续回溯。直至 $a[2]$ 增至 $n+2$ 时，结束。

5-3 枚举求解 8 项素数和环,与回溯结果进行比较。

解:设 8 个整数构成 8 位数 a,设置 a 枚举循环。

(1) 注意到 8 项中每相邻两项之和不超过 15,对 15 以内的 5 个素数用 b 数组标注 1,其余均为 0。

(2) 在 8 位数的 a 循环中,对 a 实施 8 次求余分离出各个数字 x,应用 $f[x]++$ 统计数字 x 的频数,应用 $g[9-k]=x$ 记录 a 的各位数字。

(3) 设置 $k(1\sim8)$ 判断循环:

若 $f[k]!=1$,表明数字 k 出现重复或遗漏,返回。

若 $b[g[k]+g[k+1]]!=1$,表明相邻的第 k 项与第 $k+1$ 项之和不是素数,返回。顺便说明,为判断方便,首项 1 先行赋值给 $g[9]$,以与 $g[8]$ 相邻,在 k 循环中一道进行判别。

(4) 通过以上判断筛选的 a,其各个数字即为所求的 8 项素数环的各项,打印输出。

5-7 回溯实现组合 $C(n,m)$。

解:实现组合 $C(n,m)$ 回溯描述。

```
i=1;a[i]=1;
while(1)
  { if(i==m)
    { s++;
      for(j=1;j<=m;j++)
      printf("%d",a[j]);                      //输出一个排列
      printf(" ");
      if(s%10==0) printf("\n");
    }
    if(i<m) {i++;a[i]=a[i-1]+1;continue;}
    while(a[i]==n+i-m) i--;                    //回溯到前一个元素
    if(i>0) a[i]++;
    else break;
  }
```

5-8 回溯实现复杂排列。

解:引入变量 k 来控制 0 的个数,当 $k<n-m$ 时,$a[i]=0$,元素需从 0 开始取值;否则,0 的个数已达 $n-m$ 个,$a[i]=1$,即从 1 开始取值。这样处理,使 0 的个数不超过 $n-m$,减少一些无效操作,提高了回溯效率。

按以上所描述的回溯的参量:$n,m(m\leqslant n)$。

元素初值:$a[1]=0$,数组元素取初值 0。

取值点:当 $k<n-m$ 时,$a[i]=0$,需从 0 开始取值;否则,$a[i]=1$,即从 1 开始取值。

回溯点:$a[i]=n$,各元素取值至 n 时回溯。

5-9 8 对夫妇特殊的拍照。

解:设 $n=8$,回溯设计描述如下。

```
m=2*n;i=1;a[i]=0;s=0;
while(1)
{ g=1;
  for(j=1;j<i;j++)
    if(a[j]==a[i] || a[j]%n==a[i]%n && (a[j]>a[i] || a[j]+1!=i-j))
```

```
        { g=0;break;}                           //出现相同元素或同余小在后时返回
    if(g && i==m && a[1]%n<a[m]%n)              //满足统计解的个数条件
      {if(a[n]==0)                              //满足输出解的条件
        { s++;
          for(j=1;j<=m;j++)
            printf("%d",a[j]%n);                //输出一个排列
          printf("  ");
        }
      }
    if(g && i<m) {i++;a[i]=0;continue;}
    while(a[i]==m-1) i--;                       // 回溯到前一个元素
    if(i>0) a[i]++;
    else break;
  }
  printf("\n 共有解 s=%d个。\n",s);
```

习题 6

6-1　n 个矩阵连乘问题。

解：设 $m(i,j)$ 是求乘积 $\boldsymbol{M}_i\boldsymbol{M}_{i+1}\cdots\boldsymbol{M}_j$ 的最少乘法次数，则有递推关系

$m(i,i+1)=r(i)r(i+1)r(i+2)$　　　　$(i+1=j)$

$m(i,j)=\min(m(i,k)+m(k+1,j)+r(i)r(k+1)r(j+1))$　$(i\leqslant k\leqslant j,i<j)$

初始（边界）条件：$m(i,j)=0$　　$(i=j)$

最优值为 $m(1,n)$。

为递推方便，设置 $d=i-j$。显然，$1\leqslant d\leqslant n-1$。

```
for(i=1;i<=n;i++) m[i][i]=0;
for(d=1;d<=n-1;d++)
for(i=1;i<=n-d+1;i++)
  { j=i+d;
    m[i][j]=m[i][i]+m[i+1][j]+r[i]*r[i+1]*r[j+1];
    for(k=i+1;k<j;k++)
      { t=m[i][k]+m[k+1][j]+r[i]*r[k+1]*r[j+1];
        if(t<m[i][j]) m[i][j]=t;
      }
  }
printf("  %d个矩阵连乘的乘法次数的最小值为：%d \n",n,m[1][n]);
```

6-4　求解边数值三角形的最短路径。

解：设边数值三角形为 n 行（不包含作为边终止点的三角形底边），每点为 (i,j)，$i=1,2,\cdots,n$；$j=1,2,\cdots,i$。从点 (i,j) 向左的边长记为 $l(i,j)$，点 (i,j) 向右的边长记为 $r(i,j)$。记 $a(i,j)$ 为点 (i,j) 到底边的最短路程。显然

　　　　$a(i,j)=\min(a(i+1,j)+l(i,j),a(i+1,j+1)+r(i,j))$

　　　　$st(i,j)=\{'l','r'\}$

应用逆推求解，所求的顶点 A 到底边的最短路程为 $a(1,1)$。

6-6　西瓜分堆。

解：两组数据之和不一定相等，不妨把较少的一堆称为第 1 堆。设 n 个整数 $b[i]$ 之和为 s，则第 1 堆数据之和 $s_1\leqslant[s/2]$，这里 $[x]$ 为 x 的取整。

问题要求在满足 $s_1 \leqslant [s/2]$ 前提下求 s_1 最大值 maxc,这样两堆数据和之差的最小值为 mind$=s-2*$maxc。

为了求 s_1 的最大值,应用动态规划设计,按分每一个瓜为一个阶段,共分为 n 个阶段。每一个阶段都面临两个决策:选与不选该瓜到第 1 组。

设 $m(i,j)$ 为第 1 堆距离 $c_1 = [s/2]$ 还差重量为 j,可取瓜编号范围为:$i, i+1, \cdots, n$ 的最大装载重量值。则

当 $0 \leqslant j < b[i]$ 时,西瓜 i 号不可能装入。$m(i,j)$ 与 $m(i+1,j)$ 相同。

而当 $j \geqslant b[i]$ 时,有两种选择:

不装入西瓜 i,这时最大重量值为 $m(i+1,j)$;

装入西瓜 i,这时已增加重量 $b[i]$,剩余重量为 $j-b[i]$,可以选择西瓜 $i+1, \cdots, n$ 来装,最大载重量值为 $m(i+1,j-b[i])+b[i]$。我们期望的最大载重量值是两者中的最大者。于是有递推关系

$$m(i,j) = \begin{cases} m(i+1,j) & 0 \leqslant j < b[i] \\ \max(m(i+1,j), m(i+1,j-b[i])+b[i]) & j \geqslant b[i] \end{cases}$$

以上 j 与 $b[i]$ 均为正整数,$i=1,2,\cdots,n$。

所求最优值 $m(1,c_1)$ 即为 s_1 的最大值 maxc。因而得两组数据和之差的最小值为 mind$=s-2*$maxc$=s-2*m(1,c_1)$。

6-7 应用递推实现动态规划求解序列的最小子段和。

解:设 $q[j]$ 为序列前 j 项之和的最小值,即

$$q[j] = \min_{1 \leqslant i \leqslant j} \left\{ \sum_{k=i}^{j} a[k] \right\} \quad (1 \leqslant j \leqslant n)$$

由 $q[j]$ 的定义,得 $q[j]$ 的递推关系:

$$q[j] = \begin{cases} q[j-1]+a[j] & q[j-1]<0 \\ a[j] & q[j-1] \geqslant 0 \end{cases} \quad (1 \leqslant j \leqslant n)$$

初始条件:$q[0]=0$ (没有项时,其值自然为 0)。

6-8 应用递归实现动态规划求解序列的最小子段和。

解:设 $q(j)$ 为序列前 j 项之和的最小值,即

$$q(j) = \min_{1 \leqslant i \leqslant j} \left\{ \sum_{k=i}^{j} a_k \right\} \quad (1 \leqslant j \leqslant n)$$

由 $q(j)$ 的定义,得 $q(j)$ 的递推关系:

$$q(j) = \begin{cases} q(j-1)+a_j & q(j-1)<0 \\ a_j & q(j-1) \geqslant 0 \end{cases} \quad (1 \leqslant j \leqslant n)$$

初始条件:$q(0)=0$ (没有项时,其值自然为 0)。

```
int q(int j)                              //定义递归函数 q(j)
  { int f;
    if(j==0) f=0;
    else
    { if(q(j-1)>=0) f=a[j];
          else f=q(j-1)+a[j];
    }
    return f;
  }
```

6-9 插入加号求最小值。

解：设 $f(i,k)$ 表示在前 i 位数中插入 k 个加号所得和的最小值，$a(i,j)$ 表示从第 i 个数字到第 j 个数字所组成的 $j-i+1(i\leqslant j)$ 位整数值。

为了求取 $f(i,k)$，考察数字串的前 i 个数字，设前 $j(k\leqslant j<i)$ 个数字中已插入 $k-1$ 个加号的基础上，在第 j 个数字后插入第 k 个乘号，显然此时的最小和为 $f(j,k-1)+a(j+1,i)$。于是可以得递推关系式：
$$f(i,k)=\min(f(j,k-1)+a(j+1,i)) \quad (k\leqslant j<i)$$
前 j 个数字没有插入乘号时的值显然为前 j 个数字组成的整数，因而得边界值为：
$$f(j,0)=a(1,j) \quad (1\leqslant j\leqslant i)$$
为简单计，在程序设计中省略 a 数组，用变量 d 替代。

习题 7

7-2 枚举求解埃及分数式。

解：设指定的分数 m/d 的 3 个埃及分数的分母为 a、b、c $(a<b<c)$，最大分母不超过 z，通过三重循环实施枚举。

确定 a 循环的起始值 a_1 与终止值 a_2 为：
$$\frac{1}{a_1}=\frac{m}{d}-\frac{2}{z}\Leftrightarrow a_1=\frac{dz}{mz-2d} \quad （即把 b、c 全放大为 z）$$
$$a_2=\frac{3d}{m}+1 \quad （即把 b、c 全缩减为 a）$$
b 循环起始取 $a+1$，终止取 $z-1$。

c 循环起始取 $b+1$，终止取 z。

对于三重循环的每一组 a、b、c，计算 $x=mabc$，$y=d(ab+bc+ca)$。

如果 $x=y$ 且 b、c 不等于 d，即满足分解为 3 个埃及分数的条件，打印输出一个分解式。然后退出内循环，继续寻求。

7-3 币种统计。

解：各职工的工资额依次从键盘输入，同时用 su 统计工资总额。

为了确保各职工所得款的张数最少，应用"贪心"策略，优先取大面值币种，即首先付 100 元币；小于 100 元时，优先付 50 元币；以此类推。

设置 b 数组，存储 7 种票面的值，即 $b[1]=100,b[2]=50,\cdots,b[7]=1$。

设置 s 数组，存储对应票面的张数，即 $s[1]$ 为 100 元的张数，$\cdots$，$s[7]$ 为 1 元的张数。

最后验证：各种票面的总额 su1 是否等于 su？若相等，验证正确。

7-4 只显示两端的取数游戏。

解：设置 k 循环 $(k=1\sim2n)$，当 $k\%2=1$ 时 A 取数，$k\%2=0$ 时 B 取数，体现了 A 先取，A、B 轮留取数。

每次显示排两端整数为 $d[k]$ 与 $d[2*n]$，通过比较其中较大者 t 为所取数，并分别加入 A 的得分 sa。B 的取数从键盘输入，所取数 t 加入 B 的得分 sb。

特别地，当 A、B 所取数 $t=d[2*n]$，则前面的数均需后移一位：
$$d[j]=d[j-1]; \quad (j=2*n,2*n-1,\cdots,k)$$

这样处理,为后续取数提供方便。

7-5 全显取数游戏"先取不败"的实现。

解:为确保 B 先取不败,建立数学模型。

设序列的 $2n$ 个整数存储于 $a[1] \sim a[2*n]$。

(1) 计算序列中奇数号整数之和 s_1 与偶数号整数之和 s_2。

(2) 如果 $s_1 > s_2$,B 取所有奇数号整数:先取 $a[1]$,则 A 必取偶数号(2 或 $2n$)上的整数;随后 B"连号"取数,即 A 若取 $a[2]$,B 取 $a[3]$;A 若取 $a[2*n]$,B 取 $a[2*n-1]$;…这样可确保 B 取完所有奇数号整数而获胜。

(3) 否则,即 $s_1 \leqslant s_2$,B 取所有偶数号整数:先取 $a[2*n]$,则 A 必取奇数号(1 或 $2n-1$)上的整数;随后 B"连号"取数,即 A 若取 $a[1]$,B 取 $a[2]$;A 若取 $a[2*n-1]$,B 取 $a[2*n-2]$;……这样可确保 B 取完所有偶数号整数而不败(当 $s_1 = s_2$ 时平手)。

(4) A 按贪心策略取数,即取两端数的较大者。

习题 8

(源代码较长,可在指定网点下载,下同)

8-1 搜索矩阵迷宫中的最少拐弯通道。

设置二维数组:

$a[n][m]$,存储迷宫矩阵各格的数据(0 或 1)。

$b[n][m]$,存储通道中从起点开始的拐弯数。

设置一维数组 $p[d]$,存储队列中第 d 结点的位置(前 2 位为行,后 2 位为列)。

算法设计如下。

根结点为通道的起点,即矩阵的第 n1 行第 m1 列,赋初值:

$b[n1][m1] = 1$;$p[1] = n1*100 + m1$;

同时赋初值:

$$d = 1; s = 0; kb = ke = 1;$$

其中,s 统计通道的拐弯数,s 从 1 开始在循环中递增,依次扩展结点 k(kb~ke)。

每一结点(队列中第 k 结点)依次按上、下、左、右搜索并扩展结点,每满足相应条件扩展一个结点。

例如向上扩展,循环条件为:

$$t == 1 \ \&\& \ i > 1 \ \&\& \ a[i-1][j] == 0 \ \&\& \ b[i-1][j] == 0$$

其中,$t == 1$ 标注还未到终点,搜索到终点后 $t = 0$ 退出循环;

边界条件"$i > 1$"为行号大于 1,显然第 1 行不能向上扩展;

可通行条件"$a[i-1][j] == 0$",若其上格为 0,按规定可通行;

不重复条件"$b[i-1][j] == 0$",若其上格为 0,未扩展,按规定可扩展。

每扩展一个结点,队列中的结点数 d 增 1,同时进行记录:

$$b[i-1][j] = s; p[d] = (i-1)*100 + j;$$

第 s 轮的 kb~ke 结点依次扩展完成后,需决定下一轮($s++$)的循环扩展,循环变量更新:

$$kb＝ke＋1;ke＝d;$$

一直扩展到指定目标格(n2,m2)，完成搜索。

矩阵输出如下。

搜索完成，输出通道的最少拐弯数 $s-1$。

同时输出按广度优先搜索的矩阵数据：

输出相应位置上的 b 数组值，即从起始点开始到该点的最少拐弯数；

否则在障碍点即 $a[i][j]=0$ 的格，输出标记●；

对非通道上的点输出空格。

8-2　搜索三角迷宫中的最少拐弯通道。

设置二维数组：

$a[n][m]$，存储迷宫矩阵各格的数据(0 或 1)。

$b[n][m]$，存储通道中从起点开始的拐弯数。

设置一维数组 $p[d]$，存储队列中第 d 结点的位置(前 2 位为行，后 2 位为列)。

算法设计如下。

根结点为通道的起点，即矩阵的第 n1 行第 m1 列，赋初值：

$$b[n1][m1]=1;\quad p[1]=101;$$

同时赋初值：

$$t=d=1;\quad s=0;\quad kb=ke=1;$$

其中，s 统计通道的拐弯数，s 从 0 开始在循环中递增，依次扩展结点 k(kb~ke)。

每一结点(队列中第 k 结点)依次按左下、右下、左、右搜索并扩展结点，每满足相应条
件扩展一个结点。

例如向右下扩展，循环条件：

$$t==1\ \&\&\ i<n\ \&\&\ a[i+1][j+1]==0\ \&\&\ b[i+1][j+1]==0$$

其中，$t==1$ 标注还未到终点，搜索到终点后 $t=0$ 退出循环；

边界条件"$i<n$"为行号小于 n，显然第 n 行不能向右下扩展；

可通行条件"$a[i+1][j+1]==0$"，若其右下格为 0，按规定可通行；

不重复条件"$b[i+1][j+1]==0$"，若其右下格为 0，未扩展，按规定可扩展。

每扩展一个结点，队列中的结点数 d 增 1，同时进行记录：

$$b[i+1][j+1]=s;\quad p[d]=(i+1)*100+j+1;$$

第 s 轮的 kb~ke 结点依次扩展完成后，需决定下一轮($s++$)的循环扩展，循环变量
更新：

$$kb=ke+1;ke=d;$$

一直扩展到指定目标格(n2,m2)，完成搜索。

矩阵输出如下。

搜索完成，输出通道的最少拐弯数 $s-1$。

同时输出按广度优先搜索的矩阵数据：

输出相应位置上的 b 数组值，即从起始点开始到该点的最少拐弯数；

否则在障碍点即 $a[i][j]=0$ 的格，输出标记●；

对非通道上的点输出空格。

8-3 应用动态规划设计求解矩阵迷宫(dt81.txt)最短通道。

(1) 数组设置。

设置二维数组 $a(i,j)$ 存储矩阵 (i,j) 格中的数 0 或 1。

设置二维数组 $b(i,j)$ 为从取值为 0 的 (i,j) 格至矩阵左下角 (n,m) 通道中的最少格数。显然,矩阵迷宫最短通道上的格数为 $b(1,1)$。

设置二维数组 $c(i,j)$ 存储通道中 (i,j) 格下一步所在格的位置,该位置数为 4 位数,其中高 2 位整数为下一格的行号,低 2 位整数为下一格的列号。

设置二维数组 $f(i,j)$,若 (i,j) 在最短通道上,则赋值 $f(i,j)=1$;否则 $f(i,j)=0$。

(2) 启动动态规划。

① 初始条件。

注意到最下行不能向左,最右列不能向上,否则造成重复或封闭,不可能最优。

② 初步动态规划。

按每一格向右、向下初步逆推得 $b[i][j]$、$c[i][j]$。

(3) 深入动态规划。

注意到路径可上、下、左、右,即通道可能相当复杂,探求最短通道不可能一次到位。设置深入动态规划循环,对 b 数组反复实施优化调整。同时设置变量 t 控制深入动态规划循环,当无优化调整时(显然已达最优),保持 $t=0$ 而结束循环。

矩阵中中间格有相邻的上、下、左、右 4 格,边上格有相邻的 3 格,角上格有相邻的 2 格。这些相邻格可能成为通道中该格的下一步。

当前格的 b 数组值大于其相邻格的 b 数组值加 1,优化调整当前格的 b 数组值。

例如,当前格 (i,j) 与其右格 $(i,j-1)$ 做比较实施优化调整:

```
if(j>1 && b[i][j-1]+1<b[i][j])        //与右格比较
    { b[i][j]=1+b[i][j-1];c[i][j]=i*100+j-1;}
```

其中,条件中限制 $j>1$ 表明从第 2 列开始才有"右格"。

在循环中设置变量 t,控制当对 b 数组有优化调整发生时,$t=1$,继续循环实施优化调整。直到没有优化调整时,保持 $t=0$,结束循环。

(4) 产生并输出最优路径。

为按原矩阵格式显示出最优路径,引用二维数组 f,首先所有 $f[i][j]=0$。

因 $(1,1)$ 是路径的起点,则 $f[1][1]=1$;然后根据 $e=c[i][j]$ 计算出最优路径中下一步的位置:$i=e/100$;$j=e\%100$;则 $f[i][j]=1$;依此,直到终点 $f[n][m]=1$。

判断矩阵的每一格,若 $f[i][j]=1$,则输出为该格的元素 $b[i][j]$;否则输出空格。这样处理,可在矩阵格式中输出一条完整的最优通道。

8-4 八数码游戏双向搜索。

八数码问题具有可逆性,也就是说,如果可以从一个状态 A 移动生成状态 B,那么同样可以从状态 B 移动生成状态 A,这种问题既可以从初始状态出发,搜索目标状态,也可以从目标状态出发,搜索初始状态。

很自然的思路就是双向搜索,以缩减搜索所占用的空间。

试应用分支限界设计双向搜索求解八数码问题。

算法设计要点：

广度优先搜索法搜索时，结点不断扩张，深度越大，结点数越多。如果从两个方向向对方搜索，就会在路径中间某个地方相会，这样，双方的搜索的深度都不大，所搜索过的结点数就少得多，搜索时间也就相应节省。

因此，对一些移动步数比较大才能解决的问题，可以采用双向广度优先搜索法，将大大节省中间比较状态所占的内存空间，或者说在相同的内存空间限制下可求解步数较大的八数码问题。

(1) 双向广度优先搜索的实施。

　　所谓双向广度优先搜索法，从初始状态采用广度优先搜索的策略实施搜索，经 sa（可约定小于或等于 15）步顺向搜索，若得到目标状态，即退出搜索输出 0 的移动标志结束。

　　若顺向搜索到 15 步还没有达到目标，则把该步的所有中间状态 m：kkb～kke 的数据作为比较目标保存下来。

　　然后从目标状态开始采用广度优先搜索的策略实施逆向搜索，每搜索得到一个 $b[n]$ 与所有保存的中间状态 $a[m]$ 比较；若在第 sb 步的中间状态 $b[n]$，出现 $b[n]=a[m]$，两个方向搜索对接成功，停止搜索，做协调输出。

(2) 协调输出。

　　为使输出标明空格（即 0）的 sa＋sb 步移动标志简洁明了，定义协调输出的 e 数组记录最短路径中数，r 数组记录最短路径中数的 0 所在位置。

　　$e[k]$（k：1～sa＋sb）为移动路径中的第 k 步所得的数。

　　$r[k]$ 为移动路径中的第 k 步所得的数的 0 所在位置（0～8，最高位为 0，个位为 8）。

　　因此必须进行以下赋值：

　　$a[m]->e[sa]$；$a[qa[m]]->e[sa-1]$；…；直至 $e[1]$。与此同时，$ra[m]->r[sa]$；$ra[qa[m]]->r[sa-1]$；…；直至 $r[1]$。

　　$b[qb[n]]->e[sa+1]$；$b[qb[qb[n]]]->e[sa+2]$；…；直至 $e[sa+sb]$。与此同时，$rb[qb[n]]->r[sa+1]$；$rb[qb[qb[n]]]->r[sa+2]$；…；直至 $r[sa+sb]$。

　　设置输出循环 k（1～sa＋sb），除输出步序号 k 与第 k 步所得之数 $e[k]$ 外，根据相邻两项 0 的位置差 $r[k-1]-r[k]$ 输出相应的移动标志。

习题 9

9-1　连写数探求。

　　解： 要使连写数 1234…m 能被键盘指定的整数 n 整除，模拟整数的除法操作。

　　设被除数为 a，除数为 n，商为 b，余数为 c，则

$$b=a/n,\quad c=a-b*n \text{ 或 } c=a\%n$$

　　当 $c\neq0$ 且 m 为 1 位数时，$a=c*10+m$ 作为下一轮的被除数继续。

　　当 $c\neq0$，一般地 m 为一个 t 位数时，则分解为 t 次（即循环 t 次）按上述操作完成。

　　直至 $c=0$ 时，连写数能被 n 整除，作打印输出增连数 1234…m 除以 n 所得的商。

　　在整个模拟除法过程中，m 按顺序增 1。

9-2　自然对数底 e 的高精度计算。

　　解：先行选择公式与确定项数,然后实施竖式除模拟。

　　(1) 选择计算公式。

　　　　计算自然对数的底 e,我们选用以下公式：

$$e = 1 + \frac{1}{1!} + \frac{1}{2!} + \cdots + \frac{1}{n!} = 1 + 1 + \frac{1}{2}\left(1 + \frac{1}{3}\left(1 + \cdots + \frac{1}{n}\right)\cdots\right)$$

　　(2) 确定计算项数。

　　　　其次,要依据输入的计算位数 x 确定所要加的项数 n。显然,若 n 太小,不能保证计算所需的精度；若 n 太大,会导致做过多的无效计算。

　　　　可证明,式中分式第 n 项之后的所有余项之和 $R_n < a_n$。选取 n,满足 $a_n = \frac{1}{n!} > \frac{1}{10^x}$

　　　　即可,即只要使

　　　　　　$\lg2 + \lg3 + \cdots + \lg n > x$

　　　　于是可设置对数累加实现计算到 x 位所需的项数 n。为确保准确,算法可设置计算位数超过 x 位(例如 $x + 2$ 位),只打印输出 x 位。

　　(3) 竖式除模拟。

　　　　设置 a 数组,下标预设为 5000,必要时可增加。计算的整数值存放在 $a(0)$,小数点后第 i 位存放在 $a(i)$ 中($i = 1, 2, \cdots$)。

　　　　依据公式(9-2),应用竖式除模拟进行计算：数组除以 n,加上 1；再除以 $n-1$,加上 1；…。这些数组操作设置在 j ($j = n, n-1, \cdots, 2$) 循环中实施。

　　　　按公式实施除竖式计算操作：被除数为 c,除数 d 分别取 $n, n-1, \cdots, 2$。商仍存放在各数组元素($a(i) = c/d$)。余数($c\%d$)乘 10 加在后一数组元素 $a(i+1)$ 上,作为后一位的被除数。

　　　　按数组元素从高位到低位顺序输出。因计算位数较多,为方便查对,每一行控制打印 50 位,每 10 位空一格。注意,在输出结果时,整数部分 $a(0)$ 需加 1。

9-4　模拟扑克升级游戏发牌。

　　(1) 模拟花色与点数。

　　　　模拟发牌必须注意随机性。所发的一张牌是草花还是红心,是随机的；是 5 点还是 J 点,也是随机的。

　　　　同时要注意不可重复性。如果在一局的发牌中出现两个黑桃 K 就是笑话了。同时局与局之间必须做到互不相同,如果某两局牌雷同,也不符合发牌要求。

　　　　为此,对应 4 种花色,设置随机整数 x,对应取值为 1~4。对应每种花色的 13 点,设置随机整数 y,对应取值为 1~13。为避免重复,把 x 与 y 组合为三位数：$z = x * 100 + y$,并存放在数组 $m[54]$ 中。发第 $i+1$ 张牌,产生一个 x 与 y,得一个三位数 z,数 z 与已有的 i 个数组元素 $m[0], m[1], \cdots, m[i-1]$ 逐一进行比较,若不相同则打印与 x、y 对应的牌(相当于发一张牌)后,然后赋值给 $m[i]$,作为以后发牌的比较之用。若有相同的,则重新产生随机整数 x 与 y 得 z,与 m 数组值进行比较。

(2) 模拟大小王。

注意到在升级扑克中有大小王,它们的出现给程序设计带来一定的难度。大小王的出现也是随机的,为此,把随机整数 y 的取值放宽到 $0\sim13$,则 z 可能有 100,200,300,400。定义 $z=200$ 时对应大王,$z=100$ 时对应小王,同上做打印与赋值处理。若 $z=300$ 或 400,则返回重新产生 x 与 y。

(3) 随机生成模拟描述。

在已产生 $i-1$ 张牌并存储在 m 数组中,产生第 i 张牌时,与前产生的牌逐一比较,不相同时才赋值产生。

(4) 打印输出。

打印直接应用 C 语言中 ASCII 码 $1\sim6$ 的字符显示大小王与各花色。设置字符数组 d,打印点数时把 $y=1$、13、12、11 分别转换为 A、K、Q、J。

习题 10

10-1 r 个皇后全控广义 $n\times m$ 棋盘。

回溯设计要点:

皇后控制棋盘问题比以上的 n 皇后问题求解难度更大些。

采用回溯法探求,设置 a 数组,数组元素 $a(i)$ 表示第 i 行的皇后位于第 $a(i)$ 列,当 $a(i)=0$ 时表示该行没有皇后。

求 r 个皇后控制 $n\times m$ 棋盘的一个解,即寻求 a 数组的一组取值,该组取值中 $n-r$ 个元素值为 0,r 个元素的值大于零且互不相同(即没有任两个皇后在同一列),第 i 个元素与第 k 个元素相差不为 $abs(i-k)$,(即任两个皇后不在同一 45°角的斜线上),且这 r 个元素可控制整个棋盘。

程序的回溯进程同 n 皇后问题设计,所不同的是所有元素从 0 开始取值,且 n 个元素中要确保 $n-r$ 个取 0。

检验是否控制整个棋盘的检测函数 $g()$ 设计基本同前。设置二维数组 $b(n,m)$ 表示棋盘的每一格,数组的每一个元素置 0。对一个皇后放置 $a(f)$,其控制的范围的每一个格置 1。所有 r 个皇后控制完成后,检验 b 数组是否全为 1:只要有一个不为 1,即不是全控;若 b 数组所有元素都为 1,棋盘全控,打印输出数字解,同时用变量 s 统计解的个数。

10-2 翻转 $m\times n$ 硬币最多正面、最少翻转次数枚举设计。

提示:应用"除 2 取余法"实施二进制枚举。

如果把某一操作过程的列翻转与行翻转中的 0、1 全部取反,即 0 变为 1,而 1 变为 0,所得到的过程与原过程互补。

例如,过程 011011010 与 100100101 互补。

所有互补过程有以下一个有趣的性质:对任一硬币矩阵,两个互补过程翻转所得到的矩阵相同。

设置数组 p、q,记录枚举过程中可能达到最大的整数 c 与 max 值赋值给 p、q 数组:

$$p[e]=c;\quad q[e]=\max;\quad(下标\ e\ 从\ 1\ 开始递增)$$

枚举完成后,所有 $q[e]$ 逐一与最终确定的 max 值比较,找出过程中达到最大的数

$p[e]$。

对每一个达到 max 的整数 $p[e]$,求得达到 max 的翻转次数 s。

若 $2*s>m+n$,表明 $p[e]$ 的翻转次数 s 大于其互补过程的次数 $m+n-s$。为了比较求最少次数 min 的需要,此时取 $s=m+n-s$(即其互补过程的次数),同时把记录翻转过程的数组值 tc 与 tr 改为其互补过程的值。

通过比较 s 求最少的翻转次数 min 时,用数组 sc 与 sr 记录翻转过程,为最后打印最少次数翻转达到的最优局面提供依据。

10-3 应用递归实现设置障碍的马步遍历。

解:设指定障碍位置为 $(x1,y1)$,则在马步路径递归函数中选位走第 g 步时,条件中要排除障碍位置为 $(x1,y1)$:

```
if(u>0 && u<=n && v>0 && v<=m && d[u][v]==0 && !(u==x1 && v==y1))
    d[u][v]=g;  (选位走第 g 步)
```

10-4 应用回溯设计探求构建 n 行 m 列马步哈密顿圈。

在回溯构建马步遍历设计基础上确保首尾相连。

首位置 $(1,1)$: $u=1;v=1;$

尾位置 $(2,3)$ 或 $(3,2)$:

```
if(i==m*n-1 &&(u==2 && v==3 || u==3 && v==2))        //输出哈密顿圈
```

10-5 连排环绕组合构建哈密顿圈。

组合要点:

设原 n 行 m 列遍历 A 起点为 $(1,1)$,终点为 $(2,m-1)$。

连排环绕组合的特点为:下排 B、C(还可以更多)为原遍历 A 的顺排(行、列都与 A 相同);上排 F、E、D 都是为 A 行列倒置遍历。

(1) 下排中,各遍历的终点 $(2,m-1)$ 可与右边遍历的起点衔接形成"日"形。

(2) 下排最后一个的终点 $(2,m-1)$ 又可与上面的行列倒置遍历的起点衔接形成"日"形。

(3) 上排中,各遍历的终点 $(2,m-1)$ 可与左边遍历的起点衔接形成"日"形。

(4) 上排最后一个的终点 $(2,m-1)$ 又可与下面的原遍历的起点衔接形成"日"形。

为方便查阅,把棋盘的左上角置 1 标准化。

注意到组合后的左上角实为 A 元素 $d(n,m)$,因而可设 $c=d(n,m)-1$,组合圈的每一项均减去 c,这样左上角置 1。

同时,下排各遍历的所有元素需分别加上 mn、$2mn$、$3mn$;而上排从后开始,各遍历的所有元素需分别加上 $4mn$、$5mn$。最后,组合后的左上角遍历中出现的非正项需加上 $6mn$。

在递归求解遍历基础上,把入口改为 $(1,1)$,终点改为 $(2,m-1)$。找到一个解,即按左上角置 1 标准化输出连排环绕组合哈密顿圈。

附录 B 在 VC++ 6.0 环境下运行 C 程序方法简介

1. 进入 VC++ 6.0 集成环境

VC++ 6.0 是在 Windows 环境下工作的。VC++ 6.0 有英文版与中文版,两者使用方法相同。

为了能使用 VC++ 6.0,必须先行在计算机上安装 VC++ 6.0。

双击 VC++ 6.0 的快捷方式图标,即进入 VC++ 6.0 集成环境,出现 VC++ 6.0 的主窗口,如图 B-1 所示。

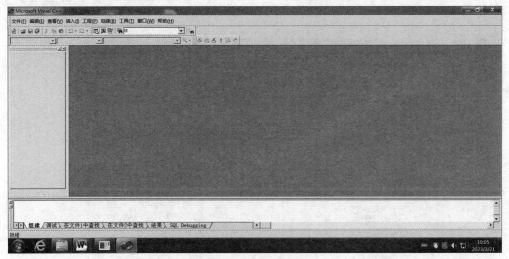

图 B-1 VC++ 6.0 主窗口

VC++ 6.0 的主菜单包含 9 个菜单项:文件(File)、编辑(Edit)、查看(View)、插入(Insert)、项目(Project)、构建(Build)、工具(Tools)、窗口(Windows)和帮助(Help)。

以上各项在括号中的是 VC++ 6.0 英文版的英文显示。

主窗口的左侧是项目工作区窗口,用来显示所设定的工作区信息。右侧是程序编辑窗口,用来输入和编辑源程序。

2. 输入和编辑源程序

在主菜单中选择"文件",然后选择"新建"菜单项,如图 B-2 所示。

出现"新建"对话框,单击对话框上方的"文件"(Files),选择其下拉菜单中的 C++ Source File 项(图 B-3),表示要建新的 C++ 源程序文件。然后在右半部的"位置"(Location)文本框中确定源程序的存储位置,在其上方的"文件名"(File)文本框中输入源程序的文件名(设为 c264)。

单击"确定"(OK)按钮,回到主窗口,光标在程序编辑窗口闪烁,表示程序编辑窗口已激活,可以输入源程序了。输入源程序可以一行行输入,每行结束回车。也可以把另编辑好的源程序通过"复制"后,应用"编辑"菜单中的"粘贴",粘贴到编辑窗口,并选择"文件"菜单

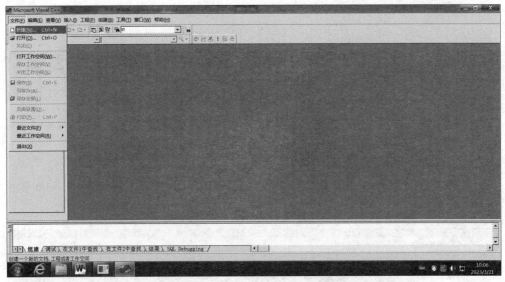

图 B-2　选择"文件"菜单中的"新建"项

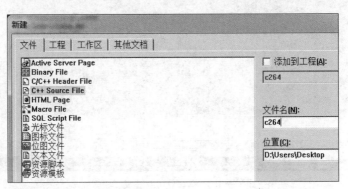

图 B-3　选择对话框"文件"中的 C++ Source File 项

中的"保存"(Save)把编辑的源程序保存到指定位置。图 B-4 所示为把程序 c264 程序"粘贴"到程序编辑窗口。

3. 程序的编译与连接

编辑源程序以后,需对源程序进行"编译"与"连接",才能运行源程序。

在主菜单"组建"(Build)的下拉菜单中选择"编译"(Compile)菜单项,如图 B-5 所示。

在进行程序的编译时,编译系统自动检查源程序是否存在语法错误,然后在主窗口下部的调试信息窗口输出编译信息。如果无错,即生成编译的目标文件 c264.obj。

在编译得到了.obj 目标文件后,还不能直接运行,还须把程序与系统提供的资源(如函数库)建立连接。在主菜单"组建"(Build)的下拉菜单中选择"组建"(Build)菜单项,如图 B-5 所示,即连接生成.exe 可执行文件。

在进行连接时,系统自动检查并在调试信息窗口输出连接时的信息。如果无错,即连接生成可执行文件 c264.exe。如果有错,系统会指出错误,提示用户修改。

注意:按功能键 F7 可一次完成程序的编译与连接。

图 B-4　编辑程序 c264

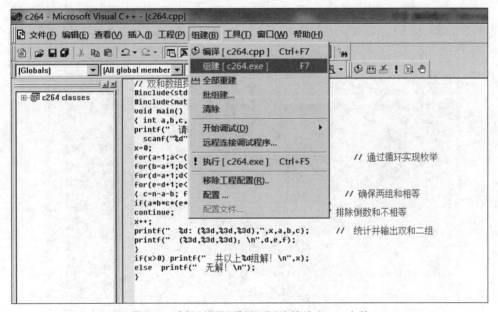

图 B-5　选择"编译"后"组建"连接建立.exe 文件

4. 程序的执行

得到可执行文件 c264.exe 后,就可直接执行 c264.exe。

在主菜单"组建"(Build)的下拉菜单中选择"!执行"(Execute)菜单项,如图 B-6 所示,即开始执行 c264.exe。

执行 c264.exe,输出程序的执行结果如图 B-7 所示。

输出的最后一行显示"Press any key to continue"是 VC++ 6.0 系统自动加上的信息,通知用户"按任意键继续"。当按下任意键后,输出窗口消失,回到 VC++ 6.0 的主窗口。

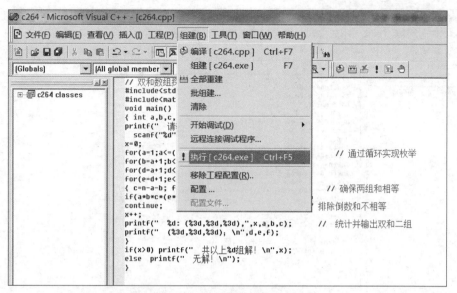

图 B-6　运行程序选择"执行"菜单项

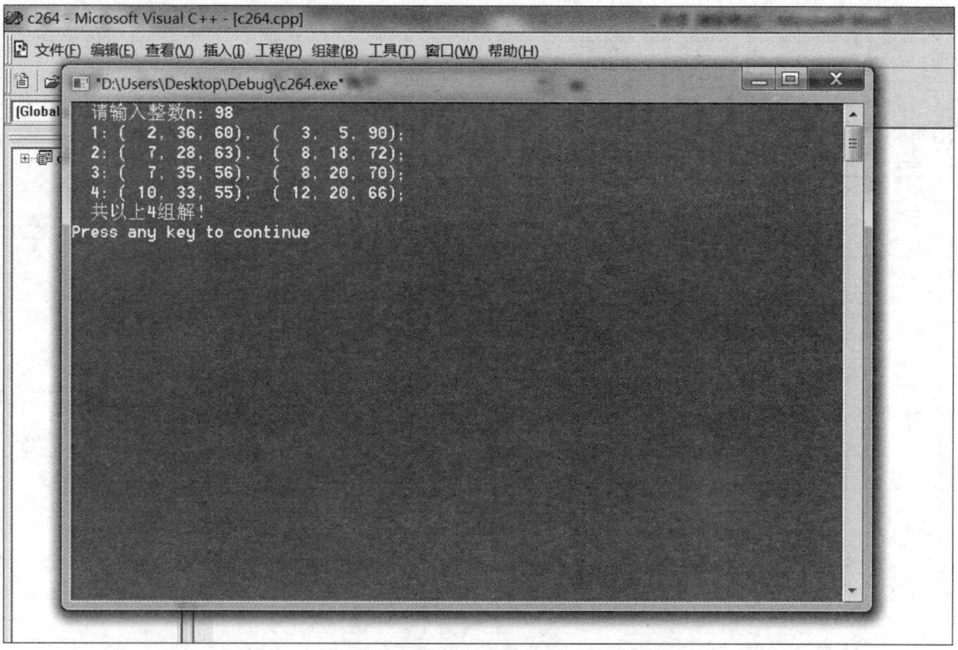

图 B-7　程序的执行结果

　　注意：应用快捷键 Ctrl＋F5 可一次完成程序的编译、连接与执行。

　　完成对一个程序的操作后，应选择"文件"菜单中的"关闭工作空间"(Close Workspace)，以结束对该程序的操作。

附录 C　C 语言常用库函数

注意：每一种 C 语言版本提供的库函数的数量、函数名与函数功能可能不同，使用时可具体查明。

1. **输入输出函数 stdio.h**（见表 C-1）

表 C-1　输入输出函数

函数名称	功　　能	用　　法
scanf	用于格式化输入	int scanf(const char * format[,argument]...)
printf	产生格式化输出的函数	int printf(const char * format[, argument]...)
putch	输出字符到控制台	int putch(int ch)
putchar	在 stdout 上输出字符	int putchar(int ch)
getch	从控制台无回显地取一个字符	int getch(void)
getchar	从 stdin 流中读字符	int getchar(void)
fclose	关闭 fp 所指向的文件，释放文件缓冲区	int fclose(FILE * fp)
feof	检查文件是否结束	int feof(FILE * fp)
fgetc	从 fp 指向的文件中取一个字符	int fgetc(FILE * fp)
fgets	从 fp 指向的文件中取一个长度为 $n-1$ 的字符串，存入以 buf 为起始地址的存储区中	char * fgets(char * buf, int n, FILE * fp)
fopen	以 mode 指定的方式打开以 filename 为文件名的文件	FILE * fopen(const char * filename, const char * mode)
fprintf	将参数列表的值以 format 指定的格式输出到 fp 所指向的文件中	int fprintf(FILE * fp, const char * format [, argument]...)
fputc	将字符 ch 输出到 fp 指向的文件中去	int fputc(int ch, FILE * fp)
fputs	将 str 指向的字符串输出到 fp 指向的文件中	int fputs(const char * str, FILE * fp)
fread	从 fp 指向的文件中读长度为 size 的 n 个数据项，存放在 pt 所指向的存储区中	size_t fread(void * buffer, size_t size, _t count, FILE * fp)
fscanf	从 fp 指向的文件中按 format 规定的格式将输入的数据存入参数列表所指向的内存中	int fscanf(FILE * fp, const char * format [, argument]...)
fseek	将 fp 所指向的文件的位置指针移到以 base 为基准，以 offset 为位移量的位置	int fseek (FILE * fp, long offset, int base)
fwrite	从 buf 指向的缓冲区输出长度为 size 的 count 个字符到 fp 所指向的文件中	size_t fwrite(const void * buf, size_t size, size_t count, FILE * fp)
getw	从 fp 指向的文件中读取下一个字	int getw(FILE * fp)

续表

函数名称	功　　能	用　　法
putw	将一个字输出到 fp 所指向的文件中去	int putw(int w,FILE * fp)
rewind	将 fp 指向的文件的位置指针设置为文件开头位置,并清除文件结束标志和错误标志	void rewind(FILE * fp)

2. 数学函数 math.h(见表 C-2)

表 C-2　数学函数

函数名称	功　　能	用　　法
sin	计算 $\sin x$ 的值	double sin(double x)
cos	计算 $\cos x$ 的值	double cos(double x)
exp	计算 e 的 x 次方	double exp(double x)
abs	计算整型参数 x 的绝对值	int abs(int x)
fabs	计算浮点型参数 x 的绝对值	double fabs(double x)
fmod	计算浮点型参数 x/y 的余数	double fmod(double x,double y)
ceil	计算不小于 x 的最小整数	double ceil(double x)
floor	计算不大于 x 的最大整数	double floor(double x)
pow	计算出 x 的 y 次方	double pow(double x,double y)
sqrt	计算出 x 的平方根	double sqrt(double x)
tan	计算出 $\tan x$ 的值	double tan(double x)
srand	初始化随机数发生器	void srand(unsigned seed)
rand	产生并返回一个随机数	int rand()

3. 字符函数 ctype.h(见表 C-3)

表 C-3　字符函数

函数名称	功　　能	用　　法
isalnum	检查变量 ch 是否为数字或者字母	int isalnum(int ch)
isalpha	检查 ch 是否为字母	int isalpha(int ch)
isdigit	检查 ch 是否为数字(0～9)	int isdigit(int ch)
islower	检查 ch 是否为小写字母,是则返回 1,否则返回 0	int islower(int ch)
isupper	检查 ch 是否为大写字母,是则返回 1,否则返回 0	int isupper(int ch)
tolower	将 ch 字符转换为小写字母	int tolower(int ch)
toupper	将 ch 字符转换为大写字母	int toupper(int ch)

4. 字符串函数 string.h（见表 C-4）

表 C-4　字符串函数

函数名称	功　能	用　法
strcat	将字符串 str2 接到 str1 后面，str1 字符串后面的'\0'自动取消	char * strcat(char * str1, const char * str2)
strcmp	比较两个字符串。 str1＜str2，返回值为负数 str1＝str2，返回值为 0 str1＞str2，返回值为正数	int strcmp(const char * str1, const char * str2)
strcpy	将 str2 指向的字符串复制到 str1 中	char * strcpy(char * str1, const char * str2)
strlen	计算字符串 str 的长度（不包含'\0'），返回值为字符的个数	unsigned int strlen(const char * str)

5. 图形函数 graphics.h（见表 C-5）

表 C-5　图形函数

函数名称	功　能	用　法
arc	以 r 为半径，(x,y) 为圆心，s 为起点，e 为终点画一条圆弧	void arc(int x, int y, int s, int e, int r)
bar	以 (l,t) 为左上角坐标，(r,b) 为右下角坐标画一个矩形框	void bar(int l, int t, int r, int b)
circle	以 (x,y) 为圆心，r 为半径画一个圆	void circle(int x, int y, int r)
cleardevice	清除图形屏幕	void cleardevice(void)
closegraph	关闭图形工作方式	void closegraph(void)
floodfill	对一个有界区域着色	void floodfill(int x, int y, int border)
getbkcolor	返回当前背景颜色	int far getbkcolor(void)
getcolor	返回当前画线颜色	int getcolor(void)
initgraph	按 drive 指定的图形驱动器装入内存，屏幕显示模式由 mode 指定，图形显示器路径由 path 指定	void initgraph(int * drive, int * mode, char * path)
line	从 (sx,sy) 到 (ex,ey) 画一条直线	void line(int sx, int sy, int ex, int ey)
outtext	在光标所在位置上输出一个字符串	void outtext(char * str)
rectangle	使用当前的画线颜色从 $(left,top)$ 为左上角到 $(right,bottom)$ 为右下角画一个矩形	void rectangle(int left, int top, int right, int bottom)
setactivepage	设置图形输出活动页为 page	void setactivepage(int page)
setbkcolor	重新设定背景颜色	void setbkcolor(int color)
setcolor	设置当前画线的颜色	void setcolor(int color)
setfillstyle	设置图形的填充式样和填充颜色	void far setfillstyle(int pa, int color)

函数名称	功　能	用　法
settextstyle	设置图形字符输出字体、方向和字符大小	void far settextstyle(int font, int direct, int size)
setvisualpage	设置可见图形页号为 page	void setvisualpage(int page)

6. 字符屏幕处理函数 conio.h(见表 C-6)

表 C-6　字符屏幕处理函数

函数名称	功　能	用　法
clrscr	清除整个屏幕,将光标定位到左上角处	void clrscr()
cprintf	将格式化输出送到当前窗口	int cprintf(const char * format [, argument]...)
gotoxy	将字符屏幕的光标移动到(x, y)处	void gotoxy(int x, int y)
textbackground	设置字符屏幕的背景	void textbackground(int color)
textcolor	设置字符屏幕下的字符颜色	void textcolor(int color)
window	建立字符窗口	void window(int left, int top, int right, int bottom)

7. 时间函数 time.h(见表 C-7)

表 C-7　时间函数

函数名称	功　能	用　法
time	获取系统时间	time_t time(time_t * time)
clock	返回开启进程和调用 clock()之间的 CPU 时钟计时单元(clock tick)数	clock_t clock(void)
difftime	计算两个时间之差	double difftime(time_t timer1, time_t timer0)
ctime	把时间值转换为字符串	char * ctime(const time_t * timer)

参考文献

[1]　冯俊. 算法与程序设计基础教程[M]. 北京：清华大学出版社,2010.

[2]　杨克昌. 计算机程序设计经典题解[M]. 北京：清华大学出版社,2007.

[3]　杨克昌. 计算机常用算法与程序设计教程[M]. 北京：人民邮电出版社,2008.

[4]　吕国英. 算法设计与分析[M]. 北京：清华大学出版社,2006.

[5]　朱青. 计算机算法与程序设计[M]. 北京：清华大学出版社,2009.

[6]　谭浩强. C程序设计[M]. 4版. 北京：清华大学出版社,2010.

[7]　杨克昌,刘志辉. 趣味C程序设计集锦[M]. 北京：中国水利水电出版社,2010.

[8]　刘汝佳,黄亮. 算法艺术与信息学竞赛[M]. 北京：清华大学出版社,2010.

[9]　杨克昌,严权峰. 算法设计与分析实用教程[M]. 北京：中国水利水电出版社,2013.

[10]　王岳斌,等.C程序设计案例教程[M]. 北京：清华大学出版社,2006.

[11]　杨克昌. 计算机程序设计典型例题精解》[M]. 2版. 长沙：国防科技大学出版社,2003.

[12]　王红梅. 算法设计与分析[M]. 北京：清华大学出版社,2006.

[13]　王晓东. 算法设计与分析[M]. 北京：清华大学出版社,2006.

[14]　杨克昌. C语言程序设计[M]. 武汉：武汉大学出版社,2007.

[15]　陈朔鹰,陈英. C语言趣味程序百例精解[M]. 北京：北京理工大学出版社,1994.

[16]　KERNIGHAN B W, PLAUGER P J. 程序设计技巧[M]. 晏晓焰,译. 北京：清华大学出版社,1985.

[17]　谭成予. C程序设计导论[M]. 武汉：武汉大学出版社,2005.

[18]　王俊省. Turbo C语言程序设计400例[M]. 北京：电子工业出版社,1991.

[19]　纪有奎,王建新. 趣味程序设计100例[M]. 北京：煤炭工业出版社,1982.

[20]　肖铿,严启平. 中外数学名题荟萃[M]. 武汉：湖北人民出版社,1994.

[21]　朱禹. 大学生趣味程序设计[M]. 沈阳：辽宁人民出版社,1985.

[22]　LEVITIN A. 算法设计与分析基础[M]. 潘彦,译. 3版. 北京：清华大学出版社,2015.

[23]　WEISS M A. 数据结构与算法分析——C语言描述[M]. 陈越,改编. 2版.北京：人民邮电出版社,2005.

[24]　杨克昌,刘志辉. 含空洞的马步哈密顿圈探索[J]. 湖南理工学院学报,2011(1).

[25]　杨克昌,刘志辉. 高斯皇后问题[J]. 电脑编程技巧与维护,2011(2上).

[26]　杨克昌,刘志辉. 马步遍历探索[J]. 电脑编程技巧与维护,2011(4上).

[27]　杨克昌,刘志辉. 马步型哈密顿圈[J]. 电脑编程技巧与维护,2011.(5上).

[28]　杨克昌. 至美——C程序设计[M]. 北京：中国水利水电出版社,2016.

[29]　杨克昌. 计算机常用算法与程序设计教程[M]. 2版.北京：人民邮电出版社,2017.

[30]　王秋芬. 算法设计与分析[M]. 北京：清华大学出版社,2021.

[31]　郑宗汉,郑晓明. 算法设计与分析[M]. 3版. 北京：清华大学出版社,2021.

[32]　杨克昌. 趣味数学及编程拓展[M]. 2版. 北京：清华大学出版社,2021.

图书资源支持

感谢您一直以来对清华版图书的支持和爱护。为了配合本书的使用,本书提供配套的资源,有需求的读者请扫描下方的"书圈"微信公众号二维码,在图书专区下载,也可以拨打电话或发送电子邮件咨询。

如果您在使用本书的过程中遇到了什么问题,或者有相关图书出版计划,也请您发邮件告诉我们,以便我们更好地为您服务。

我们的联系方式:

清华大学出版社计算机与信息分社网站: https://www.shuimushuhui.com/

地　　址: 北京市海淀区双清路学研大厦 A 座 714

邮　　编: 100084

电　　话: 010-83470236　　010-83470237

客服邮箱: 2301891038@qq.com

QQ: 2301891038(请写明您的单位和姓名)

资源下载: 关注公众号"书圈"下载配套资源。

资源下载、样书申请

书 圈

图书案例

清华计算机学堂

观看课程直播